ARM Cortex-M3 内核微控制器初学之路——动手系列

ARM Cortex-M3 内核微控制器快速入门与应用

刘同法　肖志刚　彭继卫　编著

北京航空航天大学出版社

内 容 简 介

Cortex-M3 是 ARM 公司基于 ARM V7 架构的新型芯片内核。本书首先叙述 Cortex-M3 内核微控制器的内部结构和内部寄存映射及功能,然后通过课题的形式训练读者掌握其编程应用方法。

全书分基础篇和实战篇两部分。基础篇主要讲述 Cortex-M3 的由来和 Cortex-M3 内核微控制器的内部结构。实战篇又分基础训练和应用训练两部分:基础训练主要训练读者对 Cortex-M3 内核微控制器的输入/输出和内部定时器等的应用;应用训练主要训练读者对 Cortex-M3 内核微控制器与外围接口电路进行通信控制的编程方法。

本书既可作为学习 32 位微控制器的单片机爱好者和从事自动控制、智能仪器仪表、电力电子、机电一体化以及各类单片机应用的工程技术人员的学习参考用书,还可作为大学本科、高职高专、技师学院等师生的理论教材或实习教材。

图书在版编目(CIP)数据

ARM Cortex-M3 内核微控制器快速入门与应用/刘同法,
肖志刚,彭继卫编著. —北京:北京航空航天大学出版社,2009.8
ISBN 978 - 7 - 81124 - 878 - 4

Ⅰ.A… Ⅱ.①刘…②肖…③彭… Ⅲ.微控制器 Ⅳ.TP332.3

中国版本图书馆 CIP 数据核字(2009)第 142934 号

© 2009,北京航空航天大学出版社,版权所有。
未经本书出版者书面许可,任何单位和个人不得以任何形式或手段复制或传播本书内容。
侵权必究。

ARM Cortex-M3 内核微控制器快速入门与应用
刘同法　肖志刚　彭继卫　编著
责任编辑　冯　颖
*
北京航空航天大学出版社出版发行
北京市海淀区学院路 37 号(100191)　　发行部电话:010 - 82317024　传真:010 - 82328026
http://www.buaapress.com.cn　E-mail:emsbook@gmail.com
涿州市新华印刷有限公司印装　各地书店经销
*
开本:787×1 092　1/16　印张:29.25　字数:749 千字
2009 年 8 月第 1 版　2009 年 8 月第 1 次印刷　印数:4 000 册
ISBN 978 - 7 - 81124 - 878 - 4　　定价:48.00 元

前　言

时光飞逝。写完了《单片机C语言编程基础与实践》，本想按原计划写一本C语言在单片机高层中的应用实践之类的书，来完成未尽事宜(比如单片机的互联工程、74HC595级联在电子点阵屏中的运用、CAN总线通信等)。可ARM公司的Cortex-M3内核的32位微控制器已出现在眼前，这使我不得不迅速改变方向，走向新的微控制器世界。

2008年夏天，正值暑假，我又来到广州拜访我的老师——周立功先生。此时距离我第一次来到这里已是四年过去了，虽然此后每年都来，但却从未到工程部拜访过昔日指导过我的老师们，于是这次多安排了一些时间到我曾经学习过的ARM工程小组看看。没想到仅仅是几年的时间，昔日的ARM小组已经发生了惊人的变化！2004年我在这里学习DP－51时，他们的ARM开发才刚刚起步，2005年时发展成为一个开发小组，但是现在却已经发展成为ARM工程部了！并细分为Windows CE 小组、Linux 小组、ARM Cortex-M3内核微控制器团队等，已经达到了几百人的规模，真可谓"兵强马壮，好不热闹"！

原本我并没有打算深入ARM的世界，只想利用现有的单片机做点实实在在的事情。但是在听取了ARM Cortex-M3内核微控制器团队对Cortex-M3核的介绍之后，我却兴奋不已！就这样，我立即作出了新的学习计划，并开始了对ARM Cortex-M3内核微控制器在工程中的应用的学习。

学无止境。记得我的老师——周立功先生曾对我说过，企业接触到的新技术远比学校要来得快。

为了让学生和读者更快地接触到新的技术知识，我又决定开始为期3个月的新器件新技术的学习。我希望通过我的学习，为大家节约从对新器件的认识到应用开发的时间；通过我的理解，使朋友们能在一到二周的时间内用上一款新的芯片设计工程。《ARM Cortex-M3内核微控制器快速入门与应用》就是这样一本书。

本书在编排上紧紧围绕微控制器的共性，即I/O、定时器、中断系统、UART通信等，一步步地回答初学者提出的问题。譬如，新芯片的输入/输出在哪里？如何编程控制？"请您看课题1和课题2，在那里我对Cortex-M3内核微控制器的输入/输出(GPIO)作了详尽讲解并给出了实例！"。又如，我们在单片机中常用到定时器，那么Cortex-M3内核微控制器中有定时器吗？"有！Cortex-M3内核微控制器带有两个通用定时器，请您读课题3"。再如，在单片机中我们常常用到中断控制、UART通信，其在Cortex-M3内核微控制器中是如何编程应用的呢？"请您看看课题2和课题4，有现成的代码，只要您能用就直接搬去吧！"。全书通过这样的一种构思，将我们所熟悉的单片机与 Cortex-M3 内核微控制器联系起来了。

江水滔滔,流尽的是人的时间。

对于生活在计算机时代的你和我,快速、有效的学习才是积累知识和财富的法宝。

基于上述想法,本书在内容编排结构上分为三部分:其一,基础认识部分分为 5 个章节,重点介绍了 ARM 体系结构的发展过程、Cortex-M3 内核的内部结构以及 Cortex-M3 内核微控制器芯片 LM3S101(102)的内部结构与寄存器映射;其二,Cortex-M3 内核微控制器内部资源训练部分分为 7 个课题,按照 GPIO 口输出、GPIO 口输入、通用定时器的启动与应用、通用 UART 串行通信的启动与应用、同步串行通信口(SSI)的启动与应用、模拟比较器的应用、看门狗的启动与应用的顺序进行介绍;其三,Cortex-M3 内核微控制器外围接口电路应用分为 8 个课题,示范性地讲解了 SPI 通信器件、I^2C 通信器件在 Cortex-M3 内核微控制器上的应用。我在学习外围接口电路在 Cortex-M3 内核微控制器上的应用的过程中,最大的体会就是时序和 GPIO 引脚控制。掌握好这两个要点,使用时如同单片机对外围接口电路编程一样。

上述编排完全与学习单片机的顺序同步,可以有效地提高读者的学习速度。只要读者认真学习和掌握 Cortex-M3 内核微控制器的编程特征,很快就可以上手到应用。

2008 年即将过去,又值岁末年初之际,在此将小时候读过的一首诗与各位共勉:

劝君莫惜金缕衣,

劝君须取少年时。

花开堪折直须折,

莫待无花空折枝。

....

读过我的书的读者,你一定会感觉到每学完一本书都是上升了一个台阶吧。为完成我的这一教学思想还需要编写 4 本书,分别是:《C51 单片机学习与应用速成》、《ARM Cortex-M3 内核微控制器外围接口电路与工程实践(一)》、《ARM Cortex-M3 内核微控制器外围接口电路与工程实践(二)》以及《μC/OS-II 实时操作系统在工程中的应用——基于 ARM Cortex-M3 内核微控制器》。

愿本书能为各位读者的学习节约更多宝贵的时间。

本书由刘同法、肖志刚、彭继卫共同编写,眭仁武老师负责审稿。衡阳技师学院电气技师班的张洁、陈瑞龙、王军林、李纳、李奔、周明正、蒋育满、伍要明、李杨勇、汤柯夫、刘聪、樊亮等同学参与了本书的程序测试工作。

感谢周立功先生对本人的大力支持,感谢周立功单片机发展有限公司各位老师的及时解答和指导,感谢博圆周立功单片机 & 嵌入式系统培训部全体人员对本人的大力支持和帮助,感谢南华大学的张翼、李孟雄以及湖北工程学院的江山等同学对本书进行的体验性学习。

由于作者水平有限,书中错误和不妥之处在所难免,恳请读者批评指正。有兴趣的读者可以发送邮件到 bymcupx@126.com 与作者进一步交流;也可以发送邮件到 buaafy@sina.com,与本书策划编辑进行交流。

作　者

2009 年 5 月

学习本书的方法

一本书的完成是按一定的教学思想、编写思路写出来的，而不是随随便便拼凑起来的。实际上我们的学习也是一样。毛主席在谈到读书的问题时说，只要精读一本就可以触类旁通了。自学习单片机以来，我一直认为学好单片机的中心问题就是学好 I/O 口，因为数据必须要通过这些引脚传送出去，也要通过这些引脚读回来。

对于学过单片机的朋友来说，在学习新的单片机时很自然就会想到新的 I/O 口在哪里，有多少个，如何操控？也就是如何将数据和命令发出，如何将输入的信息读回等。这也是每一个学习单片机的朋友要问的问题。所以在本书的编排上首先将对引脚的 GPIO 口操控放在课题 1 中给出。学习中首先要找到这一块。ARM Cortex-M3 内核微控制器的 GPIO 口(I/O)的最大特性是由外设模块 PORTA、PORTB、PORTC 管理，启动引脚时必须要先设置外设。其他的控制寄存器分别是方向寄存器(DIV)、模式控制寄存器(AFSEL)、数据寄存器(DATA)。只要设置好这些寄存器，各功能就可以实现了。操作时，需要输出信号时将引脚的 DIV 方向设置寄存器设为输出，需要输入信号时将 DIV 设为输入，引脚便可以收到信号。

在学习 ARM Cortex-M3 内核微控制器时我们要明白一件最重要的事，那就是遍地都是寄存器，这和我们在学习 8 位单片机外围接口电路时有些类似。实际上我们在学习 SPI 和 I²C 通信时一个明显的感觉就是：SPI 使用的全是命令，只要掌握了 SPI 通信中的命令，便可以灵活地操控此类芯片；而 I²C 通信操控的是寄存器，只要能将数据正确地写入芯片的内部寄存器，便可以随心所欲地操控这一块芯片。所以在对 ARM Cortex-M3 内核微控制器芯片操作时，是与 I²C 有相似之处的，而且是大面积的寄存器。

其次要重点学习的是，ARM Cortex-M3 内核微控制器内部的定时器/计数器系统。每一个生物都有自己的时钟系统，单片机也不例外。掌握单片机定时系统的启用与停止，这是必不可少的。ARM Cortex-M3 内核微控制器系列中的 LM3S101(102)芯片带有两个 32 位的定时器/计数器。其中每一个定时器都有 A、B 之分，并可以设为 16 位的计数器或定时器。学习中如果这一部分确实看不懂，可以先将示范程序抄用，以后再慢慢弄懂。

再次要重点学习的是，ARM Cortex-M3 内核微控制器内部的中断系统。在学习中断时一定要搞清两件事，一是如何启动中断，二是如何创建中断服务子程序。

从 GPIO 引脚到各模块中断，我发现 ARM Cortex-M3 内核微控制器的函数库中都带有中断申请服务子程序名的函数，如"GPIOPortIntRegister()；"为注册一个中断服务函数名。这是一个 GPIO 端口中断注册中断服务函数名的函数。所以在学习中断处理时,这是最好的方法。这种学习不同于在 8 位单片机中的学习,后者毕竟是小系统。如果在学习中有朋友无法弄懂的话,也可以直接抄用。

掌握了 GPIO 口的输入/输出,定时器/计数器的启用,中断系统的启用,实质上已经掌握了这一类型的芯片,余下的就只有芯片中新增加的部分了。

下面是我学习中的一点体会:

虽然经历了多种单片机的学习过程,但在单片机的编程中使用 API 函数这还是第一次。曾经在对 Windows 操作系统中运用 SDK 库的编程过程中用到过 API 函数,所以这对于我来说是非常熟悉的事情,并且通过这一次的学习使我对 API 函数有了更深一层的理解。过去在编写 Windows 应用程序时没有接触到硬件,现在使用 API 函数是直接对硬件进行编程,让我明白了对寄存器进行设置时必须要使用系统先说明好的标识符(宏定义)。当然了,如果你熟悉功能寄存器地址,也可以对功能寄存器进行直接编程。但由于 32 位微控制器的硬件系统非常庞大,所以一下子完全掌握是有一定难度的。为了能够快速、高效地学习并掌握一种新芯片的应用,直接使用公司提供的 API 函数和标识符是最好的选择。不过如果你到了一定的境界,直接操控寄存器那当然更好了。

对于前面我所提到的标识符,还是举例来说明一下吧。比方说,我们在对外接芯片进行通信编程时常常会用到上升沿、下降沿、低电平这样的字眼,那么在对 ARM Cortex-M3 内核微控制器编程时如何表示呢?请看下面的 C 程序宏定义:

```
#define GPIO_FALLING_EDGE    0x00000000    // Interrupt on falling edge    下降沿
#define GPIO_RISING_EDGE     0x00000004    // Interrupt on rising edge     上升沿
#define GPIO_LOW_LEVEL       0x00000002    // Interrupt on low level       低电平
```

在启用中断时就会用到这些标识符。请看:

```
//3.设置 PA0～PA4_KEY 中断的触发方式为 LOW[低电平]触发
GPIOIntTypeSet(GPIO_PORTA_BASE, PA0TO3_KEYINT, GPIO_LOW_LEVEL);
```

在程序中就是这样使用的,不用考虑寄存器的具体地址。GPIOIntTypeSet( ) 为 API 函数。

在学习中千万要注意的是,很多功能寄存器都在 API 的函数库中得到了全部的定义,所以学习时直接学会运用这一块就可以了。当然了,如果在学习中能对各功能寄存器有一定的了解和掌握更好,起码在有些功能不能实现时可以直接操作寄存器(对寄存器进行直接赋值)。

其次,熟悉 API 函数名称中单词的意义也是很重要的。用过 API 函数的朋友一看函数名就知道其功能和用途。在运用 C 语言编程的今天,熟悉 API 函数名最大的好处是可使实施程序规范化、标准化。

比方说有一个这样的函数名:IntEnable( )。一看就知道 Int 为中断,Enable 为允许或使能。连起来就是中断使能函数,要启用中断非它莫属。

再看一个:IntDisable( )。Int 为中断,Disable 为禁止。连起来就是中断禁止函数。

还看一个:GPIOPortIntRegister( )。GPIO 为输入/输出引脚,Port 为端口,这里是指 PA 口或 PB 口,Int 为中断,Register 为注册。所以这个函数其意是注册一个端口的服务子程序的函数名称,比如现在启用的是 PA 口,就用于为 PA 口注册一个中断服务函数名。

还有更多的单词,比如 Read(读)、Write(写)、Mode(模式)、Config(配置)等。熟记和掌握这些单词对于学习 API 函数的应用是很有帮助的。

C 语言是一种编程十分灵活的语言,怎样写都行。现在各大企业为了更好地实现团队协作,都提出规范化的要求,所以在学习时不要随心所欲地写,一定要学习遵守程序规范。

这是本人在学习中的一点浅薄之见,希望能给您的学习带来一些便利。

万丈高楼平地起,有了好的地基才可以盖高楼。

对于本书的学习,需要良好的 C 语言编程功底(基础),最好还要有一点 8 位单片机基础。切记。

作 者
2009 年 5 月

目 录

基 础 篇

第 1 章　ARM 公司与其体系结构概述

1.1　ARM 公司概述 ·· 2
　1.1.1　ARM 产品领域 ·· 2
　1.1.2　ARM 产品特点 ·· 3
1.2　ARM 体系结构概述 ·· 6
　1.2.1　ARM CPU 应用分类 ······································ 6
　1.2.2　应用处理器 ·· 6
　1.2.3　嵌入式控制处理器 ··· 7
　1.2.4　ARM 体系结构的发展 ···································· 7
　1.2.5　ARM 技术发展趋势 ······································· 9

第 2 章　ARM Cortex-M3 处理器内核结构

2.1　Cortex-M3 内核 ·· 11
2.2　Thumb-2 指令集架构 ·· 13
2.3　嵌套向量中断控制器(NVIC) ································ 14
2.4　存储器保护单元(MPU) ······································· 15
2.5　调试和跟踪 ··· 16
2.6　总线矩阵和接口 ··· 17
2.7　Cortex-M3 指令系统 ·· 17

第 3 章　Cortex-M3 内核微控制器 LM3S101/LM3S102 硬件结构

3.1　概　述 ··· 20
3.2　引脚功能 ·· 21
　3.2.1　引脚分布 ·· 21
　3.2.2　引脚功能描述 ··· 22
3.3　硬件结构 ·· 24
3.4　ARM Cortex-M3 内核 ··· 25
3.5　内存储器单元(Flash/SRAM) ································· 26

3.5.1　SRAM 存储器 …… 26
3.5.2　Flash 存储器 …… 26
3.6　中断系统 …… 28
3.7　通用输入/输出（GPIO） …… 48
　　3.7.1　GPIO 功能模块 …… 49
　　3.7.2　数据寄存器操作 …… 49
　　3.7.3　数据方向 …… 51
　　3.7.4　中断控制 …… 51
　　3.7.5　模式控制 …… 51
　　3.7.6　引脚配置 …… 51
　　3.7.7　标识（Identification） …… 52
3.8　通用定时器 …… 52
　　3.8.1　硬件模块框图 …… 52
　　3.8.2　功能描述 …… 52
3.9　看门狗定时器 …… 58
　　3.9.1　看门狗模块框图 …… 58
　　3.9.2　功能描述 …… 58
3.10　通用异步串行通信 …… 59
　　3.10.1　硬件方框图 …… 59
　　3.10.2　功能描述 …… 59
3.11　同步串行通信接口（SSI） …… 62
　　3.11.1　SSI 模块框图 …… 63
　　3.11.2　功能描述 …… 63
3.12　I^{2}C 接口 …… 71
　　3.12.1　I^{2}C 硬件方框图 …… 71
　　3.12.2　功能描述 …… 71
3.13　模拟比较器 …… 76
　　3.13.1　硬件方框图 …… 77
　　3.13.2　功能描述 …… 77
　　3.13.3　内部参考编程 …… 78
3.14　JTAG 接口 …… 79
　　3.14.1　硬件方框图 …… 80
　　3.14.2　功能描述 …… 80
3.15　系统存储器映射 …… 84
3.16　系统控制 …… 85
　　3.16.1　功能描述 …… 85
　　3.16.2　初始化和系统配置 …… 89
　　3.16.3　系统控制寄存器的映射 …… 90
　　3.16.4　系统控制寄存器可实现功能描述 …… 91

第4章 对C语言的回顾

4.1 指针的应用 …………………………………………………………………… 108
4.2 左移、右移和位逻辑符号在程序中的应用 …………………………………… 109
4.3 #define 常数定义符 …………………………………………………………… 110
4.4 const(常数变量) ……………………………………………………………… 111
4.5 #if #endif(条件编译) ………………………………………………………… 112
  4.5.1 条件编译命令的第一种格式 ……………………………………………… 112
  4.5.2 条件编译命令的第二种格式 ……………………………………………… 113
  4.5.3 条件编译命令的第三种格式 ……………………………………………… 114
4.6 typedef(用户自定义类型) …………………………………………………… 114
  4.6.1 基本类型的自定义 ………………………………………………………… 114
  4.6.2 数组类型的自定义 ………………………………………………………… 115
  4.6.3 结构型、共用型的自定义 ………………………………………………… 115
  4.6.4 指针型的自定义 …………………………………………………………… 116

第5章 IAR Embedded Workbench 与 LM LINK JTAG 快速入门

5.1 IAR Embedded Workbench 的安装和使用 ………………………………… 117
  5.1.1 IAR Embedded Workbench 的安装 ……………………………………… 117
  5.1.2 安装 Luminary Stellaris 芯片资源文件与 LM LINK JTAG
     驱动程序 …………………………………………………………………… 119
  5.1.3 IAR Embedded Workbench 的使用 ……………………………………… 122
5.2 程序的编译与调试 …………………………………………………………… 135

实 战 篇

第6章 Cortex-M3 内核微控制器 LM3S101(102)内部资源应用实践

课题1 LM3S101(102)基本的输入/输出 GPIO 应用练习 ……………………… 138
课题2 LM3S101(102) GPIO 按键信号输入与中断功能的应用方法 …………… 155
课题3 定时器/计数器(含中断)的启动与运用 ………………………………… 183
课题4 通用 UART 串行通信的启动与应用 …………………………………… 221
课题5 同步串行通信口(SSI)的启动与应用 …………………………………… 243
课题6 LM3S101(102)模拟比较器的应用 ……………………………………… 264
课题7 LM3S101(102)看门狗的启动与应用 …………………………………… 278

第7章 Cortex-M3 内核微控制器 LM3S101(102)外围接口电路在工程中的应用

课题8 模拟 SPI 通信 FM25L04 存储芯片在 LM3S101(102)系统中的应用 …… 291
课题9 LCD_JCM12864M 的在 LM3S101(102)单片机上的应用 ……………… 308

课题 10　模拟 I²C 通信在 LM3S101(102)芯片中的应用(at24Cxx) ……………… 335
课题 11　用 8 位数码管显示 LM3s101(102)内部 RTC 实时时钟(ZLG7290 驱动) …… 356
课题 12　LCD_TC1602 在 LM3S101(102)系统中的应用(74HC595 串并转换) ……… 392
课题 13　PCF8563 时钟芯片在 LM3S101(102)系统中的运用 ………………… 413
课题 14　步进电机的细分控制在 LM3S101(102)系统中的运用 ……………… 430
课题 15　使用 JTAG 引脚作普通的 GPIO 口 ………………………………… 443

附录 A　Cortex-M3 内核微控制器 LM3S101(102)最小系统 …………………… 452

附录 B　网上资料内容说明 ……………………………………………………… 454

参 考 文 献 ………………………………………………………………………… 455

温 馨 提 示 ………………………………………………………………………… 456

基 础 篇

- ARM 公司与其体系结构概述
- ARM Cortex-M3 内核结构
- LM3S101/LM3S102 硬件结构
- 对 C 语言的回顾
- IAR Embedded Workbench 快速入门

第 1 章

ARM 公司与其体系结构概述

1.1 ARM 公司概述

ARM(Advanced RISC Machines)既是一个公司的名字,也是对一类微处理器的通称,还可以认为是一种技术的名字。

ARM 公司 1991 年成立于英国剑桥,主要出售芯片设计技术的授权。目前,采用 ARM 技术知识产权(IP)核的微处理器(即我们通常所说的 ARM 微处理器),已遍及工业控制、消费类电子产品、通信系统、网络系统、无线系统等各类产品市场。基于 ARM 技术的微处理器,其应用占据了 32 位 RISC 微处理器 75% 以上的市场份额。ARM 技术正在逐步渗透到我们生活的各个方面。

1.1.1 ARM 产品领域

ARM 公司是专门从事基于 RISC 技术芯片设计开发的公司。作为知识产权供应商,它本身不直接从事芯片生产,而是转让设计许可由合作公司生产各具特色的芯片。世界各大半导体生产商从 ARM 公司购买其设计的 ARM 微处理器核,根据各自不同的应用领域,加入适当的外围电路,从而形成自己的 ARM 微处理器芯片进入市场。目前,全世界有几十家大的半导体公司都使用 ARM 公司的授权,因此既使得 ARM 技术获得了更多的第三方工具、制造、软件的支持,又使得整个系统成本降低,产品更容易进入市场被消费者接受,更具有竞争力。到目前为止,ARM 微处理器及技术的应用几乎已经深入到各个领域。

工业控制领域:作为 32 位的 RISC 架构,基于 ARM 核的微控制器芯片不但占据了高端微控制器市场的大部分市场份额,同时也逐渐向低端微控制器应用领域扩展。ARM 微控制器的低功耗、高性价比,向传统的 8 位/16 位微控制器提出了挑战。

无线通信领域:目前已有超过 85% 的无线通信设备采用了 ARM 技术。ARM 以其高性能和低成本的优势,在该领域的地位日益巩固。

网络应用:随着宽带技术的推广,采用 ARM 技术的 ADSL 芯片正逐步获得竞争优势。此外,ARM 在语音及视频处理上得到了优化,并获得了广泛的支持,也对 DSP 的应用领域提出了挑战。

消费类电子产品:ARM 技术在目前流行的数字音频播放器、数字机顶盒和游戏机中得到广泛采用。

成像和安全产品:现在流行的数码相机和打印机中绝大部分采用 ARM 技术。手机中的 32 位 SIM 智能卡也采用了 ARM 技术。

除此以外,ARM 微处理器及技术还应用到其他不同的领域。

1.1.2 ARM 产品特点

采用 RISC 架构的 ARM 微处理器一般具有如下特点:
- 体积小、功耗低、成本低、性能高;
- 支持 Thumb(16 位)/ARM(32 位)双指令集,能很好地兼容 8 位/16 位器件;
- 大量使用寄存器,指令执行速度更快;
- 大多数数据操作都在寄存器中完成;
- 寻址方式灵活简单,执行效率高;
- 指令长度固定。

ARM 微处理器目前包括下面几个系列,以及其他厂商基于 ARM 体系结构的处理器。除了具有 ARM 体系结构的共同特点之外,每一个系列的 ARM 微处理器都有各自的特点和应用领域。

—ARM7 系列;
—ARM9 系列;
—ARM9E 系列;
—ARM10E 系列;
—SecurCore 系列;
—Intel 的 XScale;
—Intel 的 StrongARM;
—Cortex 系列。

其中,ARM7、ARM9、ARM9E 和 ARM10E 为 4 个通用处理器系列,每个系列提供一套相对独特的性能来满足不同应用领域的需求,如 SecurCore 系列专门为安全要求较高的应用而设计。Cortex 是 ARM 公司新设计的体系结构,基于 ARM v7 架构的处理器将给系统设计者提供更适合的 CPU 选择。

1. ARM7 系列微处理器

ARM7 系列微处理器为低功耗的 32 位 RISC 处理器,最适合用于对价位和功耗要求较高的消费类应用。ARM7 系列微处理器系列具有如下特点:
- 具有嵌入式 ICE-RT 逻辑,调试开发方便;
- 极低的功耗,适合对功耗要求较高的应用,如便携式产品;
- 能够提供 0.9 MIPS/MHz 的三级流水线结构;
- 代码密度高并兼容 16 位的 Thumb 指令集;
- 指令系统与 ARM9 系列、ARM9E 系列、ARM10E 系列兼容,便于用户为产品升级换代;
- 主频最高可达 130 MIPS,高速的运算处理能力能胜任绝大多数的复杂应用。ARM7 系列微处理器主要用在工业控制、Internet 设备、网络和调制解调器设备、移动电话等多媒体和嵌入式应用领域。

ARM7 系列微处理器包括如下几种类型的内核:ARM7TDMI、ARM7TDMI-S、ARM720T、ARM7EJ。其中,ARM7TMDI 是目前使用最广泛的 32 位嵌入式 RISC 处理器,属低端 ARM 处理器核。TDMI 的基本含义如下：

T：支持 16 位压缩指令集 Thumb；
D：支持片上 Debug；
M：内嵌硬件乘法器（Multiplier）；
I：嵌入式 ICE，支持片上断点和调试点。

2. ARM9 系列微处理器

ARM9 系列微处理器在高性能和低功耗特性方面提供最佳的性能，具有以下特点：
- 5 级整数流水线，指令执行效率更高；
- 提供 1.1 MIPS/MHz 的哈佛结构；
- 支持 32 位 ARM 指令集和 16 位 Thumb 指令集；
- 支持 32 位的高速 AMBA 总线接口；
- 全性能 MMU，支持 Windows CE、Linux、Palm OS 等多种主流嵌入式操作系统；
- MPU 支持实时操作系统；
- 支持数据 Cache 和指令 Cache，具有更高的指令和数据处理能力。

ARM9 系列微处理器主要应用于无线设备、仪器仪表、安全系统、机顶盒、高端打印机、数字照相机和数字摄像机等。

ARM9 系列微处理器包含 ARM920T、ARM922T 和 ARM940T 三种类型，以适用于不同的应用场合。

3. ARM9E 系列微处理器

ARM9E 系列微处理器为综合处理器，使用单一的处理器内核提供了微控制器、DSP、Java 应用系统的解决方案，极大地减小了芯片的面积和系统的复杂程度。

ARM9E 系列微处理器提供了增强的 DSP 处理能力，很适合于那些需要同时使用 DSP 和微控制器的应用场合。

ARM9E 系列微处理器的主要特点如下：
- 支持 DSP 指令集，适合于需要高速数字信号处理的场合；
- 5 级整数流水线，指令执行效率更高；
- 支持 32 位 ARM 指令集和 16 位 Thumb 指令集；
- 支持 32 位的高速 AMBA 总线接口；
- 支持 VFP9 浮点处理协处理器；
- 全性能 MMU，支持 Windows CE、Linux、Palm OS 等多种主流嵌入式操作系统；
- MPU 支持实时操作系统；
- 支持数据 Cache 和指令 Cache，具有更高的指令和数据处理能力；
- 主频最高可达 300 MIPS。

ARM9E 系列微处理器主要应用于下一代无线设备、数字消费品、成像设备、工业控制、存储设备以及网络设备等领域。

ARM9E 系列微处理器包含 ARM926EJ-S、ARM946E-S 和 ARM966E-S 三种类型，以适用于不同的应用场合。

4. ARM10E 系列微处理器

ARM10E 系列微处理器具有高性能、低功耗的特点。由于采用了新的体系结构，与同等的 ARM9 器件比较，在同样的时钟频率下，性能提高了近 50%。同时，ARM10E 系列微处理器采用了两种先进的节能方式，使其功耗极低。

ARM10E 系列微处理器的主要特点如下：
- 支持 DSP 指令集，适合于需要高速数字信号处理的场合；
- 6 级整数流水线，指令执行效率更高；
- 支持 32 位 ARM 指令集和 16 位 Thumb 指令集；
- 支持 32 位的高速 AMBA 总线接口；
- 支持 VFP10 浮点处理协处理器；
- 全性能 MMU，支持 Windows CE、Linux、Palm OS 等多种主流嵌入式操作系统；
- 支持数据 Cache 和指令 Cache，具有更高的指令和数据处理能力；
- 主频最高可达 400 MIPS；
- 内嵌并行读/写操作部件。

ARM10E 系列微处理器主要应用于下一代无线设备、数字消费品、成像设备、工业控制、通信和信息系统等领域。

ARM10E 系列微处理器包含 ARM1020E、ARM1022E 和 ARM1026EJ-S 三种类型，以适用于不同的应用场合。

5. SecurCore 系列微处理器

SecurCore 系列微处理器专为安全需要而设计，提供了完善的 32 位 RISC 技术的安全解决方案，因此 SecurCore 系列微处理器除了具有 ARM 体系结构低功耗、高性能的特点外，还具有其独特的优势——提供了对安全解决方案的支持。

SecurCore 系列微处理器除了具有 ARM 体系结构的主要特点外，还在系统安全方面具有如下特点：
- 带有灵活的保护单元，以确保操作系统和应用数据的安全；
- 采用软内核技术，防止外部对其进行扫描探测；
- 可集成用户自己的安全特性和其他协处理器。

SecurCore 系列微处理器主要应用于一些对安全性要求较高的应用产品及应用系统中，如电子商务、电子政务、电子银行业务、网络和认证系统等。

SecurCore 系列微处理器包含 SecurCoreSC100、SecurCoreSC110、SecurCoreSC200 和 SecurCoreSC210 四种类型，以适用于不同的应用场合。

6. XScale 处理器

XScale 处理器是基于 ARMV5TE 体系结构的解决方案，是一款全性能、高性价比、低功耗的处理器。它支持 16 位的 Thumb 指令和 DSP 指令集，用于数字移动电话、个人数字助理和网络产品等场合。

XScale 处理器原由 Intel 公司设计推出，但目前该技术已经出售给 Marvell 公司。

Intel Strong ARM SA-1100 处理器采用 ARM 体系结构高度集成的 32 位 RISC 微处理器。它融合了 Intel 公司的设计和处理技术以及 ARM 体系结构的电源效率，采用在软件上兼容 ARM V4 体系结构、同时采用具有 Intel 技术优点的体系结构。

Intel StrongARM 处理器是便携式通信产品和消费类电子产品的理想选择,已成功应用于多家公司的掌上电脑系列产品。

7. Cortex 系列

Cortex 系列微处理器是基于 ARM V7 架构的。ARM V7 架构是在 ARM V6 架构的基础上诞生的。该架构采用了 Thumb-2 技术,它是在 ARM 的 Thumb 代码压缩技术的基础上发展起来的,并且保持了对现存 ARM 解决方案完整代码的兼容性。Thumb-2 技术比纯 32 位代码少使用 31% 的内存,减小了系统开销。同时能够提供比已有的基于 Thumb 技术的解决方案高出 38% 的性能。ARM V7 架构还采用了 NEON 技术,将 DSP 和多媒体处理能力提高了近 4 倍,并支持改良的浮点运算,满足下一代 3D 图形、游戏物理应用以及传统嵌入式控制应用的需求。此外,Cortex 系列微处理器还支持改良的运行环境,以迎合不断增加的 JIT(Just In Time) 和 DAC(DynamicAdaptive Compilation) 技术的使用。目前,Cortex 系列微处理器正在向各个领域渗透。

1.2 ARM 体系结构概述

基于 ARM 核的芯片已广泛应用于无线、网络、消费电子、汽车电子、存储、安保、微控制器等嵌入式领域。与台式机及服务器不同的是,这些领域对 CPU 功耗和性能之间的平衡要求很高,而且可使用的资源非常有限,因此对处理器的效率提出了新要求。

基于 ARM 核的芯片都是由 ARM 的半导体合作伙伴通过 ARM 授权进行设计、制造和销售的,各个合作厂商在 ARM 技术的基础上融入各自的特色,并在多个领域进行应用。目前基于 ARM 技术的处理器已经被广泛应用于各种电子产品中。ARM 已成为移动通信、手持计算、多媒体数字消费等嵌入式解决方案的 RISC 标准。

1.2.1 ARM CPU 应用分类

ARM CPU 内核主要应用于嵌入式领域,从应用角度看有两个发展方向:一类是应用处理器(Application Processor),另一类是嵌入式控制处理器(Embedded Control Processor)。这两类应用领域对于软/硬件资源的要求相差很多,在 CPU 结构设计上也有很大的差别。

1.2.2 应用处理器

应用处理器主要用于一些执行复杂操作系统和多媒体中,它们要求 CPU 提供足够高的性能和灵活的存储器系统。从 CPU 硬件特征上看,其最显著的特征当属存储器控制单元(MMU)。

MMU 是用来管理内存系统的单元,它可以"动态地"重新定位内存空间,并对其进行有效的管理。其中两个主要功能是控制内存的访问权限和将虚拟地址转换为物理地址。

利用 MMU 操作系统可以把逻辑地址空间跟实际的物理存储器屏蔽开,从而使程序员只须关心操作系统给出的编程接口而无须关心底层物理存储器的调度。

1.2.3 嵌入式控制处理器

嵌入式控制处理器主要用于一些实时控制系统和微控制器方向。这些应用的特点是追求快速的实时响应,要求系统高效、紧凑,但对多媒体性能等要求相对不高。

很多实时控制 CPU 没有任何存储器控制单元,由 CPU 内核来直接访问物理存储空间。要求较高的系统会设计一个存储器保护单元(MPU),进行存储器区域访问的权限控制,但是不做地址映射。

1.2.4 ARM 体系结构的发展

自从 1991 年 RISC CPU 推出,ARM 体系结构发生了很大的变化。在十几年的发展过程中,共发展出 7 个版本的体系结构,每一个体系结构版本代表了一套指令集定义和相应的功能框架,且所有的体系结构都保持了良好的向下兼容性。

不同版本 ARM 体系结构的特征不同,从 V1~V3 版本开始到目前的 Cortex,每个版本都推动着控制器的进步。

1. V1~V3 版本

V1~V3 版本是早期版本,未用于商业授权。

2. V4T 版本

V4T 版本增加了 T 变量,在原来 32 位指令集的基础上增加了一套 16 位 Thumb 指令集,提高了软件代码密度,并且在系统数据总线不足 32 位(8 位或 16 位数据总线的系统)的有限系统下提高了系统性能。

V4T 版本里的 CPU 代表是 ARM 7TDMI 和 ARM 922T。ARM 7TDMI 采用冯·诺依曼结构,具有 3 级流水线,可以提供 0.9 MIPS/MHz 的性能。该内核不带有 MMU 和 MPU,用于嵌入式控制或简单的应用系统。

ARM 922T 采用哈佛结构,5 级流水线,可以提供 1.1 MIPS/MHz 的性能。该内核具有全性能的 MMU,带有独立的指令和数据缓存,可以应用于丰富的多媒体应用系统。

3. V5 版本

V5 版本相对于 V4 作了很多改进,增强了对于 ARM 和 Thumb 两套指令集之间进行切换的支持,并扩展了指令集,增加了一些 DSP 运算的常见指令(在命名上用后缀 E 来标识),后来 V5 体系结构又增加了对 Java 指令的支持(后缀 J),衍生出 V5TEJ 的变种。

V5 版本体系结构里面的 CPU 代表是 ARM 946E 和 ARM 926EJ。其中 ARM 946E 属于 V5TE 体系结构,包含对 DSP 运算的增强型支持。它采用哈佛结构,具有 5 级流水线,可以提供 1.1 MIPS/MHz 的性能,并且拥有 MPU 和 Cache,对操作系统和软件的性能支持非常好,是一款性能优异的嵌入式控制处理器。

ARM 926EJ 是现在的主流应用处理器,除了良好的 Flash DSP 运算能力之外,还拥有 Java 加速技术 Jazelle,可以使 Java 的性能最高提升 8 倍以上。它内含全性能的 MMU,支持所有主流的应用操作系统。

4. V6 版本

V6 版本进一步增强了 DSP 以及多媒体处理运算的支持,增加了 SIMD (Single Instruction Multiple Data)指令扩展,使常用的音频、视频处理性能得到极大的提升。从这一版本开始,ARM 逐渐开始在 CPU 里面采用一些更新的增强型技术,如:

➢ Thumb-2 指令:该指令集可以提供更低的功耗、更高的性能和更紧凑的编码,比现用的 Thumb 技术性能提高 25%,比原有 ARM 技术减少 26%的存储空间。

➢ IEM (Intelligent Energy Manager)技术:可以平均减少 25%以上的处理器功耗。

➢ TrustZone 技术:是一种新的软/硬件结合的安全解决方案,可以为系统设备提供一种新的安全功能标准。

5. V7 版本

全新的 ARM V7 架构是在 ARM V6 架构的基础上诞生的。ARM V7 架构采用了 Thumb-2 技术,它是在 ARM 的 Thumb 代码压缩技术的基础上发展出来的,并且保持了对已存 ARM 解决方案的完整代码的兼容性。

ARM 公司为新的 ARM V7 架构定义了三大分工明确的系列:"A"系列面向尖端的基于虚拟内存的操作系统和用户应用;"R"系列针对实时系统;"M"系列针对微控制器和低成本应用系统。

具体分为:基于 V7A 的称为"Cortex-A 系列",基于 V7R 的称为"Cortex-R 系列",基于 V7M 的称为"Cortex-M 系列"。

各 Cortex 处理器的技术特点如下:

(1) ARM Cortex-A8 处理器

ARM Cortex-A 现已经发展到了 A8。ARM Cortex-A8 处理器是一款适用于复杂操作系统及用户应用的应用处理器。支持智能能源管理(IEM,Intelligent Energy Manger)技术的 ARM Artisan 库以及先进的泄漏控制技术,使得 Cortex-A8 处理器实现了非凡的速度和功耗效率。在 65 nm 工艺下,ARM Cortex-A8 处理器的功耗不到 300 mW,能够提供高性能和低功耗。它第一次为低成本、高容量的产品带来了台式机级别的性能。

(2) ARM Cortex-R4 处理器

ARM Cortex-R 系列处理器目前包括 ARM Cortex-R4 和 ARM Cortex-R4F 两个型号,主要适用于实时系统的嵌入式处理器。

Cortex-R4 处理器支持手机、硬盘、打印机及汽车电子设计,能协助新一代嵌入式产品快速执行各种复杂的控制算法与实时工作的运算;可通过内存保护单元(MPU,Memory Protection Unit)、高速缓存以及紧密耦合内存(TCM,Tightly Coupled Memory)让处理器针对各种不同的嵌入式应用进行最佳化调整,且不影响基本的 ARM 指令集兼容性。这种设计能够在延用原有程序代码的情况下,降低系统的成本与复杂度,同时其紧密耦合内存功能也能提供更小的规格和更高效率的整合,并带来快速的响应时间。

Cortex-R4F 处理器拥有针对汽车市场开发的各项先进功能,包括自动除错功能、可相互连结的错误侦测机制,以及可选择优化的浮点运算单元(FPU,Floating-Point Unit)。ECC 技术能监控内存存取作业,侦测并校正各种错误。当发生内存错误时,ECC 逻辑除通报错误并停止系统运作外,还会加以校正。

(3) ARM Cortex-M3 处理器

ARM Cortex-M3 处理器是专门针对存储器和处理器的尺寸对产品成本影响极大的各种应用而开发设计的。它整合了多种技术,减少使用内存,并在极小的 RISC 内核上提供低功耗和高性能,可实现由以往的代码向 32 位微控制器的快速移植。ARM Cortex-M3 处理器是使用最少门数的 ARM CPU,相对于过去的设计大大减小了芯片面积,可减小装置的体积或采用更低成本的工艺进行生产,仅 33 000 门的内核性能可达 1.2 DMIPS/MHz。此外,基本系统外设还具备高度集成化特点,集成了许多紧耦合系统外设,合理利用了芯片空间,使系统满足下一代产品的控制需求。

ARM Cortex-M3 处理器结合了执行 Thumb-2 指令的 32 位哈佛微体系结构和系统外设,包括 Nested Vec-tored Interrupt Controller 和 Arbiter 总线。该技术方案在测试和实例应用中表现出较高的性能:在台机电 180 nm 工艺下,芯片性能达 1.2 DMIPS/MHz,时钟频率高达 100 MHz。Cortex-M3 处理器还实现了 Tail-Chaining 中断技术。该技术是一项完全基于硬件的中断处理技术,最多可减少 12 个时钟周期数,在实际应用中减少 70% 中断;推出了新的单线调试技术,避免使用多引脚进行 JTAG 调试,并全面支持 RealView 编译器和 RealView 调试产品。RealView 工具向设计者提供模拟、创建虚拟模型、编译软件、调试、验证和测试基于 ARMV7 架构的系统等功能。

1.2.5 ARM 技术发展趋势

1. 高度集成化的 SoC 趋势

ARM 公司是一家 IP 供应商,其核心业务是 IP 核以及相关工具的开发和设计。半导体厂商通过购买 ARM 公司的 IP 授权来生产自己的微处理器芯片。这样,处理器内核来自 ARM 公司、各芯片厂商结合自身已有的技术优势以及芯片的市场定位等因素使芯片设计最优化,从而产生了一大批各具特色的 SoC 芯片。IP 核是指:将一些在数字电路中常用但比较复杂的功能块(如 FIR 滤波器、SDRAM 控制器、PCI 接口等)设计成可修改参数的模块,让其他用户可以直接调用这些模块,这样就大大减轻了工程师的负担,避免重复劳动。随着集成电路的规模越来越大,设计越来越复杂,使用 IP 核(分为软核、固核和硬核)是一个发展趋势。

软核通常可以由综合的 HDL 提供,因此具有较高的灵活性,并与具体的实现工艺无关。其主要缺点是缺乏对时序、面积和功耗的预见性。由于软核以源代码的形式提供,尽管源代码可以采用加密方法,但其知识产权保护问题仍不容忽视。

硬核则以经过完全的布局布线的网表形式提供。这种硬核既具有可预见性,同时还可以针对特定工艺或购买商进行功耗和尺寸上的优化。尽管硬核由于缺乏灵活性而使得可移植性较差,但由于无须提供寄存器转移级(RTL)文件,因而更易于实现 IP 保护。

固核则是软核和硬核的折中。

高度集成的 SoC 芯片的采用可以带来一系列好处,诸如减少了外围器件和 PCB 面积,提高系统抗干扰能力,缩小产品体积,降低功耗等。

2. 软核与硬核同步发展的 SOPC 技术

SOPC 技术中以 Nios 和 MicroBlaze 为代表的 RISC 处理器 IP 核以及用户以 HDL 语言开发的逻辑部件可以最终综合到一片 FPGA 芯片中,实现真正的可编程片上系统,此时的嵌入式处理器称之为"软处理器"或"软核"。Altera 公司最新推出的 NiosII 可以嵌入到 Altera 公司的 StratixII、Stratix、Cyclone 和 HardCopy 等系列可编程器件中,用户可以获得超过 200 DMIPS 的性能,而只需花费不到 35 美分的逻辑资源。用户可以从 3 种处理器以及超过

60个的IP核中选择所需要的,设计师可以以此来创建一个最适合他们需求的嵌入式系统。软核技术提供了极高的灵活性和性价比。

SOPC技术的另一个重要分支是嵌入硬核。集高密度逻辑(FPGA)、存储器(SRAM)及嵌入式处理器(ARM/PPC)于单片可编程逻辑器件上,实现了高速度与编程能力的完美结合。Altera公司的EPXA10芯片内部集成了工作频率可达200 MHz的ARM922T处理器、100万门可编程逻辑、3 MB的内部RAM以及512个可编程I/O引脚,可以通过嵌入各种IP核实现多种标准工业接口,如PCI、USB等。软/硬核同步发展,为用户提供了更多、更灵活的选择。

3. 与DSP技术融合

传统的嵌入式微处理器可以分为微控制器MCU、微处理器MPU和数字信号处理器DSP,然而随着技术的发展,它们之间的区别也变得越来越模糊,并有逐步融合的趋势。现在不少的MCU和MPU具备了DSP的特征,例如采用哈佛结构、增加了乘加运算指令等;同时不少DSP芯片内部也集成了A/D、D/A、定时/计数器和UART等。这种技术融合趋势也有两条不同的技术路线:在中低端应用中,在传统MPU内部集成DSP宏单元以及在指令集中加入DSP功能指令,如ARM9E系列处理器采用哈佛结构的同时增加了16位数据乘法和乘加操作指令、双字数据操作指令、缓存预取指令等,可以满足数字消费品、存储设备、电机控制和低端网络设备对于控制和高密度运算能力的双重需求;在高端复杂应用中,向多内核、并行处理的方向发展。

第 2 章

ARM Cortex-M3 处理器内核结构

　　Stellaris 系列产品的所有成员（包括 LM3S101/102 微控制器）都是围绕着 ARM Cotex-M3 处理器内核来设计的。ARM Cortex-M3 处理器为高性能、低成本的平台提供了一个能够满足小存储要求（minimal memory implementation）、减少引脚数以及低功耗三方面要求的内核。与此同时，它还提供了出色的计算性能和优越的系统中断响应能力。

　　基于 ARM V7 架构的 Cortex-M3 处理器带有一个分级结构。它集成了名为 CM3Core 的中心处理器内核和先进的系统外设，实现了内置的中断控制、存储器保护以及系统调试与跟踪功能。这些外设可进行高度配置，允许 Cortex-M3 处理器处理大范围的应用并更贴近系统的需求。目前，Cortex-M3 内核和集成部件（见图 2-1）已进行了专门的设计，用于实现最小存储容量、减少引脚数目以及降低功耗。

2.1 Cortex-M3 内核

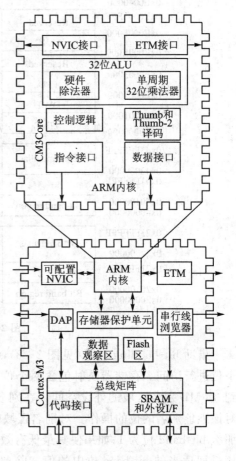

图 2-1 Cortex-M3 处理器

　　Cortex-M3 中央内核基于哈佛架构，指令和数据各使用一条总线（见图 2-1）。与 Cortex-M3 不同，ARM7 系列处理器使用冯·诺依曼（Von Neumann）架构，指令和数据共用信号总线以及存储器。由于指令和数据可以从存储器中同时读取，所以 Cortex-M3 处理器对多个操作并行执行，加快了应用程序的执行速度。

　　内核流水线分 3 个阶段：取指、译码和执行。当遇到分支指令时，译码阶段也包含预测的指令取指，这提高了执行速度。处理器在译码阶段期间自行对分支目的地指令进行取指。在稍后的执行过程中，处理完分支指令后便知道下一条要执行的指令。如果分支不跳转，那么紧跟着的下一条指令随时可供使用；如果分支跳转，那么在跳转的同时分支指令可供使用，空闲时间限制为一个周期。

　　Cortex-M3 内核包含一个适用于传统 Thumb 与新型 Thumb-2 指令的译码器、一个支持硬件乘法与除法的先进 ALU、控制逻辑以及用于连接处理器其他部件的接口。

Cortex-M3 处理器是一个 32 位处理器,带有 32 位宽的数据路径、寄存器库和存储器接口。其中有 13 个通用寄存器、2 个堆栈指针、1 个链接寄存器、1 个程序计数器以及一系列包含编程状态寄存器的特殊寄存器。

Cortex-M3 处理器支持两种工作模式(线程 Thread 和处理器 Handler)和两个等级的访问形式(有特权或无特权),在不牺牲应用程序安全的前提下实现了对复杂的开放式系统的执行。无特权代码的执行限制或拒绝对某些资源的访问,如某个指令或指定的存储器位置。Thread 是常用的工作模式,它同时支持享有特权的代码以及没有特权的代码。当异常发生时,进入 Handler 模式,在该模式中所有代码都享有特权。此外,所有操作均根据以下两种工作状态进行分类,Thumb 代表常规执行操作,Debug 代表调试操作。

Cortex-M3 处理器是一个存储器映射系统(见图 2-2),为高达 4 GB 的可寻址存储空间提供简单和固定的存储器映射,同时这些空间为代码空间、SRAM 存储空间,外部存储器/器件和内部/外部外设提供预定义的专用地址。另外,还有一个特殊区域专门供厂家使用。

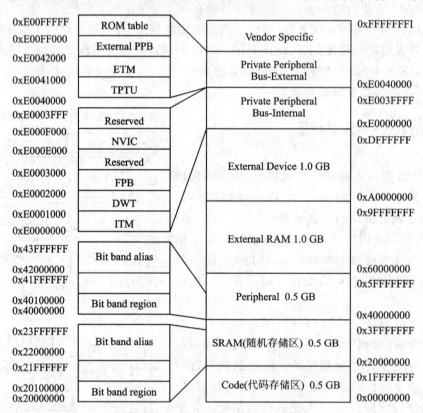

图 2-2 存储器映射图

借助 bit-banding 技术(见图 2-3),Cortex-M3 处理器可以在简单系统中直接对数据的单个位进行访问。存储器映射包含两个位于 SRAM 的大小均为 1 MB 的 bit-band 区域和映射到 32 MB 别名区域的外设空间。在别名区域中,某个地址上的加载/存储操作将直接转化为对该地址别名的位的操作。对别名区域中的某个地址进行写操作,如果使其最低有效位置位,那么 bit-band 位为 1;如果使其最低有效位清零,那么 bit-band 位为零。读别名后的地址将直接返回适当的 bit-band 位中的值。除此之外,该操作为原始位操作,其他总线活动不能对其中断。

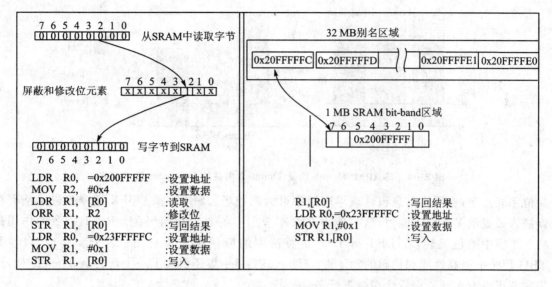

图 2-3　传统的位处理方法和 Cortex-M3 bit-banding 的比较

基于传统 ARM7 处理器的系统只支持访问对齐的数据,只有沿着对齐的字边界才可以对数据进行访问和存储。Cortex-M3 处理器采用非对齐数据访问方式,使非对齐数据可以在单核访问中进行传输。当使用非对齐传输时,这些传输将转换为多个对齐传输,但这一过程不为程序员所见。

Cortex-M3 处理器除了支持单周期 32 位乘法操作之外,还支持带符号的和不带符号的除法操作,这些操作使用 SDIV 和 UDIV 指令,根据操作数大小的不同在 2~12 个周期内完成。如果被除数和除数大小接近,那么除法操作可以更快地完成。Cortex-M3 处理器凭借着这些在数学处理能力方面的改进,成为了众多高数字处理强度应用(如传感器读取和取值或硬件在环仿真系统)的理想选择。

2.2　Thumb-2 指令集架构

ARM V7-M 是 ARM V7 架构的微控制器部分,它和早期的 ARM 架构不同,它在早期的 ARM 架构中只单独支持 Thumb-2 指令。Thumb-2 技术是 16 位和 32 位指令的结合,实现了 32 位 ARM 指令性能,匹配原始的 16 位 Thumb 指令集并与之后向兼容。图 2-4 所示为预测的 Dhrystone 基准结果,由该结果可知,Thumb-2 技术确实实现了预期的目标。

在基于 ARM7 处理器的系统中,处理器内核会根据特定的应用切换到 Thumb 状态(以获取高代码密度)或 ARM 状态(以获取出色的性能)。然而,在 Cortex-M3 处理器中无须交互使用指令,16 位指令和 32 位指令共存于同一模式,复杂性大幅下降,代码密度和性能均得到提高。由于 Thumb-2 指令是 16 位 Thumb 指令的扩展集,所以 Cortex-M3 处理器可以执行之前所写的任何 Thumb 代码。得益于 Thumb-2 指令,Cortex-M3 处理器同时兼容于其他 ARM Cortex 处理器的家族成员。

Thumb-2 指令集用于多种不同应用,使紧凑代码的编写更加简单快捷。BFI 和 BFC 指令

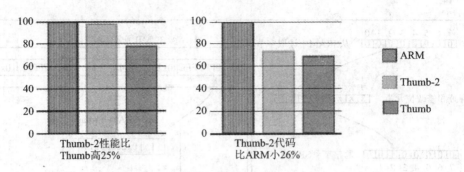

图 2-4 与 ARM、Thumb 以及 Thumb-2 相关的 Dhrystone 基准结果

为位字段指令,在网络信息包处理等应用中可大派用场。SBFX 和 UBFX 指令改进了从寄存器插入或提取多个位的能力,这一能力在汽车应用中的表现相当出色。RBIT 指令的作用是将一个字中的位反转,在 DFT 等 DSP 运算法则的应用中非常有用。表分支指令 TBB 和 TBH 用于平衡高性能和代码的紧凑性。Thumb-2 指令集还引入了一个新的 If-Then 结构,这意味着可以有多达 4 个后续指令进行条件执行。

2.3 嵌套向量中断控制器(NVIC)

NVIC 是 Cortex-M3 处理器中一个完整的部分,它可以进行高度配置,为处理器提供出色的中断处理能力。在 NVIC 的标准执行中,它提供了一个非屏蔽中断(NMI)和 32 个通用物理中断,这些中断带有 8 级的抢占优先权。NVIC 可以通过综合选择配置为 1 到 240 个物理中断中的任何一个,并带有多达 256 个优先级。

Cortex-M3 处理器使用一个可以重复定位的向量表,表中包含了将要执行的函数的地址,可供具体的中断处理器使用。中断被接受之后,处理器通过指令总线接口从向量表中获取地址。向量表复位时指向零,编程控制寄存器可以使向量表重新定位。

为了减少门计数并提高系统的灵活性,Cortex-M3 已从 ARM7 处理器的分组映射寄存器异常模型升级到了基于堆栈的异常模型。当异常发生时,编程计数器、编程状态寄存器、链接寄存器和 R0~R3、R12 等通用寄存器将被压进堆栈。在数据总线对寄存器压栈的同时,指令总线从向量表中识别出异常向量,并获取异常代码的第一条指令。一旦压栈和取指完成,中断服务程序或故障处理程序就开始执行,随后寄存器自动恢复,中断了的程序也因此恢复正常的执行。由于可以在硬件中处理堆栈操作,Cortex-M3 处理器免去了在传统的 C 语言中断服务程序中为了完成堆栈处理所要编写的汇编程序包,这使应用程序的开发变得更加简单。

NVIC 支持中断嵌套(压栈),允许通过提高中断的优先级对中断进行提前处理。它还支持中断的动态优先权重置。优先权级别可以在运行期间通过软件进行修改。正在处理的中断会防止被进一步激活,直到中断服务程序完成,所以在改变它们的优先级的同时,也避免了意外重新进入中断的风险。

在背对背中断情况中,传统的系统将重复两次状态保存和状态恢复的过程,导致了延迟的增加。Cortex-M3 处理器使用末尾连锁(tail-chaining)技术简化了激活的和未决的中断之间的移动。末尾连锁技术把需要用时 30 个时钟周期才能完成的连续的堆栈弹出和压入操作替换为6个时钟周期就能完成的指令取指,实现了延迟的降低。处理器状态在进入中断时自动保存,在中断退出时自动恢复,比软件执行用时更少,大大提高了频率为100 MHz的子系统的性能。NVIC中的末尾连锁技术见图2-5。

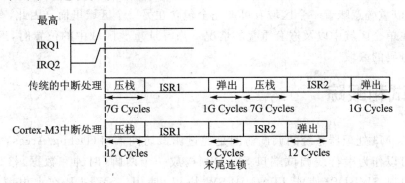

图2-5 NVIC中的末尾连锁技术

NVIC还采用了支持内置睡眠模式的Cortex-M3处理器的电源管理方案。立即睡眠模式(Sleep Now mode)被等待中断(WFI)或等待事件(WFE)其中一个指令调用,这些指令可以使内核立即进入低功耗模式,异常被挂起。退出时睡眠模式(Sleep On Exit mode)在系统退出最低优先级的中断服务程序时使其进入低功耗模式。内核保持睡眠状态直到遇上另一个异常。由于只有一个中断可以退出该模式,所以系统状态不会被恢复。系统控制寄存器中的SLEEPDEEP位如果被置位,那么该位可以用来控制内核以及其他系统部件,以获得最理想的节电方案。

NVIC还集成了一个递减计数的24位系统嘀哒(SysTick)定时器,它定时产生中断,提供理想的时钟来驱动实时操作系统或其他预定任务。

2.4 存储器保护单元(MPU)

MPU是Cortex-M3处理器中一个可选的部分,它通过保护用户应用程序中操作系统所使用的重要数据,分离处理任务(禁止访问各自的数据),禁止访问存储器区域,将存储器区域定义为只读,以及对有可能破坏系统的未知的存储器访问进行检测等手段来提高嵌入式系统的可靠性。

MPU使应用程序可以拆分为多个进程。每个进程不仅有指定的存储器(代码、数据、栈和堆)和器件,而且还可以访问共享的存储器和器件。MPU还会增强用户和特权访问规则。这包括以正确的优先级别执行代码以及加强享有特权的代码和用户代码对存储器和器件的使用权的控制。

MPU将存储器分成不同的区域,并通过防止无授权的访问对存储器实施保护。MPU支持多达8个区域,每个区域又可以分为8个子区域。所支持的区域大小从32字节开始,以2为倍数递增,最大可达到4 GB可寻址空间。每个区域都对应一个区域号码(从0开始的索引),用于对区域进行寻址。另外,也可以为享有特权的地址定义一个默认的背景存储器映射。对未在MPU区域中定义的或在区域设置中被禁止的存储器位置进行访问将会导致存储器管理故障(Memory Management Fault)的产生。

区域的保护是根据规则来执行的,这些规则以处理的类型(读、写和执行)和执行访问代码的优先级为基础进行制定。每个区域都包含一组位影响访问的允许类型,以及一组位影响所允许的总线操作。MPU还支持重叠的区域(覆盖同一地址的区域)。由于区域大小是乘2所得的结果,所以重叠意味着一个区域有可能完全包含在另一个区域里面。因此,有可能出现多个区域包含在单个区域中以及嵌套重叠的情况。当寻址重叠区域中的位置时,返回的将是拥有最高区域号码的区域。

2.5 调试和跟踪

对 Cortex-M3 处理器系统的调试访问是通过调试访问端口(Debug Access Port)来实现的。该端口可以作为串行线调试端口 SW-DP(构成一个两脚(时钟和数据)接口)或串行线 JTAG 调试端口 SWJ-DP(使能 JTAG 或 SW 协议)使用。SWJ-DP 在上电复位时默认为 JTAG 模式,并且可以通过外部调试硬件所提供的控制序列进行协议的切换。

调试操作可以通过断点、观察点、出错条件或外部调试请求等各种事件进行触发。当调试事件发生时,Cortex-M3 处理器可以进入挂起模式或者调试监控模式。在挂起模式期间,处理器将完全停止程序的执行。挂起模式支持单步操作。中断可以暂停,也可以在单步运行期间进行调用,如果对其屏蔽,外部中断将在逐步运行期间被忽略。在调试监控模式中,处理器通过执行异常处理程序来完成各种调试任务,同时允许享有更高优先权的异常发生。该模式同样支持单步操作。

Flash 块和断点(FPB)单元执行 6 个程序断点和 2 个常量数据取指断点,或者执行块操作指令,或者执行位于代码存储空间和系统存储空间之间的常量数据。该单元包含 6 个指令比较器,用于匹配代码空间的指令取指。通过向处理器返回一个断点指令,每个比较器都可以把代码重新映射到系统空间的某个区域或执行一个硬件断点。这个单元还包含 2 个常量比较器,用于匹配从代码空间加载的常量以及将代码重新映射到系统空间的某一个区域。

数据观察点和跟踪(DWT)单元包含 4 个比较器,每一个比较器都可以配置为硬件观察点。当比较器配置为观察点使用时,它既可以比较数据地址,也可以比较编程计数器。DWT 比较器还可以配置用来触发 PC 采样事件和数据地址采样事件,以及通过配置使嵌入式跟踪宏单元(ETM)发出指令跟踪流中的触发数据包。

ETM 是设计用于单独支持指令跟踪的可选部件,其作用是确保在对区域的影响最小的情况下实现程序执行的重建。ETM 使指令的跟踪具有高性能和实时性的特点,数据通过压缩处理器内核的跟踪信息进行传输可以最小化带宽的需求。跟踪过程如图 2-6 所示。

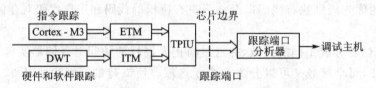

图 2-6 Cortex-M3 跟踪过程

Cortex-M3 处理器采用带 DWT 和 ITM(测量跟踪宏单元)的数据跟踪技术。DWT 提供指令执行统计并产生观察点事件来调用调试或触发指定系统事件上的 ETM。ITM 是由应用程序驱动的跟踪资源,支持跟踪 OS 和应用程序事件的 printf 类型调试。它接受 DWT 的硬件跟踪数据包以及处理器内核的软件跟踪激励,并使用时间戳来发送诊断系统信息。跟踪端口接口单元(TPIU,Trace Port Interface Unit)接收 ETM 和 ITM 的跟踪信息,然后将其合并、格式化并通过串行线浏览器(SWV,Serial Wire Viewer)发送到外部跟踪分析器单元。通过单引脚导出数据流,SWV 支持简单和具有成本效率的系统事件压型。曼彻斯特编码和 UART 都是 SWV 支持的格式。

2.6 总线矩阵和接口

Cortex-M3 处理器总线矩阵把处理器和调试接口连接到外部总线;也就是把基于 32 位 AMBA® AHB-Lite 的 ICode、DCode 和系统接口连接到基于 32 位 AMBA APB™ 的专用外设总线(PPB,Private Peripheral Bus)。总线矩阵也采用非对齐数据访问方式以及 bit banding 技术。32 位 ICode 接口用于获取代码空间中的指令,只有 CM3Core 可以对其访问。所有取指的宽度都是一个字,每个字里面的指令数目取决于所执行代码的类型及其在存储器中的对齐方式。32 位 DCode 接口用于访问代码存储空间中的数据,CM3Core 和 DAP 都可以对其访问。32 位系统接口分别获取和访问系统存储空间中的指令和数据,与 DCode 相似,可以被 CM3Core 和 DAP 访问。PPB 可以访问 Cortex-M3 处理器系统外部的部件。

ISA 包含了所有 Thumb 指令。此外,ARM 汇编代码通过 ARM Unified Assembler 结构可以轻易地移植到 Thumb-2 指令。如果源代码是用高级语言(如 C)编写的,那么可以使用 RealView 编译工具或 GNU 编译器等第三方工具将其重新编译到 Thumb-2 代码。

RealView 微控制器开发套件(RealView Microcontroller Developer Kit)为所有基于 ARM 处理器(包括 Cortex-M3 处理器)的微控制器提供了完整的软件开发环境。这里随便提一些第三方开发工具,包括 IAR、Green Hills 和 Lauterbach 的编译器、仿真器和调试器等。

2.7 Cortex-M3 指令系统

ARM 公司在其 Cortex-M3 内核中嵌入新的 Thumb-2 指令集。新的 Thumb-2 内核技术保留了紧凑代码质量并与现有 ARM 方案的代码兼容性,提供改进的性能和能量效率。Thumb-2 是一种新型混合指令集,融合了 16 位和 32 位指令,用于实现密度和性能的最佳平衡。在不对性能进行折中的情况下,节省许多高集成度系统级设计的总体存储成本。

Cortex-M3 处理器支持表 2-1 中列出的 Thumb-2 指令。

表 2-1 Cortex-M3 支持的 Thumb-2 指令

指令类型	大小	指令
数据操作	16	ADC,ADD,AND,ASR,BIC,CMN,CMP,CPY,EOR,LSL,LSR,MOV,MUL,MVN,NEG,ORR,ROR,SBC,SUB,TST,REV,REVH,REVSH,SXTB,SXTB,SXTH,UXTB,UBTH
分支	16	B<cond>,B,BL,BX,BLX。注:不支持带立即数的 BLX 指令
单寄存器加载—存储	16	LDR,LDRB,LDRH,LDRSB,LDRSH,STR,STRB,STRH,T 变量

续表2-1

指令类型	大小	指 令
多寄存器加载—存储	16	LDMIA,POP,PUSH,STMIA
异常产生	16	BKPT,如果调试使能,程序停止,进入调试状态;如果调试禁止,则出错。出现 SVC 故障则调用 SVCall 处理程序
带立即数的数据操作	32	ADC{C},ADD{S},CMN,RSB{S},SBC{S},SUB{S},CMP,AND{S},TST,BIC{S},EOR{S},TEQ,ORR{S},MOV{S},ORE{S},MVN{S}
带大立即数的数据操作	32	MOVW,MOVT,ADDW,SUBW。 MOVW 和 MOVT 带有 16 位立即数。这意味着它们能代替来自存储器的 literal 加载。 ADDW 和 SUBW 带有 12 位立即数。这意味着它们能代替多个来自存储器的 literal 加载
位域操作	32	BFI,BFC,UBFX,SBFX。这些指令都是按位来操作的,使能对位的位置和大小的控制。除了许多比较和一些 AND/OR 赋值表达式之外,它们还都支持 C/C++位区(在 structs 中)
带3个寄存器的数据操作	32	ADC{S},ADD{S},CMN,RSB{S},SBC{S},SUB{S},CMP,AND{S},TST,BIC{S},EOR{S},TEQ,ORR{S},MOV{S},ORN{S},MVN{S}。不支持 PKxxx 指令
移位操作	32	ASR{S},LSL{S},LSR{S},ROR{S}
杂项	32	REV,REVH,REVSH,RBIT,CLZ,SXTB,SXTH,UXTB,UXTH。扩展指令与对应的 v6 16 位指令相同
表格分支	32	TBB 和 TBH 表格分支,用于 switch/case。这些指令都是带移位的 LDR 操作,然后进行分支
乘法	32	MUL,MLA,MLS
64 位结果乘法	32	UMULL,SMULL,UMLAL,SMLAL
加载—存储寻址	32	支持以下格式:PC+/-imm12,Rbase+imm12,Rbase+/-imm8,以及包括移位的调整寄存器。 在特权模式下使用的 T 变量
单寄存器加载—存储	32	LDR,LDRB,LDRSB,LDRH,LDRSH,STR,STRB,STRH,T 变量。PLD 作为暗示,在没有高速缓存时当作 NOP 指令
多寄存器加载—存储	32	STM,LDM,LDRD,STRD,LDC,STC
专用的加载—存储 (exclusive load-store)	32	LDREX,STREX,LDREXB,LDREXH,STREXB,STREXH,CLREX。 如果没有局部监控程序时,将出现故障,这是 IMP DEF。这里不包括 DREXD 和 STREXD
分支	32	B,BL,B〈cond〉。状态一直改变,因此无 BLX(1)。无 BXJ
系统(32 位)	32	用 MSR(2)和 MRS(2)代替 MSR/MRS,但 MSR(2)和 MRS(2)还有其他更多的功能。可以用它们来访问其他堆栈和状态寄存器。 不支持 CPSIE/CPSID 的 32 位格式。 无 RFE 或 SRS
系统(16 位)	16	CPSIE 和 CPSID,是 MSR(2)指令的快速版本,使用标准的 Thumb-2 编码,但只允许使用"i"和"f",不允许使用"a"

续表 2-1

指令类型	大小	指令
扩展 32	32	NOP(所有格式),协处理器(LDC,MCR,MCR2,MCRR,MRC,MRRC,STC),以及 YIELD(相当于 NOP)。注:无 MRS(1),MSR(1),或 SUBS(PC 返回链接)
组合分支	16	CBZ 和 CBNZ(如果寄存器为 0 或非 0,则进行比较并分支)
扩展	16	IT 和 NOP。包括 YIELD
除法	32	SDIV 和 UDIV。带符号和不带符号数的 32/32 除,商也为 32 位,没有余数。可通过减法操作来实现,该操作允许提前退出
睡眠	16,32	WFI,WFE 和 SEV,相当于 NOP 指令,用来控制睡眠行为
排序(barrier)	32	ISB,DSB 和 DMB,该类排序指令用来确保在下一条指令执行之前某些动作已经发生
饱和(Saturation)	32	SSAT 和 USAT,用来对寄存器进行饱和操作。该类指令执行以下操作:使用移位操作将值规格化,测试来自所选位单元(Q 值)的溢出情况。 如果溢出,则置位 xPSR 的 Q 位,在检测到溢出时使该值达到饱和。 饱和值请参考针对所选大小的最大的无符号数或最大/最小的带符号数

注:所有的协处理器指令都产生无 CP 故障。

特别提示: 因 Cortex-M3 处理器全部使用 C 语言编程,所以在此对于汇编指令只作简单介绍而不作详细的运用讲解。学习时请注重各课题中的范例与练习。

第 3 章

Cortex-M3 内核微控制器 LM3S101/LM3S102 硬件结构

3.1 概 述

Luminary Micro Stellaris™ 系列的微控制器是首款基于 ARM Cortex-M3 的控制器,它将高性能的 32 位计算引入到对价格敏感的嵌入式微控制器应用中。这些堪称先锋的器件拥有与 8 位和 16 位器件相同的价格,却能为用户提供 32 位器件的性能,并且所有器件都是以小型封装形式提供。

Stellaris 系列的 LM3S101/LM3S102 微控制器拥有 ARM 微控制器所具有的众多优点,如拥有广泛使用的开发工具,片上系统(SoC)的底层结构 IP 的应用,采用 ARM 可兼容 Thumb 的 Thumb-2 指令集等。

LM3S101/LM3S102 微控制器包含以下的产品特性。

(1) 32 位 RISC 体系结构性能

- 采用为小型嵌入式应用方案而优化的 32 位 ARM Cortex-M3 结构;
- 可兼容 Thumb 的 Thumb-2 专用指令集处理器内核,可提高代码密度;
- 20 MHz 工作频率;
- 硬件除法和单周期乘法;
- 集成了嵌套向量中断控制器以提供明确的中断处理;
- 14 个中断,带 8 个优先级;
- 非对齐式的数据访问,使数据可以有效地压缩到内存中;
- 极细微的位处理操作(bit-banding)可最大限度地使用内存,并且提供创新的外设控制。

(2) 内部存储器

- 8 KB 单周期 Flash:用户管理的 Flash 块保护,以 2 KB 块大小为基础;用户管理的 Flash 数据编程;用户定义和管理的 Flash 保护块;
- 2 KB 单周期 SRAM。

(3) 通用定时器

- 2 个定时器,每个都可配置为 1 个 32 位定时器或 2 个 16 位定时器;
- 32 位定时器模式:可编程的单次触发(one-shot)定时器;可编程的周期定时器;使用外部 32.768 kHz 时钟作为输入时的实时时钟;在周期或者单次触发模式下进行调试期

间,当控制器使 CPU 的暂停(Halt)标志有效时的暂停操作(stalling)可由用户来控制使能;
- 16 位定时器模式:带有 8 位预分频器的通用定时器功能;可编程的单次触发定时器;可编程的周期定时器;在调试期间,当控制器使 CPU 的暂停(Halt)标志有效时的暂停操作(stalling);可由用户来控制使能;
- 16 位输入捕获模式:输入边沿计数捕获;输入边沿时间捕获;
- 16 位 PWM 模式:简单 PWM 模式,可通过软件编程来控制 PWM 信号的输出反相;可遵循 ARM FiRM 规范的看门狗定时器。

(4) 可遵循 ARM FiRM 规范的看门狗定时器

(5) 同步串行接口(SSI)
- 主机或从机操作;
- 可编程的时钟位速率和预分频;
- 独立的发送和接收 FIFO,16 位宽、8 单元深。

(6) UART
- 完全可编程的 16C550-类型 UART;
- 独立的 16×8 发送(Tx)和 16×12 接收(Rx) FIFO,减少 CPU 中断服务负载;
- 带小数分频器的可编程波特率发生器;
- 可编程的 FIFO 长度,包含 1 字节深度的操作提供常用的双缓冲接口;
- FIFO 触发点为 1/8、1/4、1/2、3/4 和 7/8;
- 用于起始、停止和奇偶的标准异步通信位。

(7) 模拟比较器
- 输出可以配置为驱动输出引脚或者产生中断;
- 可将外部引脚输入与外部引脚输入相比,或者与内部可编程的参考电压相比。

(8) I^2C
- 在标准模式中,主机和从机接收和发送操作的传输速度高达 100 kbps;在高速模式中,传输速度高达 400 kbps;
- 中断产生;
- 主机具有仲裁和时钟同步,多主机支持,以及 7 位寻址模式。

(9) GPIO
- 高达 18 个 GPIO,取决于配置;
- 中断产生可编程为边沿触发或电平检测;
- 在读和写操作中通过地址线进行位屏蔽;
- GPIO 端口配置的可编程控制。

3.2 引脚功能

3.2.1 引脚分布

LM3S101/LM3S102 引脚分布图如图 3-1 和图 3-2 所示。

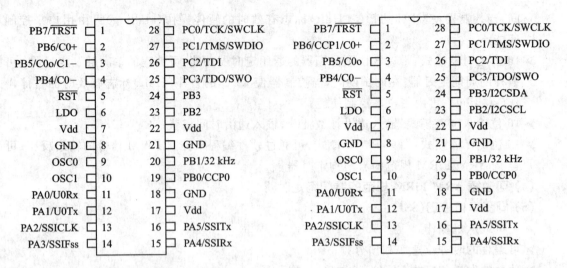

图 3-1 LM3S101 引脚分布图   图 3-2 LM3S102 引脚分布图

3.2.2 引脚功能描述

LM3S101/LM3S102 引脚功能描述如表 3-1 所列。

表 3-1 LM3S101/LM3S102 的引脚功能描述

引脚编号	信号名称	引脚类型	缓冲区类型	描述
1	PB7	I/O	TTL	GPIO 端口 B 位 7
	$\overline{TRST}$	I	TTL	JTAG TAP 复位输入
2	PB6	I/O	TTL	GPIO 端口 B 位 6
	CCP1	I/O	TTL	定时器 0 捕获输入，比较输出或 PWM 输出通道 1(LM3S101 不支持)
	C0+	I	模拟	模拟比较器 0 正极参考输入
3	PB5	I/O	TTL	GPIO 端口 B 位 5
	C0o	O	TTL	模拟比较器 0 输出
	C1−	I	模拟	模拟比较器 1 负极参考输入(LM3S102 不支持)
4	PB4	I/O	TTL	GPIO 端口 B 位 4
	C0−	I	模拟	模拟比较器 0 负极参考输入
5	$\overline{RST}$	I	TTL	系统复位输入
6	LDO	—	电源	线性稳压器输出电压。该引脚在引脚和 GND 之间需要一个 1 μF 或更大的外部电容
7	Vdd	—	电源	逻辑和 I/O 引脚的正电源
8	GND	—	电源	逻辑和 I/O 引脚的参考地
9	OSC0	I	模拟	振荡器晶体输入或外部时钟参考输入
10	OSC1	O	模拟	振荡器晶体输出
11	PA0	I/O	TTL	GPIO 端口 A 位 0
	U0Rx	I	TTL	UART0 接收数据输入
12	PA1	I/O	TTL	GPIO 端口 A 位 1
	U0Tx	O	TTL	UART0 发送数据输出

续表 3-1

引脚编号	信号名称	引脚类型	缓冲区类型	描述
13	PA2	I/O	TTL	GPIO 端口 A 位 2
	SSICLK	I/O	TTL	SSI 时钟参考(该引脚在从机模式中用作输入,在主机模式中用作输出)
14	PA3	I/O	TTL	GPIO 端口 A 位 2
	SSIFss	I/O	TTL	SSI 帧使能(SSI 从机设备的输入和 SSI 主机设备的输出)
15	PA4	I/O	TTL	GPIO 端口 A 位 4
	SSIRx	I	TTL	SSI 接收数据输入
16	PA5	I/O	TTL	GPIO 端口 A 位 5
	SSITx	O	TTL	SSI 发送数据输出
17	Vdd	—	电源	逻辑和 I/O 引脚的正电源
18	GND	—	电源	逻辑和 I/O 引脚的参考地
19	PB0	I/O	TTL	GPIO 端口 B 位 5
	CCP0	I/O	TTL	定时器 0 捕获输入,比较输出或 PWM 输出端口 0
20	PB1	I/O	TTL	GPIO 端口 B 位 1
	32 kHz	I	TTL	实时时钟操作的定时器时钟参考输入
21	GND	—	电源	逻辑和 I/O 引脚的参考地
22	Vdd	—	电源	逻辑和 I/O 引脚的正电源
23	PB2	I/O	TTL	GPIO 端口 B 位 2
	I2CSCL	I/O	OD	I^2C 串行时钟(LM3S101 不支持)
24	PB3	I/O	TTL	GPIO 端口 B 位 3
	I2CSDA	I/O	OD	I^2C 串行数据(LM3S101 不支持)
25	PC3	I/O	TTL	GPIO 端口 C 位 3
	TDO	O	TTL	JTAG 扫描测试输出
	SWO	O	TTL	串行线输出
26	PC2	I/O	TTL	GPIO 端口 C 位 2
	TD1	I	TTL	JTAG 扫描测试输入
27	PC1	I/O	TTL	GPIO 端口 C 位 1
	TMS	I	TTL	JTAG 模式选择输入
	SWDIO	I/O	TTL	串行线调试输入/输出
28	PC0	I/O	TTL	GPIO 端口 C 位 0
	TCK	I	TTL	JTAG 扫描时钟参考输入
	SWCLK	I	TTL	串行线时钟参考输入

LM3S101/LM3S102 的 GPIO 引脚和可选的功能如表 3-2 所列。

表 3-2 GPIO 引脚和可选的功能

GPIO 引脚	引脚编号	复用功能	利用功能
PA0	11	U0Rx	
PA1	12	U0Tx	
PA2	13	SSICLK	
PA3	14	SSIFss	
PA4	15	SSIRx	

续表 3-2

GPIO 引脚	引脚编号	复用功能	利用功能
PA5	16	SSITx	
PB0	19	CCP0	
PB1	20	32 kHz	
PB2	23	I2CSCL	
PB3	24	I2CSDA	
PB4	4	C0−	
PB5	3	C0o	C1−
PB6	2	C0+	CCP1
PB7	1	TRST	
PC0	28	TCK	SWCLK
PC1	27	TMS	SWDIO
PC2	26	TDI	
PC3	25	TDO	SWO

3.3 硬件结构

LM3S101/LM3S102 硬件结构图如图 3-3 所示。

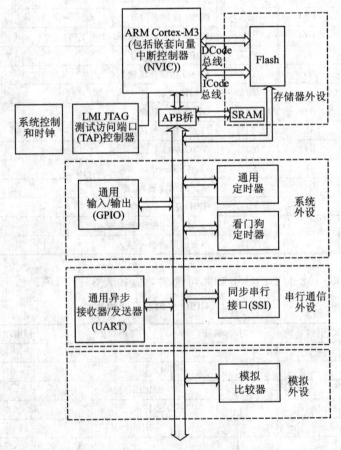

图 3-3 LM3S101/LM3S102 硬件结构

3.4 ARM Cortex-M3 内核

ARM Cortex-M3 处理器为高性能、低成本的平台提供了一个能够满足小存储要求解决方案、简化引脚数以及低功耗三方面要求的内核，与此同时，它还提供了出色的计算性能和优越的系统中断响应能力。其特性如下：

➢ 紧凑的内核。
➢ Thumb-2 指令集，在通常与 8 位和 16 位设备相关联的存储容量中，特别是在微控制器级应用的几千字节存储量中，提供了 ARM 内核所期望的高性能。
➢ 优越的中断处理能力，通过执行寄存器操作来实现，这些寄存器操作在处理硬件中断时使用。
➢ 功能齐全的调试解决方案，包括：
　　—串行线 JTAG 调试端口(SWJ-DP)；
　　—Flash 修补和断点(FPB)单元，用于实现断点操作；
　　—数据观察点和触发单元(DWT)，用于执行观察点、触发源和系统性能分析等操作；
　　—仪表跟踪宏单元(ITM)，用于支持 Printf 类型调试；
　　—跟踪端口的接口单元(TPIU)，用作跟踪端口分析仪(TPA)的桥接。

Stellaris 系列微控制器基于 Cortex-M3 内核，为注重成本的嵌入式微控制器应用，如工厂自动化与控制、工业控制电源设备、楼宇自动化和步进电机提供了高性能的 32 位运算能力。

ARM Cortex-M3 CPU 内核结构方框图如图 3-4 所示。

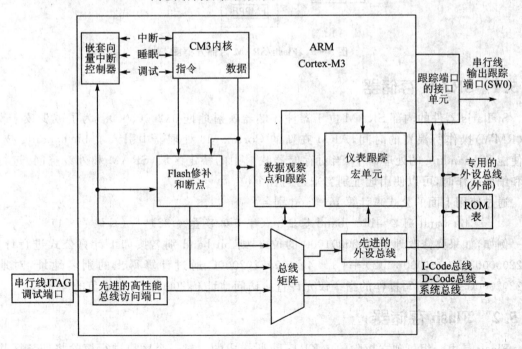

图 3-4　CPU 内核结构方框图

Luminary Micro 已经使用了如图 3-4 所示的 ARM Cortex-M3 内核。在它们的实现方案中,SW/JTAG-DP、TPIU、ROM 表、MPU 和嵌套向量中断控制器(NVIC)这几个 Cortex-M3 组件是灵活可变的。详细内容请参阅第 2 章。

3.5 内存储器单元(Flash/SRAM)

LM3S101/LM3S102 微控制器带有 2 KB 具有"bit-banded"功能的 SRAM 和 8 KB 的 Flash 存储器。Flash 控制器提供了一个友好的用户接口,使 Flash 编程成为一项简单的任务。在 Flash 存储器中可应用 Flash 保护,以 2 KB 块大小为基础。

Flash/SRAM 在 LM3S101/LM3S102 内部的位置见图 3-5 所示。

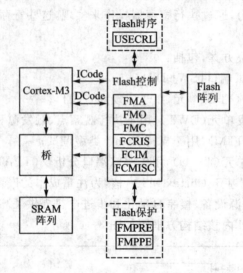

图 3-5 Flash/SRAM 内部方框图

3.5.1 SRAM 存储器

Stellaris 器件的内部 SRAM 位于器件存储器映射地址 0x20000000。为了减少读—改—写(RMW)操作所浪费的时间,ARM 在新的 Cortex-M3 处理器中引入了 bit-banding 技术。在使能 bit-banding 的处理器中,当对存储器映射中的特定区域(SRAM 和外设空间)进行单次和细微操作时,可以使用地址别名来访问各个位。

通过使用下面的公式来计算 bit-band 别名:

bit-band 别名 = bit-band 基址 + (字节偏移量 × 32) + (位编号 × 4)

例如,如果要修改地址 0x20001000 的位 3,则 bit-band 别名按如下计算公式进行计算:
0x22000000 + (0x1000 × 32) + (3 × 4) = 0x2202000C 通过计算得出的别名地址,对地址 0x2202000C 执行读/写操作的指令仅允许直接访问地址 0x20001000 处字节的位 3。

3.5.2 Flash 存储器

Flash 是由一组可独立擦除的 1 KB 区块所构成的。对一个区块进行擦除将使该区块的全部内容复位为 1。这些模块配对后便组成了一组可分别进行保护的 2 KB 区块。区块可被标记为只读或只执行(execute-only),以提供不同级别的代码保护。只读区块不能进行擦除或者编程,以保护区块的内容免受更改。只执行区块不能进行擦除或者编程,而且控制器只能通过取指的机制来读取它的内容,这可以保护区块的内容,使其免被控制器或调试器读取。

1. Flash 存储器时序

Flash 的时序是由 Flash 控制器自动处理的。但是,如此便需要得知系统的时钟速率以便对内部的信号进行精确的计时。为了完成这种计时,必须向 Flash 控制器提供每微秒所占用的时钟周期数目。而将此信息通过 USec 重载(USECLR)寄存器传达到 Flash 控制器以保持其更新状态的工作则由软件来负责。

在复位时,一个值会被载入到 USECRL 寄存器中,该值能对 Flash 的时序进行配置,以使其能够在所选的晶振频率下运作。如果软件改变系统操作频率,那么在试图对 Flash 进行任何修改之前必须将新的操作频率载入到 USECLR 中。例如,如果器件工作在 20 MHz 的频率下,那么必须向 USECRL 寄存器写入 0x13 的值。

2. Flash 存储器保护

在两个 32 位宽的寄存器中,以 2 KB Flash 块为基础向用户提供两种形式的 Flash 保护。由 FMPPE 和 FMPRE 寄存器的各个位来控制每种形式的保护策略(每个块有一个策略)。Flash 存储器保护编程使能(FMPPE):如果置位,则可以对模块进行编程(写)或擦除;如果清零,则不可以改变模块。

Flash 存储器保护读使能(FMPRE):如果置位,则通过软件或调试器执行或读模块。如果清零,则只可以执行模块。存储器模块的内容禁止作为数据来访问,并且也不能经过数据总线。可以将这些策略进行组合,如表 3-3 所列。

表 3-3 Flash 保护策略组合

FMPPE	FMPRE	保护策略
0	0	只执行保护。只可以执行模块而不能对其进行写或擦除。使用该模式来保护代码
1	0	可以写、擦除或执行模块,但不能进行读取。不太可能会使用这种组合
0	1	只读保护。可以读或执行模块,但不能对其进行写或擦除。在允许任何读或执行访问时,使用该模式来锁定模块以防对其进行更多的修改
1	1	无保护。可对模块进行写入、擦除、执行或读取操作

试图对受到擦写保护的模块进行编程或者擦除的访问操作是被禁止的。可选择产生控制器中断(通过置位 FIM 寄存器中的 AMASK 位)来向软件开发者警报在开发和调试阶段中出现的错误软件操作。

试图对受到读保护的模块进行读取的访问操作是被禁止的。此类访问所返回的数据将全部为 0。可选择产生控制器中断来向软件开发者警报在开发和调试阶段中出现的错误软件操作。

在 FMPRE 和 FMPPE 寄存器的出厂设置中,所有已经实现的存储器组所对应的位的值为 1。这实现了一种带有开放式访问和可编程特性的策略。寄存器的位可通过写入特定的寄存器位来改变。而这种改变不是永久性的,除非寄存器已获确认(已保存),位的改变才是永久性的。如果位在从 1 变为 0 时没有确认,可以通过执行上电复位序列来恢复该位。

3. Flash 存储器编程

写 Flash 存储器要求在 SRAM 之外执行写入的代码以避免破坏或打断总线时序。Flash 页面的擦除是以页面为单位(每页 1 KB 大小)来进行的,还可以通过执行对整个 Flash 进行完全擦除的操作来完成。

所有擦除和编程的操作都是通过使用 Flash 存储器地址(FMA)、Flash 存储器数据(FMD)和 Flash 存储器控制(FMC)寄存器来执行的。

3.6 中断系统

ARM Cortex-M3 处理器和嵌套向量中断控制器(NVIC)将区分所有异常的优先等级并对其进行处理。所有异常将于处理器模式中处理。在出现异常时,处理器的状态将被自动存储到堆栈中,并在中断服务程序(ISR)结束时自动从堆栈中恢复。取出向量和保存状态是同时进行的,这样便提高了进入中断的效率。Cortex-M3 处理器还支持末尾连锁(tail-chaining),这使处理器无须保存和恢复状态便可执行两个连续的背对背(back-to-back)中断。

表 3-4 列出了所有异常类型。软件可在 7 个异常(系统处理程序)以及 14 个中断上设置 8 个优先级(在表 3-5 中列出)。系统处理程序的优先级是通过 NVIC 系统处理程序优先级寄存器来设置的。而中断则是通过 NVIC 中断设置使能寄存器来使能的,并且由 NVIC 中断优先级寄存器来区分其优先等级。还可以把优先级划分为占先优先级(Pre-Emption Priorities)和次要优先级(Subpriorites)两组。

用户可设置的最高层的优先级(0)是仅次于复位、NMI 以及硬件故障的第 4 优先级。注意:0 是所有可调整优先级的默认优先级。

如果你将两个或更多的中断指定为相同的优先级,那么它们的硬件优先级(位置编号越高则优先级越低)就决定了处理器激活中断的顺序。例如,如果 GPIO 端口 A 和 GPIO 端口 B 都为优先级 1,那么 GPIO 端口 A 有更高的优先级。

有关异常和中断的更多信息详见网上资料\器件资料库\CortexM3_TRM.pdf 数据手册的第 5 章"异常"和第 8 章"嵌套向量中断控制器",或网上资料\器件资料库\Cortex-M3 技术参考手册.mht。

表 3-4 异常类型

异常类型	位置	优先级	描述
—	0	—	复位时载入向量表的第一项作为栈顶地址
复位	1	-3(最高)	在上电和热复位时调用。在执行第一条指令时,优先级将降为最低(也就是所谓的激活(中断)的基础级别)。这是异步的
不可屏蔽的中断(NMI)	2	-2	不可停止,也不会被任何异常抢占;复位除外。这是异步的。NMI 仅可由软件通过 NVIC 中断控制状态寄存器来产生
硬故障	3	-1	当故障由于优先级的原因或者是可配置的故障处理程序被禁止的原因无法激活的时候,所有类型的故障都会以硬故障的方式激活。这是同步的

续表 3-4

异常类型	位置	优先级	描述
存储器管理	4	可调整	MPU 失配,包括访问冲突(Access Violation)和不匹配。这是同步的。这种异常的优先级可被改变
总线故障	5	可调整	预取指故障,存储器访问故障和其他地址/存储器相关的故障。当为精确的总线故障时是同步的,为不精确的总线故障时是异步的。你可以使能或禁止这种故障
使用故障	6	可调整	使用故障,例如执行未定义的指令或试图进行非法的状态转变。这是同步的
—	7~10	—	保留
SVCall	11	可调整	调试监控器(当没有暂停时)。这是同步的,但仅在使能时有效。如果它的优先级比当前激活的处理程序的优先级更低,那么调试监控器不能激活
—	13	—	保留
PendSV	14	可调整	系统服务的可挂起(Pendable)请求。这是异步的且仅通过软件挂起
SysTick	15	可调整	系统节拍定时器已启动(Fired)。这是异步的
Interrupts	≥16	可调整	中断在 ARM Cortex-M3 内核之外发出且通过 NVIC 返回(区分优先级)。这些都是异步的。表 3-5 列出了 LM3S102 控制器上的中断

注:0 是所有可调整优先级的默认优先级。

表 3-5 中 断

中断(在中断寄存器中的位置)	描述	中断(在中断寄存器中的位置)	描述
0	GPIO 端口 A(PA)	19	定时器 0 a
1	GPIO 端口 B(PB)	20	定时器 0 b
2	GPIO 端口 C(PC)	21	定时器 1 a
3:4	保留	22	定时器 1 b
5	UART0	23:24	保留
6	保留	25	模拟比较器 0
7	SSI	26:27	保留
8	I²C	28	系统控制
9:17	保留	29	Flash 控制
18	看门狗定时器	30:31	保留

下面介绍异常中断。

1. 关于异常模型

ARM Cortex-M3 处理器和嵌套向量中断控制寄存器(NVIC)将区分所有异常的优先等级并对其进行处理。所有异常将在处理器模式中处理。在出现异常时,处理器的状态将被自动存储到堆栈中,并在中断服务程序(ISR)结束时自动从堆栈中恢复。取出向量和保存状态是同时进行的,这样便提高了中断的效率。Cortex-M3 处理器还支持末尾连锁,使处理器无须保存和恢复状态便可执行两个连续的背对背中断。以下特性可使能高效的低延迟异常处理:

- 自动状态保存和恢复。处理器在进入 ISR 之前将状态寄存器压栈,退出 ISR 之后将它们出栈。实现上述操作时不需要多余的指令。
- 自动读出代码存储器或 SRAM 中包含 ISR 地址的向量表入口。处理器在两个 ISR 之间没有对寄存器进行出栈和压栈操作的情况下处理背对背中断。
- 中断优先级可以动态重新设置。
- Cortex-M3 与 NVIC 之间采用紧耦合接口,通过该接口可以及早地对中断高优先级的迟来中断进行处理。
- 中断数目可配置为 1~240。
- 中断优先级的数目可配置为 1~8 位(1~256 级。Stellaris 系列单片机只支持 8 级)。
- 处理模式和线程模式具有独立的堆栈和特权等级。
- 使用 C/C++ 标准的调用规范:ARM 架构的过程调用标准(PCSAA)执行 ISR 控制传输。
- 优先级屏蔽支持临界区。

注:中断的数目和中断优先级的位数在实现时配置。软件可以选择只使能已配置中断数目的子集,以及选择所配置的优先级使用多少个位。

2. 异常类型

Cortex-M3 处理器中存在多种异常类型,异常是指由于执行指令时的一个错误条件而产生的故障。出现故障后可以同步或不同步地向引起故障的指令报告,但通常还是会同步报告。不精确的总线故障是 ARM V7-M 性能分析支持的一种不同步故障。同步故障总是和引起该故障的指令一同被报告。不同步故障不能保证与引起该故障的指令相关的方式报告。

有关异常详见网上资料\器件资料库\Cortex-M3 技术参考手册.mht。

3. 异常优先级

表 3-6 对优先级如何影响处理器处理异常的时间和方式进行了描述,并列出了异常基于优先级而采取的动作。

表 3-6 异常基于优先级的动作

异常类型	描述
占先	新的异常比当前的异常或线程的优先级更高并中断当前的流程。这是对挂起中断的响应。如果挂起中断的优先级比当前的 ISR 或线程的优先级更高,则进入挂起中断的 ISR。如果一个 ISR 抢占了另一个 ISR,则产生了中断嵌套。在进入异常时,处理器自动保存其状态,将状态压栈。与此同时,取出相应的中断向量。当处理器状态被保存并且 ISR 的第一条指令进入处理器流水线的执行阶段时,开始执行 ISR 的第一条指令。状态保存在系统总线上执行。取向量操作根据向量表所在位置可以在系统总线或 D-Code 总线上执行

续表 3-6

异常类型	描述
末尾连锁	末尾连锁是处理器用来加速中断响应的一种机制 在结束 ISR 时,如果存在一个挂起中断,其优先级高于正在返回的 ISR 或线程,那么就会跳过出栈操作,转而将控制权让给新的 ISR
返回	在没有挂起(pending)异常或没有比被压栈的 ISR 优先级更高的挂起异常时,处理器执行出栈操作,并返回到被压栈的 ISR 或线程模式。在响应 ISR 之后,处理器通过出栈操作自动将处理器状态复位为进入 ISR 之前的状态,如果在状态恢复过程中出现一个新的中断,并且该中断的优先级比正在返回的 ISR 或线程更高,则处理器放弃状态恢复操作并将新的中断作为末尾连锁来处理。
迟来	迟来是处理器用来加速占先的一种机制。如果在保存前一个占先状态时出现一个优先级更高的中断,则处理器转去处理优先级更高的中断,开始该中断的取向量操作。状态保存不会受到迟来的影响。因为被保存的状态对于两个中断都是一样的。状态保存继续执行不会被打断。处理器对迟来中断进行管理,直到 ISR 的第一指令进入处理器流水线的执行阶段。返回时采用常规的末尾连锁技术

在处理器的异常模型中,优先级决定了处理器何时以及怎样处理异常,用户能够:
➤ 指定中断的软件优先级。
➤ 将优先级分组,分为占先优先级(pre-emption priorities)和次优先级(subpriorities)。

(1) 优先级

NVIC 支持由软件指定的优先级。通过对中断优先级寄存器的 8 位 PRI_N 区执行写操作来将中断的优先级指定为 0~255。硬件优先级随着中断号的增加而降低。0 优先级最高,255 优先级最低。

指定软件优先级后,硬件优先级无效。例如,如果将 INTISR[0]指定为优先级 1,INTISR[31]指定为优先级 0,则 INTISR[31]的优先级比 INTISR[0]高。

注:软件优先级的设置对复位、NM1 和硬件无效。它们的优先级始终比外部中断要高。

如果两个或更多的中断指定了相同的优先级,则由它们的硬件优先级来决定处理器对它们进行处理时的顺序。

例如,如果 INTISR[0]和 INTISR[1]优先级都为 1,则 INTISR[0]的优先级比 INTISR[1]的优先级要高。

(2) 优先级分组

为了对具有大量中断的系统加强优先级控制,NVIC 支持优先级分组机制。您可以使用应用中断和复位控制寄存器中的 PRIGROUP 区将每一个 PRI_N 中的值分为占先优先级区和次优先级区。我们将占先优先级称为组优先级。如果有多个挂起异常共用相同的组优先级,则需使用次优先级区来决定同组中的异常的优先级,这就是同组内的次优先级。组优先级和次优先级的结合就是通常所说的优先级。如果两个挂起异常具有相同的优先级,则挂起异常的编号越低,优先级越高,这与优先级机制是一致的。

表 3-7 显示了如何对 PRIGROUP 执行写操作将 8 位 PRI_N 分为占先优先级区(x)和次优先级区(y)。

表 3-7 优先级分组

PRIGROUP[2:0]	中断优先级区,PRI_N[7:0]				
	二进制点的位置	占先区	次优先级区	占先优先级的数目	次优先级的数目
b000	bxxxxxxx.y	[7:1]	[0]	128	2
b001	bxxxxxx.yy	[7:2]	[1:0]	64	4
b010	bxxxxx.yyy	[7:3]	[2:0]	32	8
b011	bxxxx.yyyy	[7:4]	[3:0]	16	16
b100	bxxx.yyyyy	[7:5]	[4:0]	8	32
b101	bxx.yyyyyy	[7:6]	[5:0]	4	64
b110	bx.yyyyyyy	[7]	[6:0]	2	128
b111	b.yyyyyyyy	无	[7:0]	0	256

注:表 3-6、表 3-7 显示了利用优先级的 8 个位来配置的处理器优先级。如果使用小于 8 的位来配置处理器的优先级,则寄存器的低位始终为 0。例如,如果使用 4 个位来配置优先级,则 PRI_N[7:4]用来配置优先级,而 PRI_N[3:0]为 4'b0000。

如果一个中断想抢占另一个正在处理的中断,则它的占先优先级必须比正在处理的中断的占先优先级更高。

更多关于优先级优化、优先级分组和优先级屏蔽的信息,请参考网上资料\器件资料库\ARMv7_Ref.pdf。

4. 特权和堆栈

Cortex-M3 处理器支持两个独立的堆栈:进程堆栈和主堆栈。线程模式可以配置为使用进程堆栈。线程模式在复位后使用主堆栈,SP_process 为进程堆栈的 SP 寄存器。处理器模式使用主堆栈。SP_main 为主堆栈的 SP 寄存器。

在任何时候进程堆栈或主堆栈中只有一个是可见的。在将 8 个寄存器压栈之后,ISR 使用主堆栈,并且后面所有的抢占中断都使用主堆栈。状态保存时的堆栈使用规则如下:

➤ 线程模式使用主堆栈还是进程堆栈取决于 CONTROL 位[1]的值。该位可使用 MSR 或 MRS 来访问,也可以退出 ISR 时使用适当的 EXC_RETURN 的值来设置。抢占用户线程的异常将用户线程的状态保存在线程模式正在使用的堆栈中。

➤ 所有异常使用主堆栈来保存它们自身的局部变量。

当线程模式使用进程堆栈,异常使用主堆栈时支持操作系统(OS)的调度。在重新调度时,内核只需要保存没有被硬件压栈的 8 个寄存器 R4~R11,并将 SP_process 复制到线程控制模块(TCB)中。如果处理器将状态保存在主堆栈中,则内核必须将 16 个寄存器复制到 TCB 中。

注:MSR/MRS 指令对两个堆栈都具有可见性。

(1) 堆　栈

堆栈不受到特权模式的约束,即线程模式可以使用进程堆栈或主堆栈,可以在用户模式或特权模式下。堆栈和特权的 4 种组合都是可能的。对于一个基本的受保护的线程模型,用户线程在使用进程堆栈的线程模式中运行,内核和中断在使用主堆栈的特权模式中运行。

注：不管是恶意的还是无意的，特权都无法避免对堆栈的破坏。因此，须有一两种形式的存储器保护单元来隔离用户代码，即必须避免将用户代码写入不属于它的含有其他堆栈的存储器中。

(2) 特 权

特权用来控制访问的权利，它与 ARM V7－M 中的其他概念是分离的，代码可以是具有完全访问权利的特权访问，或访问权利受到限制的非特权/用户访问。访问权利对以下功能产生影响：

- 使用或不使用某些指令，例如 MSR。
- 访问系统控制空间(SCS)的寄存器。
- 使用某些协处理器或协处理器寄存器。
- 根据系统的设计访问存储器或外设。处理器告诉系统对代码的访问是否是特权访问，这样系统能够在非特权访问上加上限制。
- 基于 MPU 的存储单元的访问规则，当配置了 MPU 时，访问限制能够控制哪些存储单元能够读、写以及执行。

只有线程模式可以是非特权访问，所有异常都是特权访问。

5. 占先

下面描述出现异常时处理器的行为：堆栈、迟来、末尾连锁。

(1) 堆栈

当处理器调用异常时，它自动将 8 个寄存器按以下顺序压栈：

PC—xPSR—R0～R3—R12—LR。

在完成压栈之后，SP 减小 8 个字。图 3－6 显示了异常抢占当前的程序流程之后堆栈中的内容。

从 ISR 返回之后，处理器自动将 8 个寄存器出栈。根据 LR 中的数据执行中断返回，ISR 函数可以是常规的 C/C++ 函数，不需要胶合(Veneer)。

表 3－8 描述了在进入 ISR 之前 Cortex-M3 处理器采取的步骤。

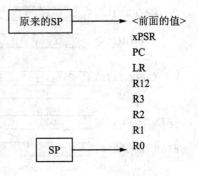

图 3－6 抢占之后堆栈中的内容

表 3－8 异常进入步骤

动 作	是否可重启	描 述
8 个寄存器压栈*	否	在所选的堆栈上将 xPSR、PC、LR、R12、R3、R2、R1、R0
读向量表	是，迟来异常能够引起重启操作	读存储器中的向量表，地址为向量表基址＋(异常号 4)。I-Code 总线上的读操作能够与 D-Code 总线的寄存器压栈操作同时执行
从向量表中读 SP	否	只能在复位时，将 SP 更新为向量表中栈顶的值。选择堆栈，压栈和出栈之外的其他异常不能修改 SP

续表 3-8

动 作	是否可重启	描 述
更新 PC	否	利用向量表读出的位更新 PC。直到第一条指令开始执行时，才能处理迟来异常
加载流水线	是，占先从向量表中读出的新位置重新加载流水线	从向量表指向的位置加载指令。它与寄存器压栈操作同时进行
更新 LR	否	LR 设置为 EXC_RETURN，以便从异常中退出。EXC_RETURN 为 ARM V7-M 架构参考手册中定义的 10 个值之一

注：* 在使用末尾连锁时，该步省略。

图 3-7 显示了异常进入的时序。

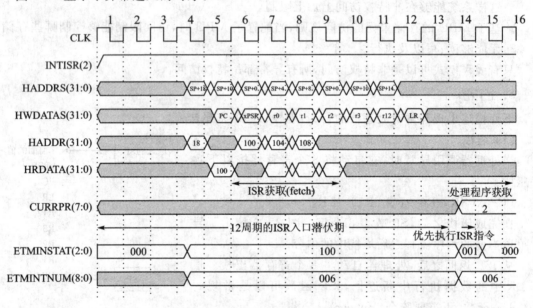

图 3-7 异常进入时序

在接收到 INTISR[2]之后的周期中，NVIC 向处理器内核指示已经接收到中断，处理器在下一个周期开始压栈和取向量操作。

在完成压栈后，ISR 的第一条指令进入流水线的执行阶段。在 ISR 进入执行阶段的周期中：

ETMINSTAT[2:0](3'b001)表示已经进入 ISR。该脉冲为 1 个周期。

CURRPRI[7:0]表示激活中断的优先级。CURRPRI 在整个 ISR 期间保持有效。当 ETMINTSTAT(3'b001)表示已经进入 ISR 时，CURRPRI 有效。

ETMINTNUM[8:0]表示激活中断的数目。

ETMINTNUM 在整个 ISR 期间保持有效。

当 ETMINSTAT(3'b001)表示已经进入 ISR 时，ETMINTNUM 有效。在这之前，它表示正在取出的是哪一个 ISR。

图 3-7 显示从中断有效到 ISR 执行第一条指令,这中间有 12 个周期的延迟。

(2) 末尾连锁

末尾连锁(Tail-Chaining)能够在两个中断之间没有多余的状态保存和恢复指令的情况下实现背对背的处理。在退出 ISR 并进入另一个中断时,处理器略过 8 个寄存器的出栈和压栈操作,因为它对堆栈的内容没有影响。

如果挂起中断的优先级别比所有被压栈的异常的优先级都高,则处理器执行末尾连锁。

图 3-8 显示了一个末尾连锁的实例。如果挂起中断的优先级比被压栈的异常的最高优先级都高,则省略压栈和出栈操作,处理器立即取出挂起中断的向量。在退出前一个 ISR 之后 2 个周期,开始执行被末尾连锁的 ISR。

在从上一个 ISR 返回时,INTISR[2]的优先级比所有被压栈的 ISR,或其他被挂起的中断都高,因为处理器末尾连锁到与 INTISR[2]对应的 ISR。在 INTISR[2]进入执行阶段的周期中:

ETMINSTAT[2:0](3'b001)表示已经进入 ISR,该脉冲为一个周期。

CURRPRI[7:0]表示激活中断的优先级。CURRPRI 在整个 ISR 期间保持有效。ETMINTNUM[8:0]表示激活中断的数目。

ETMINTNUM 在整个 ISR 期间保持有效。

图 3-8 显示从上一个 ISR 返回到执行新的 ISR,这中间用 6 个周期延迟。

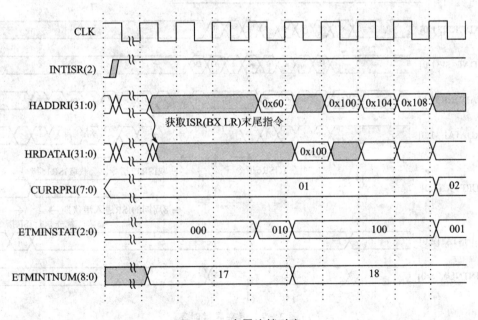

图 3-8　末尾连锁时序

(3) 迟　来

如果前一个 ISR 还没有进入执行阶段,并且迟来中断的优先级比前一个中断的优先级要高,则迟来中断能够抢占前一个中断。

响应迟来中断时须执行新的取向量地址和 ISR 预取操作。迟来中断不保存状态,因为状态保存已经被最初的中断执行过了,因此不需要重复执行。

图 3-9 显示了一个迟来中断的实例。

在图3-9中,INTISR[8]抢占了INTISR[2]。INTISR[2]的状态保存已经完成,不需要重复。图3-9显示了INTISR[8]在INTIDR[2]的ISR的第一条指令进入执行阶段之前抢占的最迟的点。这个点之后的更高优先级的中断将会当作抢占来处理。

图3-9显示了INTISR[9]在INTISR[8]的ISR的第一条指令进入执行阶段之前实现抢占的最迟的点。INTISR[8]的ISR取指操作在接收到INTISR[9]时被中止,然后处理器开始INTISR[9]的取向量操作。这个点之后的更高优先级的中断将会被当作抢占来处理。

在INTISR[9]的ISR进入执行阶段的周期中:

ETMINSTAT[2:0](3'b001)表示已经进入ISR,该脉冲为一个周期。

CURRPRI[7:0]表示激活中断的优先级。CURRPRI在整个ISR期间保持有效。ETMINTNUM[8:0]表示激活中断数目。

ETMINTNUM在整个ISR期间保持有效。

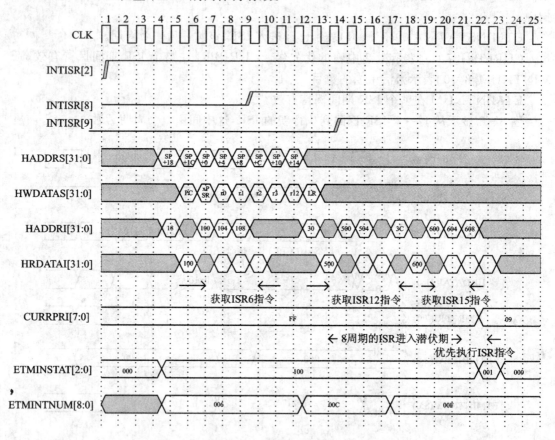

图3-9 退来异常时序

6. 退 出

ISR的最后一条指令是将进入异常时的LR(0xFFFFFFFX)加载到PC中。该操作向处理器指示ISR已完成,处理器启动异常退出序列。处理器从ISR返回时使用的指令请参考处理器从ISR返回。

(1) 异常退出

当从异常返回时,处理器将执行下列操作之一:

- 如果挂起异常的优先级比所有被压栈的异常的优先级都高,则处理器会末尾连锁到一个挂起异常。
- 如果没有挂起异常,或者如果被压栈的异常的优先级都高,则处理器会末尾连锁并返回到上一个被压栈的ISR。
- 如果没有挂起中断或被压栈的异常,则处理器返回线程模式。

表3-9描述了后同步序列。

表3-9 后同步序列描述

动作	描述
8个寄存器出栈	如果没有被抢占,则将PC,xPSR,r0,r1,r2,r3,r12,LR从所选的堆栈中出栈(堆栈由EXC-RETURN选择),并调整SP
加载当前激活的中断	加载来自被压栈的IPSR的为[8:0]中的当前激活的中断号,处理器用来跟踪返回到哪个异常以及返回时清除激活位。当位[8:0]为0时,处理器返回线程模式
选择SP	如果返回到异常,SP为SP-main;如果返回到线程模式,则SP-main或SP-process

注:由于优先级可动态改变,NVIC使用中断代替优先级来决定当前ISR是哪一个。

对于ETMINSTAT:
- ETMINSTAT为3'b010表示已经退出ISR。ETMINTNUM显示退出的ISR的中断号。
- 如果正返回前一个被压栈的ISR,则中断退出之后的周期中ETMINSTAT为3'b011。ETMINTUM显示正在返回的中断信号。

注:如果在出栈过程中出现一个优先级更高的中断,则处理器放弃出栈操作,堆栈指针退出,并将该异常看作末尾连锁的情况来响应。

(2)处理器从ISR中返回

当使用下面的其中一条指令将0xFFFFFFFX的值装入PC时,执行异常返回:
- POP/包括加载PC的LDM操作。
- LDR操作,将PC作为目标寄存器。
- BX操作,可使用任意寄存器。

当以上述方式返回时,写入PC的值被截取,作为EX-RETURN的值。EXC-RETURN[3:0]用来提供返回信息,见表3-10中的定义。

表3-10 异常返回的行为

值	EXC-RETURN[3:0]
0bxxx0	保留
0b0001	返回处理模式。 异常返回,获得来自主堆栈的状态。 在返回时,指令执行使用主堆栈
0b0011	保留
0b01x1	保留
0b1001	返回线程模式。 异常返回,获得来自主堆栈的状态。 返回时,指令执行使用主堆栈
0b1101	返回线程模式。 异常返回,获得来自进程堆栈的状态。 返回时,指令使用进程堆栈
0b1x11	保留

如果 EXC-RETURN[3：0]的值为该表中的保留值,则将导致一个称作使用故障的连锁异常。

如果在线程模式中,或从向量表,或通过任何其他的指令将 EXC-RETURN 的值加载到 PC 时,该值被看作一个地址,而不是特殊的值。这个地址范围被定义为具有永不执行(XN)许可,并将导致存储器管理故障。

7. 复位

NVIC 与内核同时复位,并对内核从复位状态释放的行为控制。因此,复位的行为是可预测的。表 3-11 显示了复位的行为。

表 3-11 复位动作

动作	描述
NVIC 复位,内核保持在复位状态	NVIC 对它的大部分寄存器进行清零。处理器位于线程模式,优先级为特权模式,堆栈设置为主堆栈
NVIC 将内核从复位状态释放	NVIC 将内核从复位状态释放
内核设置堆栈	内核从向量表偏移 0 中读取最初的 SP,SP-main
内核设置 PC 和 RL	内核从向量表偏移 0 中读取最初的 PC,LR 设置为 0xFFFFFFFF
运行复位程序	NVIC 的中断被禁止,NMI 和硬件故障未禁止

(1) 向量表和复位

位于地址 0 的向量表只需要有 4 个值:栈顶地址、复位程序的位置、NMIISR 的位置、硬故障 ISR 的位置。

当中断使能时,不管向量表的位置在哪里,它都指向所有使能屏蔽的异常,并且如果使用 SVC 指令,还需要指定 SVCall ISR 的位置。

(2) 预期的启动顺序

一个正常的复位程序遵循表 3-12 中的步骤。C/C++运行时间将执行前三步,然后调用 main()。

表 3-12 复位启动时的动作

动作	描述
初始化变量	必须设置所有的全局静态变量。包括将 DSS(已被初始化的变量)清零,并将变量的初值从 ROM 中复制到 RAMK 中
[设置堆栈]	如果使用多个堆栈,另一个分组的 SP 必须进行初始化。当前的 SP 也可从主堆栈变为进程堆栈
初始化所有的运行时间	可选择调用 C/C++运行时间的注册码,以允许使用堆栈(hcap)、浮点运算或其他功能。这通常可通过_main 调用 C/C++库来完成
[初始化所有外设]	在中断使能之前设置外设,可以调用它来设置应用中使用的外设
[切换 ISR 向量表]	可选择将代码区@0 中的向量表转换到 SRAM 中。这样做只是为了优化性能或允许动态改变
[设置可配置的故障]	使能可配置的故障并设置它们的优先级

续表 3-12

动作	描述
设置中断	设置优先级和屏蔽
使能中断	使能中断,使能 NVIC 中的中断处理,如果不希望在中断使能时产生中断,如果中断多于 32 个则需要多个设置使能寄存器。通过 CPS 或 MSR,能够使用 PRIMASK 在准备就绪之前屏蔽中断
[改变优先级]	[改变优先级]。如果有必要,线程模式的特权访问可变为用户访问。该操作通常通过调用 SVCall 处理程序来实现
循环(Loop)	如果使能退出进入睡眠功能(sleep-on-exit),则在产生第一个中断/异常之后,控制不会返回。如果 sleep-on-exit 可选择使能/禁止,则 loop 能够处理清除操作和执行的任务。如果不使用 sleep-on-exit,则循环能够做想做的事并且能够使用 WF1(现在睡眠)

注:[ ]为可选的内容,一个复位启动时可以忽略的操作。

8. 异常的控制权转移

处理器按照表 3-13 中的规则将控制权转给 ISR。

表 3-13 转向异常处理

异常有效时的处理器动作	转向异常处理
无存储器指令	在下一条指令之前,这个周期结束时获取异常
单寄存器加载/存储	完成或放弃,由总线状态决定。根据总线等待状态,下一个周期获得异常
多寄存器加载/存储	完成或放弃当前的寄存器并在 EPSR 中设置下一个寄存器。根据总线许可以及可中断-可继续指令(ICI)规则,在下一个周期获取异常。ICI 规则的详细信息请参考 ARMv7-M 架构参考手册
异常进入	这是一个迟来异常,如果它的优先级比正在进入的异常的优先级要高,则处理器取消异常的进入行为并获取迟来异常。迟来导致了中断处理时间上的决策改变(向量表)。在进入一个新的处理程序时,它是第一条 ISR 指令,应用通常的占先规则,不再看作是迟来
末尾连锁	如果迟来异常的优先级比正在被末尾连锁的异常的优先级要高,则处理器取消前导码(Preamlble)并捕获迟来异常
异常后同步(Postamble)	如果新的异常的优先级比处理器即将返回的被压栈异常的优先级要高,则处理器末尾连锁到新的异常

9. 激活等级

在无激活的异常时,处理器处于线程模式。当 ISR 或故障处理程序有效时处理器进入处理模式。表 3-14 列出了激活等级的特权模式和堆栈。表 3-15 总结了所有异常类型的转换规则以及它们与访问规则和堆栈的关联。表 3-16 显示了异常子类型的转换。

表 3-14 不同激活等级的特权模式和堆栈

有效的异常	激活等级	特权模式	堆栈
无	线程模式	特权访问或用户访问	主堆栈或进程堆栈
ISR 有效	异步占先级	特权访问	主堆栈

续表 3-14

有效的异常	激活等级	特权模式	堆栈
故障处理程序有效	同步占先级	特权访问	主堆栈
复位	线程模式	特权访问	主堆栈

表 3-15 异常转换

有效的异常	触发事件	转换类型	特权模式	堆栈
复位	复位信号	线程	特权访问或用户访问	主堆栈或进程堆栈
ISR[1] 或 NMI[2]	设置挂起的软件指令或硬件信号	异步占先	特权访问	主堆栈
故障： 硬故障 总线故障 无 CP[3] 故障 未定义指令	升级 存储器访问错误 访问不存在的 CP 为定义的指令	同步占先	特权访问	主堆栈
调试监控	停止未使能时的调试事件	同步	特权访问	主堆栈
SVC[4]	SVC 指令			
外部中断				

注：1 中断服务程序；2 不可屏蔽的中断；3 协处理器；4 软中断。

表 3-16 异常子类型转换

预期的激活子类型	触发事件	激活	优先级的影响
线程	复位信号	异步	立即，线程是最低的
ISR/NMI	HW 信号或设置挂起	异步	占先或末尾连锁，根据优先级来定
监控	调试事件*	同步	如果优先级小于或等于当前异常，硬故障
SVCall	SVC 指令	同步	如果优先级小于或等于当前异常，硬故障
PendSV	软件挂起请求	连锁	占先或末尾连锁，根据优先级来定
使用错误	未定义指令	同步	如果优先级大于或等于当前异常，硬错误
无 CP 故障	访问不存在的 CP	同步	如果优先级大于或等于当前异常，硬错误
总线故障	存储器访问错误	同步	如果优先级大于或等于当前异常，硬错误
存储器管理	MPU 不匹配	同步	如果优先级大于或等于当前异常，硬错误
硬故障	升起	同步	高于所有的总线 NMI
故障升起	来自可配置故障处理程序的升级请求	连锁（Chain）	局部处理程序的优先级提升为与硬故障相同，这样它能够返回并连锁到可配置的故障处理程序

注：* 在停止并且没有使能时。

10. 流程图

下面总结了以下中断流程：中断处理、占先、返回。

(1) 中断处理

图 3-10 显示了指令的执行过程，直到被一个优先级更高的中断抢占。

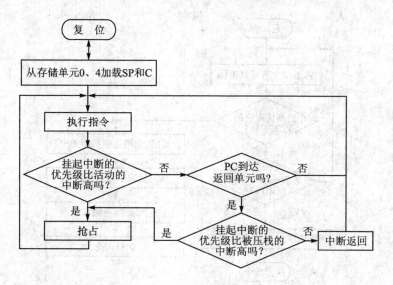

图 3-10 中断处理流程图

(2) 占　先

图 3-11 显示了当异常抢占了当前的 ISR 时执行的操作。

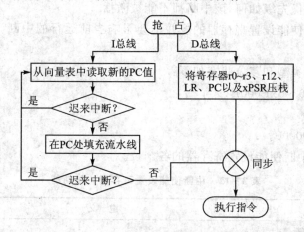

图 3-11 占先流程

(3) 返　回

图 3-12 显示了处理器如何恢复被压栈的 ISR 或末尾连锁到优先级比压栈的 ISR 更高的迟来中断。

11. NVIC 寄存器组

NVIC 寄存器组用于对 Cortex-M3 内核外部中断的控制，如使能中断、禁止中断、清除中断和设置中断优先级等。NVIC 寄存器组分配的地址范围为 0xE000E100～0xE000ECFF。

(1) 中断使能设置寄存器

中断使能设置寄存器用于：使能中断；决定当前使能的是哪个中断。

该寄存器的每一个位对应一个中断（共 32 个中断）。置位中断使能设置寄存器的位可以使能相应的中断。

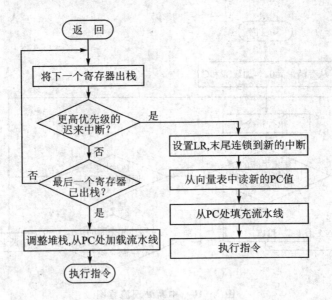

图 3 – 12 中断返回流程图

当挂起中断的使能位被置位时，处理器会根据其优先级将其激活。如果使能位为 0，即使其中断信号有效，不管优先级如何，该中断都不能被激活。

注：清零一个中断使能设置寄存器的位并不会影响当前运行的中断。它只是阻止激活新的中断。

寄存器地址、访问类型和复位状态如下：

地址：0xE000E100～0xE000E11C；

访问类型：读/写；

复位状态：0x00000000。

表 3 – 17 描述了中断使能设置寄存器的各个位。

表 3 – 17 中断使能设置寄存器的位功能

域	名称	定义
[31：0]	SETENA	中断使能设置： 1 = 使能中断； 0 = 禁止中断。 写 0 到 SETENA 位没有什么用处。读取该位返回其当前状态。复位会将 SETENA 清零

(2) 中断使能清除寄存器

中断使能清除寄存器用于：禁止中断；决定当前被禁止的中断。

该寄存器的每一个位对应一个中断（共 32 个中断）。置位中断使能清除寄存器的位可以禁止相应的中断。

寄存器地址、访问类型和复位状态如下：

地址：0xE000E180～0xE000E19C；

访问类型：读/写；

复位状态：0x00000000。

表 3-18 描述了中断使能清除寄存器的各个位。

表 3-18 中断使能清除寄存器的位功能

域	名 称	定 义
[31:0]	CLRENA	中断使能清除位： 0=使能中断； 1=禁止中断。 写 0 到 CLRENA 位没有什么用处。读取该位返回其当前状态

(3) 中断挂起设置寄存器

中断挂起设置寄存器用于：将中断强制挂起；决定当前被挂起的中断。

该寄存器的每一个位对应一个中断（共 32 个中断）。置位中断挂起设置寄存器的位可以挂起相应的中断。

通过写 1 到中断挂起清除寄存器的相应位可以清零中断挂起设置寄存器的位。清零中断挂起设置寄存器的位不会将中断挂起。

注：写中断挂起设置寄存器操作对已经挂起或已经被禁止中断没有影响。

寄存器地址、访问类型和复位状态如下：

地址：0xE000E200～0xE000E21C；

访问类型：读/写；

复位状态：0x00000000。

表 3-19 描述了中断挂起设置寄存器的各个位。

表 3-19 中断挂起设置寄存器的位功能

域	名 称	定 义
[31:0]	SETPEND	中断挂起设置位： 1=挂起相应的中断； 0=不挂起相应的中断。 写 0 到 SETPEND 位没有什么用处。读取该位返回其当前状态

(4) 中断挂起清除寄存器

中断挂起清除寄存器用于：清除挂起中断；决定当前正在挂起哪个中断。

该寄存器的一个位对应一个中断（共 32 个中断）。置位中断挂起清除寄存器的位可以让相应的挂起中断变为不激活状态。

注：写中断挂起清除寄存器操作对那些已经激活的中断没有影响，除非这些中断也正处于挂起状态。

寄存器地址、访问类型和复位状态如下：

地址：0xE000E280～0xE000E29C；

访问类型：读/写；

复位状态：0x00000000。

表 3-20 描述了中断挂起清除寄存器的各个位。

表 3-20 中断挂起清除寄存器的位功能

域	名称	定义
[31:0]	CLRPEND	中断挂起清除位： 1=清除挂起中断； 0=不清除挂起中断。 向 CLRPEND 位写 0 没有什么用处。读取该位返回其当前状态

(5) 激活位寄存器

通过读取激活位寄存器来判断激活哪一个中断。寄存器的一个标志对应一个中断(共 32 个中断)。

寄存器地址、访问类型和复位状态如下：

地址:0xE000E300～0xE000E31C；

访问类型:读/写；

复位状态:0x00000000。

表 3-21 描述了激活位寄存器的各个位。

表 3-21 激活位寄存器的位功能

域	名称	定义
[31:0]	ACTIVE	中断激活标志： 1=中断被激活或者被抢占和压栈； 0=中断不被激活或中断未被压栈

(6) 外部中断优先级寄存器

使用中断优先寄存器将优先级 0～255 分别分配给各个外部中断。0 代表最高优先级，255 则代表最低优先级。

优先级寄存器首先存放最高位(MSB)即当优先级值为 4 位时，存放在字节的位[7:0]中。优先级值为 3 位时，存放在字节的位[7:5]中。这也意味着某个应用即使不知道可能含有多少个优先级也可以正常工作。Stellaris 系列微控制器支持 8 个优先级，所以其优先级值为 3 位，中断优先级位放在字节的位[7:5]。

寄存器地址、访问类型和复位状态如下：

地址:0xE000E400～0xE000E41C；

访问类型:读/写；

复位状态:0x00000000。

表 3-22 描述了中断优先级寄存器 0～7 的各个位。

表 3-22 中断优先级寄存器 0～31 的位分配

地址	位号			
	31:24	23:16	15:8	7:0
0xE000E400	PRI_3	PRI_2	PRI_1	PRI_0
0xE000E404	PRI_7	PRI_6	PRI_5	PRI_4

续表 3-22

地址	位号			
	31:24	23:16	15:8	7:0
0xE000E408	PRI_11	PRI_10	PRI_9	PRI_8
0xE000E40C	PRI_15	PRI_14	PRI_13	PRI_12
0xE000E410	PRI_19	PRI_18	PRI_17	PRI_16
0xE000E414	PRI_23	PRI_22	PRI_21	PRI_20
0xE000E418	PRI_27	PRI_26	PRI_25	PRI_24
0xE000E41C	PRI_31	PRI_30	PRI_29	PRI_28

PRI_n 的低位可以为优先级分组指定子优先级。

表 3-23 描述了中断优先级寄存器的各个位。

表 3-23 中断优先级寄存器 0~31 的位分配

域	名称	定义
[7:0]	PRI_n	中断 n 的优先级

Cortex-M3 的中断优先级默认是可以被抢占的，也即优先级低的中断会被更高的优先级中断抢占，产生中断嵌套。如果用户希望各中断不被抢占，可以将它们的中断级别设置为同级。

(7) 软件触发中断寄存器

使用软件触发中断寄存器来挂起一个将要触发的中断。

寄存器地址、访问类型和复位状态如下：

地址：0xE000EF00；

访问类型：只写；

复位状态：0x00000000。

软件触发中断寄存器的位分配如表 3-24 所列。

表 3-24 软件触发中断寄存器的位分配

31:9	8:0
保留	INTID

表 3-25 描述了软件触发中断寄存器的各位。

表 3-25 软件触发中断寄存器的位分配

域	名称	定义
[8:0]	INTID	中断 ID 域，写值到 INTID 域和在中断挂起设置寄存器里设置相应的中断位将中断手动挂起所达到的效果相同

配置一个外设中断时需要以下步骤：

① 配置和使能外设中断，如 GPIO、UART、SPI 等。

② 使能与外设相应的中断,通过配置中断使能设置寄存器(外设中断见表3-5)。
③ 使能全局中断使用 CPUcpsie() 和 IntMasterEnable() 函数。
④ 编写相应的中断服务函数,退出中断前需要清外设中断,并从向量表中指定该函数。
⑤ 需要中断保护时可使用 CPUcpsid() 或 IntMasteDisable() 函数关全局中断。
⑥ 通过写中断使能清除寄存器可以关闭相应的外设中断。
⑦ 通过写外部中断优先级寄存器可以设置中断优先级。

12. 中断优先级编程示范

Stellaris 驱动库也提供一些与中断相关的 API 函数,通过那些函数可以更简单地对中断进行操作。下面以 GPIOA、GPIOB、GPIOC 中断为例子,演示不同的中断优先级的中断嵌套实验。由于本实验使用了 Stellaris 驱动库的函数,所以要添加相应的头文件和库文件。

中断优先级实验 main 函数如范例程序 3-1 所示。该实验中使用软件触发中断寄存器,触发 GPIO 中断,在 main 函数中触发 GPIOC 中断,在 GPIOC 中断服务函数中触发 GPIOB 中断,在 GPIOB 中断服务函数中触发 GPIOA 中断。如果中断嵌套出错,程序将停止在"whike(1);"处。

范例程序 3-1:

```
//*****************************************************************
#include "hw_ints.h"
#include "hw_nvic.h"
#include "hw_types.h"
#include "interrupt.h"
#include "sysctl.h"
volatile unsigned long g_ulIndex;        //中断次数计数
volatile unsigned long g_ulGPIOa;        //GPIOA 中断次数
volatile unsigned long g_ulGPIOb;        //GPIOB 中断次数
volatile unsigned long g_ulGPIOc;        //GPIOC 中断次数

int main(void)
{
    IntMasterEnable();                   //启动全局中断
    IntEnable(INT_GPIOA);                //使能 PA 口中断模块
    IntEnable(INT_GPIOB);                //使能 PB 口中断模块
    IntEnable(INT_GPIOC);                //使能 PC 口中断模块
    //中断优先级相同
    IntPrioritySet(INT_GPIOA, 0x00);     //设 PA 口的中断优先级为最高
    IntPrioritySet(INT_GPIOB, 0x00);     //设 PB 口与 PA 口为同等优先级
    IntPrioritySet(INT_GPIOC, 0x00);     //设 PC 口与 PA 口为同等优先级
    //初始化中断计数变量
    g_ulGPIOa = 0;
    g_ulGPIOb = 0;
    g_ulGPIOc = 0;
    g_ulIndex = 1;
    //软件触发 GPIOC 中断
    HWREG(NVIC_SW_TRIG) = INT_GPIOC - 16;
```

```c
//检验中断产生次数是否正确
if((g_ulGPIOa != 3) || (g_ulGPIOb != 2) || (g_ulGPIOc != 1))
{
    while(1);
}
//设置中断优先级,GPIOC 最高,GPIOB 其次,GPIOA 最低
IntPrioritySet(INT_GPIOA, 0x80);
IntPrioritySet(INT_GPIOB, 0x40);
IntPrioritySet(INT_GPIOC, 0x00);
//初始化中断计数变量
g_ulGPIOa = 0;
g_ulGPIOb = 0;
g_ulGPIOc = 0;
g_ulIndex = 1;
//软件触发 GPIOC 中断
HWREG(NVIC_SW_TRIG) = INT_GPIOC - 16;
//检验中断产生次数是否正确
if((g_ulGPIOa != 3) || (g_ulGPIOb != 2) || (g_ulGPIOc != 1))
{
    while(1);
}
//设置中断优先级,GPIOA 最高、GPIOB 其次、GPIOC 最低
IntPrioritySet(INT_GPIOA, 0x00);
IntPrioritySet(INT_GPIOB, 0x20);
IntPrioritySet(INT_GPIOC, 0x40);

//初始化中断计数变量
g_ulGPIOa = 0;
g_ulGPIOb = 0;
g_ulGPIOc = 0;
g_ulIndex = 1;

//软件触发 GPIOC 中断
HWREG(NVIC_SW_TRIG) = INT_GPIOC - 16;
//检验中断产生次数是否正确
if((g_ulGPIOa != 1) || (g_ulGPIOb != 2) || (g_ulGPIOc != 3))
{
    while(1);
}

//禁止各个 GPIO 中断
IntDisable(INT_GPIOA);
IntDisable(INT_GPIOB);
IntDisable(INT_GPIOC);

IntUnregister(INT_GPIOA);
IntUnregister(INT_GPIOB);
IntUnregister(INT_GPIOC);
```

```
    //禁止总中断
    IntMasterDisable();
    while(1);
}
//-------------------------------------------------------------------
```

GPIOA、GPIOB 和 GPIOC 的中断服务程序如范例程序 3-2 所示。在中断服务程序返回之前,将 g_ulIndex 加 1,并将该值写入到相应的 g_ulGPIOx 值和中断优先级判断中断的嵌套。

由于该实验中使用软件触发 GPIO 中断,所以中断服务程序中不需使用清 GPIO 中断处理。

范例程序 3-2:

```
//******************************************************************
//GPIOA 中断服务函数
void  GPIO_Port_A_ISR(void)
{
    g_ulGPIOa = g_ulIndex++;                    //记录当前中断次数
}
//-------------------------------------------------------------------
//GPIOB 中断服务函数
void  GPIO_Port_B_ISR(void)
{   //软件触发 GPIOA 中断
    HWREG(NVIC_SW_TRIG) = INT_GPIOA - 16;
    g_ulGPIOb = g_ulIndex++;                    //记录当前中断次数
}
//-------------------------------------------------------------------
void  GPIO_Port_C_ISR(void)
{   //软件触发 GPIOB 中断
    HWREG(NVIC_SW_TRIG) = INT_GPIOB - 16;
    g_ulGPIOc = g_ulIndex++;                    //记录当前中断次数
}
//-------------------------------------------------------------------
//******************************************************************
```

3.7 通用输入/输出(GPIO)

GPIO 模块由 3 个物理 GPIO 块组成,每块对应一个 GPIO 端口(PA、PB 和 PC 口)。GPIO 模块遵循 FiRM 规范,并且支持高达 18 个可编程的输入/输出引脚,具体取决于正在使用的外设。GPIO 模块包含以下特性:

➢ 可编程控制 GPIO 中断:屏蔽中断发生;边沿触发(上升沿、下降沿、上升/下降沿);(高或低)电平触发。

➢ 在读和写操作中通过地址线进行位屏蔽。

▶ 可编程控制 GPIO 引脚(pad)配置：弱上拉或下拉电阻；2 mA、4 mA 和 8 mA 的引脚驱动；8 mA 驱动的斜率控制；开漏使能；数字输入使能。

3.7.1 GPIO 功能模块

1. GPIO 功能模块框图

GPIO 功能模块方框图见图 3-13 所示。

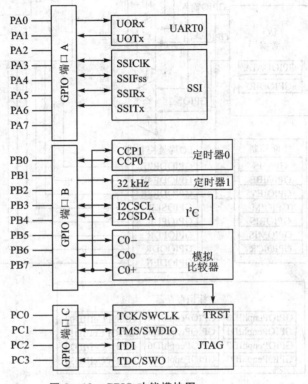

图 3-13 GPIO 功能模块图

2. 功能描述

除了 5 个 JTAG 引脚(PB7 和 PC[3:0])之外，所有 GPIO 引脚默认下都是输入引脚(GPIODIR=0 且 GPIOAFSEL=0)。JTAG 引脚默认为 JTAG 功能(GPIOAFSEL=1)。通过上电复位(POR)或外部复位(RST)可以让这两组引脚都回到其默认状态。

每个 GPIO 端口都是同一物理块(见图 3-6)的一个单独的硬件实例化(Hardware Instantiation)。LM3S101/LM3S102 微控制器含 3 个端口和 3 个图 3-14 中的物理 GPIO 块。

3.7.2 数据寄存器操作

为了提高软件的效率，通过将地址总线的位[9:2]用作屏蔽位，GPIO 端口允许对 GPIO 数据寄存器(GPIODATA)中的各个位进行修改。这样，软件驱动程序仅使用一条指令就可以对各个 GPIO 引脚进行修改，而不会影响其他引脚的状态。这点与通过执行读—修改—写操作来置位或清零单独的 GPIO 引脚的典型做法不同。为了提供这种特性，GPIODATA 寄存

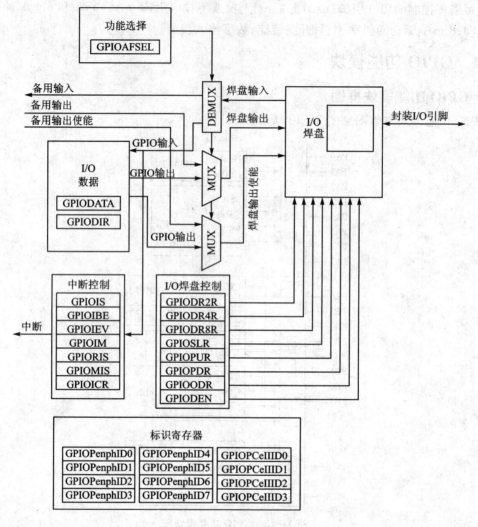

图 3-14　GPIO 物理块

器包含了存储器映射中的 256 个单元。

在写操作过程中，如果与数据位相关联的地址位被设为 1，那么 GPIODATA 寄存器的值将发生变化。如果被清零（设为 0），其值将保持不变。

例如，将 0xEB 写入地址 GPIODATA+0x098 处，结果如图 3-15 所示。图中，u 表示没有被写操作改变的数据。

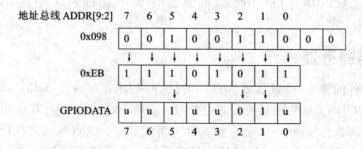

图 3-15　GPIODATA 写实例

在读操作过程中,如果与数据位相关联的地址位被设为1,那么读取该值。如果与数据位相关联的地址位被设为0,那么不管它的实际值是什么,都将该值读作0。例如,读取地址GPIODATA+0x0C4处的值,结果如图3-16所示。

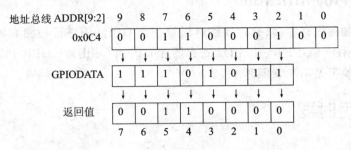

图 3-16 GPIODATA 读实例

3.7.3 数据方向

通过 GPIO 方向寄存器(GPIODIR)将各个引脚配置成输入或输出。

3.7.4 中断控制

每个 GPIO 端口的中断能力都由7个一组的寄存器控制。通过这些寄存器可以选择中断源、中断极性以及边沿属性。当一个或多于一个 GPIO 输入产生中断时,只将一个中断输出发送到供所有 GPIO 端口使用的中断控制器。对于边沿触发中断,为了使能其他中断,软件必须清除该中断。对于电平触发中断,假设外部源保持电平不发生变化,以便中断能被控制器识别。

使用以下3个寄存器来对产生中断的边沿或触发信号进行定义:GPIO 中断检测寄存器(GPIOIS)、GPIO 中断双边沿寄存器(GPIOIBE)、GPIO 中断事件寄存器(GPIOIEV)。

通过 GPIO 中断屏蔽寄存器(GPIOM)可以使能或禁止中断。当产生中断条件时,可以在GPIO 原始(raw)中断状态寄存器(GPIORIS)和 GPIO 已屏蔽中断状态寄存器(GPIOMIS)两个地方观察到中断信号的状态。顾名思义,GPIOMIS 寄存器仅显示允许被传送到控制器的中断条件。而 GPIORIS 寄存器则表示 GPIO 引脚满足中断条件,但是没有必要发送到控制器。

写1到 GPIO 中断清除寄存器(GPIOICR)可以清除中断。

在对中断进行编程时,应该将中断屏蔽(GPIOIM 设为0)。如果相应位被使能,那么向中断控制寄存器(GPIOIS、GPIOIBE 或 GPIOIEV)写入任意值都可以产生伪中断。

3.7.5 模式控制

GPIO 引脚可以由硬件或软件控制。当通过 GPIO 可选(Alternate)功能选择寄存器(GPIOAFSEL)将硬件控制使能时,引脚状态将由它的可选功能(即外设)控制。软件控制相当于 GPIO 模式,在该模式下 GPIODATA 寄存器用来读/写相应的引脚。

3.7.6 引脚配置

引脚配置寄存器使软件能够根据应用的要求来进行 GPIO 引脚配置。引脚配置寄存器包括:GPIODR2R、GPIODR4R、GPIODR8R、GPIOODR、GPIOPUR、GPIOPDR、GPIOSLR 和 GPIO。

3.7.7 标识(Identification)

复位时配置的标识寄存器,允许软件将模块当作 GPIO 块进行检测和识别。标识寄存器包括 GPIOPeriphID0～GPIOPeriphID7 寄存器和 GPIOPCellID0～GPIOPCellID3 寄存器。

具体应用和编程见第 6 章课题 1。

3.8 通用定时器

可编程定时器可对驱动定时器输入引脚的外部事件进行计数或定时。

LM3S101/LM3S102 控制器的通用定时器模块(GPTM)包含 2 个 GPTM 模块(Timer0 和 Timer1)。每个 GPTM 模块提供 2 个 16 位的定时/计数器(称作 TimerA 和 TimerB)。这 2 个 16 位的定时/计数器可进行配置,作为独立的定时器或事件计数器来操作,或作为一个 32 位定时器或一个 32 位实时时钟(RTC)来操作。

GPTM 模块支持以下模式:

32 位定时器模式:
— 可编程单次触发(one-shot)定时器;
— 可编程周期(Periodic)定时器;
— 实时时钟,使用 32.768 kHz 输入时钟;
— 软件控制事件的停止(RTC 模式除外)。

16 位定时器模式:
— 带 8 位预分频器的通用定时器功能;
— 可编程单次触发(one-shot)定时器;
— 可编程周期(Periodic)定时器;
— 软件控制事件的停止。

32 位 PWM 模式:
— 输入边沿计数捕获;
— 输入边沿定时捕获。

16 位 PWM 模式:
— 简单的 PWM 模式,可通过软件实现 PWM 信号的输出反向。

3.8.1 硬件模块框图

硬件模块框图如图 3-17 所示。

3.8.2 功能描述

每个 GPTM 模块的主要元件都包括 2 个自由运行的递增/递减计数器(称作 Timer A 和 Timer B)、2 个 16 位匹配寄存器、2 个预分频器匹配寄存器、2 个 16 位装载/初始化寄存器和它们相关的控制功能。GPTM 的准确功能都由软件来控制并通过寄存器接口来配置。

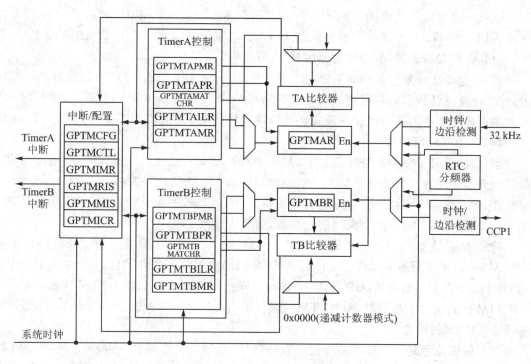

图3-17 定时器硬件配置图

在通过软件对 GPTM 进行配置时需要用到 GPTM 配置寄存器(GPTMCFG)、GPTM TimerA 模式寄存器(GPTMTAMR)和 GPTM TimerB 模式寄存器(GPTMTBMR)。当 GPTM 模块处于其中一种32位模式时,该定时器只能用作32位的定时器。但如果配置为16位模式,则 GPTM 可含有2个16位定时器,这2个定时器可配置为16位模式的任意组合。

1. GPTM 复位条件

在将 GPTM 模块复位之后,该模块进入未激活状态,所有控制寄存器清零并处于默认状态。计数器 Timer A 和 Timer B 连同与它们对应的加载寄存器——GPTM TimerA 间隔装载寄存器(GPTMTAILR)和 GPTM TimerB 间隔装载寄存器(GPTMTBILR)一起初始化为 0xFFFF。而预分频计数器——GPTM TimerA 预分频寄存器(GPTMTAPR)和 GPTM TimerB 预分频寄存器(GPTMTBPR)初始化为 0x00。

2. 32位定时器操作模式

注:奇数编号的 CCP 引脚用于16位输入,偶数编号的 CCP 引脚用于32位输入。本小节将对 GPTM 模块的3种32位定时器模式(单次触发、周期、RTC)及其配置进行描述。

通过向 GPTM 配置寄存器(GPTMCFG)写入0(单次触发/周期32位定时器模式)或1(RTC 模式)可将 GPTM 模块配置为32位模式。在32位模式中,需将某些 GPTM 寄存器连在一起形成伪32位寄存器,进行连接的寄存器包括:GPTM TimerA 间隔装载寄存器(GPTMTAILR)[15:0]、GPTM TimerB 间隔装载(GPTMTBILR)寄存器[15:0]、GPTM TimerA(GPTMTAR)寄存器[15:0]、GPTM TimerB(GPTMTBR)寄存器[15:0]。

在32位模式中,GPTM 把对 GPTMTAILR 的32位写访问转换为对 GPTMTAILR 和 GPTMTBILR 的写访问。

这样一次写操作最终的字的顺序为：GPTMTBILR[15：0]：GPTMTAILR[15：0]。同样地，对 GPTMTAR 的读访问返回的值为：GPTMTBR[15：0]：GPTMTAR[15：0]。

(1) 32 位单次触发/周期定时器模式

在 32 位单次触发模式和周期定时器模式中，TimerA 和 TimerB 的寄存器连在一起，并配置为 32 位递减计数器。根据写入 GPTM TimerA 模式寄存器（GPTMTAMR）的 TAMR 区域的值可确定选择的是单次触发模式还是周期定时器模式，此时不需要写 GPTM TimerB 模式寄存器（GPTMTBMR）。

当软件对 GPTM 控制寄存器（GPTMCTL）的 TAEN 位执行写操作时，定时器从其预加载的值开始递减计数。一旦到达 0x00000000 状态，下一个周期定时器重装来自相连的 GPTMTAILR 中的初值。如果配置为单次触发模式，则定时器停止计数并将 GPTMCTL 寄存器的 TAEN 位清零。如果配置为周期定时器，则继续计数。

除了重装计数值，GPTM 还在到达 0x00000000 状态时产生中断并输出触发信号。GPTM 将 GPTM 原始中断状态寄存器（GPTMRIS）中的 TATORIS 位置位，并保持该值直到向 GPTM 中断清零寄存器（GPTMICR）执行写操作将其清零。如果 GPTM 中断屏蔽寄存器（GPTIMR）的超时中断使能，则 GPTM 还将 GPTM 屏蔽后的中断状态寄存器（GPTMMIS）的 TATOMIS 位置位。

输出触发信号是一个单时钟周期的脉冲，它在计数器刚好到达 0x00000000 状态时有效，在紧接着的下一个周期失效。通过将 GPTMCTL 中的 TAOTE 位置位可将输出触发使能。如果在计数器运行过程中重装 GPTMTAILR 寄存器，则在下一个时钟周期，计数器装载新值并从新值继续运行。

如果 GPTMCTL 寄存器的 TASTALL 位有效，则定时器停止（Freeze）计数直到该信号失效。

(2) 32 位实时时钟定时器模式

在实时时钟（RTC）模式中，Timer A 和 Timer B 寄存器连在一起，并配置为 32 位递增计数器。在第一次选择 RTC 模式时，计数器装载的值为 0x00000001。后面装载的所有值必须由控制器写入 GPTM TimerA 匹配寄存器（GPTMTAMATCHR）中。

32 kHz 引脚专用于 32 位 RTC 功能，且输入时钟为 32.768 kHz。

在软件写 GPTMCTL 中的 TAEN 位时，计数器从其预装载的值 0x00000001 开始递增计数。在当前计数值与 GPTMTAMATCHR 中的预装载值匹配时，计数器转到 0x00000000 并继续计数，直到出现硬件复位或通过软件禁止计数（将 TAEN 位清零）。在发生匹配时，GPTM 让 GPTMRIS 中的 RTCRIS 位有效。如果 GPTIMR 中的 RTC 中断使能，则 GPTM 也将 GPTMISR 寄存器中的 RTCMIS 位置位并产生控制器中断。通过写 GPTMICR 的 RTCCINT 位可将状态标志清零。

如果 GPTMCTL 寄存器的 TASTALL 和或 TBSTALL 位置位，则在 GPTMCTL 的 RTCEN 位置位时定时器不停止。

(3) 16 位定时器操作模式

通过向 GPTM 配置寄存器（GPTMCFG）写入 0x04，可将 GPTM 配置为全局 16 位模式。下面将描述 GPTM16 位模式的各个操作。Timer A 和 Timer B 具有相同的模式，因此每次操作使用 n 作参考。

a. 16 位单次触发/周期定时器模式

在 16 位单次触发/周期定时器模式中,定时器配置为带可选的 8 位预分频器的 16 位递减计数器,该预分频器可有效地将定时器的计数范围扩大到 24 位。选择单次触发模式还是周期定时器模式由写入 GPTMTnMR 寄存器的 TnMR 区域的值决定。所选的预分频值装载到 GPTM Timern 预分频寄存器(GPTMTnPR)中。

在对 GPTMCTL 寄存器的 TnEN 位执行写操作时,定时器从其预装载的值开始递减计数。一旦到达 0x0000 状态,下一个周期定时器重装来自 GPTMTnILR 和 GPTMTnPR 的初值。如果配置为单次触发模式,则定时器停止计数并将 GPTMCTL 寄存器的 TnEN 位清零。如果配置为周期定时器模式,则定时器继续计数。

在到达 0x0000 状态时,除了重装计数值定时器还产生中断并输出触发信号。GPTM 将 GPTMRIS 寄存器的 TnTORIS 位置位,并保持该值直到执行 GPTMICR 寄存器写操作将该位清零。如果 GPTIMR 的超时中断使能,则 GPTM 还将 GPTMISR 寄存器的 TnTOMIS 位置位并产生控制器中断。

输出触发信号是一个单时钟周期的脉冲,在计数刚好到达 0x0000 状态时有效,并在紧接着的下一个周期失效。通过置位 GPTMCTL 寄存器的 TnOTE 位可将输出触发操作使能,并且该触发信号能够触发 SoC 级事件。

如果计数器正在运行时软件重装 GPTMTAILR 寄存器,则在下一个时钟周期计数器装载新值并从新值继续计数。

如果 GPTMCTL 寄存器的 TnSTALL 位使能,则定时器停止计数,直到该信号失效。

b. 16 位输入边沿计数模式

在边沿计数模式中,定时器配置为能够捕获 3 种事件类型的递减计数器,这 3 种事件类型包括上升沿、下降沿或双边沿。为将定时器置于边沿计数模式,GPTMTnMR 寄存器的 TnCMR 位必须设置为 0。定时器计数时采用的边沿类型由 GPTMCTL 寄存器的 TnEVENT 区域决定。在初始化过程中,需对 GPTM Timern 匹配寄存器(GPTMTnMATCHR)进行配置,使得 GPTMTnILR 寄存器和 GPTMTnMATCHR 寄存器之间的差值等于必须计数的边沿事件的数目,当软件写 GPTM 控制寄存器(GPTMCTL)的 TnEN 位时,定时器的事件捕获功能使能。CCP 引脚上的每个输入事件将计数器减 1,直到事件计数与 GPTMTnMACHR 的值匹配。

当计数值匹配时,GPTM 让 GPTMRIS 寄存器的 CnMRIS 位有效(如果中断没有屏蔽,则也要让 CnMMIS 位有效)。然后计数器使用 GPTMTnILR 中的值执行重装操作,并且由于 GPTM 自动将 GPTMCTL 寄存器的 TnEN 位清零,因此计数器停止计数。一旦事件数满足要求,后面的所有事件将被忽略,直到通过软件重新将 TnEN 使能。

图 3-18 显示了输入边沿计数模式的工作情况。在这种情况下,定时器初值 GPTMTnILR=0x000A,匹配值 GPTMTnMATCHR=0x0006,这样须计 4 个边沿事件。计数器配置为检测输入信号的双边沿。

注:在当前计数值与 GPTMnMR 寄存器中的值匹配之后定时器自动将 TnEN 位清零,因此最后两个边沿没有计算在内。

c. 16 位输入边沿定时模式

在边沿定时模式中,定时器配置为自由运行的递减计数器,初始化为 GPTMTnILR 寄存器中的值(复位时初始化为 0xFFFF)。该模式允许捕获上升沿和下降沿。通过置位 GPT-

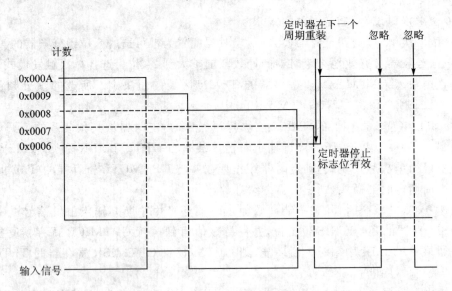

图 3-18 16 位输入边沿计数模式实例

MTnMR 寄存器的 TnCMR 位可将定时器置于边沿定时模式,而定时器捕获时采用的事件类型由 GPTMCTL 寄存器的 TnEVENT 区域决定。

在软件写 GPTMCTL 寄存器的 TnEN 位时,定时器的事件捕获功能使能。在检测到所选的输入事件时,捕获 Tn 计数器的当前值(在 GPTMTnR 寄存器中),并且该值可通过控制器的读操作来获得。然后 GPTM 让 CnERIS 位有效(如果中断没有屏蔽,则也让 CnEMIS 位有效)。

在捕获到事件之后,定时器继续计数,直到 TnEN 位清零。当定时器到达 0x0000 状态时,它将重装来自 GPTMnILR 寄存器的值。

图 3-19 显示了输入边沿定时模式的工作情况。图中假定定时器的初值为默认值 0xFFFF,定时器配置为捕获上升沿事件。

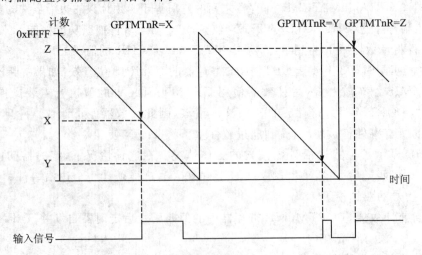

图 3-19 16 位输入边沿定时模式实例

每次检测到上升沿事件时将当前计数值装载到 GPTMTnR 寄存器中,并保持该值直到检测到下一个上升沿(在此上升沿处,新的计数值装载到 GPTMTnR 中)。

d. 16 位 PWM 模式

GPTM 支持简单的 PWM 生成模式。在 PWM 模式中,定时器配置为递减计数器,初值由 GPTMTnILR 定义。

通过将 GPTMTnMR 寄存器的 TnAMS 位置 1、TnCMR 位置 0、TnMR 区域设置为 0x02 来使能 PWM 模式。

PWM 模式通过使用 GPTM Timern 分频寄存器(GPTMTnPR)和 GPTM Timern 匹配寄存器(GPTMTnPMR)来利用 8 位预分频器。它可有效地将定时器的范围扩充到 24 位。在软件写 GPTMCTL 寄存器的 TnEN 位时,计数器开始递减计数,直到达到 0x0000 状态。在下一个计数周期,计数器重装来自 GPTMTnILR 的初值(如果使用预分频器,则还要重装来自 GPTMTnPR 的值),并继续计数直到软件将 GPTMCTL 寄存器的 TnEN 位清零来禁止。在 PWM 模式中,不产生中断或状态位。

当计数器的值与 GPTMTnILR 寄存器的值相等(计数器的初始状态)时,输出 PWM 信号有效;当计数器的值与 GPTM Timern 匹配寄存器(GPTMnMATCHR)的值相等时,输出 PWM 信号失效。软件具有将输出 PWM 信号翻转的功能,通过置位 GPTMCTL 寄存器的 TnPWML 位实现。

图 3-20 显示了在假定输入时钟为 50 MHz 且 TnPWML=0 时,如何产生具有 1 ms 周期和 66% 占空比的输出 PWM(TnPWML=1 时,占空比为 33%)。其中,初值 GPTMnIRL=0xC350,匹配值 GPTMnMR=0x411A。

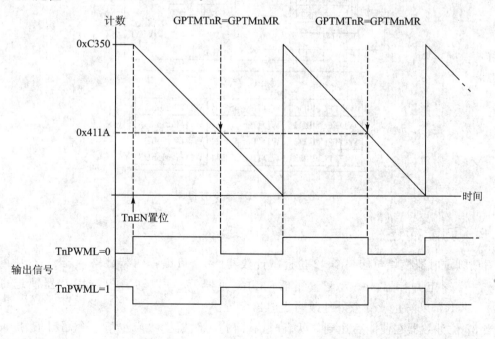

图 3-20 16 位 PWM 模式实例

具体应用和编程见第 6 章课题 2。

3.9 看门狗定时器

看门狗定时器在到达超时值时可能会产生不可屏蔽的中断（NMIs）或复位。当系统由于软件错误而无法响应或外部器件不是以期望的方式响应时，使用看门狗定时器可重新获得控制。

Stellaris 看门狗定时器模块包括 32 位向下计数器、可编程的装载寄存器、中断产生逻辑、锁定寄存器以及用户使能的中止。

可将看门狗定时器配置为在首次超时时产生中断，并在再次超时的时候产生复位信号。一旦配置了看门狗定时器，就可以写锁定寄存器来防止定时器配置被意外更改。

3.9.1 看门狗模块框图

看门狗模块框图见图 3-21。

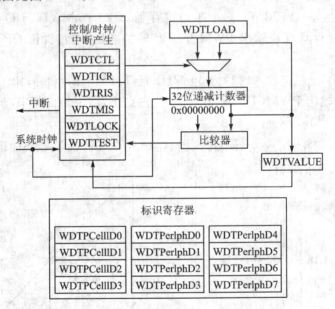

图 3-21 WDT 模块方框图

3.9.2 功能描述

看门狗定时器模块包括一个 32 位递减计数器、一个可编程的装载寄存器、一个中断产生逻辑和一个锁定寄存器。一旦配置了看门狗定时器，就可以写看门狗定时器锁定寄存器（WDTLOCK），以防止软件意外地改写定时器配置。

当 32 位计数器在使能后达到 0 状态时，看门狗定时器模块产生第一个超时信号；使能计数器的同时还使能看门狗定时器中断。在发生了第一个超时事件后，用看门狗定时器装载寄存器（WDTLOAD）的值重装 32 位计数器，并且定时器从该值恢复向下计数。

在清除第一个超时中断之前，如果定时器的值再次递减为 0，且复位信号已使能（通过 Watchdog Reset Enable 功能），则看门狗定时器向系统提交复位信号。如果中断在 32 位计数器到达其第二次超时之前被清零,则把 WDTLOAD 寄存器中的值载入 32 位计数器,并且从该值开始重新计数。

如果在看门狗定时/计数器正在计数时把新的值写入 WDTLOAD 寄存器,则计数器将装入新的值并继续计数。

写入 WDTLOAD 寄存器并不会清除已经激活的中断。必须通过写看门狗中断清除寄存器 WDTICR 来清除中断。

可根据需要使能或禁止看门狗模块中断和产生复位。当中断被重新使能时,会被预先载入到 32 位计数器中的是载入寄存器的值,而不是其最后的状态值。

具体应用和编程见第 6 章课题 7。

3.10 通用异步串行通信

通用异步收发器(UART)具有完全可编程的 16C550-类型的串行接口特性。LM3S101/LM3S102 控制器配有一个 UART 模块。

UART 具有以下特性:
- 独立的发送 FIFO 和接收 FIFO。
- FIFO 长度可编程,包括提供传统双缓冲接口的 1 字节深的操作。
- FIFO 触发点为:1/8、1/4、1/2、3/4 和 7/8。
- 可编程的波特率发生器,允许速率高达 460.8 kbps。
- 标准的异步通信位:起始位、停止位和奇偶校验位。
- 检测错误的起始位。
- Line-break 的产生和检测。
- 完全可编程的串行接口特性:
   —5、6、7 或 8 个数据位;
   —偶校验、奇校验、粘贴或无奇偶校验位的产生/检测;
   —产生 1 或 2 个停止位。

3.10.1 硬件方框图

硬件方框图见图 3-22。

3.10.2 功能描述

群星(Stellaris) UART 执行并/串和串/并转换功能。尽管 16C550-类型 UART 与 16C550 UART 的功能相似,但它的寄存器不兼容。

通过 UART 控制 UARTCTL 寄存器的 TXE 和 RXE 位,将 UART 配置成发送和/或接收。没有发生复位时,发送和接收都是使能的。在编程任一控制寄存器前,必须将 UART 禁止,这可以通过将 UARTCTL 寄存器的 UARTEN 位清零来实现。如果 UART 在 TX 或 RX 操作过程中被禁止,则当前的处理会在 UART 停止前完成。

1. 发送/接收逻辑

发送逻辑对从发送 FIFO 读取的数据执行并/串转换。控制逻辑输出起始位在先的串行

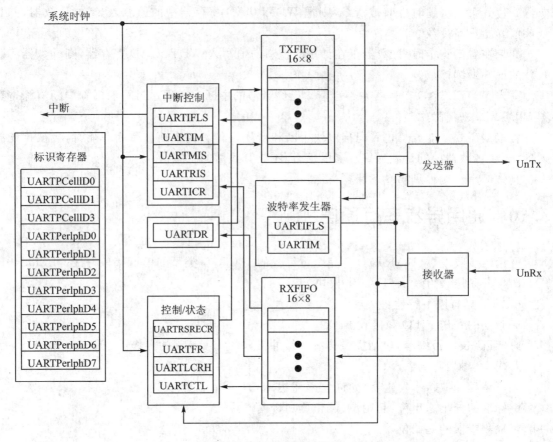

图 3-22 UART 模块方框图

位流,并且根据控制寄存器中已编程的配置,后面紧跟着数据位(LSB 先)、奇偶校验位和停止位(详见图 3-23)。

在检测到一个有效的起始脉冲后,接收逻辑对接收到的位流执行串/并转换操作。此外还执行溢出出错、奇偶校验出错、帧出错和中止(line-break)出错等出错检测操作,并且它们的状态还附有数据,这些数据被写入接收 FIFO。

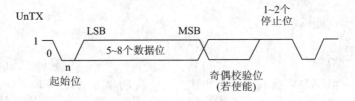

图 3-23 UART 字符帧

2. 波特率的产生

波特率除数(Divisor)是一个 22 位数,它由 16 位整数和 6 位小数组成。波特率发生器使用这两个值组成的数字来决定位周期。通过带有小数波特率的除法器,UART 可以产生所有标准的波特率。

16 位整数通过 UART 整数波特率除数寄存器(UARTIBRD)进行加载,而 6 位小数则通过 UART 小数波特率除数寄存器(UARTFBRD)进行加载。波特率除数(BRD)与系统时钟具有如下关系：

$$BRD(波特率除数) = BRDI + BRDF = SysClk /(16 \times 波特率)$$

其中，BRDI 是 BRD 的整数部分，BRDF 是 BRD 的小数部分，它被一个小数位隔开。以下等式是 6 位小数(被加载到 UARTFBRD 寄存器的 DIVFRAC 位)的计算方法，即将波特率除数的小数部分乘以 64 再加 0.5 并进行舍入误差。

$$UARTFBRD[DIVFRAC] = integer(BRDF \times 64 + 0.5)$$

UART 产生一个 16x 波特率(称作 Baud16)的内部波特率参考时钟。该参考时钟除以 16，产生发送时钟，并且还可以在接收操作过程中用作错误检测。

高字节(UARTLCRH)寄存器、UARTIBRD 寄存器和 UARTFBRD 寄存器连同 UART 线控制一起共同形成一个内部 30 位寄存器。该内部寄存器仅在对 UARTLCRH 进行写操作时才会更新，所以为了使修改波特率除数生效，后面必须紧跟一个写 UARTLCRH 寄存器的操作。以下 4 种序列可以用来更新波特率寄存器：

➢ UARTIBRD 写、UARTFBRD 写和 UARTLCRH 写。
➢ UARTFBRD 写、UARTIBRD 写和 UARTLCRH 写。
➢ UARTIBRD 写和 UARTLCRH 写。
➢ UARTFBRD 写和 UARTLCRH 写。

3. 数据发送

尽管接收 FIFO 的每个字符还包含 4 个额外的状态信息位，但是接收或发送的数据都存放在 2 个 16 字节 FIFO 中。发送时，数据被写入发送 FIFO。如果 UART 被使能，则它会让数据帧按照 UARTLCRH 寄存器中设置的参数开始发送。然后就一直发送数据直至发送 FIFO 中没有数据。一旦向发送 FIFO 写数据(即，如果 FIFO 未空)，UART 标志寄存器(UARTFR)中的 BUSY 位就有效，并且在发送数据期间一直保持有效。BUSY 位仅在发送 FIFO 为空，且已从移位寄存器发送最后一个字符，包括停止位时才变无效。即使 UART 不再使能，它也可以指示忙状态。

在接收器空闲(U0Rx 连续为 1)且数据输入变为"低电平"(已经接收了起始位)时，接收计数器开始运行，并且数据在 Baud16 的第 8 个周期被采样(详见 3.10.2 小节的"发送/接收逻辑")。如果 U0Rx 在 Baud16 的第 8 个周期仍然为低电平，那么起始位有效，否则会检测到错误的起始位并将其忽略。可以在 UART 接收状态寄存器(UARTRSR)中观察起始位错误。如果起始位有效，根据数据字符被编程的长度，将在 Baud16 的第 16 个周期对连续的数据位(即 1 个位周期之后)进行采样。如果奇偶校验模式使能，那么还会检测奇偶校验位。数据长度和奇偶校验都在 UARTLCRH 寄存器中定义。

最后，如果 U0Rx 为高电平，那么有效的停止位被确认，否则将发生帧错误。当接收到一个完整的字时，将数据存放在接收 FIFO 中，与该字相关的错误位也包括在数据内。

4. FIFO 操作

UART 含 2 个 16 入口的 FIFO，一个用于发送，另一个用于接收。两个 FIFO 都通过 UART 数据寄存器(UARTDR)进行访问。在写操作将 8 位数据放入发送 FIFO 时，UART-DR 寄存器的读操作将返回一个 12 位值，该值由 8 个数据位和 4 个错误标志组成。

在没有复位时，两个 FIFO 都被禁止，并充当 1 字节深的保存(holding)寄存器。一般通过置位 UARTLCRH 的 FEN 位来将 FIFO 使能。

可以通过 UART 标志寄存器(UARTFR)和 UART 接收状态寄存器(UARTRSR)来监控 FIFO 状态。硬件对空、满和溢出条件进行监控。UARTFR 寄存器包含空和满标志(TXFE、TXFF、RXFE 和 RXFF 位)，并且 UARTRSR 寄存器通过 OE 位指示溢出状态。

FIFO 产生中断时的触发点是通过 UART 中断 FIFO 级别选择寄存器(UARTIFLS)来控制的。为了采用不同的触发水平触发中断，可以对两个 FIFO 进行单独配置。可选用的配置包括 1/8、1/4、1/2、3/4 和 7/8。例如，如果接收 FIFO 选择 1/4，那么 UART 将在接收到 4 个数据字节后产生接收中断。在没有复位时，两个 FIFO 都被配置成采用 1/2 触发水平触发中断。

5. 中　断

在观察到以下情况时，UART 会产生中断：溢出错误(Overrun Error)、中止错误(Break Error)、奇偶校验错误(Partiy Error)、帧错误、接收超时(Time Out)、发送(在满足 UARTIFLS 寄存器中 TXIFLSEL 位所定义的条件时)、接收(在满足 UARTIFLS 寄存器中 RXIFLSEL 位所定义的条件时)。

由于所有中断事件在发送到中断控制器前一起进行"或(OR)"操作，所以任意时刻 UART 只能向中断产生一个中断请求。通过读取 UART 屏蔽中断状态寄存器(UARTMIS)，软件可以在一个中断服务程序中处理多个中断事件。

通过将对应的 IM 位设为 1，中断事件可触发控制器电平中断，并且在 UART 中断屏蔽寄存器(UARTIM)中定义。如果不使用中断，则原始中断状态可始终通过 UART 原始中断状态寄存器(UARTRIS)看到。

通过置位 UART 中断清除寄存器(UARTICR)的相应位来清除中断(UARTMIS 和 UARTRIS 寄存器的中断)。

6. 回送操作

UART 可以进入一个内部回送模式，用于诊断或调试。这可以通过置位 UARTCTL 寄存器的 LBE 位来实现。在回送模式下，U0Tx 上发送的数据在 U0Rx 输入端接收。

具体应用和编程见第 6 章课题 3。

3.11　同步串行通信接口(SSI)

Stellaris 同步串行接口是与具有 Freescale SPI、MICROWIRE 或 Texas Instruments 同步串行接口的外设器件进行同步串行通信的主机或从机接口。

Stellaris SSI 具有以下特性：
- 主机或从机操作。
- 时钟位速率和预分频可编程。
- 独立的发送和接收 FIFO，16 位宽，8 个单元深。
- 接口操作可编程，以实现 Freescale SPI、MICROWIRE 或 Texas Instruments 同步串行接口。
- 数据帧大小可编程，范围为 4～16 位。
- 内部环回测试(LoopBack Test)模式，可进行诊断/调试测试。

3.11.1 SSI 模块框图

SSI 模块框图见图 3-24 所示。

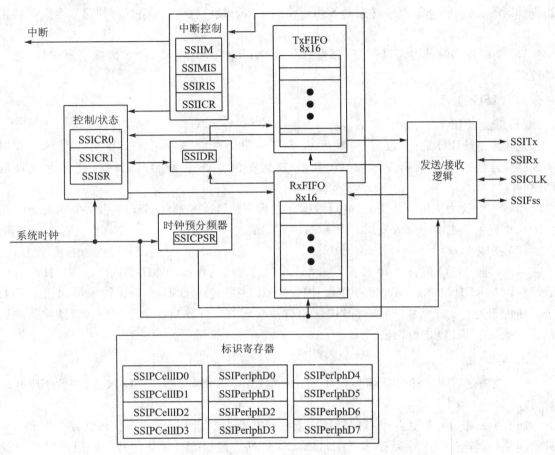

图 3-24 SSI 模块框图

3.11.2 功能描述

SSI 对从外设器件接收到的数据执行串行到并行的转换。CPU 访问数据、控制和状态信息。发送和接收路径利用内部 FIFO 存储单元进行缓冲,以允许最多 8 个 16 位的值在发送和接收模式中独立地存储。

1. 位速率的产生

SSI 包含一个可编程的位速率时钟分频器和一个预分频器,通过它们来生成串行输出时钟。尽管最高位速率由外设器件决定,但 1.5 MHz 及更高的位速率仍是支持的。

串行位速率通过对 20 MHz 的输入时钟进行分频来获得。首先,根据范围为 2~254 的偶数分频值 CPSDVSR 对输入时钟进行分频,CPSDVSR 的值在 SSI 时钟预分频(SSICPSR)寄存器中设置。然后利用范围为 1~256 的一个值,即 1+SCR 进一步对时钟进行分频,此处的 SCR 为 SSI 控制 0(SSICR0)寄存器中设置的值。

输出时钟 SSICLK 的频率由下式来定义:

SSI 输出时钟频率＝系统时钟频率/[SSI 时钟预分频值×(1＋SSI 串行时钟速率)]
即：$F_{SSICLK} = F_{SysCLK}/[CPSDVR \times (1+SCR)]$

注：虽然理论上 SSICLK 发送时钟可达到 10 MHz，但模块可能不能在该速率下工作。发送操作时，系统时钟速率至少必须是 SSICLK 的 2 倍。接收操作时，系统时钟速率至少必须是 SSICLK 的 12 倍。

SSI 的时序参数请参考网上资料\器件资料库\LM3S101/LM3S102 数据手册中的"电气特性"。

2. FIFO 操作

(1) 发送 FIFO

通用发送 FIFO 是 16 位宽、8 单元深、先进先出的存储缓冲区。CPU 通过写 SSI 数据(SSIDR)寄存器来将数据写入发送 FIFO，数据在由发送逻辑读出之前一直保存在发送 FIFO 中。

当 SSI 配置为主机或从机时，并行数据在进行串行转换并通过 SSITx 引脚分别发送到相关的从机或主机之前先写入发送 FIFO。

(2) 接收 FIFO

通用接收 FIFO 是一个 16 位宽、8 单元深、先进先出的存储缓冲区。从串行接口接收到的数据在由 CPU 读出之前一直保存在缓冲区中，CPU 通过读 SSIDR 寄存器来访问读 FIFO。当 SSI 配置为主机或从机时，通过 SSIRx 引脚接收到的串行数据在分别并行装载到相关的从机或主机接收 FIFO 之前先被记录。

3. 中　断

SSI 在满足以下条件时能够产生中断：发送 FIFO 服务、接收 FIFO 服务、接收 FIFO 超时、接收 FIFO 溢出。

所有中断事件在发送到中断控制器之前先要执行"或"操作，因此在任何给定的时刻 SSI 只能向控制器产生一个中断请求。通过对 SSI 中断屏蔽(SSIIM)寄存器中的对应位进行设置，你可以屏蔽 4 个可单独屏蔽的中断中的任一个。将适当的屏蔽位置 1 可使能中断。SSI 提供单独的输出和组合的中断输出，这样可允许全局中断服务程序或组合的器件驱动程序来处理中断。发送或接收动态数据流的中断已与状态中断分开，这样根据 FIFO 触发点(trigger level)可以对数据执行读和写操作。各个中断源的状态可从 SSI 原始中断状态(SSIRIS)和 SSI 屏蔽后的中断状态寄存器(SSIMIS)中读出。

4. 帧格式

根据已设置的数据大小，每个数据帧长度在 4～16 位之间，并采用 MSB 在前的方式发送。有 3 种基本的帧类型可供选择：Texas Instruments 同步串行、Freescale SPI、MICROWIRE。

对于上述 3 种帧格式，当 SSI 空闲时，串行时钟(SSICLK)都保持不活动状态；只有当数据发送或接收处于活动状态时，SSICLK 才在设置好的频率下工作。利用 SSICLK 的空闲状态可提供接收超时指示。如果一个超时周期之后接收 FIFO 仍含有数据，则产生超时指示。对于 Freescale SPI 和 MICROWIRE 这两种帧格式，串行帧(SSIFss)引脚为低电平有效，并在整个帧的传输过程中保持有效(被下拉)。

对于 Texas Instruments 同步串行帧格式，在发送每帧之前遇到 SSICLK 的上升沿开始的串行时钟周期时,SSIFss 引脚就跳动一次。在这种帧格式中,SSI 和片外从器件在 SSICLK 的上升沿驱动各自的输出数据,并在下降沿锁存来自另一个器件的数据。

不同于其他两种全双工传输的帧格式,在半双工下工作的 MICROWIRE 格式使用特殊的主—从消息技术。在该模式中,帧开始时向片外从机发送 8 位控制消息。在发送过程中,SSI 没有接收到输入的数据。在消息已发送之后,片外从机对消息进行译码,并在 8 位控制消息的最后一位也已发送出去之后等待一个串行时钟,之后以请求的数据来响应。返回的数据在长度上可以是 4~16 位,使得在任何地方整个帧长度为 13~25 位。

(1) Texas Instruments 同步串行帧格式

图 3-25 显示了一次传输的 Texas Instruments 同步串行帧格式。

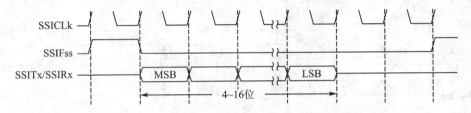

图 3-25　TI 同步串行帧格式(单次传输)

在该模式中,任何时候当 SSI 空闲时,SSICLK 和 SSIFss 被强制为低电平,发送数据线 SSITx 为三态。一旦发送 FIFO 的底部入口包含数据,则 SSIFss 变为高电平并持续一个 SSICLK 周期,即将发送的值也从发送 FIFO 传输到发送逻辑的串行移位寄存器中。在 SSICLK 的下一个上升沿,4~16 位数据帧的 MSB 从 SSITx 引脚移出。同样,接收数据的 MSB 也通过片外串行从器件移到 SSIRx 引脚上。

然后,SSI 和片外串行从器件都提供时钟,供每个数据位在每个 SSICLK 的下降沿进入各自的串行移位器中。在已锁存 LSB 之后的第一个 SSICLK 上升沿上,接收数据从串行移位器传输到接收 FIFO。

图 3-26 显示了背对背(back-to-back)传输时的 Texas Instruments 同步串行帧格式。

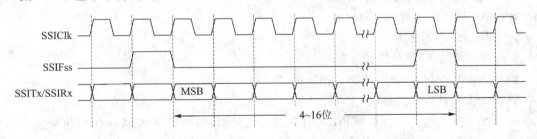

图 3-26　TI 同步串行帧格式(连续传输)

(2) Freescale SPI 帧格式

Freescale SPI 接口是一个 4 线接口,其中 SSIFss 信号用作从机选择。Freescale SPI 格式的主要特性为:SSICLK 信号的不活动状态和相位通过 SSISCR0 控制寄存器中的 SPO 和 SPH 位来设置。

① SPO 时钟极性位

当 SPO 时钟极性控制位为 0 时,它在 SSICLK 引脚上产生稳定的低电平。如果 SPO 位为 1,则在没有进行数据传输时在 SSICLK 引脚上产生稳定的高电平。

② SPH 相位控制位

SPH 相位控制位选择捕获数据以及允许数据改变状态的时钟边沿。通过在第一个数据捕获边沿之前允许或不允许时钟转换,从而在第一个被传输的位上产生极大的影响。当 SPH 相位控制位为 0 时,在第一个时钟边沿转换时捕获数据。如果 SPH 位为 1,则在第二个时钟边沿转换时捕获数据。

(3) SPO=0 和 SPH=0 时的 Freescale SPI 帧格式

SPO=0 和 SPH=0 时,Freescale SPI 帧格式的单次传输和连续传输信号序列分别如图 3-27 和图 3-28 所示。

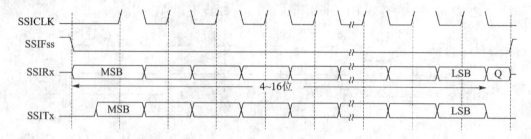

图 3-27 SPO=0 和 SPH=0 时的 Freescale SPI 帧格式(单次传输)

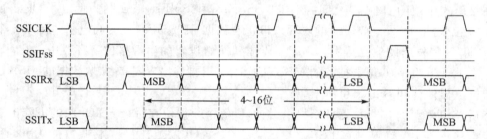

图 3-28 SPO=0 和 SPH=0 时的 Freescale SPI 帧格式(连续传输)

在上述配置中,SSI 处于空闲周期时:
- SSICLK 强制为低电平;
- SSIFss 强制为高电平;
- 发送数据线 SSITx 强制为低电平;
- 当 SSI 配置为主机时,使能 SSICLK 端口;
- 当 SSI 配置为从机时,禁止 SSICLK 端口。

如果 SSI 使能并且在发送 FIFO 中含有有效的数据,则通过将 SSIFss 主机信号驱动为低电平表示发送操作开始,这使得从机数据能够放在主机的 SSIRx 输入线上。主机 SSITx 输出端口使能。

在半个 SSICLK 周期之后,有效的主机数据传输到 SSITx 引脚。既然主机和从机数据都已设置好,则在下面的半个 SSICLK 周期之后,SSICLK 主机时钟引脚变为高电平。

现在,在 SSICLK 的上升沿捕获数据,该操作延续到 SSICLK 信号的下降沿。

如果是传输一个字,则在数据字的所有位都已传输完之后,在捕获到最后一个位之后的一个 SSICLK 周期,SSIFss 线返回到其空闲的高电平状态。

而在连续的背对背传输中,数据字的每次传输之间 SSIFss 信号必须变为高电平。这是因为如果 SPH 位为逻辑 0,则从机选择引脚将其串行外设寄存器中的数据固定,不允许修改。因此,主器件必须在每次数据传输之间将从器件的 SSIFss 引脚拉高来使能串行外设的数据写操作。当连续传输完成时,在捕获到最后一个位之后的一个 SSICLK 周期,SSIFss 引脚返回到其空闲状态。

(4) SPO=1 和 SPH=1 时的 Freescale SPI 帧格式

SPO=1 和 SPH=1 时,Freescale SPI 帧格式的传输信号序列如图 3-29 所示。该图涵盖了单次传输和连续传输两种情况。

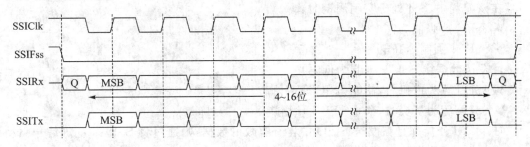

图 3-29　SPO=1 和 SPH=1 时的 Freescale SPI 帧格式

在该配置中,SSI 处于空闲周期时:
➢ SSICLK 强制为低电平;
➢ SSIFss 强制为高电平;
➢ 发送数据线 SSITx 强制为低电平;
➢ 当 SSI 配置为主机时,使能 SSICLK 端口;
➢ 当 SSI 配置为从机时,禁止 SSICLK 端口。

如果 SSI 使能并且在发送 FIFO 中含有有效的数据,则通过将 SSIFss 主机信号驱动为低电平表示发送操作开始。主机 SSITx 输出使能。在下面的半个 SSICLK 周期之后,主机和从机有效数据能够放在各自的传输线上。同时,利用一个上升沿转换来使能 SSICLK。

然后,在 SSICLK 的下降沿捕获数据,该操作一直延续到 SSICLK 信号的上升沿。

如果是传输一个字,则在所有位传输完之后,在捕获到最后一个位之后的一个 SSICLK 周期,SSIFss 线返回到其空闲的高电平状态。

如果是背对背传输,则在两次连续的数据字传输之间 SSIFss 引脚保持低电平,连续传输的结束情况与单个字传输相同。

(5) SPO=1 和 SPH=0 时的 Freescale SPI 帧格式

SPO=1 和 SPH=0 时,Freescale SPI 帧格式的单次传输和连续传输信号序列分别如图 3-30 和图 3-31 所示。

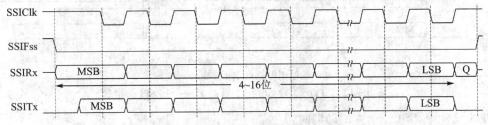

图 3-30　SPO=1 和 SPH=0 时的 Freescale SPI 帧格式(单次传输)

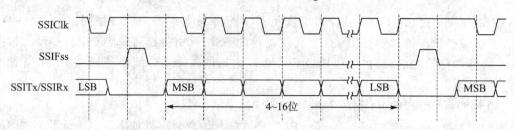

图 3-31　SPO=1 和 SPH=0 时的 Freescale SPI 帧格式(连续传输)

在该配置中,SSI 处于空闲周期时:
- SSICLK 强制为高电平;
- SSIFss 强制为高电平;
- 发送数据线 SSITx 强制为低电平;
- SSI 配置为主机时,使能 SSICLK 引脚;
- SSI 配置为从机时,禁止 SSICLK 引脚。

如果 SSI 使能并且在发送 FIFO 中含有有效的数据,则通过将 SSIFss 主机信号驱动为低电平表示传输操作开始,这可使从机数据立即传输到主机的 SSIRx 线上。主机 SSITx 输出引脚使能。

半个周期之后,有效的主机数据传输到 SSITx 线上。既然主机和从机的有效数据都已设置好,则在下面的半个 SSICLK 周期之后,SSICLK 主机时钟引脚变为低电平。这表示数据在下降沿被捕获并且该操作延续到 SSICLK 信号的上升沿。

如果是单个字传输,则在数据字的所有位传输完之后,在最后一个位传输完之后的一个 SSICLK 周期,SSIFss 线返回到其空闲的高电平状态。

而在连续的背对背传输中,每次数据字传输之间 SSIFss 信号必须变为高电平。这是因为如果 SPH 位为逻辑 0,则从机选择引脚使其串行外设寄存器中的数据固定,不允许修改。因此,每次数据传输之间,主器件必须将从器件的 SSIFss 引脚拉为高电平来使能串行外设的数据写操作。在连续传输完成时,最后一个位被捕获之后的一个 SSICLK 周期,SSIFss 引脚返回其空闲状态。

(6) SPO=1 和 SPH=1 时的 Freescale SPI 帧格式

SPO=1 和 SPH=1 时,Freescale SPI 帧格式的传输信号序列如图 3-32 所示。该图涵盖了单次传输和连续传输两种情况。

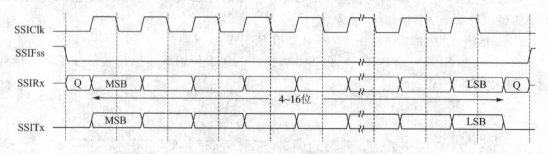

注:图中的 Q 表示未定义。

图 3-32　SPO=1 和 SPH=1 时的 Freescale SPI 帧格式

在该配置中,SSI 处于空闲周期时:

➢ SSICLK 强制为高电平；
➢ SSIFss 强制为高电平；
➢ 发送数据线 SSIFss 强制为低电平；
➢ 当 SSI 配置为主机时,使能 SSICLK 引脚；
➢ 当 SSI 配置为从机时,禁止 SSICLK 引脚。

如果 SSI 使能并且在发送 FIFO 中含有有效的数据,则通过将 SSIFss 主机信号驱动为低电平表示发送操作开始。主机 SSITx 输出引脚使能。在下面的半个 SSICLK 周期之后,主机和从机数据都能够放在各自的传输线上。同时,利用 SSICLK 的下降沿转换来使能 SSICLK。然后在上升沿捕获数据,并且该操作延续到 SSICLK 信号的下降沿。

在所有位传输完之后,如果是单个字传输,则在最后一个位捕获完之后的一个 SSICLK 周期中,SSIFss 线返回到其空闲的高电平状态。

而对于连续的背对背传输,SSIFSS 引脚保持其有效的低电平状态,直至最后一个字的最后一位捕获完,再返回其上述的空闲状态。

而对于连续的背对背传输,在两次连续的数据字传输之间 SSIFss 引脚保持低电平,连续传输的结束情况与单个字传输相同。

(7) MICROWIRE 帧格式

图 3-33 显示了单次传输的 MICROWIRE 帧格式,而图 3-34 为该格式的背对背传输情况。

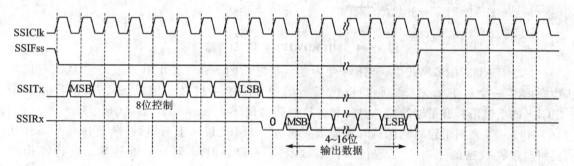

图 3-33 MICROWIRE 帧格式(单次传输)

MICROWIRE 格式与 SPI 格式非常类似,只是 MICROWIRE 为半双工而不是全双工,使用主-从消息传递技术。每次串行传输都由 SSI 向片外从器件发送 8 位控制字开始。在此传输过程中,SSI 没有接收到输入的数据。在消息已发送完之后,片外从机对消息进行译码,SSI 在将 8 位控制消息的最后一位发送完之后等待一个串行时钟,之后以请求的数据来响应。返回的数据在长度上为 4~16 位,使得任何地方总的帧长度为 13~25 位。

在该配置中,SSI 处于空闲状态时:
➢ SSICLK 强制为低电平；
➢ SSIFss 强制为高电平；
➢ 发送数据线 SSITx 强制为低电平。

通过向发送 FIFO 写入一个控制字节来触发一次传输。SSIFss 的下降沿使得包含在发送 FIFO 底部入口的值能够传输到发送逻辑的串行移位寄存器中,并且 8 位控制帧的 MSB 移出到 SSITx 引脚上。在该控制帧传输期间 SSIFss 保持低电平,SSIRx 引脚保持三态。

片外串行从器件在 SSICLK 的上升沿时将每个控制位锁存到其串行移位器中。在将最后一位锁存之后,从器件在一个时钟的等待状态中对控制字节进行译码,并且从机通过将数据发送回 SSI 来响应。数据的每个位在 SSICLK 的下降沿时驱动到 SSIRx 线上。SSI 在 SSICLK 的上升沿依次将每个位锁存。在帧传输结束时,对于单次传输,在最后一位已锁存到接收串行移位器之后的一个时钟周期,SSIFss 信号被拉为高电平,这使得数据传输到接收 FIFO 中。

注:在接收移位器已将 LSB 锁存之后的 SSICLK 的下降沿或在 SSIFss 引脚变为高电平时,片外从器件能够将接收线置为三态。

对于连续传输,数据传输的开始与结束与单次传输相同。但 SSIFss 线持续有效(保持低电平)并且数据传输以背对背方式产生。在接收到当前帧的接收数据的 LSB 之后,立即跟随下一帧的控制字节。在当前帧的 LSB 已锁存到 SSI 之后,接收数据的每个位在 SSICLK 的下降沿从接收移位器中进行传输。

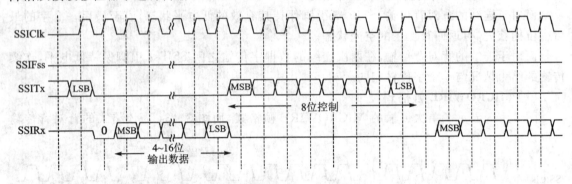

图 3-34　MICROWIRE 帧格式(连续传输)

在 MICROWIRE 模式中,SSIFss 变为低电平之后的 SSICLK 上升沿上,SSI 从机对接收数据的第一个位进行采样。驱动自由运行 SSICLK 的主机必须确保 SSIFss 信号相对于 SICLK 的上升沿具有足够的建立时间和保持时间裕量(Setup and Hold Margins)。

图 3-35 阐明了建立和保持时间要求。相对于 SSICLK 的上升沿(在该上升沿上,SSI 从机将对接收数据的第一个位进行采样),SSIFss 的建立时间至少必须是 SSI 进行操作的 SSICLK 周期的两倍。相对于该边沿之前的 SSICLK 上升沿,SSIFss 必须至少具有一个 SSICLK 周期的保持时间。

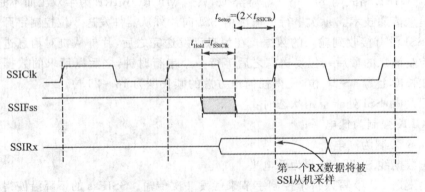

图 3-35　SSIFss 输入建立和保持时间要求

具体应用和编程见第 6 章课题 4。

3.12 I²C 接口

需要说明的是：LM3S101 内部没有集成这个 I²C 接口，所以在此特别说明。

内部集成电路（I²C）总线通过采用双线设计（串行数据线 SDA 和串行时钟线 SCL）来提供双向的数据传输。

I²C 总线连接到串行存储器（RAM 和 ROM）、网络设备、LCD、音频发生器等外部 I²C 设备上。I²C 总线也可在产品的开发和生产过程中用于系统的测试和诊断。

Stellaris 系列的 I²C 模块具备与 I²C 总线上的其他 I²C 设备进行通信的能力。I²C 总线支持可发送和接收（读/写操作）数据的设备。

I²C 总线上的设备可指定为主机或从机。I²C 模块支持这些设备作为主机或从机来发送和接收数据，也支持它们同时作为主机和从机进行发送和接收的同步操作。有 4 种 I²C 模式：主机发送、主机接收、从机发送和从机接收。

Stellaris 系列的 I²C 模块可在两种速率下工作：标准速率（100 kbps）和高速速率（400 kbps）。I²C 主机和从机都可以产生中断。I²C 主机在发送或接收操作完成（或由于错误中止）时产生中断。I²C 从机在数据已发送或主机发出请求时产生中断。

3.12.1 I²C 硬件方框图

I²C 硬件方框图见图 3-36。

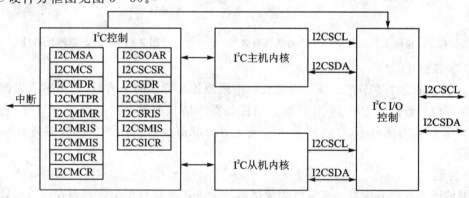

图 3-36 I²C 硬件方框图

3.12.2 功能描述

I²C 模块由主机和从机两个功能组成。主机和从机功能作为独立的外设来实现。I²C 模块必须被连接到双向开漏引脚。典型的 I²C 总线配置如图 3-37 所示。

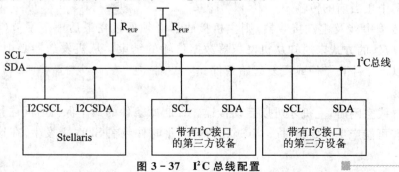

图 3-37 I²C 总线配置

1. I²C 总线功能概述

I²C 总线仅使用两个信号：SDA 和 SCL。这两个信号在 Stellaris 微控制器中被称为 I2CSDA 和 I2CSCL。SDA 是双向串行数据线，SCL 是双向串行时钟线。

(1) 数据传输

SDA 和 SCL 线都是双向的，它们通过上拉电阻连接到正极电源。当 SDA 和 SCL 线均为高电平时，总线处于空闲或自由（Free）状态。输出设备（引脚驱动器）必须具有开漏配置。I²C 总线上的数据在标准模式下的传输速率高达 100 kbps，在高速模式下的传输速率高达 400 kbps。

(2) 数据有效性

在时钟的高电平周期期间，SDA 线上的数据必须保持稳定。数据线仅可在时钟 SCL 为低电平时改变（见图 3 - 38）。

(3) 起始和停止条件

I²C 总线协议定义了两种状态：起始和停止。当 SCL 为高电平时，在 SDA 线上高到低的跳变被定义为起始条件，低到高的跳变被定义为停止条件。总线在起始条件之后被视为忙状态，在停止条件之后被视为空闲（Free）状态，如图 3 - 39 所示。

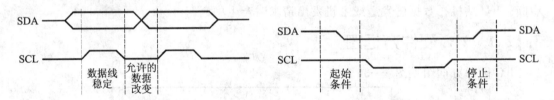

图 3 - 38 在 I²C 总线上的位传输过程中的数据有效性　　　图 3 - 39 起始和停止条件

(4) 字节格式

SDA 线上的每个字节都必须为 8 位长。不限制每次传输的字节数，每个字节后面必须带有一个应答位。数据传输时 MSB 在前。当接收器不能接收另一个完整的字节时，它可以将时钟线 SCL 保持为低电平，并强制发送器进入等待状态。数据传输在接收器释放时钟 SCL 后继续进行。

(5) 应答

数据传输必须带有应答。与应答相关的时钟脉冲由主机产生。发送器在应答时钟脉冲期间释放 SDA 线。

接收器必须在应答时钟脉冲期间拉低 SDA，使得它在应答时钟脉冲的高电平期间保持稳定（低电平）。

当从机接收器不应答从机地址时，数据线必须由从机保持在高电平状态。然后主机可产生停止条件来中止当前的传输。

如果在传输中涉及主机接收器，则主机接收器必须通过在最后一个字节（在从机之外计时）上不产生应答的方式来通知从机发送器数据传输的结束。从机发送器必须释放 SDA 线，以便主机可以产生停止条件或重复起始条件。

(6) 仲裁

只有在总线空闲时，主机才可以启动传输。在起始条件的最小保持时间内，两个或两个以上的主机都有可能产生起始条件。当 SCL 为高电平时仲裁在 SDA 上发生，在这种情况下，发送高电平的主机(另一个主机正在发送低电平)将关闭(switch off)其数据输出状态。仲裁可以在几个位上发生。仲裁的第一个阶段是比较地址位。如果两个主机都试图寻址相同的器件,则仲裁继续比较数据位。

(7) 带7位地址的数据格式

数据传输的格式如图3-40所示。从机地址在起始条件之后发送。该地址为7位,后面跟的第8位是数据方向位(在I2CMSA寄存器中为R/S位)。0表示传输(发送);1表示请求数据(接收)。数据传输始终由主机产生的停止条件来中止。然而,主机仍然可以在总线上通过产生重复的起始条件和寻址另一个从机进行通信,而无须先产生停止条件。因此,在这种传输过程中可能会存在各种接收/发送格式的不同组合。

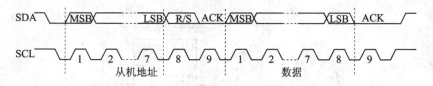

图3-40 带7位地址的完整数据传输

首字节的前面7位组成了从机地址(见图3-41)。第8位决定了消息的方向。首字节的R/S位为0表示主机将向所选择的从机写(发送)信息,为1表示主机将接收来自从机的信息。

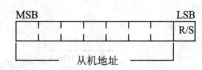

图3-41 首字节的R/S位

(8) I²C主机命令序列

图3-42~图3-47给出了I²C主机可使用的命令序列。

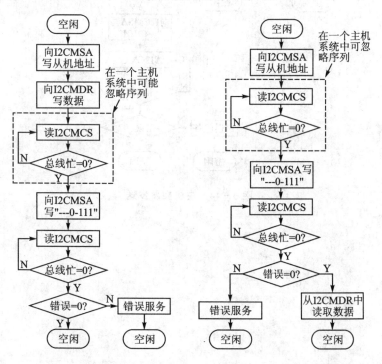

图3-42 主机单次发送   图3-43 主机单次接收

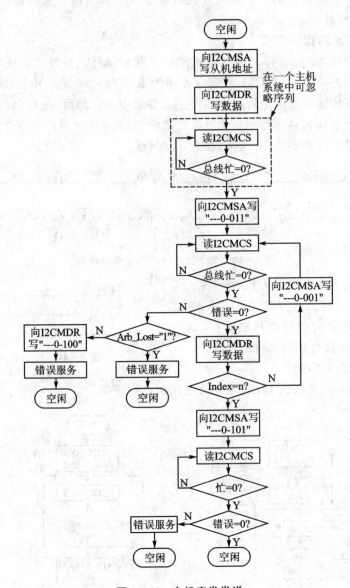

图 3-44 主机突发发送

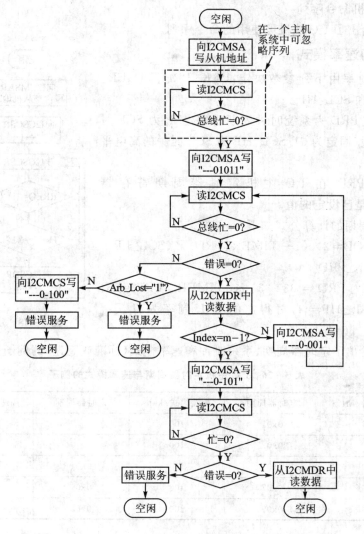

图 3-45 主机突发接收

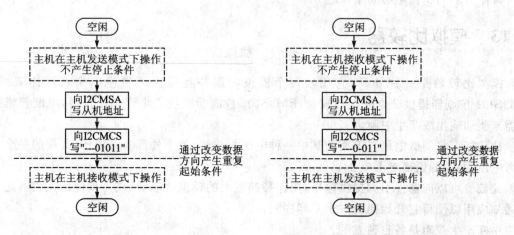

图 3-46 在突发发送后主机突发接收 　　图 3-47 在突发接收后主机突发发送

(9) I²C 从机命令序列

图 3-48 给出了 I²C 从机可使用的命令序列。

2. 可用的速率模式

SCL 时钟速率由下列参数决定：CLK_PRD、TIMER_PRD、SCL_LP 和 SCL_HP。

其中：CLK_PRD 为系统时钟周期；SCL_LP 为 SCL 时钟的低电平阶段（固定为 6）；SCL_HP 为 SCL 时钟的高电平阶段（固定为 4）。

TIMER_PRD 在 I²C 主机定时器周期寄存器（I²CMTPR）中是已设定的值。

SCL 时钟周期的计算公式如下：

SCL_PERIOD = 2×(1+TIMER_PRD)×(SCL_LP+SCL_HP)×CLK_PRD

例如：CLK_PRD = 33.33 ns，TIMER_PRD = 3，SCL_LP=6，SCL_HP=4，可得出的 SCL 频率为：$1/T$ = 375 kHz。

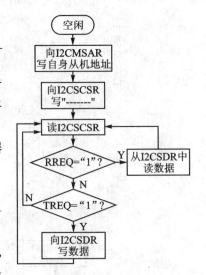

图 3-48 从机命令序列

表 3-26 给出了定时器周期、系统时钟和速率模式（标准或高速）的例子。

表 3-26 I²C 主机定时器周期与速率模式的例子

系统时钟/MHz	定时器周期	标准模式/kbps	定时器周期	高速模式/kbps
4	0x01	100	—	
6	0x02	100	—	
10	0x04	100	0x01	250
16	0x07	100	0x01	400
20	0x09	100	0x02	333

具体应用与编程见第 6 章课题 5。

3.13 模拟比较器

模拟比较器是一种外设，它比较两个模拟电压并且提供逻辑输出来表示比较结果。LM3S101 控制器提供 2 个模拟比较器，LM3S102 控制器提供 1 个模拟比较器，可配置模拟比较器来驱动输出或产生中断。

比较器可将测试电压与下面的其中一种电压相比较：单个外部参考电压、共用的一个外部参考电压、共用的内部参考电压。

比较器可以向器件引脚提供输出，用作替换板上的模拟比较器，或可以使用比较器通过中断通知应用以使得它开始捕获一个采样序列。

中断产生逻辑是各自独立的。

3.13.1 硬件方框图

模拟比较器硬件方框图见图 3-49。

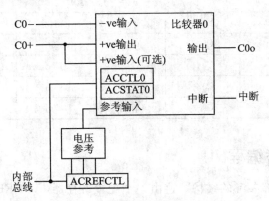

图 3-49 模拟比较器硬件方框图

3.13.2 功能描述

要点：如果比较器输入被配置为模拟输入，该模拟输入不是一个满量程(Full Scale)的值（仅为 0 V 或 3.3 V），则需要通过 GPIO 模块来禁止施密特触发器。

比较器比较 V_{IN-} 和 V_{IN+} 输入来产生输出 V_{OUT}。

如图 3-50 所示，V_{IN-} 的输入源是外部输入。除了外部输入外，V_{IN+} 的输入源也可以是比较器 0 的＋ve 输入或内部参考。

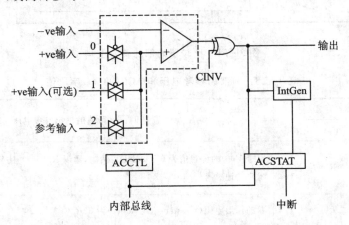

图 3-50 比较器单元的结构

通过两个状态/控制寄存器 ACCTL 和 ACSTAT 来配置比较器。通过一个控制寄存器 ACREFCTL 来配置内部参考。通过三个寄存器 ACMIS、ACRIS 和 ACINTEN 来配置中断状态和控制。比较器的操作模式请参考表 3-27。

通常，在内部使用比较器输出来产生控制器中断。也可以使用比较器输出来驱动外部引脚。

要点：在使用模拟比较器之前必须置位某些寄存器位的值。比较器输入和输出引脚的正确配置在表 3-27 中描述。

表 3-27 比较器 0 的操作模式

ACCNTL0 ASRCP	比较器 0			
	V_{IN-}	V_{IN+}	输出	中断
00	C0—	C0+	C0$_O$	是
01	C0—	C0+	C0$_O$	是
10	C0—	V_{REF}	C0$_O$	是
11	C0—	保留	C0$_O$	是

3.13.3 内部参考编程

图 3-51 所示为内部参考的结构。这由一个配置寄存器(ACREFCTL)来控制。表 3-28 给出了编程的选项用来获得特定的内部参考值,并且将外部电压与内部产生的特定电压相比较。

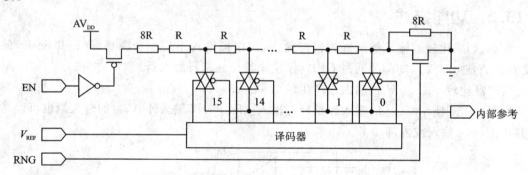

图 3-51 比较器内部的参考结构

表 3-28 内部的参考电压和 ACREFCTL 字段值

ACREFCTL 寄存器		基于 V_{REF} 字段值的输出参考电压
EN 位值	RNG 位值	
EN=0	RNG=X	对于 V_{REF} 的任意值为 0 V(GND);然而,建议 RNG=1 且 V_{REF}=0 来获得最小噪声的地参考
EN=1	RNG=0	总的梯形电阻(resistance in ladder)为 32R。 $V_{REF} = AV_{DD} \times \dfrac{R_{VREF}}{R_T}$ $V_{REF} = AV_{DD} \times \dfrac{V_{REF}+8}{32}$ $V_{REF} = 0.825 + 0.103 \times V_{REF}$ 在该模式中内参考的范围是 0.825~2.37 V

续表 3-28

ACREFCTL 寄存器		基于 V_{REF} 字段值的输出参考电压
EN 位值	RNG 位值	
	RNG=1	总的梯形电阻(resistance in ladder)为 $24R$。 $V_{REF} = AV_{DD} \times \dfrac{R_{VREF}}{R_T}$ $V_{REF} = AV_{DD} \times \dfrac{V_{REF}}{24}$ $V_{REF} = 0.1375 \times V_{REF}$ 在该模式中内部参考电压的范围是 $0.0 \sim 2.0625$ V

具体应用与编程见第 6 章课题 6。

3.14 JTAG 接口

联合测试行动组(JTAG)端口是一个 IEEE 标准,它定义了数字集成电路的测试访问端口和边界扫描架构,并为控制相关的测试逻辑提供了一个标准的串行接口。TAP、指令寄存器(IR)和数据寄存器(DR)可以用来测试集成印刷电路板的互连,以及获取组件的制造信息。JTAG 端口还提供了一种访问和控制"可测试性设计(design-for-test)"特性的方法,如观察与控制 I/O 引脚,扫描测试以及调试。

JTAG 端口由 5 个标准的引脚组成:$\overline{TRST}$、TCK、TMS、TDI 和 TDO。数据通过 TDI 串行发送至控制器,然后通过 TDO 引脚从控制器串行输出。该数据的解析取决于 TAP 控制器的当前状态。

LMI JTAG 控制器是与植入 Cortex-M3 内核的 ARM JTAG 控制器一起工作的。这可以通过多路复用这两个 JTAG 控制器的 TDO 输出引脚来实现。ARM JTAG 指令选择 ARM TDO 输出引脚,而 LMI JTAG 指令则选择 LMI TDO 输出引脚。多路复用器将由 LMI JTAG 控制器控制,它可以对 ARM、LMI 和未执行的 JTAG 指令进行综合编程。

JTAG 模块含以下特性:
➤ IEEE 1149.1-1990 兼容的测试访问端口(TAP)控制器。
➤ 4 位指令寄存器(IR)链,用于存储 JTAG 指令。
➤ IEEE 标准指令:
　—BYPASS 指令;
　—IDCODE 指令;
　—SAMPLE/PRELOAD 指令;
　—EXTEST 指令;
　—INTEST 指令。
➤ ARM 附加指令:
　—APACC 指令;
　—DPACC 指令;
　—ABORT 指令。

➢ 集成的 ARM 串行线调试(SWD)。

3.14.1 硬件方框图

JTAG 模块硬件方框图见图 3-52。

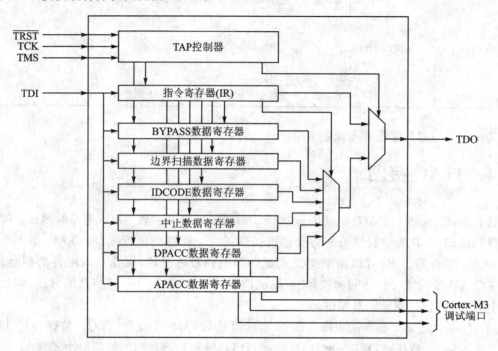

图 3-52 JTAG 模块硬件方框图

3.14.2 功能描述

JTAG 模块的高级概念图如图 3-52 所示。JTAG 模块由测试访问端口(TAP)控制器和带有并行更新寄存器的串行移位链组成。TAP 控制器是一个简单的状态机,它由 $\overline{\text{TRST}}$、TCK 和 TMS 输入引脚控制。TAP 控制器的当前状态依赖于 $\overline{\text{TRST}}$ 的当前值以及 TMS 引脚在 TCK 信号上升沿所捕获的值的序列。TAP 控制器决定了串行移位链何时捕获新数据,何时将数据从 TDI 移向 TDO,以及何时更新并行加载寄存器。TAP 控制器的当前状态还决定了正在访问的是指令寄存器(IR)链还是其中一个数据寄存器(DR)链。

带有并行加载寄存器的串行移位链是由一个指令寄存器(IR)链和多个数据寄存器(DR)链组成的。当前被加载到并行加载寄存器的指令决定了在 TAP 控制器排序过程中,哪一个 DR 链将被捕获、移位或更新。

某些指令(如 EXTEST 和 INTEST)会对当前位于 DR 链中的数据进行操作,但不会捕获、移动或更新任何链。为了确保 TDI 和 TDO 之间的串行通道一直连接,未被执行的指令将会译码成 BYPASS 指令。

1. JTAG 接口的引脚

JTAG 接口由 5 个标准的引脚:$\overline{\text{TRST}}$、TCK、TMS、TDI 和 TDO 组成。这些引脚以及与其相关联的复位状态如表 3-29 所列。下面接着详细介绍各个引脚

表 3-29 JTAG 端口引脚复位状态

引脚名称	数据方向	内部上拉	内部下拉	驱动强度	驱动值
$\overline{TRST}$	输入	使能	禁止	N/A	N/A
TCK	输入	使能	禁止	N/A	N/A
TMS	输入	使能	禁止	N/A	N/A
TDI	输入	使能	禁止	N/A	N/A
TDO	输出	使能	禁止	2 mA	高阻抗

(1) 测试复位输入($\overline{TRST}$)

$\overline{TRST}$引脚是一个低电平有效的异步输入信号,可以用来对 JTAG TAP 控制器和相关的 JTAG 电路进行初始化和复位。$\overline{TRST}$有效时,TAP 控制器复位到 Test-Logic-Reset 状态,并且在$\overline{TRST}$有效期间一直保持这种状态。TAP 控制器进入 Test-Logic-Reset 状态时,JTAG 指令寄存器(IR)复位为默认的 IDCODE 指令。

默认情况下,$\overline{TRST}$引脚上的内部上拉电阻在复位后使能。在修改 GPIO 端口 B(PB 口)的上拉电阻的设置时应该确保 PB7/$\overline{TRST}$上的内部上拉电阻保持使能,否则可能会丢失 JTAG 信息。

(2) 测试时钟输入(TCK)

TCK 引脚是 JTAG 模块的时钟输入。通过该时钟输入,测试逻辑可以独立于其他系统时钟而单独运行。此外,它确保多个组成链环(Daisy-Chain)的 JTAG TAP 控制器可以在组件之间同步传送串行测试数据。正常工作期间,TCK 由自由振荡的时钟(额定占空比为 50%)驱动。必要时,可以将 TCK 保持为 0 或 1,并持续多个周期。当 TCK 保持为 0 或 1 时,TAP 控制器的状态不发生改变,且 JTAG 指令和数据寄存器中的数据不会丢失。

默认情况下,TCK 引脚上的内部上拉电阻在复位后使能。因而确保在引脚没有被外部源驱动时不会进行计时。只要 TCK 引脚连续被外部源驱动,我们就可以通过关闭内部上拉和下拉电阻来节省内部功耗。

(3) 测试模式选择(TMS)

TMS 引脚选择 JTAG TAP 控制器的下一个状态。TMS 在 TCK 的上升沿被采样,根据当前的 TAP 状态以及 TMS 的采样值进入下一个状态。因为 TMS 引脚在 TCK 的上升沿被采样,所以 IEEE 标准 1149.1 希望 TMS 的值在 TCK 的下降沿发生变化。

将 TMS 设为高电平并维持 5 个连续的 TCK 周期将驱使 TAP 控制器状态机进入 Test-Logic-Reset(测试逻辑复位)状态。TAP 控制器进入 Test-Logic-Reset 状态时,JTAG 指令寄存器(IR)复位到默认的指令 IDCODE。因此,可将该时序当成一种复位机制来使用,其效果与 TRST 信号生效相似。通过图 3-60,我们可以完整地了解 JTAG 测试访问端口的状态机。默认情况下,TMS 引脚上的内部上拉电阻在复位后使能。在改变 GPIO 端口 C(PC 口)的上拉电阻的设置时,应该确保 PC1/TMS 上的内部上拉电阻保持使能;否则可能会丢失。

(4) 测试数据输入(TDI)

TDI 引脚将一串串行信息传送给 IR 链和 DR 链。TDI 在 TCK 的上升沿被采样,并根据当前的 TAP 状态以及当前指令,将该数据传送给合适的移位寄存器链。因为 TDI 引脚在

TCK 的上升沿被采样,所以 IEEE 标准 1149.1 期望 TDI 的值在 TCK 的下降沿发生变化。

默认情况下,TDI 引脚上的内部上拉电阻在复位后使能。在改变 GPIO 端口 C(PC 口)的上拉电阻的设置时,应该确保 PC2/TDI 上的内部上拉电阻保持使能;否则可能会丢失 JTAG 信息。

(5) 测试数据输出(TDO)

TDO 引脚将一串串行信息从 IR 链或 DR 链输出。TDO 的值依赖于当前的 TAP 状态、当前指令以及正在访问的链。为了在不使用 JTAG 端口时节省功耗,若当前并无移出数据的活动,TDO 引脚将被置为未激活的驱动状态。因为在链环配置中,TDO 可以与另一个控制器的 TDI 引脚相连。所以 IEEE 标准 1149.1 期望 TDO 的值在 TCK 的下降沿发生变化。

默认情况下,TDO 引脚上的内部上拉电阻在复位后使能。这样便确保了在不使用 JTAG 端口时,该引脚的逻辑电平能够保持恒定。如果高阻输出值在某些 TAP 控制状态过程中是满足要求的,那么可以通过关闭内部上拉和内部下拉电阻来节省内部功耗。

2. JTAG TAP 控制器

JTAG TAP 控制器状态机如图 3-53 所示。TAP 控制器状态机在发出上电复位(POR)或 $\overline{\text{TRST}}$ 信号时复位到 Test-Logic-Reset 状态。把正确的时序信号发送到 TMS 引脚,可以让 JTAG 模块移入新指令或移入数据,或者在扩展的测试序列期间变空闲。

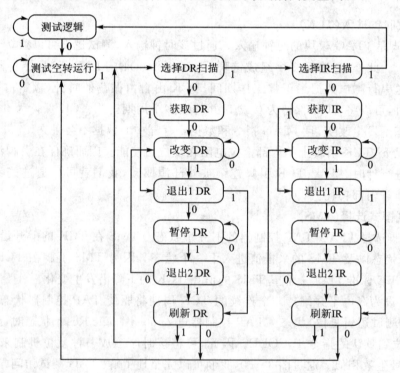

图 3-53 测试访问端口状态机

3. 移位寄存器

移位寄存器由一个串行移位寄存器链和一个并行加载寄存器组成。串行移位寄存器链在 TAP 控制器的 CAPTURE(捕获)状态下对特定的信息进行采样,并允许在 TAP 控制器的

SHIFT(移位)状态下将这些信息从 TDO 引脚移出。在已采样的数据通过 TDO 引脚移出链的同时,新的采样数据也正在通过 TDI 引脚移入串行移位寄存器。在 TAP 控制器的 UP-DATE 状态期间,这些新的数据将被存放到并行加载寄存器中。

4. 操作时的注意事项

在使用 JTAG 模块时有某些特定的操作方法。因为 JTAG 引脚可被编程为 GPIO,所以必须考虑这些引脚的板卡配置和复位条件。此外,由于 JTAG 模块已经集成了 ARM 串行线调试,所以在两个操作模式之间进行切换时,必须对切换方式进行说明。

(1) GPIO 功能

当控制器通过 POR 或 RST 复位时,JTAG 端口引脚将被设为它们默认的 JTAG 配置。默认的配置包括使能上拉电阻(将 GPIOPUR 中与 PB7 和 PC[3:0]对应的位设为 1)和使能 JTAG 引脚上交替的硬件功能(将 GPIOAFSEL 中与 PB7 和 PC[3:0]对应的位设为 1)。在复位后,软件只须向 GPIOAFSEL 寄存器中与 PB7 和 PC[3:0]对应的位写入 0 便可以将这 5 个引脚配置成 GPIO。如果用户在调试或板级测试时不需要 JTAG 端口,这样做便可以空出 5 个可供使用的 GPIO 端口。

注:如果 JTAG 引脚在设计中用作 GPIO,那么 PB7 和 PB2 不能同时接外部下拉电阻。如果这两个引脚在复位过程都被拉至低电平,那么控制器会出现不可预测的行为。一旦这种情况发生,应移除其中一个下拉电阻,或者把两个下拉电阻都移除,并且使用 RST 复位或关机后重新上电。

此外,可以建立一个软件程序来阻止调试器与群星系列微控制器相连。如果加载到 Flash 的程序代码立即将 JTAG 引脚变成它们的 GPIO 功能,那么在 JTAG 引脚功能切换前调试器将没有足够的时间去连接和停止控制器。这会将调试器锁在元件外。而通过一个使用外部触发器来恢复 JTAG 功能的软件程序就可以避免这种情况发生。

(2) ARM 串行线调试(SWD)

为了无缝地集成 ARM 串行线调试(SWD)的功能,串行线调试器必须能够与 Cortex-M3 内核相连,而无需执行或者了解 JTAG 的运行情况。这可以通过一个 SWD 前导码来实现,这个 SWD 前导码在 SWD 对话开始前发布。用来使能 SWJ-DP 模块的前导码在 TAP 控制器处于 Test-Logic-Reset(测试逻辑复位)状态时启用。此时,前导码将依次把 TAP 控制器设置为下列状态:Run Test Idle,Select DR,Select IR,Capture IR,Exit1 IR,Update IR,Run Test Idle,Select DR,Select IR,Capture IR,Exit1 IR,Update IR,Run Test Idle,Select DR,Select IR 以及 Test-Logic-Reset。

若将 JTAG TAP 指令寄存器(IR)中的 TAP 状态机的载入序列单步执行两次但并不移入新的指令,将使能 SWD 接口并且禁止 JTAG 接口。

因为上述的序列是一系列有效的、可发出的 JTAG 操作,所以 ARM JTAG TAP 控制器并没有完全兼容 IEEE 标准 1149.1。而这就是 ARM JTAG TAP 控制器唯一与规范不完全兼容的地方。由于在 TAP 控制器的正常操作过程中该序列出现的可能性很低,所以它应该不会影响 JTAG 接口的正常执行。

有关 JTAG 更加详尽的介绍见 LM3S102 数据手册。

3.15 系统存储器映射

LM3S101/LM3S102 的存储器映射如表 3-30 所列。在这里，寄存器地址将采用十六进制递增的形式给出，并与存储器映射表中模块的基址——对应。存储器映射的相关内容也可以参考网上资料\器件资料库\CortexM3_TRM.pdf 的第 4 章"存储器映射"。

何为存储器映射？存储器映射就是指不是芯片的物理地址，只是一个相对的地址。从这一点来说，LM3S101/LM3S102 的体系结构形式如同计算机。作为程序员来说，接触这样的事是常有的事。需要说明的是，操作映射存储器同操作物理的存储器是一样的。

表 3-30　LM3S101/LM3S102 系统控制用寄存器映射地址

起始地址	结束地址	说　明
存储器		
0x00000000	0x1FFFFFFF	片内 Flash 存储器空间(512 MB)[①]
0x20000000	0x200FFFFF	片内带 bit-banding 特性的 SRAM(可位操作的区域)[②]
0x20100000	0x21FFFFFF	留给无 bit-banding 特性的 SRAM[③]
0x22000000	0x23FFFFFF	0x20000000～0x200FFFFF 的 bit-band 别名
0x24000000	0x3FFFFFFF	留给无 bit-banding 特性的 SRAM
FiRM 外设		
0x40000000	0x40000FFF	看门狗定时器
0x40001000	0x40003FFF	留给其他 3 个看门狗定时器(按照 FiRM 规范)
0x40004000	0x40004FFF	GPIO 端口 A
0x40005000	0x40005FFF	GPIO 端口 B
0x40006000	0x40006FFF	GPIO 端口 C
0x40007000	0x40007FFF	留给其他 GPIO 端口(按照 FiRM 规范)
0x40008000	0x40008FFF	SSI
0x40009000	0x4000BFFF	留给其他 3 个 SSI(按照 FiRM 规范)
0x4000C000	0x4000FFFF	UART0
0x4000D000	0x4000FFFF	留给其他 UART(按照 FiRM 规范)
0x40010000	0x4001FFFF	留给将来的 FiRM 外设
外　设		
0x40020000	0x400207FF	I^2C 主机
0x40020800	0x40020FFF	I^2C 从机
0x40021000	0x40023FFF	保留
0x40024000	0x40027FFF	保留
0x40028000	0x4002BFFF	保留
0x4002C000	0x4002FFFF	保留
0x40030000	0x40030FFF	定时器 0

续表 3-30

起始地址	结束地址	说明
0x40031000	0x40031FFF	定时器1
0x40032000	0x40037FFF	保留
0x40038000	0x4003BFFF	保留
0x4003C000	0x4003CFFF	模拟比较器
0x4003D000	0x400FCFFF	保留
0x400FD000	0x400FDFFF	Flash 控制
0x400FE000	0x400FFFFF	系统控制
0x40100000	0x41FFFFFF	保留
0x42000000	0x43FFFFFF	0x40000000～0x400FFFFF 的 bit-band 别名
0x44000000	0xDFFFFFFF	保留
专用外设总线		
0xE0000000	0xE0000FFF	仪表跟踪宏单元(ITM)
0xE0001000	0xE0001FFF	数据观察点和跟踪(DWT)
0xE0002000	0xE0002FFF	Flash 修补和断点(FPB)
0xE0003000	0xE000DFFF	保留
0xE000E000	0xE000EFFF	嵌套向量中断控制器(NVIC)
0xE000F000	0xE003FFFF	保留
0xE0040000	0xE0040FFF	跟踪端口的接口单元(TPIU)
0xE0041000	0xE0041FFF	保留
0xE0042000	0xE00FFFFF	保留
0xE0100000	0xFFFFFFFF	留给厂商外设

注：①整个地址范围内可用的 Flash 别名。
②整个地址范围内可用的 SRAM 别名。
③在读所有被保留的空间时返回随机值，写操作忽略。

从这个映射的地址中可以看出，这就是一块 32 位地址的单片机。所有对外设的编程都是对这些存储器进行的。

3.16 系统控制

系统控制决定了器件的全部操作。它提供有关器件的信息，控制器件和各个外设的时钟，并处理复位检测和报告。

3.16.1 功能描述

系统控制模块提供以下功能：
器件标识；
局部控制，例如复位、功率及时钟控制；
系统控制（运行、睡眠和深度睡眠模式）。

1. 器件标识

LM3S101/LM3S102 有 7 个只读寄存器来提供有关微控制器的信息,包括版本、器件型号、SRAM 大小、Flash 大小及其他特性。详见 3.16.4 小节。

2. 复位控制

下面讨论复位过程中硬件方面的功能和复位序列之后的系统软件请求。

(1) 复位源

LM3S101/LM3S102 控制器有 6 个复位源:外部复位输入引脚($\overline{\text{TST}}$)有效、上电复位(POR)、内部掉电(BOR)检测器、软件启动的复位(利用软件复位寄存器)、看门狗定时器复位条件违犯、内部低压差线性(LDO)稳压器输出。

复位之后,复位原因(RESC)寄存器中的对应位置位。该寄存器中的位具有"粘着特性(sticky)",在通过多个复位序列之后仍能保持其状态,外部复位除外。外部复位之后,RESC 寄存器中的其他所有位清零。

注:主振荡器供外部复位和上电复位使用,内部振荡器供内部复位和时钟验证电路等内部处理使用。

(2) $\overline{\text{RST}}$引脚有效

外部复位引脚($\overline{\text{RST}}$)可将微控制器复位。该复位信号使内核及所有外设复位,JTAG TAP 控制器(见 3.14 节)除外。外部复位序列如下:

① 外部复位引脚($\overline{\text{RST}}$)有效,然后失效。

② 在 RST 失效之后,必须给晶体主振荡器一定的时间以使它稳定下来,控制器内部有一个主振荡器计数器对这段时间(15~30 ms)进行计数。在此期间,控制器其余部分的内部复位保持有效。

③ 内部复位释放,微控制器加载初始堆栈指针和初始程序计数器,并取出由程序计数器指定的第 1 条指令,然后开始执行。

(3) 上电复位(POR)

上电复位(POR)电路检测电源电压是否上升,并在检测到电压上升时产生片内复位脉冲。为使用片内电路,$\overline{\text{RST}}$输入须连接一个上拉电阻(1~10 kΩ)。

在片内上电复位脉冲结束时,器件必须在指定的工作参数范围内操作。指定的工作参数包括电源电压、频率、温度等。如果在 POR 结束的点没有满足工作条件,则 Stellaris 控制器不能正确工作。此时,必须使用外部电路将复位时间延长。外部电路如图 3-54 所示,与$\overline{\text{RST}}$输入相连。

R_1 和 C_1 定义了上电延迟时间。R_2 缓解 RST 输入的任何泄漏。二极管在电源关掉时通过 C_1 快速放电。

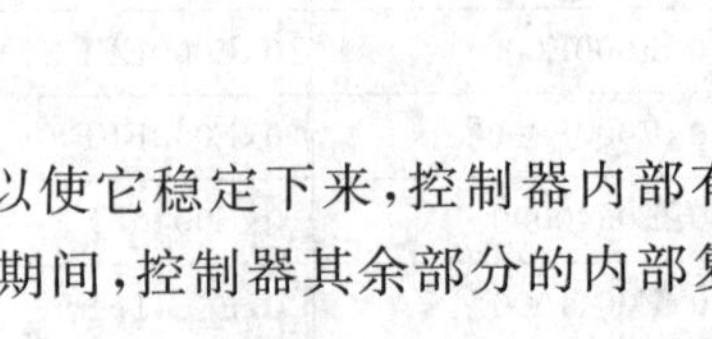

上电复位序列如下:

① 控制器等待后来的外部复位($\overline{\text{RST}}$)或内部 POR 变为无效。

② 在复位无效之后,必须允许晶体主振荡器稳定下来,控制器内部有一个主振荡器计数器对稳定所需时间(15~30 ms)进行计数。在这段时间内,控制器其余部分的内部复位保持有效。

图 3-54 延长复位时间的外部电路

③ 内部复位释放,控制器加载初始堆栈指针、初始程序计数器以及由程序计数器指定的第 1 条指令,然后开始执行。

内部 POR 只在控制器最初上电时有效。

(4) 掉电复位(BOR)

当输入电压下降导致内部掉电检测器有效时,能将控制器复位。该复位特性最初是禁止的,可通过软件使能。

系统提供的掉电检测电路在 V_{DD} 低于 V_{BTH} 时触发。该电路是为了防止逻辑电路和外设在低于 V_{DD} 电压或非 LDO 电压下工作时产生不正确操作。如果检测到掉电条件,系统可产生控制器中断或系统复位。BOR 电路有一个数字滤波器,防止与噪声相关的检测。掉电复位特性可选择使能。

掉电复位利用上电和掉电复位控制(PBORCTL)寄存器进行控制。PBORCTL 寄存器的 BORIOR 位必须置位,以便出现掉电时触发一次复位。掉电复位序列如下:

① 当 V_{DD} 低于 V_{BTH} 时,设置内部 BOR 条件。

② 如果 PBORCTL 寄存器的 BORWT 位置位,一段时间之后重新采样 BOR 条件(时间由 BORTIM 指定)来确定原来的条件是否是由噪声引起的。如果第二次不满足 BOR 条件,则不产生任何动作。

③ 如果 BOR 条件存在,则内部复位有效。

④ 内部复位释放,控制器加载初始堆栈指针、初始程序计数器以及由程序计数器指定的第 1 条指令,然后开始执行。

⑤ 内部 BOR 信号在 500 μs 之后释放,以防止在软件有机会调查最初掉电的原因之前另一个 BOR 条件置位。

(5) 软件复位

每个外设都能通过软件来复位。LM3S102 有 3 个寄存器用来控制软件复位功能(详见 SRCRn 寄存器)。如果寄存器中与外设对应的位置位,则对应外设复位。复位寄存器的编码与外设和片内功能的时钟门控的编码是一致的(见 3.16.4 小节)。向位通道写入 1 指示对应单元复位。注:用于指定单元所有时钟的所有复位信号在软件启动复位时有效。

整个系统也能通过软件来复位。将 Cortex-M3 应用中断和复位控制寄存器中的 SYSRESETREQ 位置位,可将包括内核在内的整个系统复位。软件启动的复位序列如下:

① 通过对 ARM Cortex-M3 应用中断和复位控制寄存器中的 SYSRESETREQ 位执行写操作,可启动软件复位。

② 内部复位有效。

③ 内部复位释放,控制器加载初始堆栈指针、初始程序计数器,取出由程序计数器指定的第 1 条指令,然后开始执行。

(6) 看门狗定时器复位

看门狗定时器模块的功能是防止系统挂起。看门狗定时器可配置为在其第一次超时时向控制器产生中断,第二次超时时产生复位信号。

在第一次溢出事件之后,将看门狗定时器装载(WDTLOAD)寄存器的值重装入 32 位计数器,定时器从该值继续递减计数。如果在第一次超时中断清零之前定时器再次递减到零,并且复位信号已使能,则看门狗定时器将其复位信号发送到系统。看门狗定时器复位序列如:

① 看门狗定时器第二次超时,不需要对其服务。
② 内部复位有效。
③ 内部复位释放,控制器加载初始堆栈指针和初始程序计数器,并取出由程序计数器指定的第 1 条指令,然后开始执行。

3. 功率控制

LDO 稳压器允许对片内输出电压 V_{OUT} 进行调整。输出电压可以在 2.25～2.75 V 范围内具有 50 mV 的增量。调整操作通过 LDO 功率控制(LDOPCTL)寄存器的 VADJ 区域实现。

4. 时钟控制

系统控制决定了该部分的时钟计时和控制。

(1) 基础时钟源

LM3S102 有两个基础时钟源供使用:

主振荡器,由外部晶体或单端时钟源来驱动。由晶体驱动时,主振荡器源被指定为 1～8 MHz。但当晶体用作 PLL 源时,它必须在 3.579 545～8.192 MHz 范围内以满足 PLL 要求。由单端时钟源驱动时,频率范围为从 DC 到器件的指定速率。

内部振荡器,它是片内自由运行的时钟。内部振荡器指定的运行速率为 15 MHz(1±50%),它能用来给系统提供时钟,但必须满足频率范围的容差。

内部系统时钟可由上述两个参考源中的任一个来驱动,如果 PLL 输入连接到满足其 AC 要求的时钟源,则也可由内部 PLL 来驱动。

时钟的几乎所有的控制都是由运行一模式时钟配置(RCC)寄存器来提供的。

图 3-55 显示了主时钟树逻辑。外设模块由系统时钟信号驱动,可以设置为使能/禁止。

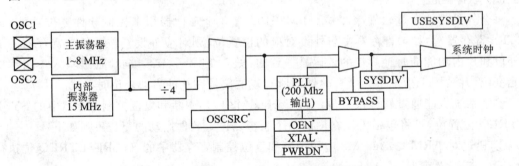

注:* 为运行一模式时钟配置(RCC)寄存器中的位域。

图 3-55 主时钟树

(2) PLL 频率配置

用户不对 PLL 频率直接进行控制,但要求使用的外部晶体要与内部 PLL 晶体表匹配。该表针对所选的晶体产生最适合的 PLL 参数。尽管频率在±1%内,但并不是所有的晶体都能使 PLL 在精确的 200 MHz 下工作。PLL 锁定结果保存在 XTAL 到 PLL 转换(PLLCTL)寄存器中。

3.16.4 小节中的表 3-67 描述了可用的晶体选项和 PLLCTL 寄存器的默认设置。将晶体编号写入运行一模式时钟配置(RCC)寄存器中的 XTAL 区域。任何时候当 XTAL 变化时,执行内部表的读操作可获得正确的值。表 3-67 描述了可用的晶体选项和默认设置。

(3) PLL 模式

PLL 有两种操作模式:正常和掉电。

正常模式：PLL 将输入时钟参考倍频并驱动输出。

掉电模式：大部分 PLL 内部电路被禁止,PLL 不驱动输出。

使用 RCC 寄存器域可以对 PLL 模式进行设置(参见表 3-66)。

(4) PLL 操作

如果 PLL 配置发生变化,PLL 输出在一段时间(PLL $T_{READY}=0.5$ ms)内将不稳定。在此期间,PLL 不可用作时钟参考。

PLL 可通过下面的其中一种方法改变:

- 更改为 RCC 寄存器中的 XTAL 值,写入相同值不会引起重锁定操作。
- 将 PLL 模式从掉电改为正常。

T_{READY} 的值由计数器来测量。计数器的时钟由内部振荡器提供。考虑到内部振荡器的范围,递减计数器的初值设置为 0x3000(即内部振荡器时钟为 15 MHz 时大约为 800 μs)。此时将提供硬件确保 PLL 不用作系统时钟,直到上述其中一个变化之后 PLL 满足 T_{READY} 条件。用户须确保在 RCC 寄存器转换为使用 PLL 之前,必须有稳定的时钟源(与主振荡器一样)。

(5) 时钟验证定时器(Clock Verification Timer)

LM3S101/LM3S102 有 3 个相同的时钟验证电路,可通过软件来使能。该电路使用定时器通过一个慢速时钟来检验快速时钟:主振荡器检验 PLL、主振荡器检验内部振荡器、内部振荡器除以 64 检验主振荡器。

如果验证定时器功能使能并检测到失败,则主时钟树立即切换到工作时钟,并向控制器产生中断。然后软件能够决定采取行动的过程。在没有写 CLKVCLR 寄存器、没有外部复位或 POR 复位时,失败指示和时钟切换不会清零。时钟验证定时器由 RCC 寄存器中的 PLLVER、IOSCVER 和 MOSCVER 位控制。

5. 系统控制

为实现节电功能,当控制器在运行、睡眠和深度睡眠模式时,分别使用 RCGCn、SCGCn 和 DCGCn 寄存器来控制系统中各个外设或模块的时钟门控逻辑。DC1、DC2 和 DC4 寄存器作为 RCGCn、SCGCn 和 DCGCn 寄存器的写屏蔽。

在运行模式中,控制器积极执行代码。在睡眠模式中,器件的时钟不变,但控制器不再执行代码(并且也不再需要时钟)。在深度睡眠模式中,器件的时钟可以改变(由运行模式的时钟配置决定),并且控制器不再执行代码(也不需要时钟)。中断可使器件从其中一种睡眠模式返回到运行模式,睡眠模式可从代码中通过请求来进入。

3.16.2 初始化和系统配置

PLL 的配置可通过直接向运行模式时钟配置(RSC)寄存器执行写操作来实现。成功改变基于 PLL 的系统时钟所需的步骤如下:

① 通过将 RCC 寄存器的 BYPASS 位置位以及将 USESYS 位清零,PLL 和系统时钟分频器旁路。该操作将系统配置为选择"原始的"时钟源(使用主振荡器或内部振荡器),并在系统时钟切换为 PLL 之前允许新的 PLL 配置生效。

② 选择晶体的值（XTAL）和振荡源（OSCSRC），并将 RCC 中的 PWRDN 和 OE 位清零。XTAL 值的设置操作将自动获得所选晶体的有效的 PLL 配置数据，PWRDN 和 OE 位的清零操作将给 PLL 及其输出供电并将它们使能。

③ 选择所需的系统分频器（SYSDIV）并置位 RCC 的 USESYS 位。SYSDIV 区域决定了微控制器的系统频率。

④ 通过查询原始中断状态（RIS）寄存器的 PLLLRIS 位来等待 PLL 锁定。如果 PLL 没有锁定，则配置无效。

⑤ 通过将 RCC 的 BYPASS 位清零使能对 PLL 的使用。

要点：如果在 PLL 锁定之前将 BYPASS 位清零，器件可能变为不可用。

3.16.3 系统控制寄存器的映射

表 3-31 列出了系统控制部分的寄存器，按功能分组。表中的偏移量相对于系统控制的基址 0x400FE000，并且在寄存器地址上采用十六进制递增的方式列出。

表 3-31 系统控制的寄存器映射

偏移量	寄存器名称	复位值	类型	描述
器件标识和功能				
0x000	DID0	—	RO	器件标识 0
0x004	DID1	—	RO	器件标识 1
0x008	DC0	0x00070003	RO	器件功能 0
0x010	DC1	0x00000009	RO	器件功能 1
0x014	DC2	0x01031011	RO	器件功能 2
0x018	DC3	0x830001C0	RO	器件功能 3
0x01C	DC4	0x00000007	RO	器件功能 4
局部控制				
0x030	PBORCTL	0x0007FFD	R/W	上电和掉电复位控制
0x034	LDOPCTL	0x00000000	R/W	LDO 功能控制
0x040	SRCR0	0x00000000	R/W	软件复位控制 0
0x044	SRCR1	0x00000000	R/W	软件复位控制 1
0x048	SRCR2	0x00000000	R/W	软件复位控制 2
0x050	RIS	0x00000000	RO	原始中断状态
0x054	IMC	0x00000000	R/W	中断屏蔽控制
0x058	MISC	0x00000000	R/WIC	屏蔽中断状态并清零
0x05C	RESC	—	R/W	复位原因
0x060	RCC	0x07803AC0	R/W	运行模式时钟配置
0x064	PLLCFG	—	RO	XTAL 到 PLL 的转换
系统控制				
0x100	RCGC0	0x00000001	R/W	运行模式时钟的门控控制 0
0x104	RCGC1	0x00000000	R/W	运行模式时钟的门控控制 1

续表 3-31

偏移量	寄存器名称	复位值	类型	描 述
0x108	RCGC2	0x00000001	R/W	运行模式时钟的门控控制 2
0x110	SCGC0	0x00000001	R/W	睡眠模式时钟的门控控制 0
0x114	SCGC1	0x00000000	R/W	睡眠模式时钟的门控控制 1
0x118	SCGC2	0x00000000	R/W	睡眠模式时钟的门控控制 2
0x120	DCGC0	0x00000001	R/W	深度睡眠模式时钟的门控控制 0
0x124	DCGC1	0x00000000	R/W	深度睡眠模式时钟的门控控制 1
0x128	DCGC2	0x00000000	R/W	深度睡眠模式时钟的门控控制 2
0x150	CLKVCLR	0x00000000	R/W	时钟验证清零
0x160	LDOARST	0x00000000	R/W	允许不可调整的 LDO 来将元件复位

注：表中的 RO 表示只读，R/W 表示为可读可写。

3.16.4 系统控制寄存器可实现功能描述

以下内容将按地址偏移的数字顺序列举并描述系统控制部分的寄存器。

说明：什么是偏移量？偏移量就是离开模块起始地址的值，如系统控制模块的起始地址是 0x400FE000，而 DID1 寄存器离开 0x400FE000 基址的值是 0x004，那么 DID1 寄存器的实际地址是基址+偏移量，即 0x400FE000+0x004=0x400FE004。

寄存器 1：器件标识 0(DID0)，偏移量 0x000，复位值 0x00000000。

功能：该寄存器用来识别器件的版本。

各控制位分配如表 3-32 所列。

表 3-32 寄存器 DID0 各位分配

位 号	31	30	29	28	27：16	15：8	7：0
名 称	保留		VER		保留	MAJOR	MINOR

各位功能描述如表 3-33 所列。

表 3-33 寄存器 DID0 各位功能描述

位 号	名 称	类 型	复位值	描 述
31	保留	RO	0	保留位返回不确定的值，并且不应该改变
30：28	VER	RO	0	该区域定义了 DID0 寄存器格式的版本：0 为 Stellaris 微控制器的寄存器版本
27：16	保留	RO	0	保留位返回不确定的值，并且不应该改变
15：8	MAJOR	RO	—	该区域指定了器件的主要修订号。主要修订号在元件型号中以字母指示(A 为第 1 版，B 为第 2 版等)。该区域按下面的指示设置： 0：修订 A(原始器件) 1：修订 B(首次修订)

续表 3-33

位 号	名 称	类 型	复位值	描 述
7:0	MINOR	RO	—	该区域指定了器件的次要修订号。该区域为数字,按下面的指示设置: 0:无改动,最近一次的更新为主要修订 1:从上一次主要修订更新后的一次互连改动(interconnect change) 2:从上一次主要修订更新后的两次互连改动

寄存器 2:器件标识 1(DID1),偏移量 0x004,复位值 0x00020004。
功能:该寄存器用来识别器件的系列、元件型号、温度范围和封装类型。
各控制位分配如表 3-34 所列。
说明:复位值 0x0002 表示是 LM3S102,复位值 0x0001 表示是 LM3S101。

表 3-34 寄存器 DID1 各位分配

位 号	31:28	27:24	23:16	15:8	7:5	4:3	2	1:0
名 称	VER	FAM	PARTNO	保留	TEMP	PKG	RoHS	QURL

各位功能描述如表 3-35 所列。

表 3-35 寄存器 DID1 各位功能描述

位 号	名 称	类 型	复位值	描 述
31:28	VER	RO	0x0	该区域定义了 DID1 寄存器格式的版本: 0 为 Stellaris 微控制器的寄存器版本
27:24	FAM	RO	0x0	系列 该区域提供 Luminary Micro 产品组合中的器件的系列标识。 0x0 表示是 Stellaris 系列微控制器
23:16	PARTNO	RO	0x02	元件型号 该区域提供系列内的器件的元件型号。 0x02 的值表示 LM3S102 微控制器
15:8	保留	RO	0	保留位返回不确定的值,并且不应该改变
7:5	TEMP	RO	—	温度范围 该区域指定器件的温度等级。 其设置如下: TEMP 描述 000 商业温度范围(0~70 ℃) 001 工业温度范围(-40~85 ℃) 010~111 保留
4:3	PKG	RO	0x0	该区域指定了封装类型。值为 0 表示是 28 脚 SOIC 封装
2	RoHS	RO	1	遵循 RoHS 规范。 该位为 1 表示器件遵循 RoHS 规范

续表 3-35

位号	名称	类型	复位值	描述
1:0	QUAL	RO		该区域指定了器件的鉴定状态,其设置如下: QUAL 描述 00 工程实例(未鉴定) 01 试制生产(未鉴定) 10 完全鉴定 11 保留

寄存器 3:器件功能 0(DC0),偏移量 0x008,复位值 0x00070003。

功能:该寄存器根据元件来预先定义并能用来验证其特性。

各控制位分配如表 3-36 所列。

说明:复位值 0x0002 表示是 LM3S102,复位值 0x0001 表示是 LM3S101。

表 3-36 寄存器 DC0 各位分配

位号	31:16	15:0
名称	SRAMSZ	FLSHSZ

各位功能描述如表 3-37 所列。

表 3-37 寄存器 DC0 各位功能描述

位号	名称	类型	复值	描述
31:16	SRAMSZ	RO	0x0007	表示片内 SRAM 的大小。值为 0x0007 表示 SRAM 为 2 KB
15:0	FLSHSZ	RO	0x0003	表示片内 Flash 的大小。值为 0x03 表示 Flash 为 8K

寄存器 4:器件功能 1(DC1),偏移量 0x010,复位值 0x0000901F。

功能:该寄存器根据元件来预先定义并能用来验证其特性。它也可以用来屏蔽以下寄存器的写操作:运行模式时钟门控控制 0(RCGC0)寄存器、睡眠模式时钟门控控制 0(SCGC0)寄存器、深度睡眠模式时钟门控控制 0(DCGC0)寄存器。

各控制位分配如表 3-38 所列。

表 3-38 寄存器 DC1 各位分配

位号	31:16	15:12	11:8	7	6:5	4	3	2	1	0
名称	保留	MINSYSDIV	保留	MPU	保留	PLL	WDT	SWO	SWD	JTAG

各位功能描述如表 3-39 所列。

表 3-39 寄存器 DC1 各位功能描述

位号	名称	类型	复位值	描述
31:16	保留	RO	0	保留位返回不确定的值,并且不应该改变

续表 3-39

位号	名称	类型	复位值	描述
15:12	MINSYSDIV	RO	0x09	该区域的复位值与硬件相关。值为 0x09 表示 20 MHz 的 CPU 时钟,PLL 分频器的值为 10
11:8	保留	RO	0	保留位返回不确定的值,并且不应该改变
7	MPU	RO	0	该位表示 Cortex-M3 中的存储器保护单元(MPU)是否可用。该位为 0 表示 MPU 不可用,为 1 表示可用。有关 MPU 的详细信息请参考网上资料\器件资料库\Corte-xTM-M3 技术参考手册.mht
6:5	保留	RO	0	保留位返回不确定的值,并且不应该改变
4	PLL	RO	1	该位为 1 表示器件中存在已实现的 PLL
3	WDT	RO	1	该位为 1 表示器件上的看门狗定时器
2	SWO	RO	1	该位为 1 表示存在 ARM 串行线输出(SWO)跟踪端口功能
1	SWD	RO	1	该位为 1 表示存在 ARM 串行线调试(SWD)功能
0	JTAG	RO	1	该位为 1 表示存在 JTAG 端口

注:0:3 位屏蔽了运行模式时钟门控控制 0(RCGC0)寄存器、睡眠模式时钟门控控制 0(SCGC0)寄存器、深度睡眠模式时钟门控控制 0(DCGC0)寄存器。没有标注的位作为 0 传送。

寄存器 5:器件功能 2(DC2),偏移量 0x014,复位值 0x03031101。

功能:该寄存器根据元件来预先定义并能用来验证其特性。它也可以用来屏蔽以下寄存器的写操作:运行模式时钟门控控制 1(RCGC1)寄存器、睡眠模式时钟门控控制 1(SCGC1)寄存器、深度睡眠模式时钟门控控制 1(DCGC1)寄存器。

各控制位分配如表 3-40 所列。

表 3-40 寄存器 DC2 各位分配

位号	31:26	25	24	23:18	17	16	15:13	12	11:5	4	3:1	0
名称	保留	COMP1	COMP0	保留	GPTM1	GPTM0	保留	I^2C	保留	SSI	保留	UART0

各位功能描述如表 3-41 所列。

表 3-41 寄存器 DC2 各位功能描述

位号	名称	类型	复位值	描述
31:26	保留	RO	0	保留位返回不确定的值,并且不应该改变
25	COMP1	RO	1	该位为 1 表示存在模拟比较器 1
24	COMP0	RO	1	该位为 1 表示存在模拟比较器 0
23:18	保留	RO	0	保留位返回不确定的值,并且不应该改变
17	GPTM1	RO	1	该位为 1 表示存在通用定时器模块 1
16	GPTM0	RO	1	该位为 1 表示存在通用定时器模块 0
15:13	保留	RO	0	保留位返回不确定的值,并且不应该改变
12	I^2C	RO	1	该位为 1 表示存在 I^2C 模块

续表 3-41

位号	名称	类型	复位值	描述
11:5	保留	RO	0	保留位返回不确定的值,并且不应该改变
4	SSI	RO	1	该位为 1 表示存在 SSI 模块
3:1	保留	RO	0	保留位返回不确定的值,并且不应该改变
0	UART0	RO	1	该位为 1 表示存在 UART0 模块

寄存器 6:器件功能 3(DC3),偏移量 0x018,复位值 0x80010003C0。
功能:该寄存器根据元件来预先定义并能用来验证其特性。
各控制位分配如表 3-42 所列。

表 3-42 寄存器 DC3 各位分配

位号	31	30:25	24	23:16	位号	15:10	9	8	7	6	5:0
名称	32 kHz	保留	CCP0	保留	名称	保留	C1−	C0o	C0+	C0−	保留

各位功能描述如表 3-43 所列。

表 3-43 寄存器 DC3 各位功能描述

位号	名称	类型	复位值	描述
31	32 kHz	RO	1	该位为 1 表示存在一个 32.768 kHz 的输入引脚
30:26	保留	RO	0	保留位返回不确定的值,并且不应该改变
25	CCP1	RO	1	该位为 1 表示存在捕获/比较/PWM 引脚 1
24	CCP0	RO	1	该位为 1 表示存在捕获/比较/PWM 引脚 0
23:9	保留	RO	0	保留位返回不确定的值,并且不应该改变
8	C0o	RO	1	该位为 1 表示存在 C0o 引脚
7	C0+	RO	1	该位为 1 表示存在 C0+ 引脚
6	C0−	RO	1	该位为 1 表示存在 C0− 引脚
5:0	保留	RO	0	保留位返回不确定的值,并且不应该改变

寄存器 7:器件功能 4(DC4),偏移量 0x01C,复位值 0x00000007。
功能:该寄存器根据元件来预先定义并能用来验证其特性。它也可以用来屏蔽以下寄存器的写操作:运行模式时钟门控控制 2(RCGC2)寄存器、睡眠模式时钟门控控制 2(SCGC2)寄存器、深度睡眠模式时钟门控控制 2(DCGC2)寄存器。
各控制位分配如表 3-44 所列。

表 3-44 寄存器 DC4 各位分配

位号	31:3	2	1	0
名称	保留	PORTC	PORTB	PORTA

各位功能描述如表 3-45 所列。

表 3-45 寄存器 DC4 各位功能描述

位号	名称	类型	复位值	描述
31：3	保留	RO	0	保留位返回不确定的值,并且不应该改变
2	PORTC	RO	1	该位为 1 表示存在 GPIO 端口 C
1	PORTB	RO	1	该位为 1 表示存在 GPIO 端口 B
0	PORTA	RO	0	该位为 1 表示存在 GPIO 端口 A

寄存器 8：上电和掉电复位控制(PBORCTL),偏移量 0x030,复位值 0x00007FFB。
功能：该寄存器用来控制初始上电复位之后的复位条件。
各控制位分配如表 3-46 所列。

表 3-46 寄存器 PBORCTL 各位分配

位号	31：16	15：2	1	0
名称	保留	BORTIM	BORIOR	BORWT

各位功能描述如表 3-47 所列。

表 3-47 寄存器 PBORCTL 各位功能描述

位号	名称	类型	复位值	描述
31：16	保留	RO	0	保留位返回不确定的值,并且不应该改变
15：2	BIRTIM	R/W	0x1FFF	如果 BORWT 位置位,则该位表示在 BOR 输出被重新采样之前延迟的内部振荡器时钟的个数。该区域的宽度由 500 μs 的 t_{BOR} 宽度和 15 MHz($1\pm50\%$)的内部振荡器(IOSC)频率来控制。如果是$+50\%$,则计数值必须超过 10 000
1	BORIOR	R/W	0	BOR 中断或复位。该位控制如何将 BOR 事件发送给控制器。如果该位为 1 则发出复位信号,否则发出中断
0	BORWT	R/W	1	BOR 等待并检查噪声。该位指定了对掉电信号有效的响应。如果 BORWT 置 1,则控制器在重新采样 BOR 输出之前等待 BORTIM 个 IOSC 周期,并且如果重新采样有效,则发出 BOR 条件中断或复位。如果 BOR 重新采样无效,则初始有效的原因可能是噪声,因此要止住中断或复位。如果 BORWT 为 0,则 BOR 有效不会对输出重新采样,并立即报告任何的条件(如果使能)

寄存器 9：LDO 功率控制(LDOPCTL),偏移量 0x034,复位值 0x00000000。
功能：该寄存器的 VADJ 区域用来调整片内输出电压(V_{OUT})。
各控制位分配如表 3-48 所列。

表 3-48 寄存器 LDOPCTL 各位分配

位号	31：6	5：0
名称	保留	VADJ

各位功能描述如表3-49所列。

表3-49 寄存器LDOPCTL各位功能描述

位 号	名 称	类 型	复位值	描 述
31：6	保留	RO	0	保留位返回不确定的值,并且不应该改变
5：0	VADJ	R/W	0x0	该区域指定了应用于LDO输入SEL_VOUT[5：0]的值。VADJ的设置值如表3-50所列

VADJ~V_{OUT}如表3-50所列。

表3-50 VADJ~V_{OUT}

VADJ	V_{OUT}/V	VADJ	V_{OUT}/V	VADJ	V_{OUT}/V
0x1B	2.75	0x1F	2.55	0x03	2.35
0x1C	2.70	0x00	2.50	0x04	2.30
0x1D	2.65	0x01	2.45	0x05	2.25
0x1E	2.60	0x02	2.40	0x06~0x3F	保留

寄存器10：软件复位控制0(SRCR0),偏移量0x040,复位值0x00000000。
功能：写入该寄存器的值被器件功能1(DC1)寄存器中的位屏蔽。
各控制位分配如表3-51所列。

表3-51 寄存器SRCR0各位分配

位 号	31：4	3	2：0
名 称	保留	WDT	保留

各位功能描述如表3-52所列。

表3-52 寄存器SRCR0各位功能描述

位 号	名 称	类 型	复位值	描 述
31：4	保留	RO	0	保留位返回不确定的值,并且不应该改变
3	WDT	R/W	0	看门狗单元的复位控制
2：0	保留	RO	0	保留位返回不确定的值,并且不应该改变

寄存器11：软件复位控制1(SRCR1),偏移量0x044,复位值0x00000000。
功能：写入该寄存器的值被器件功能2(DC2)寄存器中的位屏蔽。
各控制位分配如表3-53所列。

表3-53 寄存器SRCR0各位分配

位 号	31：25	24	23：18	17	16	15：13	12	11：5	4	3：1	0
名 称	保留	COMP0	保留	GPTM1	GPTM0	保留	I²C	保留	SSI	保留	UART0

各位功能描述如表3-54所列。

表 3-54　寄存器 SRCR1 各位功能描述

位号	名称	类型	复位值	描述
31:25	保留	RO	0	保留位返回不确定的值,并且不应该改变
24	COMP0	R/W	0	模拟比较器 0 的复位控制
23:18	保留	RO	0	保留位返回不确定的值,并且不应该改变
17	GPTM1	R/W	0	通用定时器模块 1 的复位控制
16	GPTM0	R/W	0	通用定时器模块 0 的复位控制
15:13	保留	RO	0	保留位返回不确定的值,并且不应该改变
12	I²C	R/W	0	I²C 单元的复位控制
11:5	保留	RO	0	保留位返回不确定的值,并且不应该改变
4	SSI	R/W	0	SSI 单元的复位控制
3:1	保留	RO	0	保留位返回不确定的值,并且不应该改变
0	UART0	R/W	0	UART0 模块的复位控制

寄存器 12：软件复位控制 2(SRCR2),偏移量 0x048,复位值 0x00000000。
功能：写入该寄存器的值被器件功能 4(DC4)寄存器中的位屏蔽。
各控制位分配如表 3-55 所列。

表 3-55　寄存器 SRCR0 各位分配

位号	31:3	2	1	0
名称	保留	PORTC	PORTB	PORTA

各位功能描述如表 3-56 所列。

表 3-56　寄存器 SRCR2 各位功能描述

位号	名称	类型	复位值	描述
31:3	保留	RO	0	保留位返回不确定的值,并且不应该改变
2	PORTC	R/W	0	GPIO 端口 C 的复位控制
1	PORTB	R/W	0	GPIO 端口 B 的复位控制
0	PORTA	R/W	0	GPIO 端口 A 的复位控制

寄存器 13：原始中断状态(RIS),偏移量 0x050,复位值 0x00000000。
功能：系统使用该寄存器来对原始中断进行控制。寄存器中的位由硬件置位和清零。
各控制位分配如表 3-57 所列。

表 3-57　寄存器 RIS 各位分配

位号	31:7	6	5	4	3	2	1	0
名称	保留	PLLLRIS	CLRIS	IOFRIS	MOFRIS	LDORIS	BORRIS	PLLFRIS

各位功能描述如表 3-58 所列。

表3-58 寄存器 RIS 各位功能描述

位号	名称	类型	复位值	描述
31:7	保留	RO	0	保留位返回不确定的值,并且不应该改变
6	PLLRIS	RO	0	PLL 锁定的原始中断状态 该位在 PLL T_{READY} 定时器有效时置位
5	CLRIS	RO	0	电流限制的原始中断状态 该位在 LDO 的 CLE 输出有效时置位
4	IOFRIS	RO	0	内部振荡器故障的原始中断状态 该位在检测到内部振荡器故障时置位
3	MOFRIS	RO	0	主振荡器故障的原始中断状态 该位在检测到主振荡器故障时置位
2	LDORIS	RO	0	LDO 功率不可调整的原始中断状态 该位在 LDO 电压不可调整时置位
1	BORRIS	RO	0	掉电复位的原始中断状态 该位为所有掉电条件的原始中断状态。如果该位置位,则检测到掉电条件。如果 IMC 寄存器中的 BORIM 位置位以及 PBORCTL 寄存器中的 BORIOR 位清零,则中断被报告
0	PLLFRIS	RO	0	PLL 故障的原始中断状态 该位在检测到 PLL 故障(停止振荡)时置位

寄存器14: 中断屏蔽控制(IMC),偏移量 0x054,复位值 0x00000000。
功能:系统使用该寄存器来控制中断屏蔽(系统中断屏蔽寄存器)。
各控制位分配如表3-59所列。

表3-59 寄存器 IMC 各位分配

位号	31:7	6	5	4	3	2	1	0
名称	保留	PLLLIM	CLIM	IOFIM	MOFIM	LDOIM	BORIM	PLLFIM

各位功能描述如表3-60所列。

表3-60 寄存器 IMC 各位功能描述

位号	名称	类型	复位值	描述
31:7	保留	RO	0	保留位返回不确定的值,并且不应该改变
6	PLLLIM	RO	0	PLL 锁定的中断屏蔽 该位规定 PLL 锁定检测是否引起控制器中断。如果该位置位,则在 RIS 的 PLLLRIS 位置位时将产生中断,否则不产生中断

续表 3-60

位号	名称	类型	复位值	描述
5	CLIM	RO	0	电流限制的中断屏蔽 该位规定电流限制检测是否引起控制器中断。如果该位置位，则在 CLRIS 置位时将产生中断，否则不产生中断
4	IOFIM	RO	0	内部振荡器故障的中断屏蔽 该位规定内部振荡器故障检测是否引起控制器中断。如果该位置位，则在 IOFRIS 置位时将产生中断，否则不产生中断
3	MOFIM	RO	0	主振荡器故障的中断屏蔽 该位规定主振荡器故障检测是否引起控制器中断。如果该位置位，则在 MOFRIS 置位时将产生中断，否则不产生中断
2	LDOIM	RO	0	LDO 功率不可调整的中断屏蔽 该位规定 LDO 功率不可调整的情况是否引起控制器中断。如果该位置位，则在 LDORIS 置位时将产生中断，否则不产生中断
1	BORIM	RO	0	掉电复位的中断屏蔽 该位规定掉电条件是否引起控制器中断。如果该位置位，则在 BORRIS 置位时将产生中断，否则不产生中断
0	PLLFIM	RO	0	PLL 故障的中断屏蔽 该位规定 PLL 故障检测是否引起控制器中断。如果该位置位，则在 PLLFRIS 置位时将产生中断，否则不产生中断。该位在检测到 PLL 故障（停止振荡）时置位

寄存器 15：屏蔽后的中断状态和清零（MISC），偏移量 0x058，复位值 0x00000000。

功能：系统使用该寄存器来控制 RIS 和 IMC 相与的结果，以便向控制器产生中断。寄存器的所有位都是 R/Wlc，这个动作也将 RIS 寄存器中对应的原始中断位清零。

各控制位分配如表 3-61 所列。

表 3-61 寄存器 MISC 各位分配

位号	31：7	6	5	4	3	2	1	0
名称	保留	PLLLMIS	CLMIS	IOFMIS	MOFMIS	LDOMIS	BORMIS	PLLFMIS

各位功能描述如表 3-62 所列。

表 3-62 寄存器 MISC 各位功能描述

位号	名称	类型	复位值	描述
31：7	保留	RO	0	保留位返回不确定的值，并且不应该改变
6	PLLLMIS	R/wlc	0	PLL 锁定屏蔽后的中断状态 PLL 的 T_{READY} 定时器有效时该位置位。向该位写 1 可将中断清零

续表 3-62

位号	名称	类型	复位值	描述
5	CLMIS	R/wic	0	电流限制屏蔽后的中断状态 LDO 的 CLE 输出有效时该位置位。向该位写 1 可将中断清零
4	IOFMIS	R/wic	0	内部振荡器故障屏蔽后的中断状态 如果检测到内部振荡器故障,则该位置位。向该位写 1 可将中断清零
3	MOFMIS	R/wic	0	主振荡器故障屏蔽后的中断状态 如果检测到主振荡器故障,则该位置位。向该位写 1 可将中断清零
2	LDOMIS	R/wic	0	LDO 功率不可调整屏蔽后的中断状态 如果 LDO 功率不可调整,则该位置位。向该位写 1 可将中断清零
1	BORMIS	R/wic	0	掉电复位屏蔽后的中断状态 该位为任何掉电条件屏蔽后的中断状态。如果该位置位,则检测到掉电条件。如果 IMC 寄存器的 BORIM 位置位,并且 PBORCTL 寄存器的 BORIOR 位清零,则中断被报告。向该位写 1 可将中断清零
0	PLLFMIS	R/wic	0	PLL 故障屏蔽后的中断状态 如果检测到 PLL 故障,则该位置位。向该位写 1 可将中断清零

寄存器 16: 复位原因(RESC),偏移量 0x05C,复位值 0x00000000。

功能: 该寄存器表明了复位事件的原因。复位值由复位原因来决定。如果是外部复位(EXT 置位),则其他所有复位位清零。但如果是由其他原因引起的,则剩余的位是"粘着的(sticky)",可以通过软件来查看所有复位原因。

各控制位分配如表 3-63 所列。

表 3-63 寄存器 RESC 各位分配

位号	31:6	5	4	3	2	1	0
名称	保留	LDO	SW	WDT	BOR	POR	EXT

各位功能描述如表 3-64 所列。

表 3-64 寄存器 RESC 各位功能描述

位号	名称	类型	复位值	描述
31:6	保留	RO	0	保留位返回不确定的值,并且不应该改变
5	LDO	R/W	0	该位为 1 时,复位事件是由 LDO 功率不可调整引起的
4	SW	R/W	0	该位为 1 时,复位事件是由软件复位引起的
3	WDT	R/W	0	该位为 1 时,复位事件是由看门狗复位引起的
2	BOR	R/W	0	该位为 1 时,复位事件是由掉电复位引起的
1	POR	R/W	0	该位为 1 时,复位事件是由上电复位引起的
0	EXT	R/W	0	该位为 1 时,复位事件是由外部复位($\overline{RST}$)引起的

寄存器 17：运行模式时钟配置（RCC），偏移量 0x060，复位值 0x0F803AC0。
功能：该寄存器定义为提供时钟源控制和频率。
各控制位分配如表 3-65 所列。

表 3-65 寄存器 RCC 各位分配

位号	31:28	27	26:22	22	21:14
名称	保留	ACG	SYSDIV	USESYSDIV	保留

位号	13	12	11	10	9:6	5:4	3	2	1:0
名称	PWRDN	OEN	BYPASS	PLLVER	XTAL	OSCSRC	IOSCVER	MOSCVER	保留

各位功能描述如表 3-66 所列。

表 3-66 寄存器 RCC 各位功能描述

位号	名称	类型	复位值	描述
31:28	保留	RO	0	保留位返回不确定的值，并且不应该改变
27	ACG	R/W	0	自动时钟门控 该位规定在控制器进入睡眠或深度睡眠模式时，系统是否分别使用睡眠模式时钟门控控制寄存器（SCGCn）和深度睡眠模式时钟门控控制寄存器（DCGCn）。如果该位置位，则当控制器处于睡眠模式时使用 SCGCn 或 DCGCn 寄存器来控制分配给外设的时钟。否则，当控制器进入睡眠模式时使用运行模式时钟门控控制（RCGCn）寄存器。 RCGCn 寄存器始终用来控制运行模式下的时钟。 这样，可以在控制器处于睡眠模式并且不需要使用外设时降低外设的功耗
26:23	SYSDIV	R/W	0xF	系统时钟除数 这几个位指定使用哪个除数来从 PLL 输出（200 MHz）上产生系统时钟。 二进制值　　　　除数　　　　频率 　　　　　　　（BYPASS=1）　（BYPASS=0） 0000—　　　　　保留　　　　保留 1000 1001　　　　　　/10　　　　　20 MHz 1010　　　　　　/11　　　　　18.18 MHz 1011　　　　　　/12　　　　　16.67 MHz 1100　　　　　　/13　　　　　15.38 MHz 1101　　　　　　/14　　　　　14.29 MHz 1110　　　　　　/15　　　　　13.33 MHz 1111　　　　　　/16　　　　　12.5 MHz（默认） 如果请求的分频值更小并且正在使用 PLL，则读取运行模式时钟配置（RCC）寄存器时，SYSDIV 的值为 MINSYSDIV 的值。这个更小的值允许将非 PLL 的时钟源分频

续表 3-66

位号	名称	类型	复位值	描述
22	USESYSDIV	R/W	0	使用系统时钟分频器作为系统时钟的源。当选择 PLL 作为时钟源时,将强制使用系统时钟分频器
21:14	保留	RO	0	保留位返回不确定的值,并且不应该改变
13	PWRDN	R/W	1	PLL 掉电 该位连接到 PLL PWRDN 输入。复位值为 1 时将 PLL 掉电。PLL 模式控制见表 3-64
12	OEN	R/W	1	PLL 输出使能 该位规定 PLL 输出分频器是否使能。如果清零,分频器向输出发送 PLL 时钟。否则,PLL 时钟不在 PLL 模块外振荡。 注:PWRDN 和 OEN 必须都清零才能运行 PLL
11	BYPASS	R/W	1	PLL 旁路 选择是从 PLL 输出还是 OSC 时钟源中获得系统时钟。如果该位置位,则从 OSC 时钟源获得系统时钟,否则选择被系统分频器分频后的 PLL 输出作为系统时钟
10	PLLVER	R/W	0	PLL 验证 该位控制 PLL 验证定时器的功能。如果该位置位,验证定时器使能,并在 PLL 不起作用时产生中断。否则,不使能验证定时器
9:6	XTAL	R/W	0xB	该区域指定了与主振荡器相关的晶体的值。其编码如表 3-65 所示
5:4	OSCSRC	R/W	0x0	从 OSC 的 4 个输入源中选择。值为: 值 输入源 00 主振荡器(默认) 01 内部振荡器 10 内部振荡器/4(如果用作 PLL 的输入,则这是必须的) 11 保留
3	IOSCVER	R/W	0	该位控制内部振荡器验证定时器的功能。如果该位置位,则验证定时器使能,并在定时器不起作用时产生中断。否则,验证定时器不使能
2	MOSCVER	R/W	0	该位控制主振荡器验证定时器的功能。如果该位置位,则验证定时器使能,并在定时器不起作用时产生中断。否则,验证定时器不使能
1:0	保留	RO	0	保留位返回不确定的值,并且不应该改变

注:位 5:0 为与振荡器相关的位。

PLL 模式控制如表 3-67 所列。

表 3-67 PLL 模式控制

PWRDN	OEN	模式
1	X	掉电模式
0	0	正常模式

默认的晶体区域值和 PLL 设置如表 3-68 所列。

表 3-68 默认的晶体区域值和 PLL 设置

晶体编号 （XTAL 二进制值）	晶振频率	晶体编号 （XTAL 二进制值）	晶振频率
0000～0011	保留	1010	5.12 MHz
0100	3.579 545 MHz	1011	6 MHz(复位值)
0101	3.686 4 MHz	1100	6.144 MHz
0110	4 MHz	1101	7.372 8 MHz
0111	4.096 MHz	1110	8 MHz
1000	4.915 2 MHz	1111	8.192 MHz
1001	5 MHz		

寄存器 18：XTAL～PLL 转换(PLLCFG)，偏移量 0x064，复位值 0x0000————。

功能：该寄存器提供一种方法将外部晶振频率转换为适当的 PLL 设置。它在复位序列过程中初始化并且任何时候当运行模式时钟配置(RCC)寄存器的 XTAL 变化时，更新该寄存器的值。

各控制位分配如表 3-69 所列。

表 3-69 寄存器 PLLCFG 各位分配

位号	31：16	15：14	13：5	4：0
名称	保留	OD	F	R

各位功能描述如表 3-70 所列。

表 3-70 寄存器 PLLCFG 各位功能描述

位号	名称	类型	复位值	描述
31：16	保留	RO	0	保留位返回不确定的值,并且不应该改变
15：14	OD	RO	—	该区域指定了供 PLL 的 OD 输入使用的值
13：5	F	RO	—	该区域指定了供 PLL 的 F 输入使用的值
4：0	R	RO	—	该区域指定了供 PLL 的 R 输入使用的值

寄存器 19：运行模式时钟门控控制 0(RCGC0)，偏移量 0x100。
寄存器 20：睡眠模式时钟门控控制 0(SCGC0)，偏移量 0x110。
寄存器 21：深度睡眠模式时钟门控控制 0(DCGC0)，偏移量 0x120，复位值 0x0000————。

功能：这几个寄存器用来控制时钟门控逻辑。每个位控制一个给定接口、功能或单元的时钟使能。如果置位,则对应的单元接收时钟并运行。否则,对应的单元不使用时钟并禁止（降低功耗）。除非特别说明,否则这些位的复位状态都为 0（不使用时钟）,即所有功能单元都禁止。应用所需的端口需通过软件来使能。注：这些寄存器除了含有对接口、功能或单元进行控制的位以外,还可能含有其他位,这样可保证与其他系列以及将来的部件实现合理的代码兼容。

RCGC0 是运行操作,SCGC0 是睡眠操作,DCGC0 是深度睡眠操作的时钟配置寄存器。将运行模式时钟配置(RCC)寄存器的 ACG 位置位时,系统使用睡眠模式。

寄存器中位的定义与 DC1 相同,并且使用 DC1 来屏蔽这些寄存器。

各控制位分配如表 3-71 所列。

表 3-71 寄存器 DCGC0 各位分配

位 号	31:4	3	2	1	0
名 称	保留	WDT	SWO	SWD	JTAG

寄存器 22:运行模式时钟门控控制 1(RCGC1),偏移量 0x104。

寄存器 23:睡眠模式时钟门控控制 1(SCGC1),偏移量 0x114。

寄存器 24:深度睡眠模式时钟门控控制 1(DCGC1),偏移量 0x124。

这几个寄存器用来控制时钟门控逻辑。每个位控制一个给定接口、功能或单元的时钟使能。如果置位,则对应的单元接收时钟并运行。否则,对应的单元不使用时钟并禁止(降低功耗)。除非特别说明,否则这些位的复位状态都为 0(不使用时钟),即所有功能单元都禁止。应用所需的端口需通过软件来使能。注:这些寄存器除了含有对接口、功能或单元进行控制的位以外,还可能含有其他位,这样可保证与其他系列以及将来的部件实现合理的代码兼容。

RCGC1 是运行操作,SCGC1 是睡眠操作,DCGC1 是深度睡眠操作的时钟配置寄存器。将运行模式时钟配置(RCC)寄存器的 ACG 位置位时,系统使用睡眠模式。

寄存器中位的定义与 DC2 相同,并且使用 DC2 来屏蔽这些寄存器。

各控制位分配如表 3-72 所列。

表 3-72 寄存器 DCGC1 各位分配

位 号	31:26	25	24	23:18	17	16
名 称	保留	COMP1	COMP0	保留	GPTM1	GPTM0
位 号	15:5	4		3:1		0
名 称	保留	SSI		保留		UART0

寄存器 25:运行模式时钟门控控制 2(RCGC2),偏移量 0x108。

寄存器 26:睡眠模式时钟门控控制 2(SCGC2),偏移量 0x118。

寄存器 27:深度睡眠模式时钟门控控制 2(DCGC2),偏移量 0x128。

这几个寄存器用来控制时钟门控逻辑。每个位控制一个给定接口、功能或单元的时钟使能。如果置位,则对应的单元接收时钟并运行。否则,对应的单元不使用时钟并禁止(降低功耗)。除非特别说明,否则这些位的复位状态都为 0(不使用时钟),即所有功能单元都禁止。应用所需的端口需通过软件来使能。注:这些寄存器除了含有对接口、功能或单元进行控制的位以外,还可能含有其他位,这样可保证与其他系列以及将来的部件实现合理的代码兼容。

RCGC2 是运行操作,SCGC2 是睡眠操作,DCGC2 是深度睡眠操作的时钟配置寄存器。将运行模式时钟配置(RCC)寄存器的 ACG 位置位时,系统使用睡眠模式。

寄存器中位的定义与 DC4 相同,并且使用 DC4 来屏蔽这些寄存器。

各控制位分配如表 3-73 所列。

表 3-73 寄存器 RCGC2 各位分配

位 号	31:3	2	1	0
名 称	保留	PORTC	PORTB	PORTA

寄存器 28：时钟验证清零（CLKVCLR），偏移量 0x150，复位值 0x00000000。

该寄存器为使用软件实现时钟验证电路的清零操作提供一种方法。因为时钟验证电路强制一个已知的性能优良的时钟来对处理进行控制，这样控制器有机会来解决问题并清除验证故障。寄存器将所有时钟验证故障清除。为实现这一操作，VERCLR 位必须置位，然后通过软件清零，该位不能自己清零。

各控制位分配如表 3-74 所列。

表 3-74 寄存器 CLKVCLR 各位分配

位 号	31:1	0
名 称	保留	VERCLR

各位功能描述如表 3-75 所列。

表 3-75 寄存器 CLKVCLR 各位功能描述

位 号	名 称	类 型	复位值	描 述
31:1	保留	RO	0	保留位返回不确定的值，并且不应该改变
0	VERCLR	R/W	0	清除时钟验证故障

寄存器 29：允许不可调整的 LDO 复位部件（LDOARST），偏移量 0x160，复位 0x00000000。

该寄存器在电压变为不可调整时提供一种方法使用 LDO 将部件复位。根据 LDO 脉动的设计容差当 LDO 变为不可调整时，使用该寄存器来选择是否自动将部件复位。

各控制位分配如表 3-76 所列。

表 3-76 寄存器 LDOARST 各位分配

位 号	31:1	0
名称	保留	LDOARST

各位功能描述如表 3-77 所列。

表 3-77 寄存器 LDOARST 各位功能描述

位 号	名 称	类 型	复位值	描 述
31:1	保留	RO	0	保留位返回不确定的值，并且不应该改变
0	LDOARST	R/W	0	该位置位时允许不可调整的 LDO 输出将部件复位

对于大型的计算机系统来说，操作寄存器系统就是对计算机的直接控制。在 8 位的微控制器中，我们还可以直接接触到各硬件的引脚及其控制寄存器，但是到了 32 位的 ARM 系统，我们只能接触到大片的映射寄存器，所以映射寄存器的各位项功能对于程序设计人员来说尤为重要。了解和掌握各映射寄存器的各位功能，是学好 32 位微控制器的先决条件。过去我们在单片机的外围接口电路中接触过这方面的知识，对于 I^2C 这样的单片机用户来说，操作它最重要的方法就是向 I^2C 器件内部寄存器写入需要的命令值，便可以使 I^2C 器件进入正常的工作。而对于 LM3S101/LM3S102 这样的 32 位微控制器，各功能的开启更需要依赖各模块中的映射寄存器。

第 4 章

对 C 语言的回顾

当你拿到这一本书时,也许你并不会意识到底层 C 语言是多么的重要。虽然我们在学习计算机 C 语言编程时方方面面都学习到了,但单片机 C 语言编程和计算机 C 语言编程这二者还是有区别的。所以有必要在此对将要用到的 C 语言编程工具作一个回顾,以便更好地学习后面的 ARM Cortex-M3 内核微控制器。

4.1 指针的应用

指针确切地说就是地址,对指针的操作就是对地址的操作。我们在对 80C51 指令系统的学习中,明显地感觉到所有的操作码都是向着寄存器地址的。比如"MOV R0,♯30H",其含义是将立即数♯30H 存入 R0 寄存器。如果我们只是简单地对 R0 进行一般的操作,譬如:

MOV   A,R0

那么♯30H 只是一个普普通通的立即数。如果我们大胆一点,就有:

MOV   A,@R0

这时已是读出了 30H 地址中的内容。如果我们再往前推进一步,则有:

INC   R0   ;R0 + 1 即 30H + 1 = 31H
MOV   B,@R0

我们就已经读到 31H 中的内容了。这便是指针的功效。

在 C 语言中如果要达到上述效果,就必须要用到指针的功能。为了达到这一效果,C 语言的程序创始人特意设计了指针来完成汇编中 DPTR、R0、R1 的功效。

下面的代码就证实了这一点:

unsigned char * lpuchR0;
lpuchR0 = 0x30;

这样我们就将 30H 这个地址号交给了指针 lpuchR0。如果我们要对 30H 赋值,可以编程如下:

* lpuchR0 = 0xDF;

在这里一定要加"*"号,否则给 lpuchR0 赋的值仍是地址,只不过是一个新的地址罢了。"*"号在此处的作用是对寄存器赋值。

如果我们想将数据存到 31H 中,只要"lpuchR0++;"就可以了。接下来的操作:

* lpuchR0 = 0x45;

就可以将 0x45 存入 31H 寄存器中了,以此类推便可以存入很多的数据。

在应用中一定要注意到,在与指针进行数据交换时,一定要先给它地址。比如:

unsigned char * lpuchR1;
unsigned char chString[] = {'A','B','C','D','E','F'};

要将 A、B、C、D、E、F 几个字母传给 lpuchR1 指针,只要:

lpuchR1 = chString;

就可以了。如果想要将数组 0 元素中的内容 A 传给 lpuchR1 指针,必须要这样:

lpuchR1 = &chString[0];

在这个式中我们发现了"&"这个符号,这是取地址符。单个变量与指针打交道时一定要使用取地址符"&"编译时才可以通过,否则就会出现接收错误。

所以在以上的解说中,我们要明白一个道理,那就是只有数组名本身带有地址,其他变量名一定要在其前加上"&"取地址符才可以通过。

在编程的实际操作中,我们并不知道各指针所指的具体地址,但只要遵守上述规则就可以了。使用时常用数组来与指针交换数据,这是明智之举。

有时我们会发现这样的现象:

* lpuchR1 ++;

实际上其含义是 lpuchR1 地址向前加一位,这里"*"号没任何意义。所以我们会发现加"*"号和不加是不会有区别的。

这是对指针的应用回顾。如果还没弄懂请写信给我。

4.2 左移、右移和位逻辑符号在程序中的应用

在学 80C51 时要尽量地少用这些符号,这是因为加上这些符号会使程序变得异常复杂。但是学习单片机到了今天,我们不得不把它们拿来用,因为在 ARM 系统中对于引脚的处理已经不是简单意义上的位处理,而是用了多个寄存器对其进行控制,几乎不能对单个引脚进行直接访问。要控制每一个引脚必须要借助于左移(<<)、右移(>>)和位逻辑(&、|、^、~)等运算符。有了这些运算符才能真正地完成将要完成的工作。

如 LPC2200ARM 芯片的 P0 口和 P1 口,其每一个口线都有 32 个引脚,共 64 个引脚位,不能直接使用位寻址。P0 口的位编号为 P0.0~P0.31,P1 口的位编号为 P1.0~P1.31。这些位编号同 80C51 中的 P0、P1、P2、P3 口的位编号。那么现在我们想做的事情是,如何将 P0.24 变为低电平。过去在 80C51 中直接将它置位或清 0 就可以解决问题了,现在只有将 1 左移 24 位后取反并对 P0 口进行位逻辑与才能达到效果。

下面请看实例:

unsigned long nlBit;
nlBit = 1<<24; //左移 24 位,移后二进制码 00000001 00000000 00000000 00000000 B

```
nlBit = ~ nlBit;        //取反,其取反后的二进制码为 11111110 11111111 11111111 11111111 B
P0 = P0& nlBit;         //这样,这个 P0.24 就变为了低电平,执行 & 的目的是保证别的位不被改变
```

当然了,有的朋友会问:"我直接对其进行 & 不可以吗?"当然可以。只要弄清是哪一位就可以了。比如:

```
P0 = P0&0xFEFFFFFF;
```

不过我认为将 1 移若干位要明白一些。

在以后的学习中将要逐渐用到这些。

还有一个必须要介绍的是:位逻辑或(|)。

逻辑或(|)也是用得最多的符号之一,可以说理解为加号也不过分,它与加号有异曲同工之妙。

比如,我们想将 P0.14 与 P0.21 两个位清 0,其处理方法有:

```
unsigned long nlP014 = 1<<14;    //移后二进制码 00000000 00000000 01000000 00000000 B
unsigned long nlP021 = 1<<21;    //移后二进制码 00000000 00100000 00000000 00000000 B
nlP014 |= nlP021;                //进行逻辑或后二进制码 00000000 00100000 01000000 00000000 B
nlP014 = ~ nlP014;               //取反后二进制码 11111111 11011111 10111111 11111111 B
P0 &= nlP014;
```

通过以上过程终于完成了任务。由此可知位逻辑或(|)也是有意义的符号。

4.3 #define 常数定义符

#define 常数定义符是 C 语言用得最多也用得最复杂的符号。本来是一个很简单的符号。比如:

```
#define  MAX   512   //定义一个最大值
```

在程序中直接使用便是,程序要修改时将 512 改为 1024 就可以了。但事实上要远比这复杂得多。

如下这样一个定义是可以通过的:

```
#define  ABC(x, y)   x + y
#define  Delay(nN)   while(- -nN);    //一个延时程序就是这样被定义成了
```

重提 #define 常数定义符是由于我发现各高手们在使用它时,总是能淋漓尽致。

请看下面的定义:

```
#define  HWREG(x)  ( *((volatile unsigned long  *)(x)))    //32 位地址
#define  HWREGH(x) ( *((volatile unsigned short *)(x)))    //16 位地址
#define  HWREGB(x) ( *((volatile unsigned char  *)(x)))    //8 位地址
```

在程序中的运用如下:

```
unsigned long temp32;
HWREG(0x20000000) = 0xAA55AA55;        //向 0x20000000 地址写入 0xAA55AA55
temp32 = HWREG(0x20000000);            //读 0x20000000 地址内容
```

```
if( temp32 != 0xAA55AA55 )           //比较写入与读出的内容是否一致
{……   }
```

在这一例中不难发现,指针与常数定义的运用是多么神奇,我们可以认真地将(*((volatile unsigned long *)(x)))这一定义进行分析,前后两个 * 号的出现,其左侧 * 号是取值符,右侧 * 号是指针说明符,指明的是 x 的地址。

如果我们想在80C51中实行C语言与汇编混编,采用上述方法进行传值是可行的。

请看程序:

```
//用汇编向 45H 的地址中写入 #99H
……
MOV    45H,#99H
……

//用C语言读出
char chChar;
chChar = HWREGB(0x45);
……
```

通过上面的程序就可以达到理想的效果。

学习是永无止境的。只有多接触、多练习才是最好的学习。

4.4 const(常数变量)

"常数变量"从字面上来看似乎是自相矛盾的。常数是不可以改变的,而变量却是可改变的值。而在C++中常数变量被称为常数,它不同于用在其他程序语言中的术语"常数"。在绝大多数程序设计语言中,常数与文字量是一回事。虽然有些C++程序员不加区别地使用这两个词,从技术上讲,文字量是保留的直接从键盘上输入到程序中的数据值且不能改变。常数是下面将要描述的一种特殊变量。

在C++的术语中,可以用const关键字来声明一个变量为常数。在整个程序中,常数的作用就像变量一样,可以在使用变量的任何地方使用常数变量,但不能修改常数变量。为了声明一个常数,将关键字放在const变量声明之前。例如:

```
const int days_of_week = 7;
```

声明时必须为常数变量放一个初始值。否则,C++不会允许以后给它赋值,因为不能做任何改变一个常数值的事情。

任何类型的变量都可以声明为一个常数。C++提供const关键字作为C的#define预处理器指令的改进。虽然C++也支持#define,但const允许指定带特定数据类型的常数值。

技巧:如果你忽略了一个常数变量的数据类型,则C++假定它是一个整型。所以,下面的两行定义是等价的:

```
const int days_of_week = 7;
```

与

const days_of_week = 7;

在编程中有不变的数据时,最适合使用const关键字。例如,数学上π是一个很好的常数示例。

如果无意中试图将一个值存储在常数中,C++将会发出有关信息。绝大多数C++程序员都选择用大写字母键入其常数名,以区别于通常的变量。同时,C++也推荐使用大写字母。

也就是说,在声明常数变量时请使用大写字母以区分其他变量。

4.5 ♯if ♯endif(条件编译)

条件编译是对源程序中某段程序通过条件来控制是否参加本次编译。一般情况下,程序清单中的程序都应全部参加编译。但是在大型应用程序中,可能会出现某些功能不需要的情况,这时就可以利用条件编译来选取需要的功能进行编译,以便生成不同的应用程序,供不同用户使用。此外,条件编译还方便于程序的逐段调试,简化程序调试工作。

条件编译命令有三种格式,分别说明如下。

4.5.1 条件编译命令的第一种格式

[格式] ♯if 条件
程序段1
♯else
程序段2
♯endif

其中的条件是常量表达式。若其值为非0,则条件成立;否则条件不成立。

[功能] 在编译预处理时,判定条件是否成立。
条件成立,则编译程序段1,不编译程序段2;
条件不成立,则不编译程序段1,编译程序段2。

[说明]

(1) 命令中的"条件"通常是一个符号常量,利用定义该符号常量所给定的值来确定条件是否成立。

(2) 命令中的"♯else"及其后的程序段2可以省略。省略时,条件成立,则编译程序段1;条件不成立,则不编译程序段1。

【例4-1】 编一个程序,输入100个整数,利用条件编译使该程序可以求最大整数,也可以求最小整数。

程序清单如下:

```
#define  N  5             /*定义宏名N为5,调试正确后再改为100*/
#define  FLAG  1          /*定义宏名FLAG,用来作为控制条件编译的条件*/
main()
{ int a[N],m,*p;
    while (p<a+N)         //输入N个整数存入数组a
```

```
        scanf("%d",*p++);
    p=a;                          /*让指针变量p指向数组a的首地址*/
    #if  FLAG                     /*若宏名FLAG的值为0,则编译下面程序段*/
        m=*p;                     /*求最大数的程序段*/
        while(p<a+N)
          if(m<*p) m=*p;
        printf("max=%d\n",m);
    #else                         /*若宏名FLAG的值为0,则编译下面程序段*/
        m=*p;                     /*求最小数的程序段*/
        while(p<a+N) if(m>*p) m=*p;
        printf("max=%d\n",m);
    #endif
}
```

上述程序在预编译时,由于开始定义的符号常量"FLAG"的值为1(非0)通过宏替换和条件编译后,使得被编译的程序清单如下:

```
main()
{ int [5],m,*p=a;
    while(p<a+5)                  /*输入N个整数存入数组a*/
      scanf("%d",p++);
    p=a;                          /*让指针变量p指向数组a的首地址*/
    m=*p;                         /*求最大数的程序段*/
    while(++p<a+5) if(m<*p) m=*p;
    printf("max=%d\n",m);
}
```

显然,这个程序是要求5个整数中的最大数。

如果将原程序清单中的宏定义命令"#define FLAG 1"改为"#define FLAG 0",再编译这个程序,则预编译后的源程序清单将是一个求5个整数中最小数的程序。

4.5.2 条件编译命令的第二种格式

[格式] #ifdef   宏名
          程序段1
       #else
          程序段2
       #endif

其中的宏名是标识符。可以是前面已定义过的宏名,也可以是前面没有定义过的宏名。

[功能] 在编译预处理时,判断宏名是否在前面已定义过。

若前面已定义过,则编译程序段1,不编译程序段2;

若前面没有定义,则不编译程序段1,编译程序段2。

[说明] 命令中的"#else"及其后的程序段2可以省略。省略时,若在前面宏名已定义,则编译程序段1;宏名未定义,则不编译程序段1。

4.5.3 条件编译命令的第三种格式

[格式] #ifndef　宏名
　　　　　　程序段1
　　　　　#else
　　　　　　程序段2
　　　　　#endif

其中的宏名是标识符。可以是前面已定义过的宏名,也可以是前面没有定义过的宏名。

[功能] 在编译处理时,判断宏名是否在前面已定义过。

　　　　若前面没有定义过,则编译程序段1,不编译程序段。
　　　　若前面已经定义,则不编译程序段1,编译程序段2。

[说明] 命令中的"#else"及其后的程序段2可以省略。省略时,若在前面对宏名没有定义,则编译程序段1;若宏名已定义,则不编译程序段1。

从条件编译命令的第二种和第三种格式来看,其作用与第一种格式基本相同,唯一不同的是采用某个宏名是否有定义作为是否编译的判定条件。

4.6 typedef(用户自定义类型)

C语言允许用户定义自己习惯的数据类型名称,来替代系统默认的基本类型名称、数组类型名称、指针类型名称以及用户自定义的结构型名称、共用型名称、枚举型名称等。一旦在程序中定义了用户自己的数据类型名称,就可以在该程序中用自己的数据类型名称来定义变量的类型、数组的类型、指针变量的类型、函数的类型等。

用户自定义类型名的方法是通过下列定义语句实现的。

[格式] typedef　类型名1　类型名2;

其中:类型名1可以是基本类型名,也可以是数组、用户自定义的结构型、共用型等。
　　　类型名2是用户自选的一个标识符,作为新的类型名。

[功能] 将类型名1定义成用户自选的类型名2,此后可用类型名2来定义相应类型的变量、数组、指针变量、结构型、共用型、函数的数据类型。

[说明] 为了突出用户自己的类型名,通常都选用大写字母来组成用户类型名。

下面按照"类型名1"的不同,分几种情况介绍自定义类型的方法和使用。

4.6.1 基本类型的自定义

对所有系统默认的基本类型可以利用下面的自定义类型语句来重新定义类型名。

[格式] typedey　基本类型说明符　用户类型名;

[功能] 将"基本类型说明符"定义为用户自己的"用户类型名"。

【例4-2】 基本类型自定义例1。

```
typedef float REAL;              /*定义单精度实型为 REAL*/
typedef char CHARACTER;          /*定义字符型为 CHARACTER*/
main()
```

```
{REAL f1;                              /*相当于 float f1;*/
 CHARACTER c1;                         /*相当于 char c1;*/
}
```

【例 4-3】 基本类型自定义例 2。

```
typedef unsigned long    int32u;       //定义一个 32 位无符号整型
typedef unsigned int     int16u;       //定义一个 16 位无符号整型
typedef unsigned char    int8u;        //定义一个 8 位无符号整型
main()
{ int32u nlInt;
  int8u chC;                           //定义一个无符号字符变量
}
```

4.6.2 数组类型的自定义

对数组类型可以利用下面的自定义类型语句来定义一个类型名。

[格式] typedef　类型说明符　用户类型名[数组长度];

[功能] 以后可以使用用户类型名来定义由类型说明符组成的数组,其长度为"数组长度"。

【例 4-4】 数组类型自定义例。

```
typedef float F-ARRAY[20];
                   /*定义 F-ARRAY 为单精度型长度为 20 的数组类型说明符*/
typedef char C-ARRAY[10];
                   /*定义 C-ARRAY 为字符型长度为 10 的数组类型说明符*/
main()
{F-ARRAY f1,f2;                /*相当于 float f1[20],f2[20]*/
 C-ARRAY name,department;      /*相当于 char name[10],department[10]*/
 ...
}
```

4.6.3 结构型、共用型的自定义

对程序中需要的结构型可以利用下面的自定义类型语句来定义一个类型名。

[格式] typedef struct

　　　　　{类型说明符　成员名 1;
　　　　　 类型说明符　成员名 2;
　　　　　　　　...
　　　　　 类型说明符　成员名 n;
　　　　　}用户类型名;

[功能] 以后可以使用用户类型名来定义含有上述 n 个成员的结构型。

【例 4-5】 结构型自定义例。

```
typedef struct
```

```
{long num;
 char name[10];
 char sex;
}STUDENT;    /*定义 STUDENT 为含有长整型成员 num、字符数组成员 name[10]、字符型成员 sex 的*/
             /*结构型说明符*/
main()
{STUDENT stu1,stu[10];           /*相当于 struct
                                  {long num;
                                   char name[10];
                                   char sex;
                                  }stu1,stu[10];   */
 ...
}
```

共用型的自定义方法和上面介绍的结构型自定义方法基本相同,不再赘述。

4.6.4 指针型的自定义

对某种数据类型指针型可以利用下面的自定义类型语句来定义一个类型名。

[格式] typedef 类型说明符 *用户类型名;

[功能] 以后可用用户类型名定义类型说明符类型的指针型变量与数组等。

【例 4-6】 指针类型自定义例。

```
typedef int * POINT-1;      /*定义 POINT-1 为整型指针的新类型说明符*/
typeef char * POINT-C;      /*定义 POINT-C 为字符型指针的新类型说明符*/
main()
{POINT-1 p1,p2;             /*相当于 int * p1, * p2 */
 POINT-C p3,p4;             /*相当于 char * p3, * p4 */
 ...
}
```

以上就是用户自定义型数据类型,可以说是个性化定义。

对 C 语言的回顾,其目的是在 ARM 微处理器微控制器的编程中将要得到广泛的应用。C 语言是一个灵活多变的结构式计算机语言,所以在学习和应用时必须掌握好它的算法和编程技巧。

第 5 章

IAR Embedded Workbench 与 LM LINK JTAG 快速入门

5.1 IAR Embedded Workbench 的安装和使用

5.1.1 IAR Embedded Workbench 的安装

IAR Embedded workbench 的安装步骤如下。

(1) 启动安装文件

在网上找到 IAR Embedded Workbench 安装文件后,并下载到本地磁盘的合适位置,这里是放在 K:\ARM 资料\IAR_5.20\EWARM - KS - WEB - 520.exe 路径下,双击 EWARM - KS - WEB - 520.exe 执行文件启动安装程序,如图 5-1 所示。

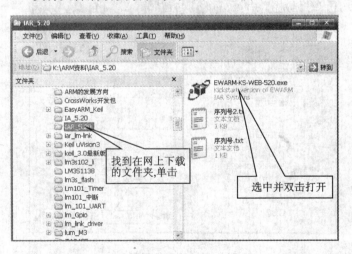

图 5-1 安装窗口

说明:IAR Embedded Workbench 编译调试软件需要到 IAR 公司网站去下载。网址是:www.iar.com/contact/。官方网站有 32K 限制和一个月限两种。现在我用的是限制编译文件大小在 32K 以内,但不限制使用时间,版本是 IAR5.20V。

(2) 安装应用程序

安装程序打开后图形如图 5-2 所示,选择 Install IAR Embedded Workbench 项并单击。

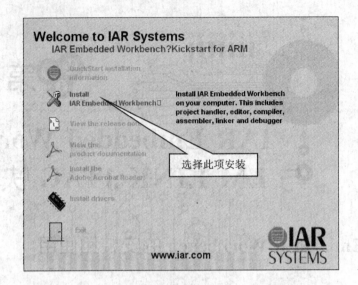

图 5-2　安装 IAR Embedded Workbench

(3) 输入序列号与密码

在第 2 项的操作过程中,还有同意协议。选择同意后会弹出序列号输入窗口,在弹出窗口 IAR Systems Product Setup 中的"License#:"项的右侧窗口中,输入 IAR 公司提供的序列号,如图 5-3 所示。之后单击 Next 按钮,在弹出的对话框 License Key 项中输入随安装程序发来的密码,如图 5-4 所示。

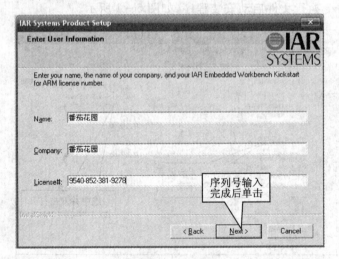

图 5-3　输入序列号

(4) 正式安装程序

单击图 5-4 中的 Next 按钮,程序进入正常安装状态,直到完成,然后单击 Finish 按钮退出安装。启动程序需要到 Windows 的启动菜单中,找到 IAR Embedded Workbench 执行项单击或将执行项添加到桌面窗口方便使用。

IAR Embedded Workbench 与 LM LINK JTAG 快速入门

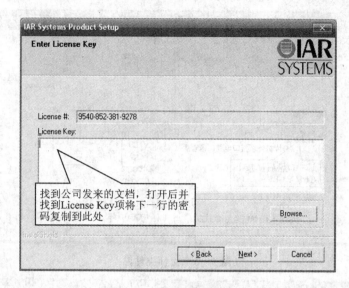

图 5-4 请求密匙输入

5.1.2 安装 Luminary Stellaris 芯片资源文件与 LM LINK JTAG 驱动程序

(1) 安装 Luminary Stellaris 芯片资源文件

方法是：将网上资料\Luminary_App_File 文件夹复制到 D 盘的根目录下。操作如图 5-5 和图 5-6 所示。文件复制好后，双击复制过来的文件夹 Luminary_App_File，展开后如图 5-7 所示。接下来双击 LmFileSetup.exe 执行文件，程序运行后如图 5-8 所示。

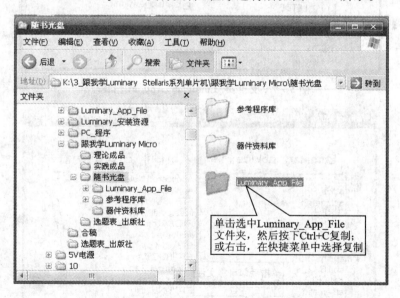

图 5-5 网上资料

单击"安装文件"按钮即可将文件复制到指定位置。文件拷贝完成后请关闭窗口。

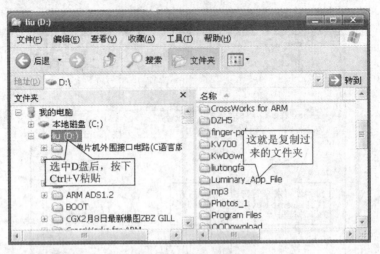

图 5-6 文件夹粘贴

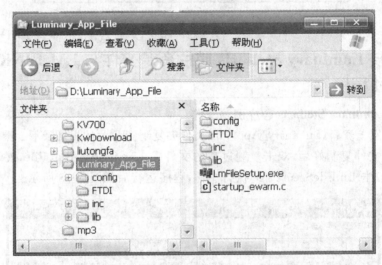

图 5-7 文件夹[Luminary_App_File]展开

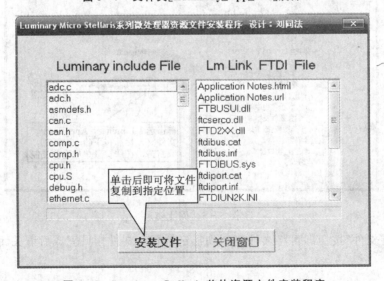

图 5-8 Luminary Stellaris 芯片资源文件安装程序

IAR Embedded Workbench 与 LM LINK JTAG 快速入门

还需要说明的是，图 5-7 所示窗口中还有一个文件 startup_ewarm.c，这是一个 C 文件，编程时请将此文件复制到用户创建的工程程序文件夹中，也就是和待编写的程序文件放在一起。范例见网上资料\参考程序库。

(2) 安装 LM LINK JTAG 驱动

方法是：将 LM LINK USB 电缆与 PC 相连（即插入 PC 机的 USB 口），Windows 自动弹出硬件安装向导窗口，如图 5-9 所示。

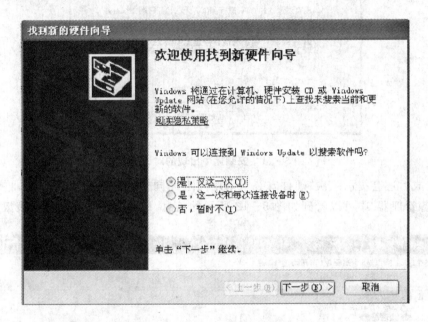

图 5-9　硬件安装向导

请单击"下一步"继续安装。在图 5-10 所示窗口中按指定位置选择安装，即选中"在搜索

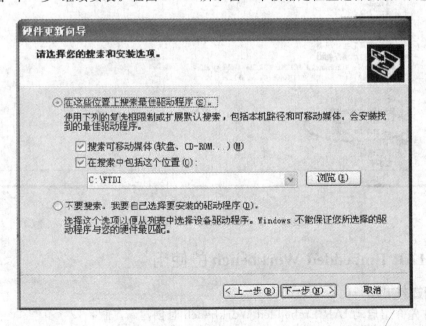

图 5-10　指向 C:\FTDI 目录

口包括这个位置"项,单击右侧"浏览"按钮找到 C 盘上的 FTDI 文件夹。然后单击"下一步"按钮继续安装,如果出现图 5-11 所示对话框则选择"仍然继续"。

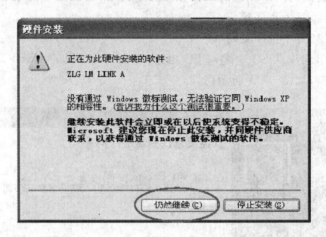

图 5-11　安装途中出现的对话框

安装完成后还会提示一次"硬件安装",采用与上面同样的方法再安装一次即可。安装完成后在"设备管理器"中可以看到如图 5-12 所示的信息,说明驱动程序已经安装成功。

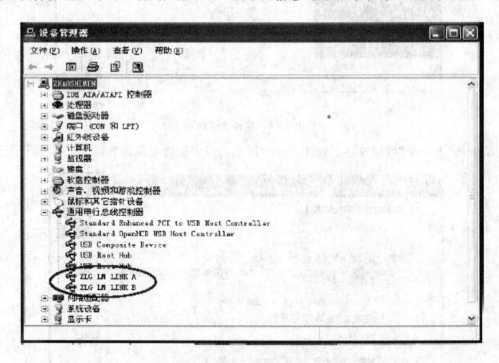

图 5-12　安装后显示的驱动信息

5.1.3　IAR Embedded Workbench 的使用

(1) 创建新工程

下面首先介绍启动 IAR Embedded Workbench 时创建新工程:

① 双击 IAR Embedded Workbench 后,在程序窗口打开时,创建新工程,如图 5-13 所示。

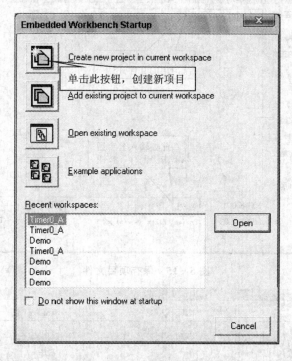

图 5-13 创建新工程图

② 新建项目。单击图 5-13 中的创建新项目按钮后,弹出图 5-14 的窗口,程序要求选择新项目的模板,本处选择空白板,然后单击 OK 按钮即可,如图 5-14 所示。

图 5-14 项目申请

③ 保存项目文件。之后弹出要求输入项目名的对话框,其操作如图 5-15 所示。

保存项目文件之后即弹出如图 5-16 所示的窗口,示意已经进入工程项目设置。

④ 添加项目子项。在图 5-16 所示窗口中选中工程项目项并右击,即弹出如图 5-17 所示的快捷菜单。选择 Group 命令项即弹出如图 5-18 所示的窗口,要求输入子项的名称。要输入的子项名称有三项,分别是 lib、src、startup。其操作如图 5-18、图 5-19 所示。请将三个子项利用上述方法逐项输入。输入后的结果如图 5-19 所示。

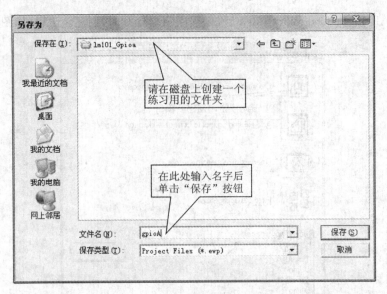

图 5-15 保存项目文件

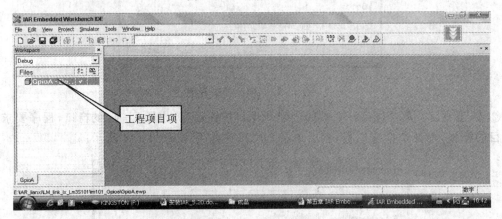

图 5-16 工程项目设置

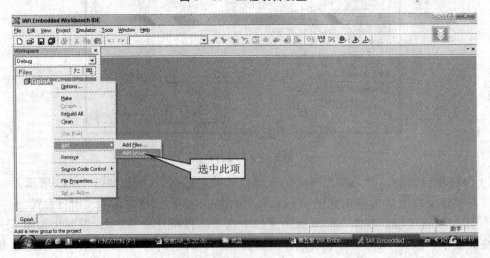

图 5-17 项目子项设置

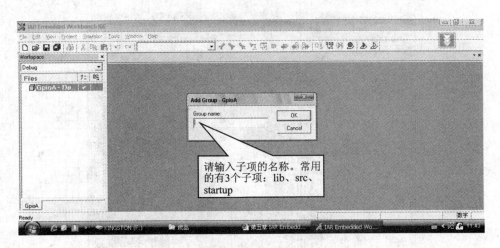

图 5-18　子项输入

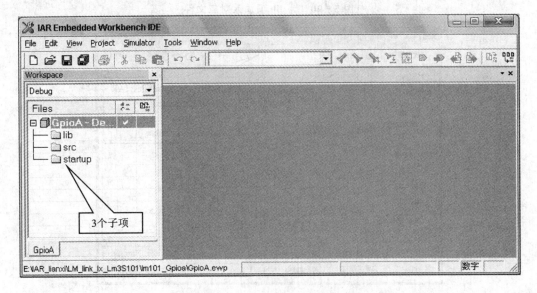

图 5-19　三个子项加入后的窗口式样

⑤ 为子项添加文件。为 lib 项加入对应文件（选择 Add Files 项），如图 5-20 所示。

说明：第⑤步必须在 LM LINK JTAG 驱动安装好的基础上才能进行。如果找不到文件就是这个原因。

按照图 5-20 所示进行操作，弹出图 5-21 所示的对话框，在"查找范围"项右侧栏中找到 driverlib.a 文件，路径是：c:\Program Files\IAR Systems\Embedded Workbench 5.0 Kickstart\lib\Luminary\driverlib.a。其操作如图 5-21 所示。

为 startup 项加入 startup_ewarm.c 文件。方法是：将 D:\Luminary_App_File\startup_ewarm.c 文件拷到本工程的文件夹中，然后加入工程。方法如图 5-22 所示。

创建主程序文件 main.c。单击 File 菜单，在下拉菜单中选择 New→File 命令。其操作如图 5-23 所示。

按照图 5-23 所示进行操作，在弹出的新文件窗口中按下 Ctrl+S 键保存新建文件并取名为 main.c。单击"保存"按钮后，出现如图 5-24 所示的窗口。

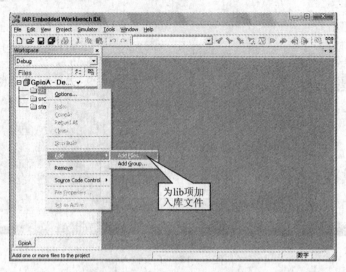

图 5-20 为 lib 项加入对应文件

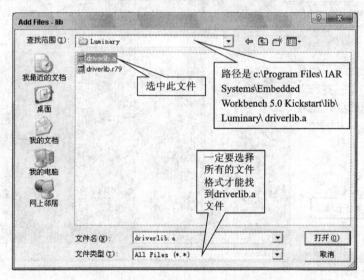

图 5-21 为 lib 项选择需要的文件

图 5-22 为 startup 项加入文件

IAR Embedded Workbench 与 LM LINK JTAG 快速入门 5

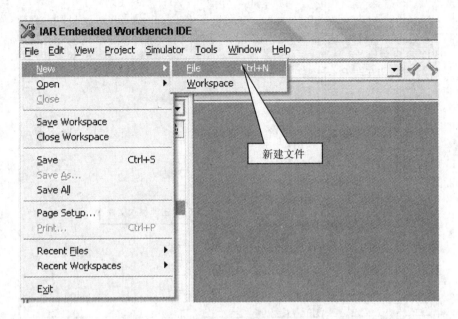

图 5-23　新建 main 文件

图 5-24　新建主程序文件

加入 main.c 文件到 src 项，操作如图 5-25 所示。

⑥ 项目选项设置。

选中项目并右击，在弹出的快捷菜单中选择 Options 项，如图 5-26 所示。

随后弹出项目选项对话框，如图 5-27 所示。

首先，选择芯片型号。方法是：选择 Target 选项卡的 Divice 项，如图 5-28 所示。而后单击右侧按钮，在弹出的下拉菜单中选择芯片型号，如图 5-29 所示。

其次，设置头文件的加载路径。

在 Options for node 对话框的左侧窗口中单击 C/C++Compiler 项，而后打开 Preprocessor 选项卡，在 Additional 栏中输入 $TOOLKIT_DIR$\INC\Luminary，如图 5-30 所示。

再次，输出选择。

在 Options for node 对话框的左侧窗口中单击 Output Converter 项，在右侧显示的选项

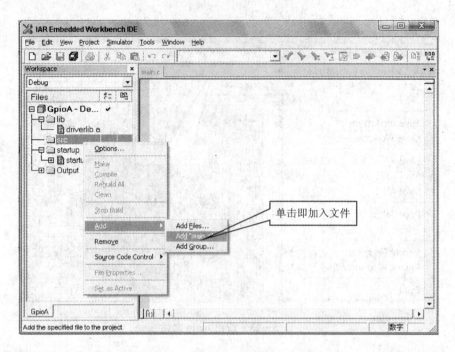

图 5-25 添加 main.c 到工程

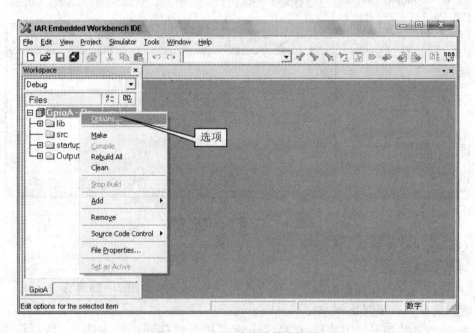

图 5-26 项目选项设置选择图

卡上按如图 5-31 所示进行选择。

然后,进行链接(Linker)程序设置。

在 Options for node 对话框的左侧窗口中单击 Linker 项,在右侧显示的多级卡中选择 Config 选项卡,并选中 Qverride default 项,如图 5-32 所示。

单击 Qverride default 项右侧按钮,找到 LM3S.icf 文件并加载,路径是 C:\Program Files

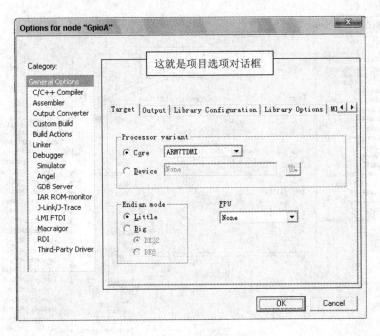

图 5-27　项目选项对话框

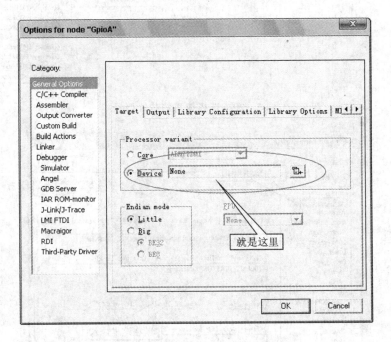

图 5-28　选择芯片型号第一步

\IAR Systems\Embedded Workbench 5.0 Kickstart\ARM\config\Luminary。操作结果如图 5-33 所示。

再选择 List 选项卡并选中第一个项。操作如图 5-34 所示。

接下来,进行调试器下载器选项设置。

在 Options for node 对话框的左侧窗口中单击 Debugger 项,在右侧显示的多级卡中选择

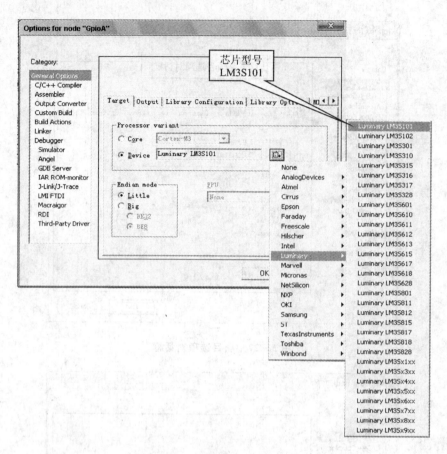

图 5-29　选择使用的芯片型号

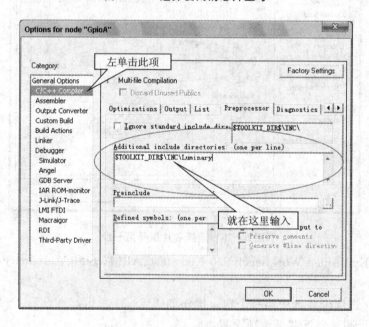

图 5-30　添加头文件调用的路径

IAR Embedded Workbench 与 LM LINK JTAG 快速入门 ⑤

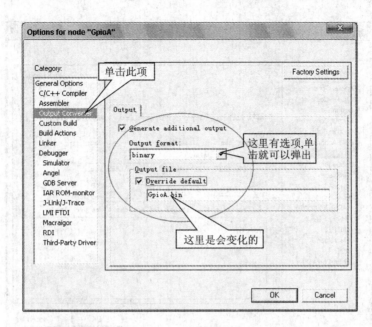

图 5-31 输出选择

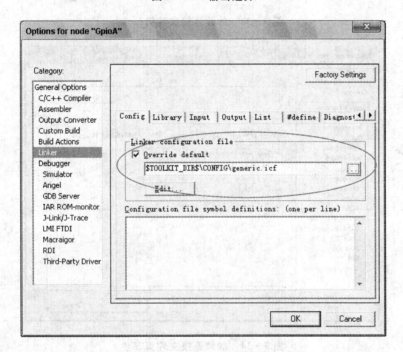

图 5-32 加载链接文件第一步

Setup 选项卡，设置 Driver 调试器为 LMI FTDI，结果如图 5-35 所示。然后设置下载器。选择 Download 选项卡，选中 Verify Download 和 Use Flash loade，如图 5-36 所示。

最后，进行连接速度设置。

选中 LMI FTDI 设连接速度为 100 kHz（将 500 kHz 改为 100 kHz），操作如图 5-37 所示。

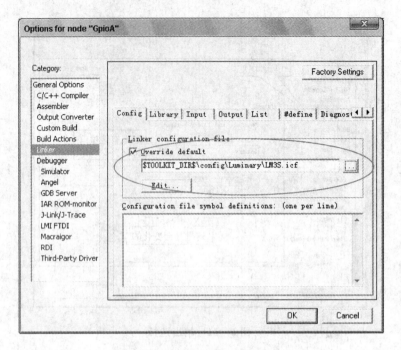

图 5-33 加载连接文件第二步

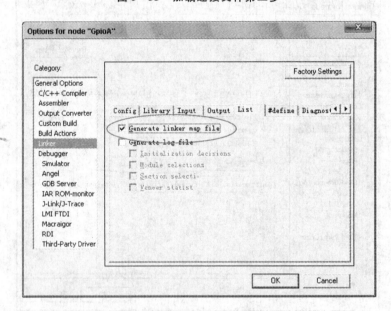

图 5-34 加载连接文件第三步

到此为止,选项功能设置完毕。最后要做的工作是单击 OK 按钮回到主程序编辑窗口。特别要说明的是,如选项设置不好程序编译是无法通过的。

接下来,介绍在工作窗口中创建新工程的过程。

选择 Project 菜单栏命令,在弹出的下拉菜单中选择 Create New Project 命令,操作如图 5-38 所示。

打开现有工程的方法有两种,一种是在程序启动时通过向导窗口打开,另一种是通过执行

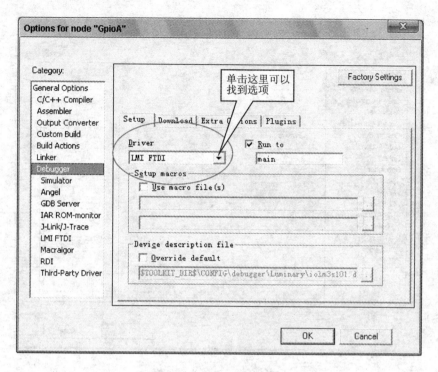

图 5-35 调试器的设置图

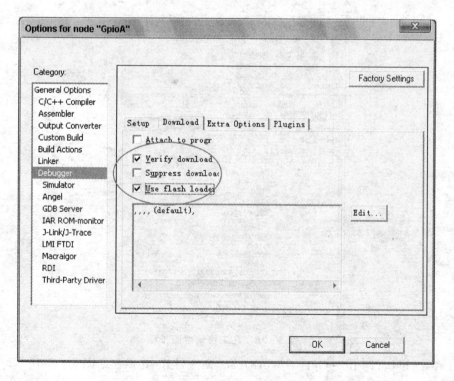

图 5-36 程序下载器的设置

File→Open→Workspace 命令打开。

第一种，在程序启动时通过向导窗口打开。其操作如图 5-39 所示。

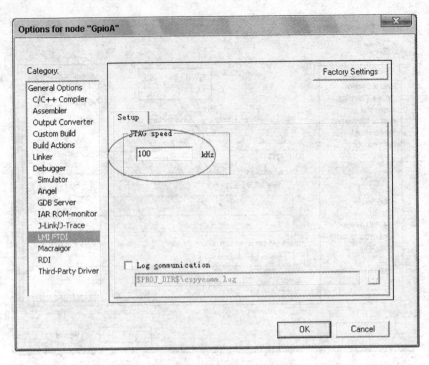

图 5-37 连接速度设置

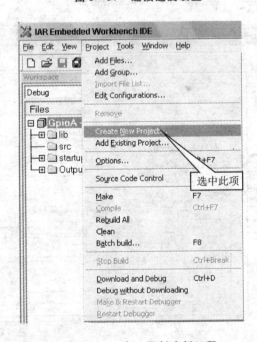

图 5-38 在工程创建新工程

第二种,通过执行 File→Open→Workspace 命令打开,其操作如图 5-40 所示。

IAR Embedded Workbench 与 LM LINK JTAG 快速入门

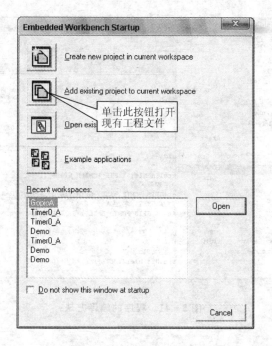

图 5-39 程序启动向导窗口

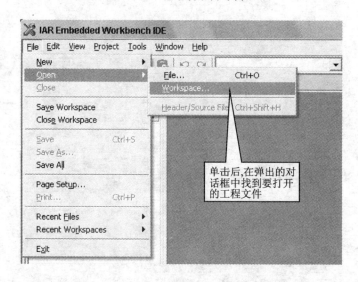

图 5-40 在工程窗口中打开另一个工程

5.2 程序的编译与调试

程序编写好后，选择 Project→Make 菜单命令编译程序，或按 F7 键。操作如图 5-41 所示。

程序编译通过后，选择 Project→Download and Debug 命令，单击下载和调试程序。待程序下载完后（即在 int main() 处出现绿色覆盖色），按下硬件复位键即可运行程序。

更详尽的说明见网上资料\器件资料库\LM3S_IAR511(5.20)_Guide 使用指南.pdf。

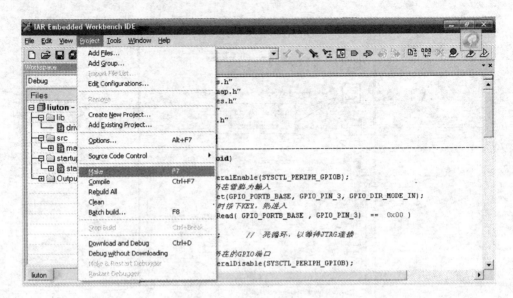

图 5-41　程序的编译方法

实 战 篇

- LM3S101(102)内部资源应用实践
- LM3S101(102)外围接口电路在工程中的应用

第6章

Cortex-M3 内核微控制器 LM3S101(102) 内部资源应用实践

课题1 LM3S101(102)基本的输入/输出 GPIO 应用练习

实验目的

了解和掌握 LM3S101(102)基本的输入/输出 GPIO 的原理与使用方法。

实验设备

① 所用工具:30 W 烙铁 1 把,数字万用表 1 个;
② PC 机 1 台;
③ 开发软件 IAR Embedded Workbench5.20v 集成开发平台 1 套;
④ LM LINK JTAG 调试器 1 套,EasyARM101 开发套件 1 套。

外扩器件

8 位指示灯与 4 位按键模块(所需器件:发光二极管 8 个,100 Ω 限流电阻 8 个,按键轻触 4 个,接插器(公)一条,杜邦线 20 根)。焊接与连线图详见 K1.5 小节。

LM3S101(102)内部资料

一个重要问题,那就是任何芯片都存在对外界进行信息的输入/输出要求,单片机、ARM 嵌入式系统也不例外。本课题首先要弄明白的是,所用芯片的对外输入/输出是如何工作的,其内部的处理机制如何。这是非常重要的一点。比方说,我们在单片机的学习中常常是首先点亮一个引脚上的一只灯,即 P0.0 引脚上的 LED 灯。只要能控制它,这样在学习单片机的过程中,就是学会了一点点的东西,也就是迈出了一小步。而今学习新的微控制器,其过程也是一样。现在就从这里开始,探讨 ARM Cortex-M3 内核微控制器芯片 LM3S101(102)的 GPIO 的输入/输出是如何进行的。与 80C51 单片机不同的是,ARM Cortex-M3 内核微控制器芯片 LM3S101(102)的 GPIO 输入/输出系统,对每一个引脚进行控制时要用到 4 个寄存器进行协调动作,其相关寄存器如下:

RCGC2 寄存器,其功能是:运行、模式时钟选通控制 2。使用引脚前必须要对它进行置位处理。

GPIODIR 寄存器,其功能是:数据方向控制寄存器。用于将各个引脚位配置成输入或输出。

GPIOAFSEL 寄存器,其功能是:引脚模式设置寄存器。GPIO 引脚可以由硬件或软件控制。当通过 GPIO 备用(Alternate)功能选择(GPIOAFSEL)寄存器将硬件控制使能时,引脚状态将由它的备用(Alternate)功能(即外设)控制。软件控制模式是一种直接控制 GPIO 引脚的模式。在该模式下,GPIODATA 寄存器用来读/写相应的引脚,即用于控制引脚的读/写使能。如果 AFSEL 寄存器被设置为使能(1),这时就无法从引脚上读出或写入数据。

GPIODATA 寄存器,其功能是:引脚数据读/写寄存器。当 AFSEL 各位清 0 时,DIR 各位为 0,即为输入,处于读状态;DIR 各位为 1,即为输出,处于写状态。

GPIO 各 P 口的起始地址如下:PA 口为 0x40004000,PB 口为 0x40005000,PC 口为 0x40006000。相关的 GPIO 寄存器映射如表 K1-1 所列。

表 K1-1 GPIO 寄存器映射

偏 移	名 称	复 位	类 型	描 述
0x000	GPIODATA	0x00000000	R/W	数据
0x400	GPIODIR	0x00000000	R/W	数据方向
0x404	GPIOIS	0x00000000	R/W	中断检测(sense)
0x408	GPIOIBE	0x00000000	R/W	中断双边沿
0x40C	GPIOIEV	0x00000000	R/W	中断事件
0x410	GPIOIM	0x00000000	R/W	中断屏蔽使能
0x414	GPIORIS	0x00000000	RO	原始(raw)中断状态
0x418	GPIOMIS	0x00000000	RO	屏蔽后的(masked)中断状态
0x41C	GPIOICR	0x00000000	WIC	中断清除
0x420	GPIOAFSEL	见注①	R/W	可选(Alternate)功能选择
0x500	GPIODR2R	0x000000FF	R/W	2 mA 驱动选择
0x504	GPIODR4R	0x00000000	R/W	4 mA 驱动选择
0x508	GPIODR8R	0x00000000	R/W	8 mA 驱动选择
0x50C	GPIOODR	0x00000000	R/W	开漏选择
0x510	GPIOPUR	0x000000FF	R/W	上拉选择
0x514	GPIOPDR	0x00000000	R/W	下拉选择
0x518	GPIOSLR	0x00000000	R/W	斜率控制选择
0x51C	GPIODEN	0x000000FF	R/W	数字输入使能

注:①对于除 5 个 JTAG 引脚(PB7 和 PC[3:0])之外的所有 GPIO 引脚,GPIOAFSEL 寄存器默认的复位值都是 0x00000000。那 5 个引脚默认为 JTAG 功能。正因为这样,对于 GPIO 端口 B(PB),GPIOAFSEL 默认的复位值是 0x00000080,而对于端口 C(PC),GPIOAFSEL 默认的复位值是 0x0000000F。

②详尽的介绍见网上资料\器件资料库\LM3S101(102)数据手册.pdf。

K1.1 GPIO 工作的相关资料

K1.1.1 LM3S101(102) GPIO

LM3S101(102) GPIO 可配置为 2~18 个 GPIO 输入/输出脚,各配置的引脚可承受 5 V 电压。设为中断工作状态时,可编程为边沿触发或电平检测。在读和写操作中通过地址线可进行位屏蔽。GPIO 端口可配置为编程控制弱上拉或下拉电阻,或配置为 2 mA,4 mA 和 8 mA 端口驱动,或配置为 8 mA 驱动的斜率控制,或配置为开漏使能,或配置为数字输入使能等。

K1.1.2 相关控制寄存器与库函数应用

(1) 端口控制寄存器 RCGC2

寄存器 RCGC2 的其地址是 0x400FE108,其功能是:运行一模式时钟选通控制 2。

各控制位分配如表 K1-2 所列。

表 K1-2 寄存器 RCGC2 各位分配表

位号	31:3	2	1	0
名称	保留	PORTC	PORTB	PORTA

各位功能描述如表 K1-3 所列。

表 K1-3 寄存器 RCGC2 各位功能描述表

位号	名称	类型	复位值	描述
31:3	保留	RO	0	保留位,返回不确定的值,并且应永不改变
2	PORTC	R/W	0	该位控制 GPIO 端口 C 模块的时钟选通。如果该位置位,对应单元接收时钟并运行。否则,不使用时钟并禁止*
1	PORTB	R/W	0	该位控制 GPIO 端口 B 模块的时钟选通。如果该位置位,对应单元接收时钟并运行。否则,不使用时钟并禁止*
0	PORTA	R/W	0	该位控制 GPIO 端口 A 模块的时钟选通。如果该位置位,对应单元接收时钟并运行。否则,不使用时钟并禁止*

注:*如果功能单元不使用时钟,那么在对该单元进行读或写操作时都将返回总线故障。

下面是库函数应用解说。

在启动引脚工作时一定要设置 RCGC2 寄存器的低 3 位,其中对这 3 个位的宏定义名与格式如下(注:在对 Cortex-M3 内核芯片进行编程时,大多使用宏来设置寄存器功能):

宏定义说明宏 K1-1。

```
// PORTA 位定义
#define SYSCTL_PERIPH_GPIOA    0x20000001    // GPIO A 后 8 位 00000001B
// PORTB 位定义
#define SYSCTL_PERIPH_GPIOB    0x20000002    // GPIO B 后 8 位 00000010B
//PORTC 位定义
#define SYSCTL_PERIPH_GPIOC    0x20000004    // GPIO C 后 8 位 00000100B
```

用于设置 RCGC2 寄存器。

RCGC2 寄存器设置函数:SysCtlPeripheralEnable();

其函数原型是:void SysCtlPeripheralEnable(unsigned long ulPeripheral);

函数参数为:ulPeripheral;//Peripheral 用于传送 Cortex-M3 外部设备设置宏

可供选用的宏定义:SYSCTL_PERIPH_GPIOA   //启用 GPIO A   PORTA=1

SYSCTL_PERIPH_GPIOB   //启用 GPIO B   PORTB=1

SYSCTL_PERIPH_GPIOC   //启用 GPIO C   PORTC=1

应用范例：

//使能 GPIO B 口
SysCtlPeripheralEnable(SYSCTL_PERIPH_GPIOB);   //设 PORTB 位等于 1

在应用中一定要将函数动作与寄存器相对应的位联系起来，才能正确地启动各功能模块并进入运行。

RCGC2 寄存器各位功能禁止函数：SysCtlPeripheralDisable();

函数原型：void SysCtlPeripheralDisable(unsigned long ulPeripheral);

参数与应用方法同 SysCtlPeripheralEnable()函数。

//如禁止 GPIO B 口
SysCtlPeripheralDisable (SYSCTL_PERIPH_GPIOB);   //设 PORTB 位等于 0

(2) 方向寄存器 GPIODIR

实际地址：PA 口为 0x40004400，PB 口为 0x40005400，PC 口为 0x40006400。

寄存器名称：GPIODIR，偏移量地址是 0x400。

功能说明：GPIODIR 是 PA、PB、PC 口引脚方向设置寄存器。

各控制位分配如表 K1-4 所列。

表 K1-4　寄存器 GPIODIR 各位分配

位 号	31:8	7	6	5	4	3	2	1	0
名 称	保留	DIR							
复位值	0	0	0	0	0	0	0	0	0

各位功能描述如表 K1-5 所列。

表 K1-5　寄存器 GPIODIR 各位功能描述

位 号	名 称	类 型	复位值	描 述
31:8	保留	RO	0	保留位返回一个不确定的值，并且应该永不改变
7:0	DIR	R/W	0x00	GPIO 数据方向 0：引脚为输入 1：引脚为输出

DIR 的各位可以位处理为输入或输出。

下面为库函数应用解说。

在库函数中对表 K1-4 中的 7:0 的宏定义如下：

宏定义说明宏 K1-2。

```
//设置引脚为输入状态，模式为软件控制
#define GPIO_DIR_MODE_IN      0x00000000    // 将引脚置为输入
//设置引脚为输出状态，模式为软件控制
#define GPIO_DIR_MODE_OUT     0x00000001    //将引脚置为输出
```

宏定义说明宏 K1-3。
GPIO 各引脚位编号宏定义如下：

```
//位 0 取名为 GPIO_PIN_0（包含引脚 PA0 、PB0、PC0）
#define GPIO_PIN_0              0x00000001    // GPIO 引脚 0
//位 1 取名为 GPIO_PIN_1（包含引脚 PA1、PB1、PC1）
#define GPIO_PIN_1              0x00000002    // GPIO 引脚 1
//位 2 取名为 GPIO_PIN_2（包含引脚 PA2、PB2、PC2）
#define GPIO_PIN_2              0x00000004    // GPIO 引脚 2
//位 3 取名为 GPIO_PIN_3（包含引脚 PA3、PB3、PC3）
#define GPIO_PIN_3              0x00000008    // GPIO 引脚 3
//位 4 取名为 GPIO_PIN_4（包含引脚 PA4、PB4、PC4）
#define GPIO_PIN_4              0x00000010    // GPIO 引脚 4
//位 5 取名为 GPIO_PIN_5（包含引脚 PA5、PB5、PC5）
#define GPIO_PIN_5              0x00000020    // GPIO 引脚 5
//位 6 取名为 GPIO_PIN_6（包含引脚 PA6、PB6、PC6）
#define GPIO_PIN_6              0x00000040    // GPIO 引脚 6
//位 7 取名为 GPIO_PIN_7（包含引脚 PA7、PB7、PC7）
#define GPIO_PIN_7              0x00000080    // GPIO 引脚 7
```

以上编号的宏定义一定要记清楚，用起来才能熟练。具体应用见下面模式寄存器 GPIO-AFSEL 中的库函数应用解说。

(3) 模式寄存器 GPIOAFSEL

实际地址：PA 口为 0x40004420，PB 口为 0x40005420，PC 口为 0x40006420。

寄存器名称：GPIOAFSEL，偏移量地址为 0x420。

功能说明：GPIOAFSEL 是 PA、PB、PC 口引脚功能选择寄存器，也就是控制寄存器。

GPIOAFSEL 寄存器是模式控制选择寄存器。操作时向该寄存器中的任意位写"1"表示选择该 GPIO 线路所对应的硬件控制功能。由于所有的位都在复位时被清零，因此在默认情况下，并无 GPIO 线被设为硬件控制功能，也就是复位后，所有的对 GPIO 的控制被解除。实际上 GPIOAFSEL 寄存器是对 GPIO 引脚实施软件控制还是硬件控制进行选择。如果将各位设为 1，引脚选择的就是硬件控制，比如引脚上接有按键用来实现键盘功能，这时需要将其引脚对应的位置为高电平；如果将各位设为 0，则引脚选择的就是软件控制，比如引脚上接有 LED 灯用来实现 LED 显示功能，这时需要将其引脚对应的位清零，即设为低电平。

还需要说明的是：除了 5 个 JTAG 引脚（PB7 和 PC[3∶0]）之外，所有 GPIO 引脚默认下都是输入引脚（GPIODIR＝0 且 GPIOAFSEL＝0）。JTAG 引脚在默认情况下为 JTAG 功能（GPIOAFSEL＝1）。通过上电复位（POR）或外部复位（RST）可以让这两组引脚都回到其默认状态。如果 JTAG 引脚在设计中用作 GPIO，那么 PB7 和 PB2 不能同时接外部下拉电阻。如果这两个引脚在复位过程中都被拉至低电平，那么控制器会出现不可预测的行为。一旦这种情况发生，应移除其中一个下拉电阻，或者把两个下拉电阻都移除，并且使用 RST 复位或关机后重新上电。

此外，可以建立一个软件程序来阻止调试器与群星系列微控制器相连。如果加载到 Flash 的程序代码立即将 JTAG 引脚变成它们的 GPIO 功能，那么在 JTAG 引脚功能切换前调试器将没有足够的时间去连接和停止控制器。这会将调试器锁在元件外。而通过一个使用外部触发器来恢复 JTAG 功能的软件程序就可以避免这种情况发生。

还需要说明的是：GPIOAFSEL 寄存器要完成的功能只有两个，一个是设定为用软件控制引脚，一个是设置为硬件控制引脚。在实际应用中，一般是由软件来控制，只有当某些引脚要使用内部功能时才设为硬件控制引脚，如内带的 SSI 通信、I^2C 通信等。

各控制位分配如表 K1-6 所列。

表 K1-6 寄存器 GPIOAFSEL 各位分配

位号	31：8	7	6	5	4	3	2	1	0
名称	保留	AFSEL							
复位值	0	0	0	0	0	0	0	0	0

各位功能描述如表 K1-7 所列。

表 K1-7 寄存器 GPIOAFSEL 各位功能描述

位号	名称	类型	复位值	描述
31：8	保留	RO	0	保留位返回一个不确定的值，并且应该永不改变
7：0	AFSEL	R/W	0/1	GPIO 可选的功能选择 0：软件控制相应的 GPIO 线（GPIO 模式） 1：硬件控制相应的 GPIO 线（可选的硬件功能） 注：对于除 5 个 JTAG 引脚（PB7 和 PC[3：0]）之外的所有 GPIO 引脚，GPIOAFSEL 寄存器的默认复位值是 0x00。那 5 个 JTAG 引脚默认为 JTAG 功能。因此对于 GPIO 端口 B(PB)，GPIOAFSEL 的默认复位值为 0x80；而对于 GPIO 端口 C(PC)，GPIOAFSEL 的默认复位值为 0x0F

下面是库函数应用解说。

库函数对 GPIOAFSEL 寄存器进行的宏定义有：

宏定义说明宏 K1-4。

```
// AFSEL 采用硬件控制的宏定义，取名为 GPIO_DIR_MODE_HW
#define GPIO_DIR_MODE_HW 0x00000002    //设引脚为硬件直接控制
```

GPIODIR 和 GPIOAFSEL 两寄存器在库函数中用一个函数来进行处理。

函数名为：

GPIODirModeSet();   //Div(方向) Mode(模式，即设为软件控制还是硬件控制)

函数原型：

void GPIODirModeSet(unsigned long ulPort, unsigned char ucPins,
　　　　　　　unsigned long ulPinIO);

参数含义：

　　ulPort——外设模块的起始地址（基址）。

　　ucPins——将要启用的引脚编号。实际操作时可用逻辑或将几个引脚加起来传送。

ulPinIO——输入/输出和硬件控制选择。有3个参数可供选择,分别是:GPIO_DIR_MODE_IN(输入)、GPIO_DIR_MODE_OUT(输出)、GPIO_DIR_MODE_HW(硬件控制)。

应用范例:

任务 K1-1:设 PA4 为接有共阳极的 LED 灯,要完成的任务是,使 PA4 引脚上的 LED 灯亮必须要设 PA4 为输出,即电流状态(这是硬件要求)。

解题:PA4 引脚是位于 PA 口之内,其位编号为 4,从 GPIO 各引脚位编号宏定义(见宏 K1-3)中查得其宏定义为 GPIO_PIN_4,而 PA 口的基址为 0x40004000,宏 K1-2 中查得引脚输出的宏定义为 GPIO_DIR_MODE_OUT。

编程:

```
GPIODirModeSet(0x40004000,       //PA 口起始地址
               GPIO_PIN_4,       //PA4 引脚位编号,也可以直接用值 0x10
                                 //其二进制位为 00010000B,所以十六进制为 0x10
               GPIO_DIR_MODE_OUT);  //方向与模式设为输出由软件控制
```

需要说明的是,在这个函数中对于 GPIODIR 方向寄存器和 GPIOAFSEL 模式选择寄存器的设置是同时进行,在使用时切记。

任务 K1-2:设 PB1 接有按键,PA4 引脚接有 LED 指示灯。完成的任务是当按键按下时指示灯被点亮。

解题:从硬件要求中得出,要使按键动作必须设为输入状态,引脚输入的宏定义为 GPIO_DIR_MODE_IN,PB1 位编号的宏定义为 GPIO_PIN_1(见宏 K1-3),PB 口的起始地址为 0x40005000,PA4 的 LED 指示同任务 K1-1。

编程:

```
//设 PB1 按键为输入状态
GPIODirModeSet(0x40005000,       //PB 口起始地址
               GPIO_PIN_1,       //PB1 引脚位编号,也可以直接用值 0x02
                                 //其二进制位为 00000010B,所以十六进制为 0x02
               GPIO_DIR_MODE_IN);  //方向与模式设为输入由软件控制
//设 PA4 指示灯为输出状态
GPIODirModeSet(0x40004000,       //PA 口起始地址
               GPIO_PIN_4,       //PA4 引脚位编号,也可以直接用值 0x10
                                 //其二进制位为 00010000B,所以十六进制为 0x10
               GPIO_DIR_MODE_OUT);  //方向与模式设为输出由软件控制
```

宏定义说明宏 K1-5。

GPIO PA,PB,PC 口基址宏定义如下:

```
//PA 口 取名为 GPIO_PORTA_BASE
#define  GPIO_PORTA_BASE  0x40004000  //GPIO A
//PB 口 取名为 GPIO_PORTB_BASE
#define  GPIO_PORTB_BASE  0x40005000  //GPIO B
//PC 口 取名为 GPIO_PORTC_BASE
#define  GPIO_PORTC_BASE  0x40006000  //GPIO C
```

在使用时尽量使用宏定义。最好能熟悉这些英文单词:GPIO[I/O 口]_PORTC[端口 C]

_BASE[基址]。

初次接触有点难,但是用多了就熟悉了。

(4) 数据寄存器 GPIODATA

实际地址:PA 口为 0x40004000,PB 口为 0x40005000,PC 口为 0x40006000。

寄存器名称:GPIODATA,偏移量地址为 0x000。

功能说明:寄存器 GPIODATA 是 PA、PB、PC 口引脚数据读/写寄存器。

GPIODATA 寄存器是数据寄存器。在软件控制模式中,如果通过 GPIO 方向(GPIODIR)寄存器将各个引脚配置成输出,那么写入 GPIODATA 寄存器的值将被发送,为了对 GPIODATA 寄存器执行写操作,由地址总线位[9:2]产生的相关屏蔽位必须为"1"。否则,该位的值不会被写操作改变。

同样,从该寄存器读取的值也会根据从访问数据寄存器的地址处获取的屏蔽位[9:2]的情况来决定。如果地址屏蔽位为1,那么读取 GPIODATA 中相应位的值;如果地址屏蔽位为0,那么不管 GPIODATA 中相应位的值是什么,都会将它们读作0。

如果各自的引脚被配置成输出,读取 GPIODATA 将返回最后写入的位值;或者当这些引脚被配置成输入时,将返回相应的输入引脚上的值。所有的位都被复位清零。

各控制位分配如表 K1-8 所列。各位功能描述如表 K1-9 所列。

表 K1-8 寄存器 GPIODATA 各位分配

位 号	31:8	7	6	5	4	3	2	1	0
名 称	保留	\multicolumn{8}{c	}{DATA}
复位值	0	0	0	0	0	0	0	0	0

表 K1-9 寄存器 GPIODATA 各位功能描述

位 号	名 称	类 型	复位值	描 述
31:8	保留	RO	0	保留位返回一个不确定的值,并且应该永不改变
7:0	DATA	R/W	0x00	GPIO 数据 该寄存器被虚拟地映射到地址空间的 256 个单元中。为便于通过单独的驱动器读/写这些寄存器,从这些寄存器读取的值和写入这些寄存器的值都被 8 条地址线 ipaddr[9:2]屏蔽。读取该寄存器将返回其当前状态。写入该寄存器仅会影响那些没有被 ipaddr[9:2]屏蔽的位和被配置成输出的位

下面是数据寄存器的操作。

为了提高软件的效率,通过将地址总线的位[9:2]用作屏蔽位,GPIO 端口允许对 GPIO 数据(GPIODATA)寄存器中的各个位进行修改。这样,软件驱动程序仅使用一条指令就可以对各个 GPIO 引脚进行修改,而不会影响其他引脚的状态。这点与通过执行读—修改—写操作来置位或清零单独的 GPIO 引脚的"典型"做法不同。为了提供这种特性,GPIODATA 寄存器包含了存储器映射中的 256 个单元。

在写操作过程中,如果与数据位相关联的地址位被设为1,那么 GPIODATA 寄存器的值将发生变化。如果被清零,则 GPIODATA 的值将保持不变。

例如,将 0xEB 写入地址 GPIODATA+0x098 处,结果如图 K1-1 所示。图中,u 表示没有被写操作改变的数据。

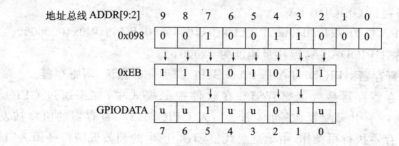

图 K1-1 GPIODATA 写实例

在读操作过程中,如果与数据位相关联的地址位被设为 1,则读取该值。如果与数据位相关联的地址位被设为 0,那么不管它的实际值是什么,都将该值读作 0。例如,读取地址 GPIODATA+0x0C4 处的值,结果如图 K1-2 所示。

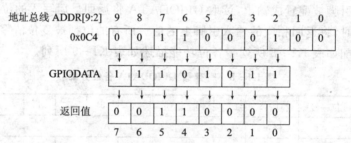

图 K1-2 GPIODATA 读实例

下面是库函数应用解说。

用于处理本寄存器的库函数有两个,一个是向 GPIODATA 数据寄存器写入数据,还有一个是从 GPIODATA 寄存器中读出数据。下面将一一进行应用解说。

① 向 GPIODATA 寄存器写入数据的函数名为"GPIOPinWrite();"。

函数原型:

void GPIOPinWrite(unsigned long ulPort, unsigned char ucPins,
    unsigned char ucVal);

参数含义:

ulPort——外设端口的起始地址(基址)。

ucPins——将要使用的引脚编号。实际操作时可用逻辑或将几个引脚加起来传送,如 GPIO_PIN_1|GPIO_PIN_2(1 脚和 2 脚)。

ucVal——传送将要写入的数据。

想要说明的是:参数 ucPins 和 ucVal 说明的数据类型是无符号字符型,也就是 8 位数据,当然用 32 位数据也可以,只不过使用时只取低 8 位。

应用范例:

任务 K1-3:向 PA4 引脚写入数据 1 使 PA4 引脚上的指示灯熄灭。

解题:PA4 引脚的位编号宏定义为 GPIO_PIN_4,实际的二进制码是 00010000B,也就是

0x10。任务是对准 GPIODATA 数据寄存器的 PA4 引脚位写入 1。

需要说明的是,GPIODATA 数据寄存器的各位编号与 GPIO 各口线编号是一致的。

编程:

```
//向 PA4 引脚写入数据 1
GPIOPinWrite(GPIO_PORTA_BASE,        //GPIOA 起始地址(见宏 K1-5)
             GPIO_PIN_4,             //PA4 的引脚位编号,也可以直接用 0x10
             0x10);                  //向 PA4 脚写入的 1,也可直接使用 GPIO_PIN_4
                                     //这个意义是一样的
```

② 从 GPIODATA 寄存器读出数据的函数名为"GPIOPinRead();"。

函数原型:

long GPIOPinRead(unsigned long ulPort, unsigned char ucPins);

参数含义:

ulPort——外设端口的起始地址(基址)。

ucPins——引脚编号。实际操作时可用逻辑或将几个引脚加起来传送。如 GPIO_PIN_1|GPIO_PIN_2(1 脚和 2 脚)。

返回值:为长整型。

在前面介绍的函数中还没有出现过这种状况,因为现在是在向端口读出数据,必须要有获得数据的接口。long GPIOPinRead()函数的返回类型是 long 长整型。具体操作见应用范例。

应用范例:

任务 K1-4:从 PB5 引脚处读出数据,如果为 1 就向 PB5 引脚写入 0,如果为 0 就向 PB5 写入 1。

解题:PB5 引脚的位编号是 GPIO_PIN_5,属于 PB 口,其基址为 0x40005000,宏定义是 GPIO_PORTB_BASE,设获取的数据存入 nlgetPb5Data。

编程:

```
//从 PB5 引脚处读出数据
long   nlgetPb5Data;
nlgetPb5Data = GPIOPinRead(GPIO_PORTB_BASE,        //GPIO B 起始地址(见宏 K1-5)
                           GPIO_PIN_5);            //PB5 引脚位编号,也可以直接用 0x20
if(nlgetPb5Data == 0)
   GPIOPinWrite(GPIO_PORTB_BASE, GPIO_PIN_5, 0x20);    //写 1
else  GPIOPinWrite(GPIO_PORTB_BASE, GPIO_PIN_5, 0x00); //写 0
```

还需要说明的是,没有看到我们在函数的数据处理上移动 2 位地址,这是因为 GPIOPinWrite()和 GPIOPinRead()两函数在其内部对 2 位数据的移动已经作了处理。感兴趣的朋友如果要亲自动手来做的话,那就要将位地址移动 2 位才能进行工作。千万要注意的是,位编号在写入 GPIODATA 寄存器时要左移 2 位。

现在我们来将任务 K1-4 用手工来做一次,也就是不用库函数。

我们曾在 4.3 节的 #define 常数定义符中谈到过"#define HWREG(x)(* ((volatile unsigned long *)(x)))"32 位地址

宏定义的运用。在这儿我们先拿来用一下。

……
```
#define   PB5_LED   GPIO_PIN_5                        //给 PB5 位号取一个名
#define HW_REG32B(addr)   (*((volatile unsigned long *)(addr)))    //用于操作 32 位地址
……
long   nlgetPb5Data;                                  //用来存放从 GPIO B 口读出的数据
nlgetPb5Data = HW_REG32B(0x40005000 + ( PB5_LED<<2));  //这样就可以读到 PB5 位上的数据了
if(nlgetPb5Data == 0)
    HW_REG32B(0x40005000 + ( PB5_LED<<2)) = 0x00000020;  //主要是 PB5 位地址左移 2 位
else
    HW_REG32B(0x40005000 + ( PB5_LED<<2)) = 0x00000000;
```

以上的编程是完全可行的。这就叫作直接操作地址法。当然,(PB5_LED<<2)这种格式也可以直接用数字取代,请看 00100000B<<2 = 10000000B,即 0x00000080。

将 0x80 直接加到基址地址中也是可行的。如:

```
HW_REG32B(0x40005000 + 0x00000080) = 0x00000000;       //完全可以
```

在对有些库函数不是很了解的情况下可以用这种办法直接对寄存器进行处理。当然了,我们还是尽量用库函数,这样做会得到很多的方便。

K1.2 GPIO 编程实现步骤

学到这里,我们会发现管理 I/O 引脚实际上有 4 个寄存器:GPIODIV[方向寄存器]、GPIOAFSEL[模式设置寄存器]、GPIODATA[数据寄存器]以及 GPIO 外设控制寄存器 RCGC2。只要将这 4 个寄存器弄清楚了,引脚的功能就可以实现。

在 Luminary Micro Stellaris™ 系列的微控制器中,除 Cortex-M3 内核以外,其厂商添加到芯片的部件都属于外设。查看 3.3 节就可以知道,通用输入/输出 GPIO 模块也属于外设。这是我个人的理解。不过我们在编程应用中也一直感受到了这一点,即每一次在使用外设模块之前必先启动外设模块。

对 GPIO 模块的编程的第一步就是启动外设模块;第二步是设定引脚的使用方向,即引脚是用于输入还是输出;第三步设定引脚控制模式,即引脚是由软件控制还是硬件控制;第四步对 GPIODATA 数据寄存器实施读/写操作。

下面启用库函数进行编程实现。将任务 K1-4(假设 PB5 引脚上接有 LED 灯)完整地编写一遍。

```
//(1)启动外设 PB 口
SysCtlPeripheralEnable(SYSCTL_PERIPH_GPIOB);          //设 PORTB 位等于 1
//(2)、(3)设定 PB5 引脚的方向为输出,模式为软件控制
GPIODirModeSet(GPIO_PORTB_BASE,                       //GPIO B 端口起始地址
               GPIO_PIN_5,                            //PB5 引脚位编号
               GPIO_DIR_MODE_OUT);                    //方向与模式设为输出由软件控制
//(4)对 GPIODATA 数据寄存器进行读/写数据操作
if(GPIOPinRead(GPIO_PORTB_BASE,GPIO_PIN_5) == 0)      //读出数据位
    GPIOPinWrite(GPIO_PORTB_BASE, GPIO_PIN_5, 0x20);  //写 1
else
    GPIOPinWrite(GPIO_PORTB_BASE, GPIO_PIN_5, 0x00);  //写 0
```

K1.3 操作实例任务

① 点亮 PA0 引脚 LED 灯，并使之闪烁。
② 使 PA0、PB0 上的两个 LED 互闪。
③ 使 PA 口 6 灯流水。

K1.4 操作任务编程实例

实例任务①：点亮 PA0 引脚 LED 灯，并使之闪烁。

程序编写如下：

(1) 运用库函数编程

```c
//****************************************************************
#include "hw_ints.h"
#include "hw_memmap.h"
#include "hw_types.h"
#include "src/gpio.h"
#include "src/sysctl.h"
//----------------------------------------------------------------
//防 JTAG 失效程序
//----------------------------------------------------------------
void  jtagWait(void)
{
    SysCtlPeripheralEnable(SYSCTL_PERIPH_GPIOB);
    //设置 KEY 所在引脚为输入
    GPIODirModeSet(GPIO_PORTB_BASE, GPIO_PIN_3, GPIO_DIR_MODE_IN);
    //如果复位时按下 KEY,则进入
    if ( GPIOPinRead( GPIO_PORTB_BASE , GPIO_PIN_3)  ==   0x00)
    {
        for (;;);            //死循环,以等待 JTAG 连接
    }
    //禁止 KEY 所在的 GPIO 端口
    SysCtlPeripheralDisable(SYSCTL_PERIPH_GPIOB);
}
//----------------------------------------------------------------
//延时程序
//----------------------------------------------------------------
void delay(int d)
{
  int i = 0;
  for( ; d; --d)
    for(i = 0;i<20000;i++);
}
//----------------------------------------------------------------
int main()
{
```

```c
    //防止 JTAG 失效
    delay(10);
    jtagWait();
    delay(10);

    //下面是设置 LM3S101 系统工作频率,此为 6 MHz,即在 6 MHz 下工作。
    SysCtlClockSet(SYSCTL_SYSDIV_1 | SYSCTL_USE_OSC | SYSCTL_OSC_MAIN |
                   SYSCTL_XTAL_6MHZ);
    //下面是启动 PA 口进入输入/输出状态,即启用 PA 口使 GPIOA = 1;
    SysCtlPeripheralEnable(SYSCTL_PERIPH_GPIOA);
    //设置 GPIO 引脚的方向和功能选择使能,即 DIR = 0x01[方向] AFSEL = 0x00[功能]
    GPIODirModeSet(GPIO_PORTA_BASE, GPIO_PIN_0, GPIO_DIR_MODE_OUT);
    while(1)
    {   //GPIO_PORTA_BASE = 0x40004000[ PA 口的基础地址]
        //GPIO_DATA = GPIO_PIN_0 = 0x00000001,即选中 PA0 引脚
        GPIOPinWrite(GPIO_PORTA_BASE,GPIO_PIN_0,0x01);
        delay(100);
        //使 PA0 输出低电平
        GPIOPinWrite(GPIO_PORTA_BASE,GPIO_PIN_0,0x00);
        delay(100);
    }
    return 0;
}
//------------------------------------------------------------------
//******************************************************************
```

(2) 运用直接地址进行手工编程

```c
//******************************************************************
//------------------------------------------------------------------
//文件名:RegChaoZo_Main.c
//功能:不用库函数直接对寄存器地址进行处理的编程
//------------------------------------------------------------------
//定义 32 位地址处理宏定义
#define HW_REG32B(addr)   (*((volatile unsigned long *)(addr)))   //操作 32 位地址
//------------------------------------------------------------------
//函数功能:用于防止 JTAG 失效,千万要加上此段程序,在万不得已的情况下还可救活芯片
//操作方法:在芯片不能进入 JTAG 正常工作时,按下 PB3 引脚上的按键不动,然后按下复位按键并
//松开,接着松开 PB3 引脚上的按键,这时便可进入 JTAG 工作状态
//------------------------------------------------------------------
void  jtagWait2(void)
{
    //使能 GPIO B
    HW_REG32B(0x400FE108) = 0x00000002;   //启用 PB 低 8 位 = 00000010
    //设 PB3 引脚为输入方向[用于按键能工作]
    HW_REG32B(0x40005400) = 0x00000000;   //设 PB3 = 0,输入(DIR)
    //设 PB3 引脚的工作模式为软件控制
```

```c
    HW_REG32B(0x40005420) = 0x00000000;    //选择软件控制模式(AFSEL)
    //判断按键是否按下,如果按下就进入死循环
    //记住位地址要向左移动2个位,这是总线要求
    if(HW_REG32B(0x40005000 + 0x00000020) == 0)
        while(1);

    //禁止 GPIO B
    HW_REG32B(0x400FE108) = 0x00000000;
}
//----------------------------------------------------------------
//延时程序
//----------------------------------------------------------------
void delay(int d)
{
    int i = 0;
    for( ; d; --d)
        for(i = 0;i<10000;i++);
}
//----------------------------------------------------------------
void  main()
{
    //防止 JTAG 失效
    delay(10);
    jtagWait2();
    delay(10);

    //下面是启动 PA 口、PB 口进入工作状态,即使 GPIOA = 1,GPIOB = 1;
    HW_REG32B(0x400FE108) = 0x00000003;    //启用 PA,PB
    //设置 GPIO 引脚的方向和功能选择使能,即 DIR = 0x01[方向] AFSEL = 0x00[功能]
    //设 PA0 为输出
    HW_REG32B(0x40004400) = 0x00000001;    //设 PA0 = 1,输出(DIR)
    HW_REG32B(0x40004420) = 0x00000000;    //选择软件控制模式(AFSEL)

    //设 PB0 为输出
    HW_REG32B(0x40005400) = 0x00000001;    //设 PB0 = 1,输出(DIR)
    HW_REG32B(0x40005420) = 0x00000000;    //选择软件控制模式(AFSEL)

    while(1)
    {
        //注:向 GPIODATA 数据寄存器写入数据时其位地址一定要左移2位
        //使 PA0 = 1,LED 灯熄 0x01<<2 = 0x04[位地址]
        HW_REG32B(0x40004000 + 0x00000004) = 0x00000001;

        HW_REG32B(0x40005000 + 0x00000004) = 0x00000000; //使 PB0 = 0,LED 灯亮
        delay(10); //延时

        HW_REG32B(0x40004000 + 0x00000004) = 0x00000000; //使 PA0 = 1,LED 灯亮
        HW_REG32B(0x40005000 + 0x00000004) = 0x00000001; //使 PB0 = 0,LED 灯熄
        delay(10); //延时
```

```
        }
}
//----------------------------------------------------------------
//****************************************************************
```

实例任务②:使 **PA0、PB0** 上的 **2** 个 **LED** 互闪。

任务解说:必须启动 PA 口和 PB 口才能工作。

程序编写如下:

```
//****************************************************************
#include "hw_ints.h"
#include "hw_memmap.h"
#include "hw_types.h"
#include "src/gpio.h"
#include "src/sysctl.h"
//----------------------------------------------------------------
//延时程序
//----------------------------------------------------------------
void delay(int d)
{
    int i = 0;
    for( ; d; --d)
     for(i = 0;i<20000;i++);
}
//----------------------------------------------------------------
int main()
{
    //下面是设置 LM3S101 系统工作频率,此为 6 MHz,即在 6 MHz 下工作。
    SysCtlClockSet(SYSCTL_SYSDIV_1 | SYSCTL_USE_OSC | SYSCTL_OSC_MAIN |
                   SYSCTL_XTAL_6MHZ);
    //下面是启动 PA 口,PB 口进入工作状态,即使 GPIOA = 1,GPIOB = 1;
    SysCtlPeripheralEnable(0x00000003);  //启用 PA,PB,具体位见表 K1-1
    //设置 GPIO 引脚的方向和功能选择使能,即 DIR = 0x01[方向] AFSEL = 0x01[功能]
    //设 PA0 为输出
    GPIODirModeSet(GPIO_PORTA_BASE, 0x01, GPIO_DIR_MODE_OUT);
    //设 PB0 为输出
    GPIODirModeSet(GPIO_PORTB_BASE, 0x01, GPIO_DIR_MODE_OUT);
    //GPIO_PORTA_BASE = 0x40004000[ PA 口的基础地址],见表 K1-5
    //GPIO_PORTB_BASE = 0x40005000[ PA 口的基础地址],见表 K1-5
    while(1)
    {
        GPIOPinWrite(GPIO_PORTA_BASE,0x01,0x01);    //使 PA0 输出高电平
        GPIOPinWrite(GPIO_PORTB_BASE,0x01,0x00);    //使 PB0 输出低电平
        delay(100);//延时
        GPIOPinWrite(GPIO_PORTA_BASE,0x01,0x00);    //使 PA0 输出低电平
        GPIOPinWrite(GPIO_PORTB_BASE,0x01,0x01);    //使 PB0 输出高电平
```

```
        delay(100);  //延时
        //这样就产生了互闪
        }
    return 0;
}
```
// --
// **

实例任务③:使 PA 口 6 灯流水。
程序编写如下:

// **
// --
```c
#include "hw_ints.h"
#include "hw_memmap.h"
#include "hw_types.h"
#include "src/gpio.h"
#include "src/sysctl.h"
```
// --
```c
//延时子程序
void delay(int d)
{
  int i = 0;
  for( ; d; --d)
   for(i = 0;i<10000;i++);
}
```
// --
```c
int main()
{
    unsigned char   j = 0, chLsd = 0xFE;
    SysCtlClockSet(SYSCTL_SYSDIV_1 | SYSCTL_USE_OSC | SYSCTL_OSC_MAIN |
                   SYSCTL_XTAL_6MHZ);
    SysCtlPeripheralEnable(SYSCTL_PERIPH_GPIOA);        //启用 PA 口
//将 GPIOPA 配置为 I/O 口来用,并设为输出,注:PA 口只有 6 个输出引脚
    GPIODirModeSet(GPIO_PORTA_BASE, 0x0000003F, GPIO_DIR_MODE_OUT);
    while(1)
    {   //启用 PA 口中所有的引脚
        GPIOPinWrite(GPIO_PORTA_BASE,0x3F,chLsd);       //函数后两个参数都是字符型
        delay(10);
        chLsd <<= 1;                                    //向左移一位
        chLsd |= 0x01;                                  //给左移的空位补 1
        j++;                                            //使计数器加 1
        if(j>0x05)
         {chLsd = 0xFE;                                 //6 次循环了吗? 如果循环完毕就赋初值
          j = 0;}                                       //赋初值
```

    }
    return 0;
}
//--
//**

说明：以上程序请加上 JTAG 防失效子程序，切记！

K1.5 外扩模块电路图与连线

外扩模块电路如图 K1-3 所示。

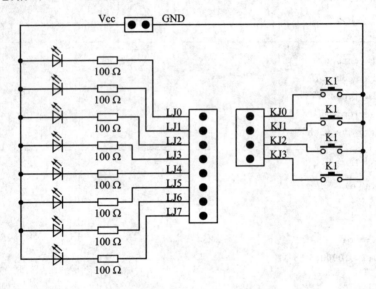

图 K1-3 外扩模块电路

扩展模块图与 EasyARM101 开发板连线，使 LJ0～LJ5 与 PA0～PA5 顺序连接，LJ7 连到 PB0。电源请使用开发板上的 3.3 V 电源。

作业：

① 启用 PB 口，使 PB0 和 PB1 互闪。

特别提示：在使用 PB 口时千万不能使用 PB7，否则后果不可预料，因为那是 JTAG 用的引脚。若启用为 I/O 口，则 JTAG 将无法再继续工作，切记！切记！

② 用 PB0～PB4 走流水灯。注：PB7 禁止使用。

课题 2　LM3S101(102) GPIO 按键信号输入与中断功能的应用方法

实验目的

了解和掌握 LM3S101(102) GPIO 按键信号输入与中断功能的实现原理与使用方法。

实验设备

① 所用工具:30 W 烙铁 1 把,数字万用表 1 个;
② PC 机 1 台;
③ 开发软件 IAR Embedded Workbench5.20v 集成开发平台一套;
④ LM LINK JTAG 调试器 1 套,EasyARM101 开发套件 1 套(也可按附录 A 中提供的电路图制作 1 块 LM3S101(102)最小系统)。

外扩器件

8 位指示灯与 4 位按键模块。焊接与连线图见 K2.5 小节。

LM3S101(102)内部资料

无论在计算机中还是在单片机中,输入/输出设备总是少不了的。那么作为 Cortex-M3 内核的微控制系统也同样需要输入/输出设备。一个按键便可以成为输入设备,一个 LED 灯便可以成为输出设备。所以对于 Cortex-M3 内核微控制芯片 LM3S101(102)系统的学习也得从操作输入/输出设备开始。输出设备我们在课题 1 中已经学习了,所以在本课题不再重复。

其次就是中断系统。中断系统也是微控制器系统中不可缺少的一部分,所以也必须要学习和掌握。

关于什么是中断,学过 8 位单片机的朋友应该是很清楚的。我在《单片机基础与最小系统实践》中也有过详细的讲解。简单来说,中断就是一件事情被另一件紧急事情所打断,比方说正在泡茶时需要停下去接电话。当紧急事情处理完成后,又回到前一件事情上来,这就是一次中断过程。

下面我们将学习 Cortex-M3 内核微控制芯片 LM3S101(102)中断系统与 GPIO 按键输入。

K2.1　相关寄存器资料与库函数应用

(1) 中断检测寄存器 GPIOIS

实际地址:PA 口为 0x40004404,PB 口为 0x40005404,PC 口为 0x40006404。

寄存器偏移地址量:0x404。

寄存器功能是:中断检测,即中断触发方式信号选择,如设为 0 则相对应的引脚选择检测边沿触发为有效信号,如设为 1 则相对应的引脚选择检测电平触发为有效信号。

各选择位分配如表 K2 - 1 所列。

表 K2-1 GPIOIS 寄存器各选择位分配

位号	31:8	7	6	5	4	3	2	1	0
名称	保留	IS							
复位值	0	0	0	0	0	0	0	0	0

各位功能描述如表 K2-2 所列。

表 K2-2 寄存器 GPIOIS 各位功能描述

位号	名称	类型	复位值	描述
31:8	保留	RO	0	保留位返回一个不确定的值,并且应该永不改变
7:0	IS	R/W	0x00	GPIO 中断检测 0:检测的是相关引脚的边沿(边沿触发) 1:检测的是相关引脚的电平(电平触发)

(2) 边沿与中断事件选择寄存器 GPIOIBE

实际地址:PA 口为 0x40004408,PB 口为 0x40005408,PC 口为 0x40006408。

寄存器偏移地址量:0x408。

寄存器功能是:双边沿触发与中断控制寄存器(GPIOIEV)选择,当相对应的引脚位设为 0 时选择由中断控制寄存器(GPIOIEV)来决定是否产生中断,当相对应的引脚位设为 1 时相对应的引脚可以选择下降沿触发,也可以选择上升沿触发,当然要在 GPIOIS 寄存器相对应的位置 1 时才可以动作,也就是才能生效。

各选择位分配如表 K2-3 所列。

表 K2-3 GPIOIBE 寄存器各选择位分配

位号	31:8	7	6	5	4	3	2	1	0
名称	保留	IBE							
复位值	0	0	0	0	0	0	0	0	0

各位功能描述如表 K2-4 所列。

表 K2-4 寄存器 GPIOIBE 各位功能描述

位号	名称	类型	复位值	描述
31:8	保留	RO	0	保留位返回一个不确定的值,并且应该永不改变
7:0	IBE	R/W	0x00	GPIO 中断双边沿 0:由 GPIO 中断事件(GPIOIEV)寄存器控制是否产生中断 1:相应引脚的上升沿和下降沿都会触发中断 注:单边沿由 GPIOIEV 中相应的位来决定

(3) 中断事件选择寄存器 GPIOIEV

实际地址:PA 口为 0x4000440C,PB 口为 0x4000540C,PC 口为 0x4000640C。

寄存器偏移地址量:0x40C。

寄存器功能是：中断事件选择，也就是当 GPIOIBE 寄存器相对应的引脚位被清 0（即被设置为 0）时，就选择了由 GPIOIEV 中断事件选择寄存器来决定相对应的引脚是上升沿或高电平触发，还是用下降沿或低电平触发。

当 GPIOIBE 寄存器选择了由 GPIOIEV 中断事件寄存器决定，那么相对应的引脚位被设为 1 时就选择了上升沿或高电平触发中断，相对应的引脚位被设为 0 时就选择了下降沿或低电平触发中断。

各选择位分配如表 K2-5 所列。

表 K2-5　GPIOIEV 寄存器各选择位分配

位号	31：8	7	6	5	4	3	2	1	0
名称	保留	\multicolumn{8}{c}{IEV}								
复位值	0	0	0	0	0	0	0	0	0

各位功能描述如表 K2-6 所列。

表 K2-6　寄存器 GPIOIEV 各位功能描述

位号	名称	类型	复位值	描述
31：8	保留	RO	0	保留位返回一个不确定的值，并且应该永不改变
7：0	IS	R/W	0x00	GPIO 中断事件 0：相应引脚上的下降沿或低电平触发中断 1：相应引脚的上升沿或高电平触发中断

下面是库函数应用解说。

在库函数中对 GPIOIS、GPIOIBE、GPIOIEV 三个寄存器放在一起只做一次性定义。宏定义如下：

宏定义说明宏 K2-1。

电平触发分高电平和低电平。

```
//低电平取名为 GPIO_LOW_LEVEL
#define GPIO_LOW_LEVEL          0x00000002
//高电平取名为 GPIO_HIGH_LEVEL
#define GPIO_HIGH_LEVEL         0x00000007
```

边沿触发又分上升沿触发、下降沿触发和两者（即上升沿和下降都检测）。

```
//上升沿取名为 GPIO_RISING_EDGE
#define GPIO_RISING_EDGE        0x00000004
//下降沿取名为 GPIO_FALLING_EDGE
#define GPIO_FALLING_EDGE       0x00000000
//两者取名为 GPIO_BOTH_EDGES
#define GPIO_BOTH_EDGES         0x00000001
```

以上宏定义由触发方式类型设置函数使用。

① 函数名为"GPIOIntTypeSet()"，为设置中断触发类型函数。

函数原型：

```
void GPIOIntTypeSet(unsigned long ulPort, unsigned char ucPins,
                    unsigned long ulIntType);
```

参数含义：

　　ulPort——外设模块的起始地址（基址）。
　　ucPins——将要启用的引脚编号。实际操作时可用逻辑或将几个引脚加起来传送。
　　ulIntType——触发方式选择。使用值见宏定义宏 K2-1。

应用范例：

任务 K2-1：设置 PB1 引脚下降沿触发中断。

解题：PB1 属于 PB 口，其基址为 0x40005000（GPIO_PORTB_BASE），其位编号为 0x00000002（GPIO_PIN_1），下降沿触发的宏定义为 GPIO_FALLING_EDGE（见宏 K2-1）。

编程：

```
GPIOIntTypeSet(GPIO_PORTB_BASE,           //GPIO B 起始地址
               GPIO_PIN_1,                //PB1 的引脚编号
               GPIO_FALLING_EDGE);        //触发类型
```

② 函数名为"GPIOIntTypeGet()"，为获取中断触发类型函数。

函数原型：

```
unsigned long GPIOIntTypeGet(unsigned long ulPort, unsigned char ucPin);
```

参数含义：

　　ulPort——外设模块的起始地址（基址）。
　　ucPins——将要启用的引脚编号。实际操作时可用逻辑或将几个引脚加起来传送。

函数返回值：

函数返回一个无符号长整型，说明中断触发时的中断触发类型状态。

功能描述：

这个函数获取所选 GPIO 端口上某个特定引脚的中断类型。引脚可配置成在下降沿、上升沿或两个边沿检测中断，或者配置成在低电平或高电平检测中断。中断检测机制的类型作为一个枚举数据类型返回。

(4) 中断启用与屏蔽寄存器 GPIOIM

实际地址：PA 口为 0x40004410，PB 口为 0x40005410，PC 口为 0x40006410。

寄存器偏移地址量：0x410。

寄存器功能是：屏蔽中断，也就是当 GPIOIM 寄存器位设为 1 时，相对应的引脚能触发中断或联合 GPIOINTR 线路触发。如果设为 0，则禁止相对应的引脚触发中断的功能，就是不能触发中断。

各选择位分配如表 K2-7 所列。

表 K2-7　GPIOIM 寄存器各选择位分配

位　号	31:8	7	6	5	4	3	2	1	0
名　称	保留	\multicolumn{8}{c}{IME}							
复位值	0	0	0	0	0	0	0	0	0

各位功能描述如表 K2-8 所列。

表 K2-8　寄存器 GPIOIM 各位功能描述

位号	名称	类型	复位值	描述
31:8	保留	RO	0	保留位返回一个不确定的值,并且应该永不改变
7:0	IME	R/W	0x00	GPIO 中断屏蔽使能 0:相应引脚的中断被屏蔽(禁止) 1:相应引脚的中断未被屏蔽[相应引脚的中断被启用(使能)]

下面是库函数应用解说。

① 启动(使能)中断功能的库函数

函数名为:GPIOPinIntEnable();

函数原型:

void GPIOPinIntEnable(unsigned long ulPort, unsigned char ucPins);

参数含义:

　　ulPort——外设模块的起始地址(基址)。

　　ucPins——将要启用的引脚编号。实际操作时可用逻辑或将几个引脚加起来传送。

应用范例:

任务 K2-2:启用 PA0 引脚中断。

解题:无

编程:

```
GPIOPinIntEnable(0x40004000,         //GPIO A 起始地址(基址)
                GPIO_PIN_0);         //PA0 引脚位编号为 0
```

② 屏蔽(禁止)中断功能的库函数

函数名为:GPIOPinIntDisable();

函数原型:

void GPIOPinIntDisable (unsigned long ulPort, unsigned char ucPins);

参数含义:

　　ulPort——外设模块的起始地址(基址)。

　　ucPins——将要启用的引脚编号。实际操作时可用逻辑或将几个引脚加起来传送。

应用范例:

任务 K2-3:屏蔽 PA0 引脚中断。

解题:无

编程:

```
GPIOPinIntDisable (0x40004000,       //GPIO A 起始地址(基址)
                  GPIO_PIN_0);       //PA0 引脚位编号为 0
```

(5) 原始中断状态记录寄存器 GPIORIS

实际地址:PA 口为 0x40004414,PB 口为 0x40005414,PC 口为 0x40006414。

寄存器偏移地址量:0x414。

寄存器功能是:屏蔽前的原始中断状态记录,也就是读取 GPIORIS 寄存器时,如果发现有 1 存在的位,则表明在 GPIOIM 寄存器中断屏蔽前相对应的引脚曾经发生过中断事件,为 0 的位表明没有发生过中断。所有位复位时为 0。

各选择位分配如表 K2-9 所列。

表 K2-9 GPIORIS 寄存器各选择位分配

位号	31:8	7	6	5	4	3	2	1	0
名称	保留	RIS							
复位值	0	0	0	0	0	0	0	0	0

各位功能描述如表 K2-10 所列。

表 K2-10 寄存器 GPIORIS 各位功能描述

位号	名称	类型	复位值	描述
31:8	保留	RO	0	保留位返回一个不确定的值,并且应该永不改变
7:0	RIS	R/W	0x00	GPIO 中断原始(raw)状态 反映在引脚上检测到的中断触发条件的状态(原始的,屏蔽前的) 0:没有满足相应引脚的中断条件 1:相应引脚的中断满足条件

(6) 屏蔽后的中断原始状态记录寄存器 GPIOMIS

实际地址:PA 口为 0x40004418,PB 口为 0x40005418,PC 口为 0x40006418。

寄存器偏移地址量:0x418。

寄存器功能是:屏蔽后的中断原始状态记录,也就是读取 GPIOMIS 寄存器时,如果发现有 1 存在的位,则表明在 GPIOIM 寄存器中断屏蔽后相对应的引脚曾经发生过中断事件,为 0 的位表明没有发生过中断。所有位复位时为 0。

各选择位分配如表 K2-11 所列。

表 K2-11 GPIOMIS 寄存器各选择位分配

位号	31:8	7	6	5	4	3	2	1	0
名称	保留	MIS							
复位值	0	0	0	0	0	0	0	0	0

各位功能描述如表 K2-12 所列。

表 K2-12 寄存器 GPIOMIS 各位功能描述

位号	名称	类型	复位值	描述
31:8	保留	RO	0	保留位返回一个不确定的值,并且应该永不改变
7:0	MIS	R/W	0x00	GPIO 屏蔽后的中断状态 相应引脚上中断屏蔽后的值 0:相应的 GPIO 线路的中断未被激活 1:相应的 GPIO 线路发出中断

(7) 清除中断寄存器 GPIOCIR

实际地址：PA 口为 0x4000441C，PB 口为 0x4000541C，PC 口为 0x4000641C。

寄存器偏移地址量：0x41C

寄存器功能是：清除中断，也就是寄存器中的位写 1，相应的中断边沿检测逻辑寄存器位会清零，如果写 0 对寄存器不会有任何影响。

各选择位分配如表 K2113 所列。

表 K2-13 GPIOCIR 寄存器各选择位分配

位 号	31:8	7	6	5	4	3	2	1	0
名 称	保留	\multicolumn{8}{c}{IC}								
复位值	0	0	0	0	0	0	0	0	0

各位功能描述如表 K2-14 所列。

表 K2-14 寄存器 GPIOCIR 各位功能描述

位 号	名 称	类 型	复位值	描 述
31:8	保留	RO	0	保留位返回一个不确定的值，并且应该永不改变
7:0	IC	R/W	0x00	GPIO 中断清除 0：相应的中断未受影响 1：相应的中断被清除

下面是库函数应用解说。

清除中断标志位所用的库函数。

函数名为：GPIOPinIntClear()；

函数原型：

void GPIOPinIntClear(unsigned long ulPort, unsigned char ucPins);

参数含义：

ulPort——外设模块的起始地址（基址）。

ucPins——将要启用的引脚编号。实际操作时可用逻辑或将几个引脚加起来传送。

应用范例：

任务 K2-4：清除 PA0 引脚产生的中断标志。

解题：无

编程：

GPIOPinIntClear(GPIO_PORTA_BASE, GPIO_PIN_0);   //清除 PA0 引脚中断标志

注：这一条语句一般在中断执行程序中用。当中断产生时，立即清除中断标识。

(8) 中断使能设置寄存器

实际地址：0xE000E100。

寄存器功能是：用于启用或禁止外设中断的应用。

各选择位分配如表 K2-15 所列。

表 K2-15 中断使能设置寄存器各位分配

位号	31	30	29	28	27	26	25	24
名称	保留		Flash 控制	系统控制	保留	模拟比较器 1	模拟比较器 0	保留
复位值	0	0	0	0	0	0	0	0
位号	23	22	21	20	19	18	17	16
名称	保留	定时器 1B	定时器 1A	定时器 0B	定时器 0A	看门狗定时器	保留	
复位值	0	0	0	0	0	0	0	0
位号	15	14	13	12	11	10	9	8
名称	保留							I^2C
复位值	0	0	0	0	0	0	0	0
位号	7	6	5	4	3	2	1	0
名称	SSI	保留	UART0	保留		GPIOC	GPIOB	GPIOA
复位值	0	0	0	0	0	0	0	0

各位功能描述如表 K2-16 所列。

表 K2-16 中断使能设置寄存器各位功能描述

位号	名称	类型	复位值	描述
31:0		R/W	0	0：中断被禁止 1：中断被使能（启用中断）

下面是库函数应用解说。
中断使能设置寄存器各功能位宏定义如下：
宏定义说明宏 K2-2。

```
// GPIOA 模块中断位号 0 取名为 INT_GPIOA
#define INT_GPIOA           16      // GPIO Port A
// GPIOB 模块中断位号 1 取名为 INT_GPIOB
#define INT_GPIOB           17      // GPIO Port B
// GPIOC 模块中断位号 2 取名为 INT_GPIOC
#define INT_GPIOC           18      // GPIO Port C
// UART0 模块中断位号 5 取名为 INT_UART0
#define INT_UART0           21      // UART0 Rx and Tx
// SSI 模块中断位号 7 取名为 INT_SSI
#define INT_SSI             23      // SSI Rx and Tx
// I2C 模块中断位号 8 取名为 INT_I2C
#define INT_I2C             24      // I2C Master and Slave
// WDT 模块中断位号 18 取名为 INT_WATCHDOG
#define INT_WATCHDOG        34      // Watchdog timer
// Timer 0 A 模块中断位号 19 取名为 INT_TIMER0A
#define INT_TIMER0A         35      // Timer 0 subtimer A
// Timer 0 B 模块中断位号 20 取名为 INT_TIMER0B
```

```
#define INT_TIMER0B            36         // Timer 0 subtimer B
// Timer 1 A 模块中断位号 21 取名为 INT_TIMER1A
#define INT_TIMER1A            37         // Timer 1 subtimer A
// Timer 1 B 模块中断位号 22 取名为 INT_TIMER1B
#define INT_TIMER1B            38         // Timer 1 subtimer B
//模拟比较器 0 COMP0 模块中断位号 25 取名为 INT_COMP0
#define INT_COMP0              41         // Analog Comparator 0
//模拟比较器 1 COMP1 模块中断位号 26 取名为 INT_COMP1
#define INT_COMP1              42         // Analog Comparator 1
//系统控制 SYSCTL 模块中断位号 28 取名为 INT_SYSCTL
#define INT_SYSCTL             44         // System Control (PLL, OSC, BO)
//Flash 模块中断位号 29 取名为 INT_FLASH
#define INT_FLASH              45         // FLASH Control
```

中断使能使用的库函数如下：

函数名为：IntEnable()；

函数原型：void IntEnable(unsigned long ulInterrupt)；

参数含义：ulInterrupt——各模块的中断位编号宏定义取值见宏 K2-2。

应用范例：

任务 K2-5：启用 GPIO A 中断服务系统。

解题：无

编程：

```
//使能 GPIO A 口中断
IntEnable(INT_GPIOA);
```

用起来就这么简单。

在启用各模块中断进行工作时还要用到两个库函数，一个是启动全局中断，一个是注册中断服务子程序。

启动全局中断，在 IAR Embedded Workbench 编译环境下有以下两个函数可用：

a. "CPUcpsie()；"函数定义在 CPU.H 文件中，用时要带上这个文件。

b. "IntMasterEnable()；"函数定义在 INTERRUPT.H 文件中，用时要带上这个文件。不过函数同样调用的是 CPUcpsie()；

有关"CPUcpsie()；"函数还想多说几句的是，这个函数体是用汇编写的，所以使用时不可多问，直接使用便是。

注册中断服务子程序：

函数名为：GPIOPortIntRegister()；

函数原型：

```
void GPIOPortIntRegister(unsigned long ulPort,
                         void (* pfIntHandler)(void));
```

参数含义：

ulPort——中断模块的起始地址。

* pfIntHandler——中断服务函数的函数名。

应用范例：

任务 K2 - 6：注册一个 GPIO B 口模块的中断服务子程序。

解题：无

编程：

```
    GPIOPortIntRegister(0x40005000,      //GPIO B 模块的起始地址
             GPIO_PortB_ISR);             //中断服务程序的函数名
//中断服务程序函数实体
void GPIO_PortB_ISR()
{  //下面加入清除中断标识语句

   //下面加入执行程序

}
//-------------------------------------------------------------
```

K2.2　GPIO 按键与中断编程的步骤与方法

K2.2.1　GPIO 按键输入信号编程的步骤与方法

在课题 1 中我们已经谈到了 GPIO 的输出设置方法，对于 GPIO 来说输入/输出由 GPIODIV 寄存器来决定。只要将 GPIODIV 设为输入状态，就可以从 GPIODATA 寄存器中读到按键输入的信号。

具体操作如下：第一步，启动 GPIO 外设模块；第二步，设置 GPIO 引脚方向；第三步，设定引脚控制模式，是由软件控制还是硬件控制；第四步，读取 GPIO 引脚信息。

编程实例：

任务 K2 - 7：使 PA1 引脚上的按键生效（启用）。要求当 KEY_PA1 按下时，LED_PB4 指示灯亮或熄。

直接操作寄存器的步骤如下：

① 启动 GPIO 外设模块

```
//下面是启动 PA 口，PB 口进入工作状态，即使 GPIOA = 1, GPIOB = 1；
HW_REG32B(0x400FE108) = 0x00000003;   //启用 PA, PB 低 8 位 00000011B
```

② 设置 GPIO 引脚方向（GPIODIV 方向寄存器）；

```
//设 PA1 为输入
HW_REG32B(0x40004400) = 0x00000000;   //设 PA1 = 0, 输入(DIR)
```

③ 设定引脚控制模式为软件控制（GPIO AFSEL 控制寄存器）；

```
//设 PA1 由软件控制
HW_REG32B(0x40004420) = 0x00000000;   //选择软件控制模式(AFSEL)
//设 PB4 为输出用作指示灯
HW_REG32B(0x40005400) = 0x00000010;   //设 PB4(DIV)输出 00010000B(位置)
//设 PB4 由软件控制
HW_REG32B(0x40005420) = 0x00000000;   //选择软件控制模式(AFSEL)
```

④ 读取 GPIO 引脚信息。

```
//读 PA1 引脚信息,如有键按下则 PA1 引脚变为低电平
while(1)
{   //操作时 PA1 位编号要左移两位,即 00000010B 左移两位后为 00001000B 即 0x08
    nlPA1Data = HW_REG32B(0x40004000 + 0x00000008);
    if(nlPA1Data == 0)                                          //有键按下为 0
    {
        if(nCtrl == 0)
        {   nCtrl = 1;
            HW_REG32B(0x40004000 + 0x00000040) = 0x00000000;}   //GPIO_PIN_4<<2 亮
        else
        {   nCtrl = 0;
            HW_REG32B(0x40004000 + 0x00000040) = 0x00000010;}   //GPIO_PIN_4<<2 熄
    }
    Dey();                                                      //延时
}
```

有关"nlPA1Data"、"nCtrl"、"Dey();"请在 main() 开始处说明。

使用库函数的操作如下:

① 启动引脚功能模块;

```
// 使能 GPIO 外设 PA 口用于按键输入 PB 口用于指示灯输出
  SysCtlPeripheralEnable(SYSCTL_PERIPH_GPIOA |SYSCTL_PERIPH_GPIOB);
```

② 设置引脚输入/输出方向;

```
// 设置 PA1 引脚为输入模式用于按键信号输入
GPIODirModeSet(GPIO_PORTA_BASE, GPIO_PIN_1, GPIO_DIR_MODE_IN);
// 设置 PB4 引脚为输出用于点亮指示灯
GPIODirModeSet(GPIO_PORTB_BASE, GPIO_PIN_4, GPIO_DIR_MODE_OUT);
```

③ 读出 PA1 引脚上的信号。

```
while(1)
{
    nlPA1Data = GPIOPinRead(GPIO_PORTA_BASE, GPIO_PIN_4);
    if(nlPA1Data == 0)
      GPIOPinWrite(GPIO_PORTB_BASE, GPIO_PIN_4, 0x00);          //PB4_LED 亮
    else
      GPIOPinWrite(GPIO_PORTB_BASE, GPIO_PIN_4, GPIO_PIN_4);    //PB4_LED 熄
}
```

说明:这个程序只要按下键灯就会亮,但是按键松开后灯就会熄灭。

K2.2.2 GPIO 外部中断编程的步骤与方法

GPIO 外部中断编程主要有三件事要处理,一是要启动 GPIO 外设模块工作,二是要启用相关的中断系统工作,三是要编写好中断服务子程序。

具体操作步骤如下:

第一步,启动 GPIO 功能模块;第二步,设置对应引脚为信号输入功能;第三步,设置中断的触发类型;第四步,注册中断服务子程序;第五步,启动引脚中断;第六步,使能端口中断;第七步,启动全局中断;第八步,编写中断服务子程序。

编程范例

任务 K2-8:使 PA1 引脚上的按键为下降沿触发中断。要求当 KEY_PA1 按下时,在中断服务程序中点亮 LED_PB4 指示灯,在主循环体中熄灭指示灯。

直接操作寄存器的步骤如下:

① 启动 GPIO 外设模块;

```
//下面是启动 PA 口,PB 口进入工作状态,即使 GPIOA = 1,GPIOB = 1;
HW_REG32B(0x400FE108) = 0x00000003;    //启用 PA,PB 低 8 位 00000011B
```

② 设置 GPIO 引脚方向(GPIODIV 方向寄存器);

```
//设 PA1 为输入
HW_REG32B(0x40004400) = 0x00000000;    //设 PA1 = 0,输入(DIR)
//设 PA1 由软件控制
HW_REG32B(0x40004420) = 0x00000000;    //选择软件控制模式(AFSEL)

//设 PB4 为输出用作指示灯
HW_REG32B(0x40005400) = 0x00000010;    //设 PB4(DIV)输出 00010000B(位置)
//设 PB4 由软件控制
HW_REG32B(0x40005420) = 0x00000000;    //选择软件控制模式(AFSEL)
```

③ 设置中断触发类型;

```
//设中断检测寄存器 GPIOIS 为检测边沿
HW_REG32B(0x40004404) = 0x00000000; //设为边沿触发检测
//设中断检测寄存器 GPIOIBE 为检测边沿
HW_REG32B(0x40004408) = 0x00000000; //设为由中断事件寄存器决定
HW_REG32B(0x4000440C) = 0x00000000; //相应引脚采用下沿或低电平触发
```

④ 注册放在第⑧条中讲解;

⑤ 启动引脚中断;

```
//启用 PA1 引脚中断使能
HW_REG32B(0x40004410) = 0x00000002;
```

⑥ 使能端口中断;

```
//启用 GPIO A 中断
HW_REG32B(0xE000E100) = 0x00000001;
```

⑦ 使能处理器中断;

```
IntMasterEnable();
```

⑧ 编写中断服务程序:

a. 注册中断服务程序

在工程项 startup 中双击 startup_ewarm.c 打开后(如图 K2-1 所示),定义中断服务程序名称。然后,在图 K2-2 中指定处输入中断服务程序的名称。

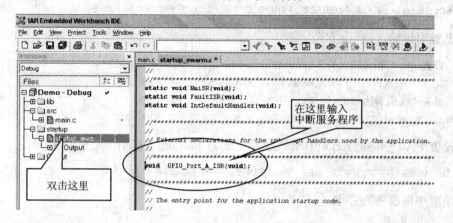

图 K2-1　申请中断服务程序

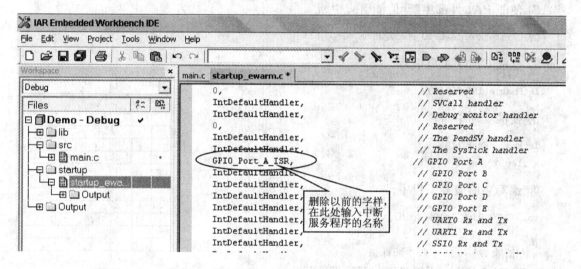

图 K2-2　注册中断服务程序

注册完成中断服务程序后便可以编写中断服务程序的实体了。

//中断服务程序实体
Void GPIO_Port_A_ISR()
{//清除 PA1 引脚中断标识位
    HW_REG32B(0x4000441C) = 0x00000002;
//让 PB4 指示灯亮
HW_REG32B(0x40005000 + 0x00000040) = 0x00000000;
}

在主程序循环体中使用下句熄灭指示灯:

HW_REG32B(0x40005000 + 0x00000040) = 0x00000010;

使用库函数的步骤如下:
① 启动引脚功能模块;

// 使能 GPIO 外设 PA 口 用于按键输入,PB 口 用于指示灯输出
SysCtlPeripheralEnable(SYSCTL_PERIPH_GPIOA |SYSCTL_PERIPH_GPIOB);

② 设置引脚输入/输出方向;

// 设置 PA1 引脚为输入模式,用于按键信号输入
GPIODirModeSet(GPIO_PORTA_BASE, GPIO_PIN_1, GPIO_DIR_MODE_IN);
// 设置 PB4 引脚为输出,用于点亮指示灯
GPIODirModeSet(GPIO_PORTB_BASE, GPIO_PIN_4, GPIO_DIR_MODE_OUT);

③ 设置 PA0~PA4_KEY 中断的触发方式为 falling[下降沿]触发

GPIOIntTypeSet(GPIO_PORTA_BASE, GPIO_PIN_1, GPIO_FALLING_EDGE);

④ 注册中断服务程序名;

GPIOPortIntRegister(0x40004000,GPIO_Port_A_ISR);

⑤ 使能 PA1 外部中断[使能引脚中断];

GPIOPinIntEnable(GPIO_PORTA_BASE, GPIO_PIN_1);

⑥ 使能 GPIO A 口中断;

IntEnable(INT_GPIOA);

⑦ 使能全局中断;

IntMasterEnable();
While(1){}

⑧ 编写中断服务子程序。

void GPIO_Port_A_ISR(void)
{
　//清除 PA0~PA3 引脚中断标志
　GPIOPinIntClear(GPIO_PORTA_BASE, GPIO_PIN_1);
　//点亮 PB4 引脚 LED1
　GPIOPinWrite(GPIO_PORTB_BASE, GPIO_PIN_4, ~ GPIO_PIN_4);
}

在主程序循环体中使用下句熄灭指示灯:

GPIOPinWrite(GPIO_PORTB_BASE, GPIO_PIN_4, GPIO_PIN_4);

具体编程见 K2.4 小节中的操作任务编程实例。

K2.3 操作实例任务

任务①:实现 PB1 引脚接按钮 KEY0,PB4 引脚接 LED1 指示灯,任务是当 KEY0 按下时 PB4 引脚上的 LED1 点亮,松开后熄灭。

任务②:实现 PA0、PA1、PA2、PA3 引脚上接 4 个按键,在 PB5 上接 1 个 LED1 灯。任务是用 PB5_LED1 指示灯来显示各按键的号码,方法是按下按键,用闪烁的次数来表示。

任务③:设从 PB5 引脚上发出脉冲,使 PB1 接收脉冲信号并产生中断,使 PB4 引脚上的

LED1 灯闪烁,同时 PB5 再引出一个脚到 LED2。注:请用杜邦线将 PB1 与 PB5 连接起来。

任务④:用库函数实现简易 GPIO 中断。

K2.4 操作任务编程实例

K2.4.1 按键练习

按键的工作过程是:一般当按键按下时,使引脚为低电平,通过软件查询此引脚是否为低电平,如果软件获得了一个有效的低电平,便产生一个按键动作。所以这时对于 GPIOAFSEL 引脚模式控制寄存器来说,初始化为软件控制功能尤为重要。使方向寄存器 GPIODIR 相对应的位清零,变为输入状态,读取 GPIODATA 各位于状态便可以判定按键是否动作。

这一过程比起 80C51 单片机来复杂了很多。具体操作见下面的编程实例。

任务①:实现 PB1 引脚接按钮 KEY0,PB4 引脚接 LED1 指示灯,任务是当 KEY0 按下时 PB4 引脚上的 LED1 点亮,松开后熄灭。

程序编写如下:

```c
//******************************************************************
//程序要完成的任务:实现按键功能
//------------------------------------------------------------------
//包含必要的头文件
#include    <hw_types.h>
#include    <hw_memmap.h>
#include    <hw_sysctl.h>
#include    <hw_gpio.h>
#include    <sysctl.h>
#include    <gpio.h>
//------------------------------------------------------------------
//防止 JTAG 失效
//------------------------------------------------------------------
void    jtagWait(void)
{
    SysCtlPeripheralEnable(SYSCTL_PERIPH_GPIOB);
    //设置 KEY 所在引脚为输入
    GPIODirModeSet(GPIO_PORTB_BASE, GPIO_PIN_3, GPIO_DIR_MODE_IN);
    //如果复位时按下 KEY,则进入
    if ( GPIOPinRead( GPIO_PORTB_BASE , GPIO_PIN_3) == 0x00 )
    {
        for (;;);                //死循环,以等待 JTAG 连接
    }
    //禁止 KEY 所在的 GPIO 端口
    SysCtlPeripheralDisable(SYSCTL_PERIPH_GPIOB);
}
//------------------------------------------------------------------
//延时子程序
//------------------------------------------------------------------
void delay(int d)
```

```c
{
    int i = 0;
    for( ; d; --d)
      for(i = 0;i<10000;i++);
}
//------------------------------------------------------------
#define KEY1 GPIO_PIN_1              //定义 KEY1
#define LED1 GPIO_PIN_4              //定义 LED1
//------------------------------------------------------------
//函数原形:int main(void)
//功能描述:主函数
//参数说明:无
//返回值:0
//------------------------------------------------------------
int main(void)
{
    //防止 JTAG 失效
    delay(10);
    jtagWait();
    delay(10);
    //使能 GPIO PB 口
    SysCtlPeripheralEnable(SYSCTL_PERIPH_GPIOB);
    //设置连接 KEY1 的 PB1 为输入
    GPIODirModeSet(GPIO_PORTB_BASE, KEY1, GPIO_DIR_MODE_IN);
    //设置连接 LED1 的 PB4 为输出
    GPIODirModeSet(GPIO_PORTB_BASE, LED1, GPIO_DIR_MODE_OUT);
    while (1)
    {
        //读 KEY1 引脚的值,并判断,如果为高则熄灭 LED1
        if(GPIOPinRead(GPIO_PORTB_BASE, KEY1))
        {
            GPIOPinWrite(GPIO_PORTB_BASE, LED1, LED1);
        }
        //否则点亮 LED1
        else
        {
            GPIOPinWrite(GPIO_PORTB_BASE, LED1, ~LED1);
        }
    }
}
//------------------------------------------------------------
//************************************************************
```

任务②:实现 PA0、PA1、PA2、PA3 引脚上接 4 个按键,在 PB5 上接 1 个 LED1 灯。任务

是用 PB5_LED1 指示灯来显示各按键的号码,方法是按下按键,用闪烁的次数来表示。
现编程如下:
```
//*****************************************************************
//程序要完成的任务:实现按键功能,PA0~PA3 连接 4 键的应用问题
//-----------------------------------------------------------------
//  包含必要的头文件
#include <hw_types.h>
#include <hw_memmap.h>
#include <hw_sysctl.h>
#include <hw_gpio.h>
#include <sysctl.h>
#include <gpio.h>

//函数说明区
void GpioPA_4_Key();              //按键处理程序
void PA0_Key0();                  //Key0 键执行函数
void PA1_Key1();                  //Key1 键执行函数
void PA2_Key2();                  //Key2 键执行函数
void PA3_Key3();                  //Key3 键执行函数

#define PB4_LED0    GPIO_PIN_4    //定义两个指示灯
#define PB5_LED1    GPIO_PIN_5    //PB5_LED 为按键指示灯
//-----------------------------------------------------------------
//函数名称:void   jtagWait(void)
//功能:防止 JTAG 失效
//说明:如果 JTAG 失效就启用此函数,使程序启动时进入死循环,等待 JTAG 工作
//      如果 JTAG 失效按键的操作方法是,先按下复位键,而后迅速按下 PB3 键使程序进
//      入死循环区,也可先按下 PB3 键,再按下复位键,这时程序运行直接进入死循环区,加
//      入此函数到主函数中时一定要加在所有函数的调用之前,也就是起始的位置
//-----------------------------------------------------------------
void   jtagWait(void)
{
    SysCtlPeripheralEnable(SYSCTL_PERIPH_GPIOB);
    //设置 KEY 所在引脚为输入
    GPIODirModeSet(GPIO_PORTB_BASE, GPIO_PIN_3, GPIO_DIR_MODE_IN);
    //如果复位时按下 KEY,则进入
    if ( GPIOPinRead( GPIO_PORTB_BASE , GPIO_PIN_3)   ==   0x00 )
    {
        for (;;);                 //死循环,以等待 JTAG 连接
    }
    //禁止 KEY 所在的 GPIO 端口
    SysCtlPeripheralDisable(SYSCTL_PERIPH_GPIOB);
}
//-----------------------------------------------------------------
void delay(int d)
{
```

```c
    int i = 0;
    for( ; d; --d)
     for(i=0;i<10000;i++);
}
//---------------------------------------------------------------
//函数原形:int main(void)
//功能描述:主函数
//参数说明:无
//返回值:0
//---------------------------------------------------------------
int main(void)
{
    //防止 JTAG 失效
    delay(10);
    jtagWait();
    delay(10);
    //使能 GPIO PB 口
    SysCtlPeripheralEnable(SYSCTL_PERIPH_GPIOB);
    //设置连接 LED0 的 PB4 和 PB5 为输出
    GPIODirModeSet(GPIO_PORTB_BASE, PB4_LED0|PB5_LED1, \
                GPIO_DIR_MODE_OUT);
    //使 PB5 上的指示灯为熄灭状态
    GPIOPinWrite(GPIO_PORTB_BASE, PB5_LED1, PB5_LED1);
    while (1)
    {
        GpioPA_4_Key();                                       //查询按键是否按下
        GPIOPinWrite(GPIO_PORTB_BASE,PB4_LED0, PB4_LED0);     //熄灭
        delay(10);
        GPIOPinWrite(GPIO_PORTB_BASE, PB4_LED0, 0x00);        //点亮
        delay(10);
    }
}

//---------------------------------------------------------------
//函数名称:void GpioPA_4_Key()
//功能:4 按键功能处理函数[因 LM3s101 芯片在处理按键时有点麻烦,所以在这里作集中处理]
//入出参数:无
//---------------------------------------------------------------
void GpioPA_4_Key()
{
    unsigned long nlPa = 0;
    // 使能 GPIO PA 口
    SysCtlPeripheralEnable(SYSCTL_PERIPH_GPIOA);
    // 设置连接在 PA0~PA3 的按键为输入
```

```
GPIODirModeSet(GPIO_PORTA_BASE, 0x0F, GPIO_DIR_MODE_IN);
//将引脚的方向和模式设为输入

nlPa = GPIOPinRead(GPIO_PORTA_BASE, 0x0000000F);    //读 PA 口的 4 个位的值

switch(nlPa)
{
  case 0x0000000E: PA0_Key0(); break;
  case 0x0000000D: PA1_Key1(); break;
  case 0x0000000B: PA2_Key2(); break;
  case 0x00000007: PA3_Key3(); break;
}
}
//-----------------------------------------------------------------
//按键功能函数
//0 号键
//-----------------------------------------------------------------
void PA0_Key0()
{
  int i = 0,j = 0;                      //j 表示为键号
  char chLed = 0x20;                    //PB5 的实际位值是 00100000B,中间的 1 就是 PB5 的位
  //下面是指示灯显示的次数表示按键的号数
  j = 0;                                //现在是 0 号键按下
  for(i = 0;i<1+(j*2+1);i++)
  {
    GPIOPinWrite(GPIO_PORTB_BASE, PB5_LED1, 0x00);
    delay(5);
    GPIOPinWrite(GPIO_PORTB_BASE, PB5_LED1, chLed);
    delay(5);
  }
}
//-----------------------------------------------------------------
//按键功能函数
//1 号键
//-----------------------------------------------------------------
void PA1_Key1()
{
  int i = 0,j = 0;                      //j 表示为键号
  char chLed = 0x20;                    //PB5 的实际位值是 00100000B,中间的 1 就是 PB5 的位
  //下面是指示灯显示的次数表示按键的号数
  j = 1;                                //现在是 1 号键按下
  for(i = 0;i<1+(j*2+1);i++)
  {
    GPIOPinWrite(GPIO_PORTB_BASE, PB5_LED1, 0x00);
    delay(5);
    GPIOPinWrite(GPIO_PORTB_BASE, PB5_LED1, chLed);
```

```
        delay(5);
    }
}
//-----------------------------------------------------------------
//按键功能函数
//2号键
//-----------------------------------------------------------------
void PA2_Key2()
{
    int i = 0, j = 0;                           //j 表示为键号
    char chLed = 0x20;                          //PB5 的实际位值是 00100000B,中间的 1 就是 PB5 的位
    //下面是指示灯显示的次数表示按键的号数
    j = 2;                                      //现在是 2 号键按下
    for(i = 0; i < 1 + (j * 2 + 1); i++)
    {
        GPIOPinWrite(GPIO_PORTB_BASE, PB5_LED1, 0x00);
        delay(5);
        GPIOPinWrite(GPIO_PORTB_BASE, PB5_LED1, chLed);
        delay(5);
    }
}
//-----------------------------------------------------------------
//按键功能函数
//3号键
//-----------------------------------------------------------------
void PA3_Key3()
{
    int i = 0, j = 0;                           //j 表示为键号
    char chLed = 0x20;                          //PB5 的实际位值是 00100000B,中间的 1 就是 PB5 的位
    //下面是指示灯显示的次数表示按键的号数
    j = 3;                                      //现在是 3 号键按下
    for(i = 0; i < 1 + (j * 2 + 1); i++)
    {
        GPIOPinWrite(GPIO_PORTB_BASE, PB5_LED1, 0x00);
        delay(5);
        GPIOPinWrite(GPIO_PORTB_BASE, PB5_LED1, chLed);
        delay(5);
    }
}
//-----------------------------------------------------------------
//*****************************************************************
```

K2.4.2　GPIO 中断练习

无论是 ARM 还是 51 单片机,I/O 口、外部中断、定时器/计数器、定时器中断、UART 串

行通信是我们必须要掌握的几大内部功能模块。学习新的芯片必须要先学习其内部资源。前面我们学习了 GPIO 口的按键功能,接下来我们将学习 GPIO 口的中断功能。

GPIO 口的中断启动步骤如下:

① 启用中断触发方式检测,设 GPIOIS 寄存器 PB1 引脚相对位为 0,即检测边沿触发方式。

② 设置中断事件寄存器,即中断的触发方向(上升沿高电平或下降沿低电平),本练习选择上升沿触发。

③ 设置屏蔽中断寄存器不要屏蔽中断,其值选择 1 即相应引脚的中断未被屏蔽。

④ 使能中断。

⑤ 启动全局中断。

具体操作见任务③程序实例。

任务③:设从 PB5 引脚上发出脉冲,使 PB1 接收脉冲信号并产生中断,使 PB4 引脚上的 LED1 灯闪烁,同时 PB5 再引出一个脚到 LED2。注:请用杜邦线将 PB1 与 PB5 连接起来。

现编程如下:

```
//************************************************************************
//文件功能:实现 GPIO 中断的启用
//说明:本工程是用 CrossWorks for ARM 编译器编程和调试
//------------------------------------------------------------------------
#include "hw_memmap.h"
#include "hw_types.h"
#include "hw_ints.h"
#include "src/gpio.h"
#include "src/interrupt.h"
#include "src/sysctl.h"
//申请一个寄存器寻址常数常并实现地址变化,其格式在课题 2 中得到了详细的讲解
#define HWREG(x)        ( * ((volatile unsigned long * )(x)))
// 运行模式时钟门控寄存器 2 地址说明
#define SYSCTL_RCGC2    0x400fe108
// GPIO 方向寄存器地址说明
#define GPIO_O_DIR      0x00000400
// GPIO 模式控制寄存器地址说明
#define GPIO_O_AFSEL    0x00000420
// GPIO 数据寄存器地址说明
#define GPIO_O_DATA     0x00000000
// GPIO  中断触发方式检测寄存器地址偏移量说明
#define GPIO_O_IS       0x404
// GPIO  中断事件(方向)选择寄存器地址偏移量说明
#define GPIO_O_IEV      0x40c
// GPIO 屏蔽中断寄存器地址偏移量说明
#define GPIO_O_IM       0x410
// GPIO  清除中断寄存器地址偏移量说明
#define GPIO_O_CIR      0x41c
```

ARM Cortex-M3 内核微控制器快速入门与应用

```c
#define GPIO_PORTB_BASE        0x40005000    // GPIO B 口的基地址(起始地址)
#define NVIC_EN0               0xe000e100    // 中断使能(允许)寄存器地址说明
#define PB1_KEY1     (1<<1)    // 定义 KEY1 0x00000002 PB = 00000010B 本位为 1
#define PB4_LED1     (1<<4)    // 定义 LED1 0x00000010 PB = 00010000B 相对位
#define PB5_LED2     (1<<5)    // 定义 LED2 0x00000020 PB = 00100000B 相对位
#define PB3_KEY3     GPIO_PIN_3    // 00000100B PB3 引脚按键

int g_led = 0;
//---------------------------------------------------------------
//名称:jtagWait(void)
//功能:防止 JTAG 失效
//---------------------------------------------------------------
void  jtagWait(void)
{
    //使能 PB 口,即设 PB 口为可以工作的状态
    SysCtlPeripheralEnable(SYSCTL_PERIPH_GPIOB);
    //设置 KEY 所在引脚为输入
    GPIODirModeSet(GPIO_PORTB_BASE, GPIO_PIN_3, GPIO_DIR_MODE_IN);
    //如果复位时按下 PB3_KEY3,则进入死循环,GPIOPinRead()是用于读出 PB 口
    //数据寄存器值,用于判断是否有键按下
    if ( GPIOPinRead( GPIO_PORTB_BASE , GPIO_PIN_3)   ==    0x00 )
    {
        for (;;);              //死循环,以等待 JTAG 连接
    }
    //禁止 KEY 所在的 GPIO 端口 PB 口
    SysCtlPeripheralDisable(SYSCTL_PERIPH_GPIOB);
}
//---------------------------------------------------------------
//功能:延时子程序
//---------------------------------------------------------------
void delay(int d)
{
  int i = 0;
  for( ; d; --d)
   for(i = 0;i<10000;i++);
}
//---------------------------------------------------------------
//名称:GPIO_Port_B_ISR(void)
//功能:PB 口中断执行函数
//说明:本中断函数名是说明在 LM3S_Startup.s 文件中,所有的中断向量都说明在这个
//     文件中这就是关联的地方,在学习中断时会明显感到程序的间隔性,好像中断
//     是独立的。初学时一定要学会找到它的中断入口地址或中断向量或向量地址,
//     这样就可以建立中断执行函数了。切记!
//---------------------------------------------------------------
void GPIO_Port_B_ISR(void)
{
```

```c
    //当 PB1 中断按键按下时,判断 g_led 低位 0 的值是 0 还时 1,如果为 1(高),
    //则熄灭 LED1
    if( ++g_led & 0x1)
    {   //有关(LED1 << 2)}为什么,请查课题 1 中 K1.1.2 相关寄存器的
        //GPIODATA 的操作
        HWREG(GPIO_PORTB_BASE + (GPIO_O_DATA + (LED1 << 2))) = LED1;
    }
    //否则点亮 LED1
    else
    {
        HWREG(GPIO_PORTB_BASE + (GPIO_O_DATA + (LED1 << 2))) = ~LED1;
    }
        HWREG(GPIO_PORTB_BASE + GPIO_O_CIR) | = KEY1;
}
//-------------------------------------------------------------------
//下面两个是全局中断的启动禁止函数
//-------------------------------------------------------------------
/* 使能全局中断 */
void CPUcpsie(void)
{
    __asm__( "cpsie   i;" );              //在 C 语言中嵌入使能全局中断汇编
}
/* 禁止全局中断 */
void CPUcpsid(void)
{
    __asm__("cpsid   i;");                //在 C 语言中嵌入禁止全局中断汇编
}
//-------------------------------------------------------------------
//主函数区
//-------------------------------------------------------------------
int main(void)
{
    //防止 JTAG 失效(在每一个工程程序中都应该带上,防止 JTAG 出问题,我就有这样的经历,
    //为了 PB7 引脚换了三块芯片,教训啊!!)
    delay(10);
    jtagWait();
    delay(10);

    //使能 GPIO PB 口
    HWREG(SYSCTL_RCGC2) | = 1<<1;         //(1<<1) = 0x00000002

    //设置连接 KEY1 的 PB1 为输入状态
    //此时 KEY1 = 0xFFFFFFFD  即 FDH = 11111101B
    HWREG(GPIO_PORTB_BASE + GPIO_O_DIR) & = ~KEY1;
    //此时 KEY1 = 0x00000002
```

```
HWREG(GPIO_PORTB_BASE + GPIO_O_AFSEL) &= ~KEY1;
//设置连接 LED1 的 PB4 为输出
HWREG(GPIO_PORTB_BASE + GPIO_O_DIR) |= LED1;
HWREG(GPIO_PORTB_BASE + GPIO_O_AFSEL) &= ~LED1;
//设置连接 LED2 的 PB5 输出
HWREG(GPIO_PORTB_BASE + GPIO_O_DIR) |= LED2;    //用于指示灯
HWREG(GPIO_PORTB_BASE + GPIO_O_AFSEL) &= ~LED2;
//下面是启用中断的步骤
//①启用中断触发方式检测,设 GPIOIS 寄存器 PB1 引脚相对位为 0,即检测边沿触发方式
HWREG(GPIO_PORTB_BASE + GPIO_O_IS) &= ~KEY1;  //此时 KEY1 = 0xFFFFFFFD 即 FDH = 11111101B
//②设置中断事件寄存器,即中断的触发方向(上升沿高电平或下降沿低电平),本练习选择上升沿
//触发
HWREG(GPIO_PORTB_BASE + GPIO_O_IEV) &= ~KEY1;  //此时 KEY1 = 0x00000002 即 00000010B
//③设置屏蔽中断寄存器不要屏蔽中断,其值选择 1  即相应引脚的中断未被屏蔽
HWREG(GPIO_PORTB_BASE + GPIO_O_IM) |= KEY1;    //此时 KEY1 = 0x00000002 即 00000010B
//④中断使能
HWREG(NVIC_EN0 ) = 1<<1;
//⑤启动全局中断
CPUcpsie();

while (1)
{ //下面是启动 PB5 作单片机运行状态指示,如果指示灯在闪烁,表明单片机运行正常
    HWREG(GPIO_PORTB_BASE + (GPIO_O_DATA + (LED2 << 2))) = LED2;; //
    delay(10);
    HWREG(GPIO_PORTB_BASE + (GPIO_O_DATA + (LED2 << 2))) = ~LED2;;
    delay(10);
}
return 0;
}
//-------------------------------------------------------------------
//*******************************************************************
```

任务④:用库函数实现的简易 GPIO 中断。
现编程如下:

```
//*******************************************************************
//文件功能:本练习用库函数启动中断
//说明:本工程是用 CrossWorks for ARM 编译器编程和调试
//-------------------------------------------------------------------
#include "hw_memmap.h"
#include "hw_types.h"
#include "hw_ints.h"
#include "src/gpio.h"
#include "src/interrupt.h"
#include "src/sysctl.h"

#define KEY1 GPIO_PIN_1              //定义 KEY1(PB1)0x00000002
```

```c
#define LED1 GPIO_PIN_4             //定义 LED1(PB4) 0x00000010
//--------------------------------------------------------------
//防止 JTAG 失效
void  jtagWait(void)
{   //使能 KEY 所在的 GPIO 端口
    SysCtlPeripheralEnable(SYSCTL_PERIPH_GPIOB);
    //设置 KEY 所在引脚为输入
    GPIODirModeSet(GPIO_PORTB_BASE, GPIO_PIN_3, GPIO_DIR_MODE_IN);
    //如果复位时按下 KEY,则进入
    if ( GPIOPinRead( GPIO_PORTB_BASE , GPIO_PIN_3)  ==   0x00 )
    {
        for (;;);              //死循环,以等待 JTAG 连接
    }
    //  禁止 KEY 所在的 GPIO 端口
    SysCtlPeripheralDisable(SYSCTL_PERIPH_GPIOB);
}
//--------------------------------------------------------------
//延时程序
//--------------------------------------------------------------
void delay(int d)
{
   int i = 0;
   for( ; d; --d)
    for(i = 0;i<10000;i++);
}
//--------------------------------------------------------------
/* 使能全局中断 */
void CPUcpsie(void)
{
    __asm__( "cpsie   i;" );              //在 C 语言中嵌入使能全局中断汇编
}
/* 禁止全局中断 */
void CPUcpsid(void)
{
    __asm__("cpsid   i;");                //在 C 语言中嵌入禁止全局中断汇编
}
//--------------------------------------------------------------
//函数原形:void GPIO_Port_B_ISR(void)
//功能描述:PB1 引脚中断子程序,任务是首先清除中断标志,再点亮 LED1。
//参数说明:无
//说明:本中断函数名是说明所有的中断向量都在这个 LM3S_Startup.s 文件中,
//      这就是关联的地方。在学习中断时会明显感到程序的间隔性,好像中断
//      是独立的。初学时一定要学会找到它的中断入口地址或中断向量或向量
//      地址就可以建立中断执行函数了。切记!
//--------------------------------------------------------------
```

```c
void GPIO_Port_B_ISR(void)
{
  GPIOPinIntClear(GPIO_PORTB_BASE, KEY1);            //清除 PB1 引脚中断标志
  GPIOPinWrite(GPIO_PORTB_BASE, LED1, ~LED1);        //点亮 PB4 引脚 LED1
}
//-----------------------------------------------------------------
//函数原形:int main(void)
//功能描述:主函数
//参数说明:无
//返回值:0
//-----------------------------------------------------------------
int main(void)
{
  //防止 JTAG 失效
  delay(10);
  jtagWait();
  delay(10);

  //使能 GPIO PB 口
  SysCtlPeripheralEnable(SYSCTL_PERIPH_GPIOB);
  //设置连接 KEY1 的 PB1 引脚为输入
  GPIODirModeSet(GPIO_PORTB_BASE, KEY1, GPIO_DIR_MODE_IN);
  //设置连接 LED1 的 PB4 引脚为输出
  GPIODirModeSet(GPIO_PORTB_BASE, LED1, GPIO_DIR_MODE_OUT);
  //设置连接 LED2 的 PB5 引脚为输出,用作系统指示灯
  GPIODirModeSet(GPIO_PORTB_BASE, 0x20, GPIO_DIR_MODE_OUT);

  //以下是中断启动设置
  //①设置 KEY1 中断的触发方式为低电平触发
  GPIOIntTypeSet(GPIO_PORTB_BASE, KEY1, GPIO_LOW_LEVEL);
  //②使能 KEY1 中断
  GPIOPinIntEnable(GPIO_PORTB_BASE, KEY1);
  //③使能 GPIO B 口中断
  IntEnable(INT_GPIOB);
  //④开启全局中断
  CPUcpsie();

  while (1)
  {
    //熄灭 LED1
    GPIOPinWrite(GPIO_PORTB_BASE, LED1, LED1);
    //以下是系统运行指示灯
    GPIOPinWrite(GPIO_PORTB_BASE, 0x20, 0x20);       //PB5_LED2 熄灭
    delay(30);
    GPIOPinWrite(GPIO_PORTB_BASE, 0x20, 0x00);       //PB5_LED2 亮
    delay(30);
  }
}
```

```
    return 0;
}
//----------------------------------------------------------------
//****************************************************************
```

K2.4.3 中断操作小结

关于用 CrossWorks for ARM 编译器进行工作,通过任务③和④就可以学会了,但用 IAR Embedded Workbench 作编译器,在启动中断时还需要作一下讲解。

请看下文:

学到这儿我们可以对 GPIO 中断的启用来一个小小的总结。

操作步骤如下:

① 调用 SysCtlPeripheralEnable()外设使能函数,启用 GPIO 口的具体口线。

② 调用 GPIODirModeSet()引脚方向和模式设置函数设置具体要工作的引脚为输入状态,用以中断工作。

③ 调用 GPIOIntTypeSet()触发方式设置函数,确定引脚是用低电平、下降沿,还是高电平、上升沿等。

④ 调用 GPIOPinIntEnable()使能引脚中断函数启用引脚中断进入工作状态。

⑤ 调用 IntEnable()中断使能函数启动端口中断,如 GPIOB 端口。

⑥ 调用 CPUcpsie()函数启动全局中断。

通过以上步骤就可以启动中断工作了,但是还有一件事情必须要做,那就是必须要在工程的 startup 项目的 startup_ewarm.c 文件中加入中断执行函数的矢量,即将中断函数的函数名加入到 uVectorEntry __vector_table[]数组的对应位置。比如现在我们加入的是 PA 端口的中断函数名,方法如下:

a. 先找到 PA 口的相对位置。

```
……
IntDefaultHandler,              // The PendSV handler
IntDefaultHandler,              // The SysTick handler
**IntDefaultHandler,**          // **GPIO Port A**
IntDefaultHandler,              // GPIO Port B
IntDefaultHandler,              // GPIO Port C
IntDefaultHandler,              // GPIO Port D
IntDefaultHandler,              // GPIO Port E
IntDefaultHandler,              // UART0 Rx and Tx
……
```

b. 用你将要用到的中断执行函数名替换 **IntDefaultHandler**。如我们将要用到的中断执行函数名是 GPIO_Port_A_Int,请看替换后的效果:

```
……
IntDefaultHandler,              // The PendSV handler
IntDefaultHandler,              // The SysTick handler
**GPIO_Port_A_Int,**            // **GPIO Port A**
IntDefaultHandler,              // GPIO Port B
```

```
IntDefaultHandler,              // GPIO Port C
IntDefaultHandler,              // GPIO Port D
IntDefaultHandler,              // GPIO Port E
IntDefaultHandler,              // UART0 Rx and Tx
……
```

c. 在 startup_ewarm.c 文件的 External declarations for the interrupt handlers used by the application. 加入中断执行函数的函数申明。具体操作如下：

```
//*****************************************************************
//
// External declarations for the interrupt handlers used by the application.
//
//*****************************************************************
void GPIO_Port_A_Int(void);    //申请了 PA 口的中断执行函数
```

d. 在 main.c 文件中加入 **GPIO_Port_A_Int(void)** 函数的实体即可。

具体样式示范如下：

```
//-----------------------------------------------------------------
// 函数原形:void GPIO_Port_B_ISR(void)
// 功能描述:PB1 引脚中断子程序,任务是首先清除中断标志,再点亮 LED1
// 参数说明:无
//-----------------------------------------------------------------
void GPIO_Port_A_Int(void)
{
  GPIOPinIntClear(GPIO_PORTB_BASE, KEY1);           //清除 PB1 引脚中断标志
  GPIOPinWrite(GPIO_PORTB_BASE, LED1, ~LED1);       //点亮 PB4 引脚 LED1
}
//-----------------------------------------------------------------
```

K2.5　外扩模块电路图与连线

外扩模块电路图如图 K2-3 所示。

外扩模块与 EasyARM101 开发板连线如下：

任务①:KJ0 连到 PB1,LJ0 连到 PB4。

任务②:KJ0～KJ3 与 PA0～PA3 顺连,LJ7 连到 PB5。

任务③:将开发板上的 PB1、PB5 用杜邦线连接起来,同时用杜邦线将 LJ0 连到 PB4,再将开发板上的 PB5 与 LED2 用跳线块连起来。

其他连线按任务要求进行。

电源请使用开发板上的 3.3 V 电源。

课题作业：

① 实现 PA0 引脚上,接上按钮 KEY0,PB0 引脚上接 LED0 指示灯,任务是当 KEY0 按下时快速闪 5 下。

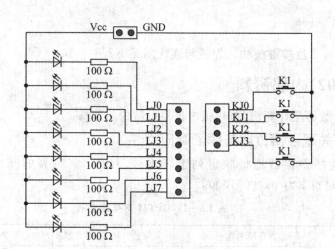

图 K2-3 外扩模块电路

② 实现 PA0、PA1、PA2 引脚上接 3 个按键，在 PB 口上接 6 个 LED 灯，任务是设 PA0 键为确认键(KEY0)，设 PB5 上的 LED5 为确认指示灯，当 KEY0 键按下时，LED5 亮表示按键功能全部打开，其他键可以工作，否则其他键为禁止状态。设 PA1 上的 KEY1 键为增 1 键，当 LED5 灯亮时，按下此键第 1 次亮 LED0 第 1 只灯，按下此键第 2 次亮 LED1 第 2 只灯。以此类推，只有 5 只灯也只能亮 5 只，之后就不能亮了。设 PA2 上的 KEY2 键为减 1 键，当 LED5 灯亮时，按下此键第 1 次从高位要熄 1 只灯，再按一次要再熄一只灯；以此类推，只有 5 只灯，也只能熄 5 只，之后就不能熄了。还须说明的是，如果没有一只灯亮，则按下此键不工作。

③ 设从 PA3 引脚上发出脉冲，使 PB2 接收脉冲信号并产生中断，使 PB4 引脚上的 LED4 灯闪烁。

④ 实现用按键产生下沿触发引脚产生中断，任务是用 LED 灯的熄灭次数来表示按键的次数，十次一循环，即按了 10 次又从 0 开始计数，用中断子程序处理亮灯事宜。

编后语：按键和中断都是必须要掌握的手上工夫，所以必须要多多地练习。

课题 3 定时器/计数器(含中断)的启动与运用

实验目的

了解和掌握 LM3S101(102)定时器/计数器的原理与启用方法。

实验设备

① 所用工具：30 W 烙铁 1 把，数字万用表 1 个；
② PC 机 1 台；
③ 开发软件 IAR Embedded Workbench5.20v 集成开发平台 1 套；
④ LM LINK JTAG 调试器 1 套，EasyARM101 开发套件 1 套。

外扩器件

8 位指示灯与 4 位按键模块。焊接与连线图见 K2.5 小节。

LM3S101(102)内部资料

定时器与计数器是计算机、单片机内核不可缺少的部件。

K3.1 相关寄存器资料与库函数应用

现将定时器的寄存器地址映射列于表 K3-1 中。定时器的基址如下：定时器 0 为 0x40030000，定时器 1 为 0x40031000。

表 K3-1 GPTM 寄存器映射

偏移量	寄存器名称	复位值	类型	功能描述
0x000	GPTMCFG	0x00000000	R/W	GPTM 配置寄存器
0x004	GPTMTAMR	0x00000000	R/W	TimerA 模式
0x008	GPTMTBMR	0x00000000	R/W	TimerB 模式
0x00C	GPTMCTL	0x00000000	R/W	控制
0x018	GPTMIMR	0x00000000	RO	中断屏蔽
0x01C	GPTMRIS	0x00000000	RO	中断状态
0x020	GPTMMIS	0x00000000	WIC	屏蔽后的中断状态
0x024	GPTMICR	0x00000000	R/W	中断清零
0x028	GPTMTAILR	0x0000FFFF* / 0xFFFFFFFF	R/W	TimerA 间隔装载
0x02C	GPTMTBILR	0x0000FFFF*	R/W	TimerB 间隔装载
0x030	GPTMTAMATCHR	0x0000FFFF* / 0xFFFFFFFF	R/W	TimerA 匹配
0x034	GPTMTBMATCHR	0x0000FFFF		TimerB 匹配
0x038	GPTMTAPR	0x00000000	R/W	TimerA 预分频
0x03C	GPTMTBPR	0x00000000	R/W	TimerB 预分频
0x040	GPTMTAPMR	0x00000000	R/W	TimerA 预分频匹配
0x044	GPTMTBPMR	0x00000000	R/W	TimerB 预分频匹配
0x048	GPTMTAR	0x0000FFFF* / 0xFFFFFFFF	RO	TimerA
0x04C	GPTMTBR	0x0000FFFF	RO	TimerB

注：* 在 16 位模式中，GPTMTAILR、GPTMTAMATCHR 和 GPTMTAR 寄存器的默认复位值为 0x0000FFFF，在 32 位模式中为 0xFFFFFFFF。

表 K3-1 列出的寄存器就是定时器工作中要用到的寄存器。下面详细列出并讲解。

(1) GPTM 配置寄存器 GPTMCFG

实际地址：定时器 0 为 0x40030000，定时器 1 为 0x40031000。

寄存器偏移地址量：0x000。

寄存器功能是：对 GPTM 模块的全局操作进行配置。写入该寄存器的值决定了 GPTM 是 32 位模式还是 16 位模式。

各位分配如表 K3-2 所列。

表 K3-2 GPTMCFG 寄存器各选择位分配

位号	31:8	7	6	5	4	3	2	1	0
名称	保留				GPTMCFG				
复位值	0	0	0	0	0	0	0	0	0

各位功能描述如表 K3-3 所列。

表 K3-3 GPTMCFG 寄存器各位功能描述

位号	名称	类型	复位值	描述
31:8	保留	RO	0	保留位返回一个不确定的值,并且应该永不改变
7:0	GPTMCFG	R/W	0x00	GPIO 配置 0x0：32 位定时器配置 0x1：32 位实时时钟(RTC)计数器配置 0x2：保留 0x3：保留 0x4~0x7：16 位定时器配置,功能由 GPTMTAMR 和 GPTMTBMR 的位 1:0 控制

下面是库函数应用解说。

GPTMCFG 的 7:0 各位的宏定义如下：

宏定义说明宏 K3-1。

```
//32 位单次触发定时器取名为 TIMER_CFG_32_BIT_OS(单次触发就是触发一次,下次要
//手工装载)
#define TIMER_CFG_32_BIT_OS      0x00000001    // 32-bit one-shot timer
//32 位周期触发取名为 TIMER_CFG_32_BIT_PER(周期就是连续性循环触发)
#define TIMER_CFG_32_BIT_PER     0x00000002    // 32-bit periodic timer
//32 位实时时钟定时取名为 TIMER_CFG_32_RTC
#define TIMER_CFG_32_RTC         0x01000000    // 32-bit RTC timer
//2 个 16 位的定时器配置取名为 TIMER_CFG_16_BIT_PAIR(想配置成 16 位定时器就用这个)
#define TIMER_CFG_16_BIT_PAIR    0x04000000    // Two 16-bit timers
//下面是 16 位定时器用法的宏定义
//16 位单次触发定时器取名为 TIMER_CFG_A_ONE_SHOT
#define TIMER_CFG_A_ONE_SHOT     0x00000001    // Timer A one-shot timer
//16 位的周期定时器(自动循环)取名为 TIMER_CFG_A_PERIODIC
#define TIMER_CFG_A_PERIODIC     0x00000002    // Timer A periodic timer
//16 位的边沿计数捕获取名 TIMER_CFG_A_CAP_COUNT
#define TIMER_CFG_A_CAP_COUNT    0x00000003    // Timer A event counter
//16 位的边沿时间(定时)捕获取名为 TIMER_CFG_A_CAP_TIME
#define TIMER_CFG_A_CAP_TIME     0x00000007    // Timer A event timer
```

```
//16位PWM输出取名为TIMER_CFG_A_PWM
#define TIMER_CFG_A_PWM          0x0000000A   // Timer A PWM output
//下面同A说明
#define TIMER_CFG_B_ONE_SHOT     0x00000100   // Timer B one-shot timer
#define TIMER_CFG_B_PERIODIC     0x00000200   // Timer B periodic timer
#define TIMER_CFG_B_CAP_COUNT    0x00000300   // Timer B event counter
#define TIMER_CFG_B_CAP_TIME     0x00000700   // Timer B event timer
#define TIMER_CFG_B_PWM          0x00000A00   // Timer B PWM output
```

16位定时器参数的使用方法如下：

当配置成一对16位定时器时，每个定时器单独配置。通过将ulConfig设置成下列值之一和ulConfig的逻辑"或"结果的方法来配置第一个定时器。也就是ulConfig的值等于TIMER_CFG_16_BIT_PAIR | TIMER_CFG_A_ONE_SHOT，这样就配置成了16位单次触法的定时器了。ulConfig变量是配置函数的参数。如果要配置16位定时器为PWM脉宽输出，则可以这样：TIMER_CFG_16_BIT_PAIR | TIMER_CFG_A_PWM。

在对GPTMCFG寄存器进行配置时使用的函数是：

函数名为：TimerConfigure()；

函数原型：void TimerConfigure(unsigned long ulBase, unsigned long ulConfig)；

参数含义：

  ulBase——定时器模块的启始地址（基址）。

  ulConfig——配置信息，取值范围在宏K3-1之间。

应用范例：

任务K3-1：配置定时器0工作在RTC实时时钟的状态下。

解题：定时器0的起始地址是：0x40030000，RTC实时时钟的宏定义为TIMER_CFG_32_RTC（从宏K3-1查得）。

编程：

```
TimerConfigure(0x40030000,            //定时器0的起始地址
       TIMER_CFG_32_RTC);             //RTC实时时钟的配置信息
```

任务K3-2：配置定时器1工作在PWM输出的状态下。

解题：定时器1的起始地址是：0x40031000，16位定时器的配置值为TIMER_CFG_16_BIT_PAIR，16位PWM输出的配置为TIMER_CFG_A_PWM（从宏K3-1查得）。

编程：

```
TimerConfigure(0x40031000,                          //定时器1的启始地址
    TIMER_CFG_16_BIT_PAIR | TIMER_CFG_A_PWM);       //16位PWM输出的配置
```

宏定义说明宏K3-2。

定时器0与定时器1的起始地址宏定义下：

```
//定时器0基址取名为TIMER0_BASE
#define TIMER0_BASE      0x40030000   // Timer0
//定时器1基址取名为TIMER1_BASE
#define TIMER1_BASE      0x40031000   // Timer1
```

(2) GPTM TimerA 模式寄存器 GPTMTAMR

实际地址：定时器 0 为 0x40030004，定时器 1 为 0x40031004。

寄存器偏移地址量：0x004。

寄存器功能是：该寄存器根据 GPTMCFG 配置寄存器的配置来进一步配置 GPTM。当 GPTM 为 16 位 PWM 模式时，TAAMS 位设为 0x1，TACMR 位设为 0x0，TAMR 字段设为 0x2。

各位分配如表 K3-4 所列。

表 K3-4 GPTMTAMR 寄存器各选择位分配

位号	31:8	7	6	5	4	3	2	1	0
名称	保留	保留				TAAMS	TACMR	TAMR	
复位值	0	0	0	0	0	0	0	0	0

各位功能描述如表 K3-5 所列。

表 K3-5 GPTMTAMR 寄存器各位描述

位号	名称	类型	复位值	描述
31:4	保留	RO	0	保留位返回一个不确定的值，并且应该永不改变
3	TAAMS	R/W	0x00	GPTM TimerA 可选的模式选择 0：捕获模式使能 1：PWM 模式使能 注：为了使能 PWM 模式，用户还要将 TACMR 位清零并将 TAMR 字段设置为 0x2
2	TACMR	R/W	0x00	GPTM TimerA 捕获模式 0：边沿计数模式 1：边沿定时模式
1:0	TAMR	R/W	0x00	GPTM TimerA 模式 0x0：保留 0x1：单次触发定时器模式 0x2：周期定时器模式 0x3：捕获模式 定时器模式基于 GPTMCFG 寄存器的位 2:0 所定义的定时器配置（16 或 32 位） 在 16 位定时器配置中，TAMR 控制 TimerA 的 16 位定时器模式；在 32 位定时器配置中，用该寄存器来控制模式，GPTMTBMR 的内容被忽略

该寄存器直接由 TimerConfigure() 函数统一配置。当然我们也可以采用手工操作，即直接操作寄存器。

(3) GPTM TimerB 模式寄存器 GPTMTBMR

实际地址：定时器 0 为 0x40030008，定时器 1 为 0x40031008。

寄存器偏移地址量：0x008。

寄存器功能是：该寄存器根据 GPTMCFG 配置寄存器的配置来进一步配置 GPTM。当 GPTM 为 16 位 PWM 模式时，TBAMS 位设为 0x1，TBCMR 位设为 0x0，TBMR 字段设为 0x2。

各位分配如表 K3-6 所列。

表 K3-6　GPTMTBMR 寄存器各选择位分配

位号	31:8	7	6	5	4	3	2	1	0
名称	保留	保留				TBAMS	TBCMR	TBMR	
复位值	0	0	0	0	0	0	0	0	0

各位功能描述如表 K3-7 所列。

表 K3-7　GPTMTBMR 寄存器各位功能描述

位号	名称	类型	复位值	描述
31:4	保留	RO	0	保留位返回一个不确定的值，并且应该永不改变
3	TBAMS	R/W	0x00	GPTM TimerB 可选的模式选择 0：捕获模式使能 1：PWM 模式使能 　注：为了使能 PWM 模式，用户还要将 TACMR 位清零并将 TAMR 字段设置为 0x2
2	TBCMR	R/W	0x00	GPTM TimerB 捕获模式 0：边沿计数模式 1：边沿定时模式
1:0	TBMR	R/W	0x00	GPTM TimerB 模式 0x0：保留 0x1：单次触发定时器模式 0x2：周期定时器模式 0x3：捕获模式 　定时器模式基于 GPTMCFG 寄存器的位 2:0 所定义的定时器配置（16 位或 32 位）。 　在 16 位定时器配置中，TAMR 控制 TimerA 的 16 位定时模式；在 32 位定时器配置中，用该寄存器来控制模式，GPTMTAMR 的内容被忽略

该寄存器也是直接由 TimerConfigure() 函数统一配置。当然我们也可以采用手工操作，即直接操作寄存器。

(4) GPTM 控制寄存器 GPTMCTL

实际地址：定时器 0 为 0x4003000C，定时器 1 为 0x4003100C。

寄存器偏移地址量：0x00C。

寄存器功能是：该寄存器根据 GPTMCFG 和 GPTMTnMR(n=A,B) 寄存器一起用，对定时器配置进行微小调整，并使能其他（如定时器停止和输出触发信号等）特性。

各位分配如表 K3-8 所列。

表 K3-8 GPTMCTL 寄存器各选择位分配

位号	31:15	14	13	12	11	10	9	8
名称	保留	TBPWML	TBOTE	保留	TBEVENT		TBSTALL	TBEN
复位值	0	0	0	0	0	0	0	0
位号	7	6	5	4	3	2	1	0
名称	保留	TAPWML	TAOTE	RTCEN	TAEVENT		TASTALL	TAEN
复位值	0	0	0	0	0	0	0	0

各位功能描述如表 K3-9 所列。

表 K3-9 GPTMCTL 控制寄存器各位功能描述

位号	名称	类型	复位值	描述
31:15	保留	RO	0	保留位返回一个不确定的值,并且应该永不改变
14	TBPWML	R/W	0x00	GPTM TimerB 的 PWM 输出电平 0:输出不改变 1:输出反相
13	TBOTE	R/W	0x00	GPTM TimerB 的输出触发使能 0:TimerB 输出触发禁止 1:TimerB 输出触发使能
12	保留	RO	0	保留位返回一个不确定的值,并且应该永不改变
11:10	TBEVENT	R/W	0	GPTM TimerB 事件模式 00:上升沿 01:下降沿 10:保留 11:双边沿
9	TBSTALL	R/W	0	GPTM TimerB 停止使能 0:禁止 TimerB 停止 1:使能 TimerB 停止
8	TBEN	R/W	0	GPTM TimerB 使能 0:TimerB 禁止 1:TimerB 使能并开始计数,或根据 GPTMCFG 寄存器使能捕获逻辑
7	保留	RO	0	保留位返回一个不确定的值,并且应该永不改变
6	TAPWML	R/W	0	GPTM TimerA 的 PWM 输出电平 0:输出未改变 1:输出反相
5	TAOTE	R/W	0	GPTM TimerA 的输出触发使能 0:TimerA 输出触发禁止 1:TimerA 输

续表 K3-9

位号	名称	类型	复位值	描述
4	RTCEN	R/W	0	GPTM RTC 使能 0:RTC 计数禁止 1:RTC 计数使能
3:2	TAEVENT	R/W	0	GPTM TimerA 事件模式 00:上升沿 01:下降沿 10:保留 11:双边沿
1	TASTALL	R/W	0	GPTM TimerA 停止使能 0:禁止 TimerA 停止 1:使能 TimerA 停止
0	TAEN	R/W	0	GPTM TimerA 使能 0:TimerA 禁止 1:TimerA 使能并开始计数,或根据 GPTMCFG 寄存器使能捕获逻辑

该寄存器也是直接由 TimerConfigure() 函数统一配置的。当然我们也可以采用手工操作,即直接操作寄存器(通过宏 HW_REG32B(addr) 对各位设置)。

(5) GPTM 中断屏蔽寄存器 GPTMIMR

实际地址:定时器 0 为 0x40030018,定时器 1 为 0x40031018。

寄存器偏移地址量:0x018。

寄存器功能是:允许软件使能/禁止 GPTM 控制器级中断。写入 1 使能中断,写入 0 禁止中断。

各位分配如表 K3-10 所列。

表 K3-10 GPTMIMR 寄存器各选择位分配

位号	31:11				10	9	8
名称	保留				CBEIM	CBMIM	TBTOIM
复位值	0				0	0	0
位号	7	6	5	4	3	2	1	0
名称	保留				RTCIM	CAEIM	CAMIM	TATOIM
复位值	0	0	0	0	0	0	0	0

各位功能描述如表 K3-11 所列。

表 K3-11 GPTMIMR 寄存器各位功能描述

位号	名称	类型	复位值	描述
31:11	保留	RO	0	保留位返回一个不确定的值,并且应该永不改变

续表 K3-11

位号	名称	类型	复位值	描述
10	CBEIM	R/W	0x00	GPTM CaptureB 的事件中断屏蔽 0:中断禁止 1:中断使能
9	CBMIM	R/W	0x00	GPTM CaptureB 的匹配中断屏蔽 0:中断禁止 1:中断使能
8	TBTOIM	R/W	0	GPTM TimerB 的超时中断屏蔽 0:中断禁止 1:中断使能
7:4	保留	RO	0	保留位返回一个不确定的值,并且应该永不改变
3	RTCIM	R/W	0	GPTM RTC 的中断屏蔽 0:中断禁止 1:中断使能
2	CAEIM	R/M	0	GPTM CaptureA 的事件中断屏蔽 0:中断禁止 1:中断使能
1	CAMIM	R/W	0	GPTM CaptureA 的匹配中断屏蔽 0:中断禁止 1:中断使能
0	TATOIM	R/W	0	GPTM TimerA 的超时中断屏蔽 0:中断禁止 1:中断使能

注:Capture——捕获。

下面是库函数应用解说。

GPTMIMR 使能/屏蔽中断寄存器 10:8 与 3:0 各位的宏定义如下。

宏定义说明宏 K3-3(使用参数 ulIntFlags)。

```
//捕获 B 事件中断取名为:TIMER_CAPB_EVENT
#define TIMER_CAPB_EVENT 0x00000400      // CaptureB event interrupt
//捕获 B 匹配中断取名为:TIMER_CAPB_MATCH
#define TIMER_CAPB_MATCH 0x00000200      // CaptureB match interrupt
//定时器 B 超时(定时溢出)中断取名为:TIMER_TIMB_TIMEOUT
#define TIMER_TIMB_TIMEOUT 0x00000100    // TimerB time out interrupt
//RTC 中断屏蔽取名为:TIMER_RTC_MATCH
#define TIMER_RTC_MATCH 0x00000008       // RTC interrupt mask
//捕获 A 事件中断取名为:TIMER_CAPA_EVENT
#define TIMER_CAPA_EVENT 0x00000004      // CaptureA event interrupt
//捕获 A 匹配中断取名为:TIMER_CAPA_MATCH
#define TIMER_CAPA_MATCH 0x00000002      // CaptureA match interrupt
//定时器 A 超时(定时溢出)中断取名为:TIMER_TIMA_TIMEOUT
```

#define TIMER_TIMA_TIMEOUT 0x00000001   // TimerA time out interrupt

设置 GPTMIMR 寄存器使用的库函数是：
函数名为：TimerIntEnable()；
函数原型：void TimerIntEnable(unsigned long ulBase, unsigned long ulIntFlags)；
参数含义：
ulBase——定时器模块的起始地址（基址）。
ulIntFlags——被使能的中断源的位功能宏定义符（见宏 K3-3）。
应用范例：
任务 K3-3：设置定时器 1 为溢出中断。
解题：定时器 1 的起始地址是 0x40031000（TIMER1_BASE），定时溢出的宏定义为 TIMER_TIMA_TIMEOUT。
编程：

TimerIntEnable(TIMER1_BASE,   //定时器 1 的起始地址（基址）
    TIMER_TIMA_TIMEOUT);   //定时溢出产生中断的宏定义

(6) GPTM 原始中断状态寄存器 GPTMRIS

实际地址：定时器 0 为 0x4003001C，定时器 1 为 0x4003101C。
寄存器偏移地址量：0x01C。
寄存器功能是：保存 GPTM 内部中断信号的状态。不管是否在 GPTMIMR 寄存器中将中断屏蔽，GPTMRIS 中的位都会置位。向 GPTMICR 的某一位写 1 可将 GPTMRIS 寄存器的对应位清零。
各位分配如表 K3-12 所列。

表 K3-12 GPTMRIS 寄存器各选择位分配

位 号	31：11					10	9	8
名 称	保留					CBERIS	CBMRIS	TBTORIS
复位值	0					0	0	0
位 号	7	6	5	4	3	2	1	0
名 称	保留				RTCRIS	CAERIS	CAMRIS	TATORIS
复位值	0	0	0	0	0	0	0	0

各位功能描述如表 K3-13 所列。

表 K3-13 GPTMRIS 控制寄存器各位功能描述

位 号	名 称	类 型	复位值	描 述
31：11	保留	RO	0	保留位返回一个不确定的值，并且应该永不改变
10	CBERIS	RO	0x00	GPTM CaptureB 的事件原始中断 该位表示屏蔽之前 CaptureB 的事件中断状态
9	CBMRIS	RO	0x00	GPTM CaptureB 的匹配原始中断 该位表示屏蔽之前 CaptureB 的匹配中断状态

续表 K3-13

位号	名称	类型	复位值	描述
8	TBTORIS	RO	0	GPTM TimerB 的超时原始中断 该位表示屏蔽之前 TimerB 的超时中断状态
7:4	保留	RO	0	保留位返回一个不确定的值,并且应该永不改变
3	RTCRIS	RO	0	GPTM 的 RTC 原始中断 该位表示屏蔽之前的 RTC 事件中断状态
2	CAERIS	RO	0	GPTM CaptureA 的事件原始中断 该位表示屏蔽之前 CaptureA 的事件中断状态
1	CAMRIS	RO	0	GPTM CaptureA 的匹配原始中断 该位表示屏蔽之前 CaptureA 的匹配中断状态
0	TATORIS	RO	0	GPTM TimerA 的超时原始中断 该位表示屏蔽之前 TimerA 的超时中断状态

(7) GPTM 屏蔽后的中断状态寄存器 GPTMMIS

实际地址:定时器 0 为 0x40030020,定时器 1 为 0x40031020。

寄存器偏移地址量:0x020。

寄存器功能是:保存 GPTM 控制器级中断的状态。如果没有在 GPTMIMR 寄存器中将中断屏蔽,并在此时出现一个使中断有效的事件,那么该寄存器中相应的位将会置位。通过向 GPTMICR 的对应位写 1 可将所有位清零。

各位分配如表 K3-14 所列。

表 K3-14 GPTMMIS 寄存器各选择位分配

位号	31:11				10	9	8
名称	保留				CBEMIS	CBMMIS	TBTOMIS
复位值	0				0	0	0
位号	7	6	5	4	3	2	1	0
名称	保留				RTCMIS	CAEMIS	CAMMIS	TATOMIS
复位值	0	0	0	0	0	0	0	0

各位功能描述如表 K3-15 所列。

表 K3-15 GPTMMIS 控制寄存器各位功能描述

位号	名称	类型	复位值	描述
31:11	保留	RO	0	保留位返回一个不确定的值,并且应该永不改变
10	CBEMIS	RO	0x00	GPTM CaptureB 的事件屏蔽后中断 该位表示屏蔽之后 CaptureB 的事件中断状态
9	CBMMIS	RO	0x00	GPTM CaptureB 的匹配屏蔽后中断 该位表示屏蔽之后 CaptureB 的匹配中断状态

续表 K3-15

位号	名称	类型	复位值	描述
8	TBTOMIS	RO	0	GPTM TimerB 的超时屏蔽后中断 该位表示屏蔽之后 TimerB 的超时中断状态
7:4	保留	RO	0	保留位返回一个不确定的值,并且应该永不改变
3	RTCMIS	RO	0	GPTM 的 RTC 屏蔽后中断 该位表示屏蔽之后的 RTC 事件中断状态
2	CAEMIS	RO	0	GPTM CaptureA 的事件屏蔽后中断 该位表示屏蔽之后 CaptureA 的事件中断状态
1	CAMMIS	RO	0	GPTM CaptureA 的匹配屏蔽后中断 该位表示屏蔽之后 CaptureA 的匹配中断状态
0	TATOMIS	RO	0	GPTM TimerA 的超时屏蔽后中断 该位表示屏蔽之后 TimerA 的超时中断状态

(8) GPTM 中断清零寄存器 GPTMICR

实际地址:定时器 0 为 0x40030024,定时器 1 为 0x40031024。

寄存器偏移地址量:0x024。

寄存器功能是:用来将 GPTMRIS 和 GPTMMIS 寄存器中的状态位清零。只要向 GPT-MICR 的某一位写 1,便可将 GPTMRIS 和 GPTMMIS 寄存器中的对应位清零。

各位分配如表 K3-16 所列。

表 K3-16 GPTMICR 寄存器各选择位分配表

位号	31:11					10	9	8
名称	保留					CBECINT	CBMCINT	TBTOCINT
复位值	0					0	0	0
位号	7	6	5	4	3	2	1	0
名称	保留				RTCCINT	CAECINT	CAMCINT	TATOCINT
复位值	0	0	0	0	0	0	0	0

各位功能描述如表 K3-17 所列。

表 K3-17 GPTMICR 控制寄存器各位功能描述

位号	名称	类型	复位值	描述
31:11	保留	RO	0	保留位返回一个不确定的值,并且应该永不改变
10	CBECINT	WIC	0x00	GPTM CaptureB 的事件中断清零 0:中断不受影响 1:中断清零
9	CBMCINT	WIC	0x00	GPTM CaptureB 的匹配中断清零 0:中断不受影响 1:中断清零

续表 K3-17

位号	名称	类型	复位值	描述
8	TBTOCINT	WIC	0	GPTM TimerB 的超时中断清零 0:中断不受影响 1:中断清零
7:4	保留	RO	0	保留位返回一个不确定的值,并且应该永不改变
3	RTCCINT	WIC	0	GPTM RTC 中断清零 0:中断不受影响 1:中断清零
2	CAECINT	WIC	0	GPTM CaptureA 的事件中断清零 0:中断不受影响 1:中断清零
1	CAMCINT	WIC	0	GPTM CaptureA 的匹配原始中断 这是屏蔽后 CaptureA 的匹配中断状态
0	TATOCINT	WIC	0	GPTM TimerA 的超时原始中断 0:中断不受影响 1:中断清零

下面是库函数应用解说。

GPTMICR 清除中断寄存器 10:8 与 3:0 各位的宏定义见宏 K3-3。

设置 GPTMICR 寄存器使用的库函数是:

函数名为:TimerIntClear();

函数原型:void TimerIntClear(unsigned long ulBase, unsigned long ulIntFlags);

参数含义:

ulBase——定时器模块的起始地址(基址)。

ulIntFlags——是被使能的中断源的位功能宏定义符(见宏 K3-3)。

应用范例:

任务 K3-4:清除定时器 1 的溢出中断标志位。

解题:定时器 1 的起始地址是 0x40031000(TIMER1_BASE),定时溢出的宏定义为 TIMER_TIMA_TIMEOUT

编程:

```
TimerIntClear(TIMER1_BASE,    //定时器 1 的起始地址(基址)
         TIMER_TIMA_TIMEOUT);  //定时溢出产生中断的宏定义
```

(9) GPTM TimerA 间隔装载寄存器 GPTMTAILR

实际地址:定时器 0 为 0x40030028,定时器 1 为 0x40031028。

寄存器偏移地址量:0x028。

寄存器功能是:用来将起始计数值装入定时器。当 GPTM 配置为其中一种 32 位模式时,GPTMTAILR 作为 32 位寄存器使用,其中高 16 位对应于 GPTM TimerB 间隔装载(GPTMTBILR)寄存器的值。在 16 位模式中,该寄存器的高 16 位读作 0,不影响 GPTMTBILR 寄存器的状态。

各位分配如表 K3-18 所列。

表 K3-18　GPTMTAILR 寄存器各选择位分配

位　号	31	30	29	28	27	26	25	24
名　称	TAILRH								
复位值	0	0	0	0	0	0	0	0
位　号	23	22	21	20	19	18	17	16
名　称	TAILRH								
复位值	0	0	0	0	0	0	0	0
位　号	15	14	13	12	11	10	9	8
名　称	TAILRL								
复位值	0	0	0	0	0	0	0	0
位　号	7	6	5	4	3	2	1	0
名　称	TAILRL								
复位值	0	0	0	0	0	0	0	0

各位功能描述如表 K3-19 所列。

表 K3-19　GPTMTAILR 寄存器各位描述表

位　号	名　称	类　型	复位值	描　述
31:16	TAILRH	R/W	0xFFFF(32 位模式) 0x0000(16 位模式)	GPTM TimerA 间隔装载寄存器的高半字 当通过 GPTMCFG 寄存器配置为 32 位模式时，GPTM-TimerB 间隔装载(GPTMTBILR)寄存器通过写操作来装载该值，读操作时返回 GPTMTBILR 的当前值。 在 16 位模式中，该字段在读操作时返回 0，不影响 GPTMTBILR 寄存器的状态
15:0	TAILRL	R/W	0xFFFF	GPTM TimerA 间隔装载寄存器的低半字在 16 位模式和 32 位模式中，对该字段执行写操作将装载 TimerA 的计数器，执行读操作将返回 GPTMTAILR 的当前值

(10) GPTM TimerB 间隔装载寄存器 GPTMTBILR

实际地址：定时器 0 为 0x4003002C，定时器 1 为 0x4003102C。

寄存器偏移地址量：0x02C。

寄存器功能是：用来将起始计数值装入 TimerB。当 GPTM 配置为 32 位模式时，对 GPTMTBILR 执行读操作将返回 TimerB 的当前值，写操作被忽略。

各位分配如表 K3-20 所列。

表 K3-20　GPTMTBILR 寄存器各选择位分配

位　号	31:16						
名　称	保留						
复位值	0						
位　号	15	14	13	12	11	10	9	8
名　称	TBILRL							
复位值	0	0	0	0	0	0	0	0
位　号	7	6	5	4	3	2	1	0
名　称	TBILRL							
复位值	0	0	0	0	0	0	0	0

各位功能描述如表 K3-21 所列。

表 K3-21　GPTMTBILR 控制寄存器各位功能描述

位　号	名　称	类　型	复位值	描　述
31:16	保留	RO	0	保留位返回一个不确定的值,并且应该永不改变
15:0	TBILRL	R/W	0xFFFF	GPTM TimerB 间隔装载寄存器 当 GPTM 没有被配置为 32 位定时器时,对该字段执行写操作将更新 GPTMTBILR 的值。在 32 位模式中,写操作被忽略,读操作返回 GPTMTBILR 的当前值

GPTMTAILR 和 GPTMTBILR 两寄存器主要用于装卸定时器计数初值。

下面是库函数应用解说。

GPTMTAILR 和 GPTMTBILR 两寄存器所用到的库函数是:

函数名为:TimerLoadSet();

函数原型:

void TimerLoadSet(unsigned long ulBase, unsigned long ulTimer,
　　　　　　　　　unsigned long ulValue);

参数含义:

ulBase——定时器模块的起始地址(基址)。

ulTimer——指定调整的定时器;它的值必须是 TIMER_A、TIMER_B、TIMER_BOTH 之一。当定时器配置成执行 32 位的操作时,只准许使用 TIMER_A。

ulValue——所要定时的待装载的初值(定时时间长度值)。作 32 位 RTC 定时时,可以通过 SysCtlClockGet()函数获取系统时间值作 1 s 的定时初始值。

应用范例:

任务 K3-5:启用定时器 0 定时 1 s。

解题:定时器 0 的起始地址是 0x40030000(TIMER0_BASE),通过 SysCtlClockGet()函数获取定时 1 s 的时间长度。SysCtlClockGet()函数返回值是 1 s,计算单位是微秒(μs),即返回 1 000 000 μs。这是一个精确的时间,用作通信中的时序计时非常有用。

编程：

```
//设置定时器装载值。定时1 s。
   TimerLoadSet(TIMER0_BASE, TIMER_A, SysCtlClockGet());
```

解惑：如果想定时 100 ms 怎么办呢？设变换的定时为 T，则 $T = $ SysCtlClockGet()/10；

如果想定时 1 ms 怎么办呢？则 $T = $ SysCtlClockGet()/1000。

(11) GPTM TimerA 匹配寄存器 GPTMTAMATCH

实际地址：定时器 0 为 0x40030030，定时器 1 为 0x40031030。

寄存器偏移地址量：0x030。

寄存器功能是：用于 32 位实时时钟模式、16 位 PWM 和输入边沿计数模式。

各位分配如表 K3-22 所列。

表 K3-22　GPTMTAMATCH 寄存器各选择位分配

位号	31	30	29	28	27	26	25	24
名称	TAMRH							
复位值	0	0	0	0	0	0	0	0
位号	23	22	21	20	19	18	17	16
名称	TAMRH							
复位值	0	0	0	0	0	0	0	0
位号	15	14	13	12	11	10	9	8
名称	TAMRL							
复位值	0	0	0	0	0	0	0	0
位号	7	6	5	4	3	2	1	0
名称	TAMRL							
复位值	0	0	0	0	0	0	0	0

各位功能描述如表 K3-23 所列。

表 K3-23　GPTMTAMATCH 控制寄存器各位功能描述

位号	名称	类型	复位值	描述
31:16	TAMRH	RO	0xFFFF（32 位） 0x0000（16 位）	GPTM TimerA 匹配寄存器的高半字 当通过 GPTMCFG 寄存器配置为 32 位实时时钟（RTC）模式时，该值与 GPTMTAR 的高半字进行比较，来确定匹配事件。在 16 位模式中，对该字段的读操作返回 0，不影响 GPTMTBMATCHR 寄存器的状态
15:0	TAMRL	R/W	0xFFFF	GPTM TimerA 匹配寄存器的低半字 当通过 GPTMCFG 寄存器配置为 32 位实时时钟（RTC）模式时，该值与 GPTMTAR 的低半字进行比较，来确定匹配事件。当配置为 PWM 模式时，该值与 GPTMTAILR 一起，确定输出 PWM 信号的占空比 当配置为边沿计数模式时，该值与 GPTMTAILR 一起，确定需计数多少边沿事件。总的边沿事件数等于 GPTMTAILR 的值与该值的差

(12) GPTM TimerB 匹配寄存器 GPTMTBMATCHR

实际地址：定时器 0 为 0x40030034，定时器 1 为 0x40031034。
寄存器偏移地址量：0x034。
寄存器功能是：用于 32 位实时时钟模式、16 位 PWM 和输入边沿计数模式。
各位分配如表 K3-24 所列。

表 K3-24 GPTMTBMATCHR 寄存器各选择位分配

位号	31:16						
名称	保留						
复位值	0						
位号	15	14	13	12	11	10	9	8
名称	TBMRL							
复位值	0	0	0	0	0	0	0	0
位号	7	6	5	4	3	2	1	0
名称	TBMRL							
复位值	0	0	0	0	0	0	0	0

各位功能描述如表 K3-25 所列。

表 K3-25 GPTMTBMATCH 控制寄存器各位功能描述

位号	名称	类型	复位值	描述
31:16	保留	RO	0	保留位，返回不确定的值，并且应永不改变
15:0	TBMRL	R/W	0xFFFF	GPTM TimerB 匹配寄存器的低半字当配置为 PWM 模式时，该值与 GPTMTBILR 一起，确定输出 PWM 信号的占空比。当配置为边沿计数模式时，该值与 GPTMTBILR 一起，确定需计数多少边沿事件数。总的边沿事件数等于 GPTMTBILR 与该值的差

下面是库函数应用解说。
GPTMTAMATCH 和 GPTMTBMATCH 两个寄存器所用到的库函数是：
函数名为：TimerMatchSet()；
函数原型：
void TimerMatchSet(unsigned long ulBase, unsigned long ulTimer,
　　　　　　　　　unsigned long ulValue);

参数含义：
ulBase——定时器模块的起始地址(基址)。
ulTimer——指定调整的定时器；它的值必须是 TIMER_A、TIMER_B、TIMER_BOTH
　　　　　之一。当定时器配置成执行 32 位的操作时，只准许使用 TIMER_A 这一个。
ulValue——所要定时的待装载的初值(定时时间长度值)。
应用范例：
任务 K3-6：设定定时器 0 的事件计数匹配值。

解题:无。
编程:

```
TimerMatchSet(TIMER0_BASE , TIMER_A, 50000UL - 16384UL);
```

(13) GPTM TimerA 预分频寄存器 GPTMTAPR

实际地址:定时器 0 为 0x40030038,定时器 1 为 0x40031038。
寄存器偏移地址量:0x038。
寄存器功能是:允许软件扩充 16 位定时器的范围。
各位分配如表 K3-26 所列。

表 K3-26 GPTMTAPR 寄存器各选择位分配

位 号	31:8	7	6	5	4	3	2	1	0
名 称	保留	\multicolumn{8}{c}{TAPSR}							
复位值	0	0	0	0	0	0	0	0	0

各位功能描述如表 K3-27 所列。

表 K3-27 GPTMTAPR 控制寄存器各位功能描述

位 号	名 称	类 型	复位值	描 述
31:8	保留	RO	0	保留位,返回不确定的值,并且应永不改变
7:0	TAPSR	R/W	0	GPTM TimerA 预分频寄存器通过写操作载入该值,执行读操作将返回寄存器的当前值

(14) GPTM TimerB 预分频寄存器 GPTMTBPR

实际地址:定时器 0 为 0x4003003C,定时器 1 为 0x4003103C。
寄存器偏移地址量:0x03C。
寄存器功能是:允许软件扩充 16 位定时器的范围。
各位分配如表 K3-28 所列。

表 K3-28 GPTMTBPR 寄存器各选择位分配

位 号	31:8	7	6	5	4	3	2	1	0
名 称	保留	TAPSR							
复位值	0	0	0	0	0	0	0	0	0

各位功能描述如表 K3-29 所列。

表 K3-29 GPTMTBPR 控制寄存器各位功能描述

位 号	名 称	类 型	复位值	描 述
31:8	保留	RO	0	保留位,返回不确定的值,并且应永不改变
7:0	TAPSR	R/W	0	GPTM TimerB 预分频寄存器通过写操作载入该值,执行读操作将返回寄存器的当前值

(15) GPTM TimerA 预分频匹配寄存器 GPTMTAPMR

实际地址:定时器 0 为 0x40030040,定时器 1 为 0x40031040。

寄存器偏移地址量:0x040。

寄存器功能是:有效地将 GPTMTAMATCHR 的范围扩充到 24 位。

各位分配如表 K3-30 所列。

表 K3-30　GPTMTAPMR 寄存器各选择位分配

位　号	31:8	7	6	5	4	3	2	1	0
名　称	保留	\multicolumn{8}{c	}{TAPSMR}
复位值	0	0	0	0	0	0	0	0	0

各位功能描述如表 K3-31 所列。

表 K3-31　GPTMTAPMR 寄存器各位功能描述

位号	名称	类型	复位值	描述
31:8	保留	RO	0	保留位,返回不确定的值,并且应永不改变
7:0	TAPSMR	R/W	0	GPTM TimerA 预分频匹配 该值与 GPTMTAMATCHR 一起使用,以便在使用预分频器的情况下检测定时器匹配事件

(16) GPTM TimerB 预分频匹配寄存器 GPTMTBPMR

实际地址:定时器 0 为 0x40030044,定时器 1 为 0x40031044。

寄存器偏移地址量:0x044。

寄存器功能是:有效地将 GPTMTBMATCHR 的范围扩充到 24 位。

各位分配如表 K3-32 所列。

表 K3-32　GPTMTAPMR 寄存器各选择位分配表

位　号	31:8	7	6	5	4	3	2	1	0
名　称	保留	\multicolumn{8}{c	}{TBPSMR}
复位值	0	0	0	0	0	0	0	0	0

各位功能描述如表 K3-33 所列。

表 K3-33　GPTMTAPMR 寄存器各位描述表

位号	名称	类型	复位值	描述
31:8	保留	RO	0	保留位,返回不确定的值,并且应永不改变
7:0	TBPSMR	R/W	0	GPTM TimerB 预分频匹配 该值与 GPTMTAMBTCHR 一起使用,以便在使用预分频器的情况下检测定时器匹配事件

(17) GPTM TimerA 寄存器 GPTMTAR

实际地址：定时器 0 为 0x40030048，定时器 1 为 0x40031048。

寄存器偏移地址量：0x048。

寄存器功能是：该寄存器显示了除输入边沿计数模式之外的所有情况下 TimerA 计数器的当前值。在输入边沿计数模式中，该寄存器包含上一次边沿事件发生的时间。

各位分配如表 K3-34 所列。

表 K3-34　GPTMTAPMR 寄存器各选择位分配表

位　号	31	30	29	28	27	26	25	24
名　称	TARH							
复位值	0	0	0	0	0	0	0	0
位　号	23	22	21	20	19	18	17	16
名　称	TARH							
复位值	0	0	0	0	0	0	0	0
位　号	15	14	13	12	11	10	9	8
名　称	TARL							
复位值	0	0	0	0	0	0	0	0
位　号	7	6	5	4	3	2	1	0
名　称	TARL							
复位值	0	0	0	0	0	0	0	0

各位功能描述如表 K3-35 所列。

表 K3-35　GPTMTAPMR 寄存器各位功能描述

位　号	名　称	类　型	复位值	描　述
31：16	TARH	RO	0xFFFF(32 位模式) 0x0000(16 位模式)	GPTM TimerA 寄存器的高半字 如果将 GPTMCFG 配置为 32 位模式，则对该字段执行读操作将获得 TimerB 的值。如果配置为 16 位模式，则读操作返回 0
15：0	TARL	R/W	0xFFFF	GPTM TimerA 寄存器的低半字读取该字段将返回 GPTM TimerA 计数寄存器的当前值，但输入边沿计数模式除外。在该模式中，读操作返回上一次边沿事件的时间戳(timestamp)

(18) GPTM TimerB 寄存器 GPTMTBR

实际地址：定时器 0 为 0x4003004C，定时器 1 为 0x4003104C。

寄存器偏移地址量：0x04C。

寄存器功能是：该寄存器显示了除输入边沿计数模式之外的所有情况下 TimerB 计数器的当前值。在输入边沿计数模式中，该寄存器包含上一次边沿事件发生的时间。

各位分配如表 K3-36 所列。

表 K3－36　GPTMTBR 寄存器各选择位分配

位号	31：16						
名称	保留						
复位值	0						
位号	15	14	13	12	11	10	9	8
名称	TBRL							
复位值	0	0	0	0	0	0	0	0
位号	7	6	5	4	3	2	1	0
名称	TBRL							
复位值	0	0	0	0	0	0	0	0

各位功能描述如表 K3－37 所列。

表 K3－37　GPTMTBR 寄存器各位功能描述

位号	名称	类型	复位值	描述
31：16	保留	RO	0	保留位，返回不确定的值，并且应永不改变
15：0	TBRL	RO	0xFFFF	GPTM TimerB 读取该字段将返回 GPTM TimerB 计数寄存器的当前值，但输入边沿计数模式除外。在该模式中，读操作返回上一次边沿事件的时间戳（timestamp）

以上 18 个寄存器决定中断的开与关等处理。

K3.2　操作实例任务

任务①：实现定时器 0 采用单次触发模式工作。表示方法用 PB4_LED 每秒钟亮一次或熄一次。

任务②：实现定时器 0 采用周期触发模式工作。表示方法用 PB4_LED 每秒钟亮一次熄一次（或间隔 200 ms 亮一次熄一次）。

任务③：启动定时器 1 按每 350 ms 描述 PA0～PA3 按键。实现按键编号显示，即如按下 PA0 键 PB4_LED 亮 1 次，按下 PA1 键 PB4_LED 亮 2 次，以此类推。

任务④：实现定时器 0 计数功能。

K3.3　将要用到的库函解说

(1) 注册一个定时器中断服务子程序库函数 TimerIntRegister( )

函数原型：void TimerIntRegister(unsigned long ulBase, unsigned long ulTimer,
　　　　　　　　　　　　void (* pfnHandler)(void));

函数参数：
ulBase——传送基址（起始地址），如定时器 0 为 0x40030000，定时器 1 为 0x40031000。
　　　　常用库参数有 TIMER0_BASE（定时器 0 基址）和 TIMER1_BASE（定时器 1 基址）。
ulTimer——传送指定调整的定时器。常用值有 TIMER_A、TIMER_B、TIMER_BOTH

当定时器配置成执行 32 位的操作时,只使用 TIMER_A 作参数。

(*pfnHandler)(void)——传送中断服务子程序的名称。

函数作用:用于向系统注册一个定时器的中断服务子程序名称。

应用范例:

```
TimerIntRegister(TIMER0_BASE,      //定时器 0 的起始地址
                 TIMER_A,          //选择 32 位定时
                 Timer0A);         //中断服务子程序的名称,
                                   //编写 void Timer0A(void)实体即可
```

(2) 定时器启动库函数 TimerEnable( )

函数原型:void TimerEnable(unsigned long ulBase, unsigned long ulTimer);

函数参数:

ulBase——传送基址(起始地址),如定时器 0 为 0x40030000,定时器 1 为 0x40031000。常用库参数有 TIMER0_BASE(定时器 0 基址)和 TIMER1_BASE(定时器 1 基址)。

ulTimer——传送指定调整的定时器。常用值有 TIMER_A、TIMER_B、TIMER_BOTH。当定时器配置成执行 32 位的操作时,只使用 TIMER_A 作参数。

函数作用:用于启动定时器操作。定时器必须在使能前进行配置。

应用范例:

```
//启动定时器 0
TimerEnable(TIMER0_BASE,           //传送定时器 0 的起始地址
            TIMER_A);              //选择 32 位工作
```

K3.4　定时器的启用编程步骤与方法

① 使能定时器外设;
② 配置定时器;
③ 装载定时计数初值;
④ 注册定时器的中断服务子程序;
⑤ 设置定时器的触发中断的方式;
⑥ 启动定时器;
⑦ 使能全局中断;
⑧ 编写中断服务子程序。

程序示范如下:

……

```
//(1). 使能定时器 0 外设
SysCtlPeripheralEnable( SYSCTL_PERIPH_TIMER0 );
//(2). 设置定时器 0 为单次触发模式
TimerConfigure(TIMER0_BASE, TIMER_CFG_32_BIT_OS);
//(3). 设置定时器装载值。定时 1 s
TimerLoadSet(TIMER0_BASE, TIMER_A, SysCtlClockGet());
//(4). 注册中断服务子程序的名称
```

```
TimerIntRegister(TIMER0_BASE,TIMER_A,Timer0_A_ISR);
//(5) 设置定时器为定时溢出产生中断
TimerIntEnable(TIMER0_BASE, TIMER_TIMA_TIMEOUT);
//(6).启动定时器 0
TimerEnable(TIMER0_BASE, TIMER_A);
//(7).启动全局中断
IntMasterEnable();                              //处理器使能
……
……
//(8).下面是中断服务子程序
void Timer0_A_ISR()
{
    //清除定时器 0 中断标志位
    TimerIntClear(TIMER0_BASE, TIMER_TIMA_TIMEOUT);
    //下面是用户代码区

}
```

在上述程序中我们没有发现直接的寄存器操作,这是 ARM Cortex-M3 内核微控制器不同于 51 单片机的地方,因为很多的内部寄存器都在系统的内部定义好,这和在计算机中开发程序没有两样,这样也同时提高了程序的开发速度,不过要好好地学习系统定义好的 API 接口函数,才能快速掌握这款微控制器的开发和应用。

K3.5 操作任务编程实例

任务①:实现定时器 0 采用单次触发模式工作。表示方法 PB4_LED 每秒钟亮一次或熄一次。

程序编写如下:

```
//*****************************************************************
// 该范例程序演示了如何使用定时器产生周期性中断。其中一个定时器被设置为每秒产
// 生一次中断,另一个定时器设置为每秒产生两次中断;每个中断处理器在每一次中断时
// 都翻转一次相应的 GPIO(B4 和 B5 端口);同时,LED 指示灯会指示每次中断以及中断的
// 速率。在本范例中,定时器 0 被设置为 32 位的可编程单次触发模式,定时器 1 则设置为
// 32 位的可编程周期触发模式
//-----------------------------------------------------------------
# include "hw_memmap.h"
# include "hw_types.h"
# include "gpio.h"
# include "sysctl.h"
# include "timer.h"
# include "interrupt.h"
# define PB4_LED   GPIO_PIN_4
# define PB5_LED   GPIO_PIN_5

//-----------------------------------------------------------------
//防止 JTAG 失效
```

```c
//-----------------------------------------------------------------
void jtagWait(void)
{
    SysCtlPeripheralEnable(SYSCTL_PERIPH_GPIOB);
    //设置 KEY 所在引脚为输入
    GPIODirModeSet(GPIO_PORTB_BASE, GPIO_PIN_3, GPIO_DIR_MODE_IN);
    //如果复位时按下 KEY,则进入
    if ( GPIOPinRead( GPIO_PORTB_BASE , GPIO_PIN_3)  ==   0x00 )
    {
        for(;;);        //死循环,以等待 JTAG 连接
    }
    //禁止 KEY 所在的 GPIO 端口
    SysCtlPeripheralDisable(SYSCTL_PERIPH_GPIOB);
}
//-----------------------------------------------------------------
//延时子程序
//-----------------------------------------------------------------
void delay(int d)
{
   int i = 0;
   for( ; d; --d)
    for(i = 0;i<10000;i++);
}
//-----------------------------------------------------------------
// 函数名称:Timer0A_Inter
// 函数功能:定时器 0 中断处理程序。工作在 32 位单次触发模式下
// 输入参数:无
// 输出参数:无
//-----------------------------------------------------------------
void Timer0A_Inter(void)
{
    //清除定时器 0 中断标志位
    TimerIntClear(TIMER0_BASE, TIMER_TIMA_TIMEOUT);
    //重载定时器的计数初值。此处为 1 s
    TimerLoadSet(TIMER0_BASE, TIMER_A, SysCtlClockGet());
    //指示灯处理
    //读出 PB4_LED 引脚值判断是否为 0
    if(GPIOPinRead(GPIO_PORTB_BASE, PB4_LED) == 0x00)
    //如果 PB4 引脚为 0 就给其写 1 熄灯
        GPIOPinWrite(GPIO_PORTB_BASE, PB4_LED,0x10);
    else GPIOPinWrite(GPIO_PORTB_BASE, PB4_LED,0x00);    //就给其写 0 亮灯

      //使能定时器 0[启动定时器 0]
    TimerEnable(TIMER0_BASE, TIMER_A);    //因为本实例启用的是单次触发
}
```

```c
//-----------------------------------------------------------------
// 函数名称:Timer0A_Initi
// 函数功能:定时器 0 初始设置与中断启动
// 输入参数:无
// 输出参数:无
//-----------------------------------------------------------------
void Timer0A_Initi(void)
{
    //使能定时器 0 外设
    SysCtlPeripheralEnable( SYSCTL_PERIPH_TIMER0 );
    //处理器使能
    IntMasterEnable();
    //设置定时器 0 为单次触发模式
    TimerConfigure(TIMER0_BASE, TIMER_CFG_32_BIT_OS);
    //设置定时器装载值。定时 1 s
    TimerLoadSet(TIMER0_BASE, TIMER_A, SysCtlClockGet());
    //注册中断服务子程序的名称
    TimerIntRegister(TIMER0_BASE,TIMER_A,Timer0A_Inter);
    //设置定时器为溢出中断
    TimerIntEnable(TIMER0_BASE, TIMER_TIMA_TIMEOUT);
    //启动定时器 0
    TimerEnable(TIMER0_BASE, TIMER_A);
}
//-----------------------------------------------------------------
// 函数名称:GPio_Initi
// 函数功能:启动外设 GPIO 输出
// 输入参数:无
// 输出参数:无
//-----------------------------------------------------------------
void GPio_Initi(void)
{
    //使能 GPIO B 口外设。用于指示灯
    SysCtlPeripheralEnable( SYSCTL_PERIPH_GPIOB );
    //设定 PB4 和 PB5 为输出,用作指示灯点亮
    GPIODirModeSet(GPIO_PORTB_BASE, PB4_LED | PB5_LED,
    GPIO_DIR_MODE_OUT);
    //初始化 PB4 和 PB5 为低电平,点亮指示灯
    GPIOPinWrite( GPIO_PORTB_BASE, PB4_LED | PB5_LED, 0 );
}
//-----------------------------------------------------------------
//下面是主程序部分
//-----------------------------------------------------------------
int  main(void)
{
```

```c
    //防止 JTAG 失效
    delay(10);
    jtagWait();
    delay(10);

    //设定系统晶振为时钟源
    SysCtlClockSet( SYSCTL_SYSDIV_1 | SYSCTL_USE_OSC | SYSCTL_OSC_MAIN |
                    SYSCTL_XTAL_6MHZ );
    GPio_Initi();              //启动 GPIO 输出
    Timer0A_Initi();           //初始化并启动定时器
    while(1)
    {
        //指示灯处理
        //读出 PB5_LED 引脚值判断是否为 0
        if(GPIOPinRead(GPIO_PORTB_BASE, PB5_LED) == 0x00)
        //如果 PB5 引脚为 0 就给其写 1 熄灯
        GPIOPinWrite(GPIO_PORTB_BASE, PB5_LED,0x20);
        else GPIOPinWrite(GPIO_PORTB_BASE, PB5_LED,0x00);    //就给其写 0 亮灯
        delay(30);
    }
}
//------------------------------------------------------------------
//******************************************************************
```

任务②:实现定时器 0 采用周期触发模式工作。表示方法 PB4_LED 每秒钟亮一次熄一次(即 200 ms 亮一次或熄灭一次)。

解说:周期就是自动装载和自动启动中断。

程序编写如下:

```c
//******************************************************************
# include "hw_memmap.h"
# include "hw_types.h"
# include "gpio.h"
# include "sysctl.h"
# include "timer.h"
# include"interrupt.h"

# define PB4_LED    GPIO_PIN_4
# define PB5_LED    GPIO_PIN_5
//------------------------------------------------------------------
//防止 JTAG 失效
//------------------------------------------------------------------
void  jtagWait(void)
{
    SysCtlPeripheralEnable(SYSCTL_PERIPH_GPIOB);
```

```c
    //设置KEY所在引脚为输入
    GPIODirModeSet(GPIO_PORTB_BASE, GPIO_PIN_3, GPIO_DIR_MODE_IN);
    //如果复位时按下KEY,则进入
    if ( GPIOPinRead( GPIO_PORTB_BASE , GPIO_PIN_3)   ==   0x00 )
    {
        for (;;);          //死循环,以等待JTAG连接
    }
    //禁止KEY所在的GPIO端口
    SysCtlPeripheralDisable(SYSCTL_PERIPH_GPIOB);
}
//-----------------------------------------------------------------
//延时子程序
//-----------------------------------------------------------------
void delay(int d)
{
  int i = 0;
  for( ; d; --d)
   for(i = 0;i<10000;i++);
}
//-----------------------------------------------------------------
// 函数名称:Timer0A_Inter
// 函数功能:定时器0中断处理程序。工作在32位周期触发模式下
// 输入参数:无
// 输出参数:无
//-----------------------------------------------------------------
void Timer0A_Inter(void)
{
    //清除定时器0中断标志位
    TimerIntClear(TIMER0_BASE, TIMER_TIMA_TIMEOUT);
    //指示灯处理
    //读出PB4_LED引脚值判断是否为0
    if(GPIOPinRead(GPIO_PORTB_BASE, PB4_LED) == 0x00)
    //如果PB4引脚为0就给其写1熄灯
      GPIOPinWrite(GPIO_PORTB_BASE, PB4_LED,0x10);
    else GPIOPinWrite(GPIO_PORTB_BASE, PB4_LED,0x00);   //就给其写0亮灯
}
//-----------------------------------------------------------------
// 函数名称:Timer0A_Initi
// 函数功能:定时器0初始设置与中断启动
// 输入参数:无
// 输出参数:无
//-----------------------------------------------------------------
void Timer0A_Initi(void)
{
    //使能定时器0外设
```

```c
    SysCtlPeripheralEnable( SYSCTL_PERIPH_TIMER0 );
    //处理器使能
    IntMasterEnable();
    //设置定时器 0 为 PER 周期触发模式
    TimerConfigure(TIMER0_BASE, TIMER_CFG_32_BIT_PER);
    //设置定时器装载值。定时 200 ms。将获得的速率除以 5
    TimerLoadSet(TIMER0_BASE, TIMER_A, SysCtlClockGet()/5);
    //注册中断服务子程序的名称
    TimerIntRegister(TIMER0_BASE,TIMER_A,TimerOA_Inter);
    //设置定时器为溢出中断
    TimerIntEnable(TIMER0_BASE, TIMER_TIMA_TIMEOUT);
    //启动定时器 0
    TimerEnable(TIMER0_BASE, TIMER_A);
}
//-----------------------------------------------------------------
// 函数名称:GPio_Initi
// 函数功能:启动外设 GPIO 输出
// 输入参数:无
// 输出参数:无
//-----------------------------------------------------------------
void GPio_Initi(void)
{
    //使能 GPIO B 口外设。用于指示灯
    SysCtlPeripheralEnable( SYSCTL_PERIPH_GPIOB );
    //设定 PB4 与 PB5 为输出,用作指示灯点亮
    GPIODirModeSet(GPIO_PORTB_BASE, PB4_LED |
                   PB5_LED,GPIO_DIR_MODE_OUT);
    //初始化 PB4 与 PB5 为低电平点亮指示灯
    GPIOPinWrite( GPIO_PORTB_BASE, PB4_LED | PB5_LED, 0 );
}
//-----------------------------------------------------------------
//下面是主程序部分
//-----------------------------------------------------------------
int  main(void)
{
    //防止 JTAG 失效
    delay(10);
    jtagWait();
    delay(10);
    //设定系统晶振为时钟源
    SysCtlClockSet( SYSCTL_SYSDIV_1 | SYSCTL_USE_OSC | SYSCTL_OSC_MAIN |
                    SYSCTL_XTAL_6MHZ );
    GPio_Initi();    //启动 GPIO 输出
    TimerOA_Initi(); //初始化并启动定时器
```

```
    while(1)
    {
      //运行指示灯处理
      //读出 PB5_LED 引脚值判断是否为 0
      if(GPIOPinRead(GPIO_PORTB_BASE, PB5_LED) == 0x00)
      //如果 PB5 引脚为 0 就给其写 1  熄灯
        GPIOPinWrite(GPIO_PORTB_BASE, PB5_LED,0x20);
        else GPIOPinWrite(GPIO_PORTB_BASE, PB5_LED,0x00);    //就给其写 0  亮灯
      delay(50);
    }
}
//------------------------------------------------------------------
//******************************************************************
```

任务③：启动定时器 1 按每 350ms 描述 PA0～PA3 按键。实现按键编号显示，即按下 PA0 键 PB4_LED 亮 1 次，按下 PA1 键 PB4_LED 亮 2 次，以此类推。

程序编写如下：

```
//******************************************************************
//程序功能:通过定时器 1 扫描 PA0～PA3 的 4 个按键,并用 PB4 作指示键号
//------------------------------------------------------------------
# include "hw_memmap.h"
# include "hw_types.h"
# include "gpio.h"
# include "sysctl.h"
# include "timer.h"
# include "interrupt.h"

//函数说明区
void GpioPA_4_Key();         //按键处理程序
void PA0_Key0();             //Key0 键执行函数
void PA1_Key1();             //Key1 键执行函数
void PA2_Key2();             //Key2 键执行函数
void PA3_Key3();             //Key3 键执行函数
# define PB4_LED   GPIO_PIN_4
# define PB5_LED   GPIO_PIN_5

//------------------------------------------------------------------
//防止 JTAG 失效
//------------------------------------------------------------------
void  jtagWait(void)
{
    SysCtlPeripheralEnable(SYSCTL_PERIPH_GPIOB);
    //设置 KEY 所在引脚为输入
    GPIODirModeSet(GPIO_PORTB_BASE, GPIO_PIN_3, GPIO_DIR_MODE_IN);
    //如果复位时按下 KEY,则进入
    if ( GPIOPinRead( GPIO_PORTB_BASE , GPIO_PIN_3)  ==   0x00 )
```

```c
    {
        for (;;);        //死循环,以等待JTAG连接
    }
    //禁止KEY所在的GPIO端口
    SysCtlPeripheralDisable(SYSCTL_PERIPH_GPIOB);
}
//-------------------------------------------------------------------
//延时子程序
//-------------------------------------------------------------------
void delay(int d)
{
    int i = 0;
    for( ; d; --d)
     for(i = 0;i<10000;i++);
}
//-------------------------------------------------------------------
// 函数名称:Timer1A_Inter
// 函数功能:定时器1中断处理程序。工作在32位周期触发模式下每350 ms扫描一次
// 输入参数:无
// 输出参数:无
//-------------------------------------------------------------------
void Timer1A_Inter(void)
{
    //清除定时器0中断标志位
    TimerIntClear(TIMER1_BASE, TIMER_TIMA_TIMEOUT);
    //启动定时器1对按键进行扫描
    GpioPA_4_Key();    //按键处理程序

    /*  //指示灯处理
    //读出PB4_LED引脚值判断是否为0
    if(GPIOPinRead(GPIO_PORTB_BASE, PB4_LED) == 0x00)
    //如果PB4引脚为0就给其写1熄灯
        GPIOPinWrite(GPIO_PORTB_BASE, PB4_LED,0x10);
     else GPIOPinWrite(GPIO_PORTB_BASE, PB4_LED,0x00);   //就给其写0亮灯
    */
}
//-------------------------------------------------------------------
// 函数名称:Timer1A_Initi
// 函数功能:定时器1初始设置与中断启动
// 输入参数:无
// 输出参数:无
//-------------------------------------------------------------------
void Timer1A_Initi(void)
{
    //使能定时器1外设
    SysCtlPeripheralEnable( SYSCTL_PERIPH_TIMER1 );
```

```c
    //处理器使能。
    IntMasterEnable();
    //设置定时器1为PER周期触发模式。
    TimerConfigure(TIMER1_BASE, TIMER_CFG_32_BIT_PER);
    //设置定时器装载值。定时250 ms。将获得的速率除以4
    TimerLoadSet(TIMER1_BASE, TIMER_A, SysCtlClockGet()/4);
    //注册中断服务子程序的名称Timer1A_Inter
    TimerIntRegister(TIMER1_BASE,TIMER_A,Timer1A_Inter);
    //设置定时器1为溢出中断
    TimerIntEnable(TIMER1_BASE, TIMER_TIMA_TIMEOUT);
    //启动定时器1
    TimerEnable(TIMER1_BASE, TIMER_A);
}
//-----------------------------------------------------------------
// 函数名称:GPio_Initi
// 函数功能:启动外设GPIO输出
// 输入参数:无
// 输出参数:无
//-----------------------------------------------------------------
void GPio_Initi(void)
{
    //使能GPIO B和GPIO A口外设。用于指示灯
    SysCtlPeripheralEnable( SYSCTL_PERIPH_GPIOB );
    //设定PA0~PA3为输入用于按键功能
    // GPIODirModeSet(GPIO_PORTA_BASE, 0x0F,GPIO_DIR_MODE_IN);
    //设定PB4、PB5为输出,用作指示灯点亮
    GPIODirModeSet(GPIO_PORTB_BASE, PB4_LED |
                   PB5_LED,GPIO_DIR_MODE_OUT);
    //初始化PB4、PB5为低电平,点亮指示灯
    // GPIOPinWrite( GPIO_PORTB_BASE, PB4_LED, 0 );
}
//-----------------------------------------------------------------
//下面是主程序部分
//-----------------------------------------------------------------
int  main(void)
{
    //防止JTAG失效
    delay(10);
    jtagWait();
    delay(10);

    //设定系统晶振为时钟源
    SysCtlClockSet( SYSCTL_SYSDIV_1 | SYSCTL_USE_OSC | SYSCTL_OSC_MAIN |
                    SYSCTL_XTAL_6MHZ );

    GPio_Initi();    //启动GPIO输出
```

```c
    Timer1A_Initi();    //初始化并启动定时器

    while(1)
    {
        //运行指示灯处理
        //读出 PB5_LED 引脚值判断是否为 0
        if(GPIOPinRead(GPIO_PORTB_BASE, PB5_LED) == 0x00)
        //如果 PB5 引脚为 0 就给其写 1 熄灯
            GPIOPinWrite(GPIO_PORTB_BASE, PB5_LED,0x20);
            else GPIOPinWrite(GPIO_PORTB_BASE, PB5_LED,0x00);    //就给其写 0 亮灯

        delay(50);
    }
}
//------------------------------------------------------------------
//函数名称:void GpioPA_4_Key()
//功能:四按键功能处理函数(因 LM3s101 芯片在处理按键时有点麻烦,所以在这里做集中处理)
//入出参数:无
//------------------------------------------------------------------
void GpioPA_4_Key()
{
    unsigned long nlPa = 0;
    //使能 GPIO PA 口
    SysCtlPeripheralEnable(SYSCTL_PERIPH_GPIOA);
    //设置连接在 PA0~PA3 的按键为输入
    //将引脚的方向和模式设为输入
    GPIODirModeSet(GPIO_PORTA_BASE, 0x0F, GPIO_DIR_MODE_IN);
    nlPa = GPIOPinRead(GPIO_PORTA_BASE, 0x0000000F);    //读 PA 口的 4 个位的值

    switch(nlPa)
    {
        case 0x0000000E: PA0_Key0(); break;
        case 0x0000000D: PA1_Key1(); break;
        case 0x0000000B: PA2_Key2(); break;
        case 0x00000007: PA3_Key3(); break;
    }
}
//------------------------------------------------------------------
//按键功能函数
//0 号键
//------------------------------------------------------------------
void PA0_Key0()
{
    int i = 0,j = 0;           //j 表示为键号
    char chLed = 0x10;         //PB4 的实际位值是 00010000B,中间的 1 就是 PB4 的位
    //下面是指示灯显示的次数表示按键的号数
    j = 0;                     //现在是 0 号键按下
```

```c
    for(i = 0;i<1+(j*2+1);i++)
    {
        GPIOPinWrite(GPIO_PORTB_BASE, PB4_LED, 0x00);
        delay(5);
        GPIOPinWrite(GPIO_PORTB_BASE, PB4_LED, chLed);
        delay(5);
    }
}
//------------------------------------------------------------
//按键功能函数
//1号键
//------------------------------------------------------------
void PA1_Key1()
{
    int i = 0,j = 0;        //j 表示为键号
    char chLed = 0x10;      //PB4 的实际位值是 00010000B,中间的 1 就是 PB4 的位
    //下面是指示灯显示的次数表示按键的号数
    j = 1;                  //现在是 1 号键按下
    for(i = 0;i<1+(j*2+1);i++)
    {
        GPIOPinWrite(GPIO_PORTB_BASE, PB4_LED, 0x00);
        delay(5);
        GPIOPinWrite(GPIO_PORTB_BASE, PB4_LED, chLed);
        delay(5);
    }
}
//------------------------------------------------------------
//按键功能函数
//2号键
//------------------------------------------------------------
void PA2_Key2()
{
    int i = 0,j = 0;        //j 表示为键号
    char chLed = 0x10;      //PB4 的实际位值是 00010000B,中间的 1 就是 PB4 的位
    //下面是指示灯显示的次数表示按键的号数
    j = 2;                  //现在是 2 号键按下
    for(i = 0;i<1+(j*2+1);i++)
    {
        GPIOPinWrite(GPIO_PORTB_BASE, PB4_LED, 0x00);
        delay(5);
        GPIOPinWrite(GPIO_PORTB_BASE, PB4_LED, chLed);
        delay(5);
    }
}
//------------------------------------------------------------
```

```c
//按键功能函数
//3 号键
//----------------------------------------------------------------
void PA3_Key3()
{
    int i = 0,j = 0;            //j 表示为键号
    char chLed = 0x10;          //PB4 的实际位值是 00010000B,中间的 1 就是 PB4 的位
    //下面是指示灯显示的次数表示按键的号数
    j = 3;                      //现在是 3 号键按下
    for(i = 0;i<1 + (j * 2 + 1);i ++ )
    {
        GPIOPinWrite(GPIO_PORTB_BASE, PB4_LED, 0x00);
        delay(5);
        GPIOPinWrite(GPIO_PORTB_BASE, PB4_LED, chLed);
        delay(5);
    }
}
//----------------------------------------------------------------
//****************************************************************
```

任务④：实现定时器 0 的 16 位计数功能。

//--
/*
配置计数器的方法：
将 TimerA 配置用作一个 16 位的单次触发定时器,TimerB 配置用作一个 16 位的边沿捕获计数器。
TimerConfigure(TIMER1_BASE, TIMER_CFG_16_BIT_PAIR| \
TIMER_CFG_A_ONE_SHOT|TIMER_CFG_B_CAP_COUNT);
配置计数器(TimerB)对两个边沿进行计数。
TimerControlEvent(TIMER0_BASE,TIMER_B,TIMER_EVENT_BOTH_EDGES);
使能定时器
TimerEnable(TIMER0_BASE,TIMER_BOTH);
*/

程序编写如下：

```c
//****************************************************************
//以下为 16 位定时器 0 计数功能程序
//----------------------------------------------------------------
#include "hw_memmap.h"
#include "hw_types.h"
#include "gpio.h"
#include "sysctl.h"
#include "timer.h"
#include "interrupt.h"
#include "hw_ints.h"

#define PB4_LED    GPIO_PIN_4
```

```c
#define PB5_LED    GPIO_PIN_5
#define PB1_LED    GPIO_PIN_1
//------------------------------------------------------------
//防止 JTAG 失效
//------------------------------------------------------------
void  jtagWait(void)
{
    SysCtlPeripheralEnable(SYSCTL_PERIPH_GPIOB);
    //设置 KEY 所在引脚为输入
    GPIODirModeSet(GPIO_PORTB_BASE, GPIO_PIN_3, GPIO_DIR_MODE_IN);
    //如果复位时按下 KEY,则进入
    if ( GPIOPinRead( GPIO_PORTB_BASE , GPIO_PIN_3)  ==   0x00 )
    {
        for (;;);           //死循环,以等待 JTAG 连接
    }
    //禁止 KEY 所在的 GPIO 端口
    SysCtlPeripheralDisable(SYSCTL_PERIPH_GPIOB);
}
//------------------------------------------------------------
//延时子程序
//------------------------------------------------------------
void delay(int d)
{
  int i = 0;
  for( ; d; --d)
   for(i = 0;i<10000;i++);
}
//------------------------------------------------------------
// 函数名称:Timer1_A_Inter(定时器 1 中断服务程序)
// 函数功能:定时器 1 中断处理程序。工作在 32 位单次触发模式下
// 输入参数:无
// 输出参数:无
//------------------------------------------------------------
void Timer1_A_Inter(void)
{
    //清除定时器 1 中断标志位
    TimerIntClear(TIMER1_BASE, TIMER_TIMA_TIMEOUT);
    //重载定时器的计数初值。此处为 1 s
    TimerLoadSet(TIMER1_BASE, TIMER_A, SysCtlClockGet());
    //指示灯处理
    //读出 PB4_LED 引脚值判断是否为 0
    if(GPIOPinRead(GPIO_PORTB_BASE, PB4_LED) == 0x00)
        //如果 PB4 引脚为 0 就给其写 1  熄灯
        GPIOPinWrite(GPIO_PORTB_BASE, PB4_LED,0x10);
    else GPIOPinWrite(GPIO_PORTB_BASE, PB4_LED,~PB4_LED);   //写 0 亮灯
```

```c
        //使能定时器 1[启动定时器 1]
        TimerEnable(TIMER1_BASE, TIMER_A);    //因为本实例启用的是单次触发
}
//--------------------------------------------------------------------
// 函数名称:Timer0_A_Inter_ISR
// 函数功能:定 Timer0A 的中断服务子程序用于捕获 PB0 引脚上的脉冲(16 位计数)
// 输入参数:无
// 输出参数:无
//--------------------------------------------------------------------
void   Timer0_A_Inter_ISR(void)
{
    //清除 TimerA 事件捕获中断
    TimerIntClear(TIMER0_BASE , TIMER_CAPA_MATCH);
    //设置计数器初值
    TimerLoadSet(TIMER0_BASE , TIMER_A , 50000UL);
    //TimerA 已停止,重新使能
    TimerEnable(TIMER0_BASE , TIMER_A);

    //指示灯处理
    //读出 PB4_LED 引脚值判断是否为 0
    if(GPIOPinRead(GPIO_PORTB_BASE, PB1_LED) == 0x00)
        //如果 PB4 引脚为 0 就给其写 1  熄灯
        GPIOPinWrite(GPIO_PORTB_BASE, PB1_LED,PB1_LED);
        else GPIOPinWrite(GPIO_PORTB_BASE, PB1_LED,~PB1_LED);   //写 0 亮灯
}
//--------------------------------------------------------------------
// 函数名称:Timer1A_Initi
// 函数功能:定时器 1 初始设置与中断启动
// 输入参数:无
// 输出参数:无
//--------------------------------------------------------------------
void Timer1A_Initi(void)
{
  //使能定时器 0 外设
  SysCtlPeripheralEnable( SYSCTL_PERIPH_TIMER1 );
  //处理器使能
  IntMasterEnable();
  //设置定时器 0 为单次触发模式
  TimerConfigure(TIMER1_BASE, TIMER_CFG_32_BIT_OS);
  //设置定时器装载值。定时 1 s
  TimerLoadSet(TIMER1_BASE, TIMER_A, SysCtlClockGet());
  //注册中断服务子程序的名称
  TimerIntRegister(TIMER1_BASE,TIMER_A,Timer1_A_Inter);
  //设置定时器为溢出中断
  TimerIntEnable(TIMER1_BASE, TIMER_TIMA_TIMEOUT);
  //启动定时器 0
```

```c
    TimerEnable(TIMER1_BASE, TIMER_A);
}
//------------------------------------------------------------------
// 函数名称:Timer0_Init_Count
// 函数功能:启用 Time0_A 用于计数
// 输入参数:无
// 输出参数:无
//------------------------------------------------------------------
void   Timer0_Init_Count(void)
{
    /*使能 CCP0 所在的 GPIO 端口,前面已启动*/
    SysCtlPeripheralEnable(SYSCTL_PERIPH_GPIOB);
    /*配置 CCP0[PB0]引脚为边沿事件输入*/
    GPIOPinTypeTimer(GPIO_PORTB_BASE,GPIO_PIN_0);

    //使能定时器 1 外设
    SysCtlPeripheralEnable( SYSCTL_PERIPH_TIMER0 );    //使能定时器 0 模块

    /*配置 TimerA 为 16 位事件计数器*/
    TimerConfigure(TIMER0_BASE, (TIMER_CFG_16_BIT_PAIR|TIMER_CFG_A_CAP_COUNT));

    //注册中断服务程序
    TimerIntRegister(TIMER0_BASE,TIMER_A,Timer0_A_Inter_ISR);
    /*控制 TimerA 捕获 CCP 负边沿*/
    TimerControlEvent(TIMER0_BASE , TIMER_A , TIMER_EVENT_NEG_EDGE);

    //设置计数器初值
    TimerLoadSet(TIMER0_BASE , TIMER_A , 50000UL);
    //设置事件计数匹配值
    TimerMatchSet(TIMER0_BASE , TIMER_A, 50000UL - 16384UL);

    /*使能 TimerA 捕获匹配中断*/
    TimerIntEnable(TIMER0_BASE , TIMER_CAPA_MATCH);

    IntEnable(INT_TIMER0A);                /*使能 TimerA 中断*/

    TimerEnable(TIMER0_BASE , TIMER_A);    /*使能 TimerA 计数*/
}
//------------------------------------------------------------------
// 函数名称:GPio_Initi
// 函数功能:启动外设 GPIO 输出
// 输入参数:无
// 输出参数:无
//------------------------------------------------------------------
void GPio_Initi(void)
{
    //使能 GPIO B 口外设。用于指示灯
    SysCtlPeripheralEnable( SYSCTL_PERIPH_GPIOB );
    //设定 PB4 与 PB5 为输出,用作指示灯点亮
```

```
    GPIODirModeSet(GPIO_PORTB_BASE, PB4_LED |
                   PB5_LED|PB1_LED,GPIO_DIR_MODE_OUT);
    //初始化 PB4、PB5 为低电平,点亮指示灯
    GPIOPinWrite( GPIO_PORTB_BASE, PB4_LED | PB5_LED|PB1_LED, 0 );
}
//--------------------------------------------------------------------
//下面是主程序部分
//--------------------------------------------------------------------
int  main(void)
{
    // int SJ = 0;
    // 防止 JTAG 失效
    delay(10);
    jtagWait();
    delay(10);
    // 设定系统晶振为时钟源
    SysCtlClockSet( SYSCTL_SYSDIV_1 | SYSCTL_USE_OSC | SYSCTL_OSC_MAIN |
                    SYSCTL_XTAL_6MHZ );
    GPio_Initi();                    //启动 GPIO 输出
    Timer1A_Initi();                 //初始化并启动定时器
    Timer0_Init_Count();             //启动定时器 1 用于计数
    while(1)
    {
      //指示灯处理
      //读出 PB5_LED 引脚值判断是否为 0
      if(GPIOPinRead(GPIO_PORTB_BASE, PB5_LED) == 0x00)
      //如果 PB5 引脚为 0 就给其写 1 熄灯
          GPIOPinWrite(GPIO_PORTB_BASE, PB5_LED,0x20);
        else GPIOPinWrite(GPIO_PORTB_BASE, PB5_LED,~PB5_LED);   //写 0 亮灯
      delay(30);
    }
}
//--------------------------------------------------------------------
//********************************************************************
```

调试中需要说明的是,本任务程序不是很成功。直接接到有脉冲输出的引脚上,定时计数不能捕获引脚上的脉冲;用线将 PB0 引出并用手捏住,反而有信号输出。有待于更进一步探讨真相所在。

K3.6 外扩模块电路图与连线

扩展模块电路图如图 K3-1 所示。

扩展模块图 K3-1 与 EasyARM101 开发板连线如下:

任务①、②:LJ1 连到 PB4。

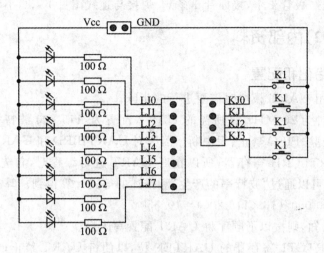

图 K3-1 8位指示灯与按键模块

任务③：将 KJ0～KJ3 与 PA0～PA3 顺序连接。
任务④：LJ0 连到 PB1，LJ1 连到 PB4，LJ7 连到 PB5。
电源请使用开发板上的 3.3 V 电源。

作业：
启用定时器 1 产生秒、分、时、日、月、年、星期。

编后语：
定时器是微控制器内核最重要的部件，也是微控制器的学习重点，所以熟练地掌握它是重中之重。

课题 4　通用 UART 串行通信的启动与应用

实验目的

了解和掌握 LM3S101(102) UART 串行通信的原理与启用方法。

实验设备

① 所用工具：30 W 烙铁 1 把，数字万用表 1 个；
② PC 机 1 台；
③ 开发软件 IAR Embedded Workbench5.20v 集成开发平台 1 套；
④ LM LINK JTAG 调试器 1 套，EasyARM101 开发套件 1 套。

外扩器件

串行通信模块 1 块（所需器件：1 块 MAX232，104 电容 4 个，9 针串行母头 1 个，100 Ω 限流电阻 1 个,发光二极管 1 个,接插针 1 条)。焊接与连线图见 K4.6 小节。

LM3S101(102)内部资料

K4.1 初始化和配置

下面介绍使用 UART 模块时需要进行的步骤。

假定系统时钟为 20 MHz,且所需的 UART 配置为:115 200 波特率、8 位数据长度、1 个停止位、无奇偶校验、FIFO 禁止、无中断。因为对 UARTIBRD 和 UARTFBRD 寄存器的写操作必须先于 UARTLCRH 寄存器,所以在对 UART 进行编程时,首先需要考虑波特率除数(BRD)。BRD 值可以通过"波特率的产生"和描述的等式计算得到。算式如下:

$$BRD = 20\ 000\ 000/(16 \times 115\ 200) = 10.850\ 7$$

如果 BRD 已知,则按以下顺序将 UART 配置写入模块:

① 清零 UARTCTL 寄存器的 UARTEN 位,以便将 UART 禁止;

② 将 BRD 的整数部分写入 UARTIBRD 寄存器;

③ 将 BRD 的小数部分写入 UARTFBRD 寄存器;

④ 将所需的串行参数写入 UARTLCRH 寄存器(这种情况下为 0x00000060);

⑤ 置位 UARTCTL 寄存器的 UARTEN 位,以便将 UART 使能。

K4.2 UART 所用到的寄存器映射

表 K4-1 列出了 UART 寄存器。所列的偏移量是十六进制的,并按照寄存器地址递增,与 GPIO 端口对应的基址为 UART0:0x4000C000。

注:在重新编程任意控制寄存器前,必须将 UART 禁止(见 UARTCTL 寄存器的 UARTEN 位)。如果在 TX 或 RX 操作过程中 UART 被禁止,那么当前的处理将在 UART 停止前完成。

表 K4-1 UART 寄存器映射

序号	偏移量	名称	复位值	类型	描述
1	0x000	UARTDR	0x00000000	R/W	数据
2	0x004	UARTRSR;UARTECR	0x00000000	R/W	接收状态(读);错误清除(写)
3	0x018	UARTFR	0x00000090	RO	标志寄存器(只读)
4	0x024	UARTIBRD	0x00000000	R/W	整数波特率除数
5	0x028	UARTFBRD	0x00000000	R/W	小数波特率除数
6	0x02C	UARTLCRH	0x00000000	R/W	线控制寄存器,高字节
7	0x030	UARTCTL	0x00000300	R/W	控制寄存器
8	0x034	UARTIFLS	0x00000012	R/W	中断 FIFO 级别(level)选择
9	0x038	UARTIM	0x00000000	R/W	中断屏蔽
10	0x03C	UARTRIS	0x0000000F	RO	原始(raw)中断状态
11	0x040	UARTMIS	0x00000000	RO	已屏蔽中断状态
12	0x044	UARTICR	0x00000000	W1C	中断清除

注:有关 UART 的更多寄存器见 LM3S101(102)数据手册。

K4.3 相关寄存器资料与库函数应用

(1) UART 数据(UARTDR)寄存器

实际地址：0x4000C000。

偏移量：0x000。

描述：该寄存器是数据寄存器(FIFO 的接口)。

当 FIFO 使能时，写入该单元中的数据被移入发送 FIFO。如果 FIFO 被(禁止)，数据将存放在发送器保存寄存器(发送 FIFO 底部的字)中。对该寄存器进行写操作会开启一个 UART 发送操作，也就是向 UARTDR 寄存器写入数据将产生一个 UART 串行数据发送动作。

在接收数据时，如果 FIFO 被使能，数据字节和 4 个状态位(中止、帧、奇偶校验和溢出)被移入 12 位宽的接收 FIFO。如果 FIFO 被禁止，那么数据字节和状态位将存放在接收保存寄存器(接收 FIFO 底部的字)中。读取该寄存器可以重新得到接收的数据。

各位分配如表 K4-2 所列。

表 K4-2 UARTDR 寄存器各位分配

位 号	31：12	11	10	9	8	7：0
名 称	保留	OE	BE	PE	FE	DATA
复位值	0	0	0	0	0	0

各位功能描述如表 K4-3 所列。

表 K4-3 UARTDR 寄存器各位功能描述

位 号	名 称	类 型	复位值	描 述
31：12	保留	RO	0	保留位返回一个不确定的值，并且应该永不改变
11	OE	RO	0	UART 溢出错误 1=当 FIFO 满时接收到新的数据，导致数据丢失 0=没有出现因为 FIFO 溢出而导致数据丢失
10	BE	RO	0	UART 中止错误(break error) 在检测到中止(break)条件时该位被设为 1，表示接收数据输入在长于一个完整字的传输时间(定义为起始位、数据位、奇偶校验位和停止位)内一直保持低电平。 在 FIFO 模式下，该错误与 FIFO 顶部的字符有关。在发生中止(break)时，只有一个 0 字符被加载到 FIFO。下一字符仅在接收数据输入变为 1 (marking 状态)且接收到下一有效的起始位时才使能
9	FE	RO	0	UART 奇偶校验错误 在接收的数据字符与 UARTLCRH 寄存器中位 2 和位 7 所定义的奇偶不匹配时，该位被设为 1 在 FIFO 模式下，该错误与 FIFO 顶部的字符有关
8	FE	RO	0	UART 帧错误 在接收的字符未含有效的停止位(有效的停止位为 1)时，该位被设为 1
7：0	DATA	R/W	0	被写时，数据由 UART 发送。读取时，数据由 UART 接收

(2) UART 接收状态/错误清除(UARTRSR/UARTECR)寄存器

实际地址:0x4000C004。

偏移量:0x004。

描述:UARTRSR/UARTECR 寄存器是接收状态寄存器/错误清除寄存器。

接收状态除了可以从 UARTDR 寄存器中读取,还可以从 UARTRSR 寄存器中读取。如果从 UARTRSR 读取状态,与入口相对应的状态信息将在读取 UARTRSR 前先从 UARTDR 读取。在发生溢出条件时,溢出的状态信息将立即置位。

将任意值写入 UARTECR 寄存器都会将帧、奇偶校验、中止和溢出错误清除。所有位在复位后都被清零。

各位分配如表 K4-4 和表 K4-5 所列。

表 K4-4 UARTRSR 寄存器各位分配

位 号	31:4	3	2	1	0
名 称	保留	OE	BE	PE	FE
复位值	0	0	0	0	0

表 K4-5 UARTRSR 寄存器各位分配

位 号	31:8	7:0
名 称	保留	DATA
复位值	0	0

各位功能描述如表 K4-6 和表 4-7 所列。

表 K4-6 UARTRSR 寄存器各位功能描述

位 号	名 称	类 型	复位值	描 述
31:4	保留	RO	0	保留位返回一个不确定的值,并且应该永不改变。UARTRSR 寄存器不能被写
3	OE	RO	0	UART 溢出错误当 FIFO 满且接收到新的数据时该位被设为1。对 UARTECR 进行写操作会将该位清零。 由于在 FIFO 满时不再有数据写入,所以 FIFO 内容保持有效。只有移位寄存器的内容被覆盖。CPU 必须立即读取数据以便将 FIFO 清空
2	BE	RO	0	UART 中止错误 在检测到中止条件时该位被设为1,表示接收数据输入在长于一个完整字的传输时间(定义为起始位、数据位、奇偶校验位和停止位)内一直保持低电平。 对 UARTECR 进行写操作会将该位清零。 在 FIFO 模式下,该错误与 FIFO 顶部的字符有关。在发生中止时,只有一个 0 字符被加载到 FIFO。下一字符仅在接收数据输入变为 1(marking 状态)且接收到下一个有效的起始位时才使能

续表 K4-6

位号	名称	类型	复位值	描述
1	FE	RO	0	UART 奇偶校验错误 在接收的数据字符与 UARTLCRH 寄存器中位 2 和位 7 所定义的奇偶不匹配时，该位被设为 1。 对 UARTECR 进行写操作会将该位清零
0	FE	RO	0	UART 帧错误 在接收的字符未含有效的停止位(有效的停止位为 1)时，该位被设为 1。 对 UARTECR 进行写操作会将该位清零。 在 FIFO 模式下，该错误与 FIFO 顶部的字符有关

表 K4-7 UARTECR 寄存器各位功能描述

位号	名称	类型	复位值	描述
31:8	保留	WO	0	保留位返回一个不确定的值，并且应该永不改变
7:0	DATA	WO	0	将任意数据写入该寄存器会将帧、奇偶校验、中止和溢出标志清零

(3) UART 标志(UARTFR)寄存器

实际地址：0x4000C018。

偏移量：0x018。

描述：UARTFR 寄存器是标志寄存器。复位后，TXFF、RXFF 和 BUSY 位均为 0，而 TXFE 和 RXFE 位为 1。

各位分配如表 K4-8 所列。

表 K4-8 UARTFR 寄存器各位分配

位号	31:8	7	6	5	4	3	2:0
名称	保留	TXFE	RXFF	TXFF	RXFE	BUSY	保留
复位值	0	1	0	0	1	0	0

各位功能描述如表 K4-9 所列。

表 K4-9 UARTFR 寄存器各位功能描述

位号	名称	类型	复位值	描述
31:8	保留	RO	0	保留位返回一个不确定的值，并且应该永不改变
7	TXFE	RO	1	UART 发送 FIFO 空 该位的具体意思取决于 UARTLCRH 寄存器中 FEN 位的状态。 如果 FIFO 被禁止(FEN 为 0)，那么该位在发送保存寄存器为空时置位；如果 FIFO 使能(FEN 为 1)，那么该位在发送 FIFO 为空时置位
6	RXFF	RO	0	UART 接收 FIFO 满 该位的具体意思取决于 UARTLCRH 寄存器中 FEN 位的状态。 如果 FIFO 被禁止，那么该位在接收保存寄存器满时置位；如果 FIFO 使能，那么该位在接收 FIFO 满时置位

续表 K4-9

位号	名称	类型	复位值	描述
5	TXFF	RO	0	UART 发送 FIFO 满 该位的具体意思取决于 UARTLCRH 寄存器中 FEN 位的状态。 如果 FIFO 被禁止,那么该位在发送保存寄存器满时置位;如果 FIFO 使能,那么该位在发送 FIFO 满时置位
4	RXFE	RO	1	UART 接收 FIFO 空 该位的具体意思取决于 UARTLCRH 寄存器中 FEN 位的状态。 如果 FIFO 被禁止,那么该位在接收保存寄存器为空时置位。如果 FIFO 使能,那么该位在接收 FIFO 为空时置位
3	BUSY	RO	0	UART 忙 该位为 1 时,UART 忙于发送数据。该位保持置位,直至移位寄存器将包括所有停止位在内的全部字节发送。 一旦发送 FIFO 不为空时(不管 UART 是否使能)该位都会置位
2:0	保留	RO	0	保留位返回一个不确定的值,并且应该永不改变

(4) UART 整数波特率除数(UARTIBRD)寄存器

实际地址:0x4000C024。

偏移量:0x024。

描述:UARTIBRD 寄存器是波特率除数的整数部分。所有位在复位后都清零。最小的可能比例为 1(当 UARTIBRD=0 时),此时忽略 UARTFBRD 寄存器。在修改 UARTIBRD 寄存器时,新的值直到发送/接收当前字符结束才生效。对波特率除数的任意修改,其后都要紧跟一个写 UARTLCRH 寄存器操作。

各位分配如表 K4-10 所列。

表 K4-10 UARTIBRD 寄存器各位分配

位号	31:16	15:0
名称	保留	DIVINT
复位值	0	0

各位功能描述如表 K4-11 所列。

表 K4-11 UARTIBRD 寄存器各位功能描述

位号	名称	类型	复位值	描述
31:16	保留	RO	0	保留位返回一个不确定的值,并且应该永不改变
15:0	DIVINT	R/W	0x0000	整数波特率除数

(5) UART 小数波特率除数(UARTIBRD)寄存器

实际地址:0x4000C028。

偏移量:0x028。

描述:UARTFBRD 寄存器是波特率除数的小数部分。所有位在复位后都清零。在修改 UARTFBRD 寄存器时,新的值直到发送/接收当前字符结束才生效。对波特率除数的任意修改,其后都要紧跟一个写 UARTLCRH 寄存器操作。

各位分配如表 K4-12 所列。

表 K4-12 UARTIBRD 寄存器各位分配

位 号	31:6	5:0
名 称	保留	DIVFRAC
复位值	0	0

各位功能描述如表 K4-13 所列。

表 K4-13 UARTIBRD 寄存器各位功能描述

位号	名称	类型	复位值	描述
31:6	保留	RO	0	保留位返回一个不确定的值,并且应该永不改变
5:0	DIVFRAC	R/W	0x00	小数波特率除数

(6) UART 线控制(UARTLCRH)寄存器

实际地址:0x4000C02C。

偏移量:0x02C。

描述:UARTLCRH 寄存器是线控制寄存器。串行参数(例如数据长度、奇偶校验位和停止位)的选择都是在该寄存器中完成的。

在更新波特率除数(UARTIBRD 和/或 UARTIFRD)时,还必须写 UARTLCRH 寄存器。波特率除数寄存器的写选通(strobe)信号与 UARTLCRH 寄存器相连。

各位分配如表 K4-14 所列。

表 K4-14 UARTLCRH 寄存器各位分配

位 号	31:8	7	6	5	4	3	2	1	0
名 称	保留	SPS	WLEN		FEN	STP2	EPS	PEN	BRK
复位值	0	0	0	0	0	0	0	0	0

各位功能描述如表 K4-15 所列。

表 K4-15 UARTLCRH 寄存器各位描述表

位号	名称	类型	复位值	描述
31:8	保留	RO	0	保留位返回一个不确定的值,并且应该永不改变
7	SPS	R/W	0	UART 粘着(stick)奇偶校验选择 在 UARTLCRH 的位 1、位 2 和位 7 置位时,发送奇偶校验位,且检测结果为 0。在位 1 和位 7 置位但位 2 清零时,发送奇偶校验位,且检测结果为 1。 该位清零时,粘着奇偶校验被禁止

续表 K4-15

位号	名称	类型	复位值	描述
6:5	WLEN	R/W	0	UART 字长 该位表示在发送或接收时一帧中所含的数据位数,如下: 0x3:8 位 0x2:7 位 0x1:6 位 0x0:5 位(默认)
4	FEN	R/W	0	UART 使能 FIFO 如果该位设为 1,那么发送和接收 FIFO 缓冲器都使能(FIFO 模式)若被清零,那么 FIFO 都被禁止(字符模式)。FIFO 变成 1 字节深的保存寄存器
3	STP2	R/W	0	UART 双停止位选择 如果该位设为 1,在帧的末尾发送两个停止位。接收逻辑不会检测正在接收的 2 个停止位
2	EPS	R/W	0	UART 偶校验(even parity)选择 如果该位设为 1,那么偶校验的产生和检测都在发送和接收过程中进行,检测数据位加奇偶校验位"1"的位数是否为偶数。清零时,执行奇校验,检查"1"的位数是否为奇数。 当奇偶位被 PEN 位禁止时,不会对该位有影响
1	PEN	R/W	0	UART 奇偶校验使能 如果该位设为 1,那么奇偶校验及其产生都使能;否则,奇偶校验被禁止,且数据帧中不会增加奇偶校验位
0	BRK	R/W	0	UART 发送中止(break) 如果该位设为 1,在完成当前字符的发送后,UnTX 输出上连续输出低电平。在正确执行中止(break)命令时,软件必须将该位置位,并且持续至少 2 个帧(字符周期)。在正常使用时,该位必须清零

(7) UART 控制(UARTCTL)寄存器

实际地址:0x4000C030。

偏移量:0x030。

描述:UARTCTL 寄存器是控制寄存器。所有位都在复位后清零,"发送使能(TXE)"和"接收使能(RXE)"位除外,它们都被设为 1。

为了使能 UART 模块,UARTEN 位必须置位。如果软件要求修改模块的配置,那么在对配置的改动进行写操作前 UARTEN 位必须清零。如果 UART 在发送或接收操作过程中被禁止,那么当前的处理将在 UART 停止前完成。

各位分配如表 K4-16 所列。

表 K4-16 UARTCTL 寄存器各位分配

位号	31:10	9	8	7	6:1	0
名称	保留	RXE	TXE	LBE	保留	UARTEN
复位值	0	0	0	0	0	0

各位功能描述如表K4-17所列。

表 K4-17 UARTCTL 寄存器各位功能描述

位号	名称	类型	复位值	描述
31:10	保留	RO	0	保留位返回一个不确定的值,并且应该永不改变
9	RXE	R/W	1	UART 接收使能 如果该位置位,那么 UART 的接收被使能。如果 UART 在接收中途被禁止,它会在停止前处理完当前字符
8	TXE	R/W	1	UART 发送使能 如果该位置位,那么 UART 的发送被使能。如果 UART 在发送中途被禁止,它会在停止前处理完当前字符
6:1	保留	RO	0	保留位返回一个不确定的值,并且应该永不改变
0	UARTEN	R/W	0	UART 使能 如果该位置位,那么 UART 被使能。如果 UART 在发送或接收中途被禁止,它会在停止前处理完当前字符

(8) UART 中断 FIFO 级别(level)选择(UARTIFLS)寄存器

实际地址:0x4000C034。

偏移量:0x034。

描述:UARTIFLS 寄存器是中断 FIFO 级别(level)选择寄存器。可以使用该寄存器来定义 UARTRIS 寄存器中 TXRIS 和 RXRIS 位触发时的 FIFO 级别。

中断是根据级别的跳变而不是根据具体的级别来产生。即,中断是根据触发点(trigger-level),在达到相应的 FIFO 级别时产生的。例如,如果接收触发点设为 1/2,那么中断将在模块接收第 9 个字符时触发。

没有复位时,TXIFLSEL 和 RXIFLSEL 位都被配置,因此 FIFO 在 1/2 触发点下触发中断。

各位分配如表 K4-18 所列。

表 K4-18 UARTIFLS 寄存器各位分配

位号	31:6	5:3			2:0		
名称	保留	RXIFLSEL			TXIFLSEL		
复位值	0	0	1	0	0	1	0

各位功能描述如表 K4-19 所列。

表 K4-19 UARTIFLS 寄存器各位功能描述

位号	名称	类型	复位值	描述
31:6	保留	RO	0	保留位返回一个不确定的值,并且应该永不改变

续表 K4-19

位号	名称	类型	复位值	描述
5:3	RXIFLSEL	R/W	0x2	UART 接收中断 FIFO 级别选择 接收中断的触发点如下： 000：RX FIFO≥1/8 全 001：RX FIFO≥1/4 全 010：RX FIFO≥1/2 全（默认） 011：RX FIFO≥3/4 全 100：RX FIFO≥7/8 全 101～111：保留
2:0	TXIFLSEL	R/W	0X2	UART 发送中断 FIFO 级别选择 发送中断的触发点如下： 000：TX FIFO≤1/8 全 001：TX FIFO≤1/4 全 010：TX FIFO≤1/2 全（默认） 011：TX FIFO≤3/4 全 100：TX FIFO≤7/8 全 101～111：保留

(9) UART 中断屏蔽寄存器(UARTIM)寄存器

实际地址：0x4000C038。

偏移量：0x038。

描述：UARTIM 寄存器是中断屏蔽设置/清除寄存器。

读取时，寄存器提供了相关中断上的屏蔽的当前值。向该位写 1 时，相应的原始中断信号可以发送到中断控制器。向该位写 0 时可以阻止原始的中断信号发送到中断控制器。

各位分配如表 K4-20 所列。

表 K4-20　UARTIM 寄存器各位分配

位号	31:11	10	9	8	7	6	5	4	3:0
名称	保留	OEIM	BEIM	PEIM	FEIM	RTIM	TXIM	RXIM	保留
复位值	0	0	0	0	0	0	0	0	0

各位功能描述如表 K4-21 所列。

表 K4-21　UARTIM 寄存器各位功能描述

位号	名称	类型	复位值	描述
31:11	保留	RO	0	保留位返回一个不确定的值，并且应该永不改变
10	OEIM	R/W	0	UART 溢出错误中断屏蔽 读取时，返回 OEIM 中断的当前屏蔽值。 该位置位时，可以将 OEIM 中断发送到中断控制器

续表 K4-21

位号	名称	类型	复位值	描述
9	BEIM	R/W	0	UART 中止(break)错误中断屏蔽 读取时,返回 BEIM 中断的当前屏蔽值 该位置位时,可以将 BEIM 中断发送到中断控制器
8	PEIM	R/W	0	UART 奇偶校验错误中断屏蔽 读取时,返回 PEIM 中断的当前屏蔽值 该位置位时,可以将 PEIM 中断发送到中断控制器
7	FEIM	R/W	0	UART 帧错误中断屏蔽 读取时,返回 FEIM 中断的当前屏蔽值 该位置位时,可以将 FEIM 中断发送到中断控制器
6	RTIM	R/W	0	UART 接收超时中断屏蔽 读取时,返回 RTIM 中断的当前屏蔽值 该位置位时,可以将 RTIM 中断发送到中断控制器
5	TXIM	R/W	0	UART 发送中断屏蔽 读取时,返回 TXIM 中断的当前屏蔽值 该位置位时,可以将 TXIM 中断发送到中断控制器
4	RXIM	R/W	0	UART 接收中断屏蔽 读取时,返回 RXIM 中断的当前屏蔽值 该位置位时,可以将 RXIM 中断发送到中断控制器
3:0	保留	RO	0	保留位返回一个不确定的值,并且应该永不改变

(10) UART 原始中断状态(UARTRIS)寄存器

实际地址:0x4000C03C。

偏移量:0x03C。

描述:UARTRIS 寄存器是原始中断状态寄存器。读取时,该寄存器显示了相应中断的当前原始状态值。对该寄存器进行写操作没有什么影响。

各位分配如表 K4-22 所列。

表 K4-22 UARTRIS 寄存器各位分配

位号	31:11	10	9	8	7	6	5	4	3:0
名称	保留	OERIS	BERIS	PERIS	FERIS	RTRIS	TXRIS	RXRIS	保留
复位值	0	0	0	0	0	0	0	0	0

各位功能描述如表 K4-23 所列。

表 K4-23 UARTRIS 寄存器各位功能描述

位号	名称	类型	复位值	描述
31:11	保留	RO	0	保留位返回一个不确定的值,并且应该永不改变

续表 K4-23

位号	名称	类型	复位值	描述
10	OERIS	R/W	0	UART 溢出错误的原始中断状态 显示溢出错误中断的原始(屏蔽前)中断状态
9	BERIS	R/W	0	UART 中止(break)错误的原始中断状态 显示中止(break)错误中断的原始(屏蔽前)中断状态
8	PERIS	R/W	0	UART 奇偶校验错误的原始中断状态 显示奇偶校验错误中断的原始(屏蔽前)中断状态
7	FERIS	R/W	0	UART 帧错误的原始中断状态 显示帧错误中断的原始(屏蔽前)中断状态
6	RTRIS	R/W	0	UART 接收超时的原始中断状态 显示接收超时中断的原始(屏蔽前)中断状态
5	TXRIS	R/W	0	UART 发送的原始中断状态 显示发送中断的原始(屏蔽前)中断状态
4	RXRIS	R/W	0	UART 接收的原始中断状态 显示接收中断的原始(屏蔽前)中断状态
3:0	保留	RO	0xF	保留位返回一个不确定的值,并且应该永不改变

(11) UART 已屏蔽中断状态(UARTMIS)寄存器

实际地址:0x4000C040。

偏移量:0x040。

描述:UARTMIS 寄存器是已屏蔽中断状态寄存器。读取时,该寄存器显示了相应中断的当前屏蔽状态值。对该寄存器进行写操作没有什么影响。

各位分配如表 K4-24 所列。

表 K4-24 UARTMIS 寄存器各位分配

位号	31:11	10	9	8	7	6	5	4	3:0
名称	保留	OEMIS	BEMIS	PEMIS	FEMIS	RTMIS	TXMIS	RXMIS	保留
复位值	0	0	0	0	0	0	0	0	0

各位功能描述如表 K4-25 所列。

表 K4-25 UARTMIS 寄存器各位功能描述

位号	名称	类型	复位值	描述
31:11	保留	RO	0	保留位返回一个不确定的值,并且应该永不改变
10	OEMIS	RO	0	UART 溢出错误的已屏蔽中断状态 显示溢出错误中断的已屏蔽中断状态
9	BEMIS	RO	0	UART 中止(break)错误的已屏蔽中断状态 显示中止(break)错误中断的已屏蔽中断状态

续表 K4-25

位号	名称	类型	复位值	描述
8	PEMIS	RO	0	UART 奇偶校验错误的已屏蔽中断状态 显示奇偶校验错误中断的已屏蔽中断状态
7	FEMIS	RO	0	UART 帧错误的已屏蔽中断状态 显示帧错误中断的已屏蔽中断状态
6	RTMIS	RO	0	UART 接收超时的已屏蔽中断状态 显示接收超时中断的已屏蔽中断状态
5	TXMIS	RO	0	UART 发送的已屏蔽中断状态 显示发送中断的已屏蔽中断状态
4	RXMIS	RO	0	UART 接收的已屏蔽中断状态 显示接收中断的已屏蔽中断状态
3:0	保留	RO	0	保留位返回一个不确定的值,并且应该永不改变

(12) UART 中断清除(UARTICR)寄存器

实际地址:0x4000C044。

偏移量:0x044。

描述:UARTICR 寄存器是中断清除寄存器。在写入 1 时,相应的中断(原始中断和已屏蔽中断,如果使能)被清除。写入 0 没什么影响。

各位分配如表 K4-26 所列。

表 K4-26 UARTICR 寄存器各位分配

位号	31:11	10	9	8	7	6	5	4	3:0
名称	保留	OEIC	BEIC	PEIC	FEIC	RTIC	TXIC	RXIC	保留
复位值	0	0	0	0	0	0	0	0	0

各位功能描述如表 K4-27 所列。

表 K4-27 UARTICR 寄存器各位功能描述

位号	名称	类型	复位值	描述
31:11	保留	RO	0	保留位返回一个不确定的值,并且应该永不改变
10	OEIC	WIC	0	UART 溢出错误中断清除 0:对中断不起作用 1:清除中断
9	BEIC	WIC	0	中止(break)错误中断清除 0:对中断不起作用 1:清除中断
8	PEIC	WIC	0	UART 奇偶校验错误中断清除 0:对中断不起作用 1:清除中断

续表 K4－27

位 号	名 称	类 型	复位值	描 述
7	FEIC	WIC	0	UART 帧错误中断清除 0：对中断不起作用 1：清除中断
6	RTIC	WIC	0	UART 接收超时中断清除 0：对中断不起作用 1：清除中断
5	TXIC	WIC	0	UART 发送中断清除 0：对中断不起作用 1：清除中断
4	RXIC	WIC	0	UART 接收中断清除 0：对中断不起作用 1：清除中断
3：0	保留	RO	0	保留位返回一个不确定的值，并且应该永不改变

限于篇幅，其他与 UART 通信有关的寄存器不再一一列出。有兴趣的朋友可以找到 LM3S101(102) 数据手册查一查。

K4.4　UART 的编程步骤与方法

由于 LM3S101(102) 内部结构的复杂性，现在很难将宏定义与 UART 各寄存器的各位一一对应，学习的唯一方法就是使用已编好的模板文件进行应用编程实现。

为了提高学习效率并缩短学习时间，本人整理了一个 UART 通信程序的头文件供各位使用。取名为：Lm101UartSR.h。这样就可以不用去考虑细节问题，直接调用文件中的函数便可。

下面是 Lm101UartSR.h 文件的全部内容。

```
//****************************************************************
//LM_Uart 串行通信程序
//文件名：Lm101UartSR.h
//----------------------------------------------------------------
#include "hw_memmap.h"
#include "hw_types.h"
#include "gpio.h"
#include "sysctl.h"
#include "timer.h"
#include "interrupt.h"
#include "uart.h"
//----------------------------------------------------------------
static volatile const unsigned char * g_pucBuffer = 0;
static volatile unsigned long g_ulCount = 0;   //发送数据内部计数器(待发送数据的个数)
//外用变量
unsigned char g_pucString[] = "welcome to http://www.ltfmcucx.com\r\n";
```

```c
unsigned long nlRcvData = 0;        //用于存放接收到的数据[外用]
unsigned int   nbRcvFlags = 0;      //接收数据标识符(当接收数据中断服务程序收到有数据
                                    //时 nbRcvFlags = 1,请用户手工清零)
unsigned char uchRcvd = 0x44;       //存入接收到的数据
//------------------------------------------------------------
//延时子程序
//------------------------------------------------------------
void Ddelay(int e)
{
  int a = 0;
  for( ; e; --e)
    for(a = 0;a<1000;a++);
}
//------------------------------------------------------------
// 定义待发送的数据串。用户可自定义修改
//------------------------------------------------------------
// 函数名称:UART_Rx_Int_Handler()
// 函数功能:UART 接收数据中断服务子程序(中断执行程序)
// 输入参数:无
// 输出参数:无
// 说明:如果系统发现上位机有数据发过来,就将数据存入 nlRcvData 缓冲区,并置位
//       nbRcvFlags 标识
//------------------------------------------------------------
void UART_Rx_Int_Handler(void)
{
    //发现数据发过来先清除中断标志位
    UARTIntClear(UART0_BASE, UART_INT_RX);
    //接收上位机发来的数据
    nlRcvData = UARTCharGet(UART0_BASE);
    //接收数据标识符为 1(接收到数据)
    nbRcvFlags = 1;
}
//------------------------------------------------------------
// 函数名称:UARTTxData()。
// 函数功能:UART 串行发送数据程序
// 输入参数:无
// 输出参数:无
// 说明:本程序用了两个参数,都是全局变量,一个是 g_pucBuffer 数据缓存区,一个是要发
//       送的数据个数 g_ulCount。
//       在程序要执行数据发送前,将数据传送到两个缓存区即可
//------------------------------------------------------------
void UARTTxData(void)
{
    while(g_ulCount && UARTSpaceAvail(UART0_BASE))
    {
```

```c
        //发送下一个字符
UARTCharNonBlockingPut(UART0_BASE, * g_pucBuffer++);
//发送字符数自减
        g_ulCount--;
        //增加一个延时
        Ddelay(2);
    }
}
//------------------------------------------------------------
// 函数名称:UART_Tx_IntHandler()
// 函数功能:UART 发送数据中断处理器(中断执行程序)
// 输入参数:无
// 输出参数:无
// 说明:如果系统发现有数据发送存在,就启动此程序调用 UARTTxIntHandler();数据发送程序
//------------------------------------------------------------
void UART_Tx_Int_Handler(void)
{
    unsigned long ulStatus;
    //获得中断状态。查看是否有数据要发送
    ulStatus = UARTIntStatus(UART0_BASE, true);
    //清除等待响应的中断
    UARTIntClear(UART0_BASE, ulStatus);
    //检查是否有未响应的传输中断(判断是否发送数据的信号)
    if(ulStatus & UART_INT_TX)
    {
        UARTTxData();                       //处理传输中断(发出数据)
    }
}

//------------------------------------------------------------
//下面是 UART 串行通信中外部调用程序
//------------------------------------------------------------
// 函数名称:UARTSend()
// 函数功能:向 UART 发送字符串(用户用数据发送子程序)
// 入口参数:pucBuffer[为待发送的数据缓存区,存放时最好用数组],ulCount[指示待发送
// 数据的个数]
// 输出参数:无
// 说明:用户需要发送数据时调用此程序即可
//------------------------------------------------------------
void UARTSend(unsigned char * pucBuffer, unsigned long ulCount)
{
    //等待数据发送缓冲区的数据发送完毕
    while(g_ulCount);                           //等待,直到之前的字符串发送完毕
    //将要发送的数据存入中心缓存区,准备数据发送
    g_pucBuffer = pucBuffer;                    //保存待传输的数据缓冲
    g_ulCount = ulCount;                        //保存计数值
```

```c
    //禁止发送中断
    UARTIntDisable(UART0_BASE, UART_INT_TX);    //使能发送前先禁止
    UARTTxData();                               //初始化数据发送
    //启动发送中断
    UARTIntEnable(UART0_BASE, UART_INT_TX);     //使能 UART 发送
}
//------------------------------------------------------------
// 函数名称:UARTRcv()
// 函数功能:读取收到的数据
// 输入参数:无
// 输出参数:uchRcvd[传送接收到的数据]
//------------------------------------------------------------
unsigned char UARTRcv()
{
    //unsigned char uchRcvd = 0x44;

    if(nbRcvFlags)
    {
        nbRcvFlags = 0;                         //清除接收数据标识
        uchRcvd = nlRcvData;                    //读取收到的数据
    }

    return uchRcvd;
}
//------------------------------------------------------------
//此程序演示了通过串口发送数据。UART 将被配置为 9600 波特率,8-n-1 模式持续
//发送数据。字符将利用中断的方式通过 UART 发送
//------------------------------------------------------------
// 函数名称:LM101_UART_Initi()
// 函数功能:UART 串行初始化程序
//入出参数:无
//------------------------------------------------------------
void LM101_UART_Initi()
{
    //设置串行外设为输出
    SysCtlPeripheralEnable(SYSCTL_PERIPH_UART0);
    //启动 PA 口,用于串行发送
    SysCtlPeripheralEnable(SYSCTL_PERIPH_GPIOA);
    //启动全局中断
    IntMasterEnable();

    //设置 GPIO 的 A0 和 A1 为 UART 引脚(PA0->RXD,PA1->TXD)
    //从 PA0;PA1 发送数据,这是硬件设置规定的
    GPIOPinTypeUART(GPIO_PORTA_BASE, GPIO_PIN_0 | GPIO_PIN_1);

    //设置 UART 串行用通信参数
    // 配置 UART 为 9600 波特率,8-N-1 模式发送数据。
    UARTConfigSet(UART0_BASE, 9600, (UART_CONFIG_WLEN_8 | \
```

```
                    UART_CONFIG_STOP_ONE | UART_CONFIG_PAR_NONE));
    //注册 UART 串行发送中断程序的函数名称为 UART0IntHandler
    UARTIntRegister(UART0_BASE,UART_Tx_Int_Handler);
    //注册 UART 串行接收中断程序的函数名称为 UART_Rx_Int_Handler
    UARTIntRegister(UART0_BASE,UART_Rx_Int_Handler);
    //使 UART 串行中断使能(启用发送中断)
    UARTIntEnable(UART0_BASE, UART_INT_TX);
    //启用接收中断和中断超时
    UARTIntEnable(UART0_BASE, UART_INT_RX | UART_INT_RT);
    //初值
    nlRcvData = 0x44;
    //将接收数据标识符清 0
    nbRcvFlags = 0;
}
//----------------------------------------------------------------
```

在程序中有详尽的注释,有兴趣的朋友可以认真地读一读。不一定要弄懂,像这样的头文件只要你能懂得调用可执行函数便可。

文件中外部调用函数有 3 个:

① 初始 UART 串行通信函数 LM101_UART_Initi(),使用时直接调用即可。

② 接收数据函数 UARTRcv(),函数在说明时带有一个字符返回值,即接收到的数据,使用时请另外说明一个变量接下收到的数据。具体操作请看下面的范例即任务。

③ 发送数据函数 UARTSend()。

函数原型:UARTSend(unsigned char * pucBuffer, unsigned long ulCount);

参数含义:

pucBuffer——待发数据缓存区的首地址,使用时最好申请一个数组,将待发数据存入数组中,再将数组的地址传给 pucBuffer 变量即可。

ulCount——参数为待发数据的个数,以字节为单位,一个中文字为两个字节,计算时一定要记住这一点。

任务 1:向上位机发送一个 0x44(D),如果上位机有数据发来,则转而发送上位机发来的数据。

编程实现如下:

```
……
unsigned char uchC;
LM101_UART_Initi();                  //启用 UART 串行通信
while(1)
{
    uchC = UARTRcv();                //读取上位机发来的串行数据
    UARTSend(&uchC,1);               //将读到的数据又发回上位机
}
……
```

如果在初始发送时不想发送 D 字,可以打开"LM101_UART_Initi();"函数找到倒数第二行:

//初值
　　nlRcvData = 0x44;

将 0x44 改为想发送的值即可。

K4.5　操作实例任务

任务①:接收上位机发来的数据,在保存的同时并发回上位机。要求必须使用组合命令,下位机接到命令时进入接收上位发送数据状态,接到停止命令时系统退出这种状态,转而去发送常发送字符(如 D 字)。当接收到读命令时,系统立即转去将接收到的字符串发送出去,完后并回到常发送字符状态。

任务②:无。

K4.6　操作任务编程实例

任务①:接收上位机发来的数据,在保存的同时并发回上位机。要求必须使用组合命令,下位机接到命令时进入接收上位机发送数据状态,接到停止命令时系统退出这种状态,转而去发送常发送字符(如 D 字)。当接收到读命令时,系统立即转去将接收到的字符串发送出去,完后并回到常发送字符状态。

程序编写如下:

```
//***********************************************************
//UART 通信
//文件夹:LM101_UART_Send_Rcv 任务①
//说明:上位机操作命令组合,w - 为接收上位机发来的数据,r - 表示将上次接收到上位机的
//     数据发回,0xDD 为上位机停止发送数据。操作方法:程序编写好后烧入 LM3S101(102)
//     微控制器并运行程序,打开 PC 机的串行助手,在发送窗口中输入 w 并手工发出。当
//     LM3S101(102)向 PC 机发出的数据停下时,请发送数据,LM3S101(102)微控制器正在
//     等待接收上位机发来的数据。在发送窗口输入 DD 转为十六进制发出将停止这一次
//     的数据发送,向发送窗口输入 r 并手工发送出去,即可读回前面发送过的数据
//***********************************************************
#include "Lm101UartSR.h"

#define PB4_LED    GPIO_PIN_4
#define PB5_LED    GPIO_PIN_5
#define PB6_LED    GPIO_PIN_6

unsigned char uchRecvD[64],uchSendD[64];
unsigned int nJSQ = 0;
void Uart_Recv();
void Uart_Send();
unsigned char chCC[3];
//-----------------------------------------------------------
//防止 JTAG 失效
//-----------------------------------------------------------
void  jtagWait(void)
```

```c
{
    SysCtlPeripheralEnable(SYSCTL_PERIPH_GPIOB);
    //设置 KEY 所在引脚为输入
    GPIODirModeSet(GPIO_PORTB_BASE, GPIO_PIN_3, GPIO_DIR_MODE_IN);
    //如果复位时按下 KEY,则进入
    if ( GPIOPinRead( GPIO_PORTB_BASE , GPIO_PIN_3)   ==   0x00 )
    {
        for(;;);        //死循环,以等待 JTAG 连接
    }
    //禁止 KEY 所在的 GPIO 端口
    SysCtlPeripheralDisable(SYSCTL_PERIPH_GPIOB);
}
//------------------------------------------------------------
//延时子程序
//------------------------------------------------------------
void delay(int d)
{
    int i = 0;
    for( ; d; --d)
      for(i = 0;i<10000;i++);
}
//------------------------------------------------------------
// 函数名称:GPio_Initi
// 函数功能:启动外设 GPIO 输入/输出
// 输入参数:无
// 输出参数:无
//------------------------------------------------------------
void GPio_Initi(void)
{
    //使能 GPIO B 口外设。用于指示灯
    SysCtlPeripheralEnable( SYSCTL_PERIPH_GPIOB );
    //设定 PB4 与 PB5 为输出,用作指示灯点亮
    GPIODirModeSet(GPIO_PORTB_BASE, PB4_LED | PB5_LED | \
           PB6_LED,GPIO_DIR_MODE_OUT);
    //初始化 PB4 与 PB5 为低电平,点亮指示灯
    GPIOPinWrite( GPIO_PORTB_BASE, PB5_LED, 0 );
}
//------------------------------------------------------------
//下面是主程序区
//------------------------------------------------------------
int main()
{
    //防止 JTAG 失效
    delay(10);
    jtagWait();
```

```c
      delay(10);
    //设定系统晶振为时钟源
    SysCtlClockSet( SYSCTL_SYSDIV_1 | SYSCTL_USE_OSC | SYSCTL_OSC_MAIN |
                    SYSCTL_XTAL_6MHZ );

    GPio_Initi();                                        //启动 GPIO 输出
    LM101_UART_Initi();
    while(1)
    {
       if(nbRcvFlags)
       {
          chCC[0] = nlRcvData;
          chCC[1] = nbRcvFlags;
          UARTSend(chCC,2);
          nbRcvFlags = 0;                                //清 0UART 串行接收数据中断标识
          if(chCC[0] == w)                               //接到写命令
            Uart_Recv();
           else if(chCC[0] == r)                         //接收到读命令
               Uart_Send();
               else;
       }
       else UARTSend("D",1);
       //程序运行指示灯处理
       //读出 PB5_LED 引脚值判断是否为 0
       if(GPIOPinRead(GPIO_PORTB_BASE, PB5_LED) == 0x00)
       //如果 PB5 引脚为 0 就给其写 1 熄灯
         GPIOPinWrite(GPIO_PORTB_BASE, PB5_LED,0x20);
           else GPIOPinWrite(GPIO_PORTB_BASE, PB5_LED,0x00);   //就给其写 0 亮灯
       delay(10);
    }
}
//--------------------------------------------------------------------
//接收并保存数据
//--------------------------------------------------------------------
// 函数名称:Uart_Recv()
// 函数功能:接收从上位机发来的数据
// 输入参数:无
// 输出参数:无
//--------------------------------------------------------------------
void Uart_Recv()
{
  nJSQ = 1;
```

```
      do
      {
        if(nbRcvFlags)
        {
          nbRcvFlags = 0;
          uchRcvD[nJSQ] = nlRcvData;
          UARTSend(&uchRcvD[nJSQ],1);
          //接收到上位机发来的 0xDD 表示退出接收状态
          if(uchRcvD[nJSQ] = = 0xDD)break;
          nJSQ + + ;
        }
      }while(1);
      uchRcvD[0] = nJSQ;              //总数存放在数组的第 1 个元素内
}
//-------------------------------------------------------------------
// 函数名称:Uart_Send()
// 函数功能:将上位机发来的数据又发送给上位机
// 输入参数:无
// 输出参数:无
//-------------------------------------------------------------------
void Uart_Send()
{
  unsigned int unCount;
  unCount = uchRcvD[0];
  UARTSend(uchRcvD, unCount);
}
//-------------------------------------------------------------------
//*******************************************************************
```

K4.7 外扩模块电路图与连线

TTL 电平转换模块电路如图 K4-1 所示。

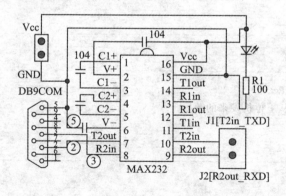

图 K4-1　TTL 电平转换模块电路

扩展模块图 K4-1 与 EasyARM101 开发板连线：J1 连到 PA1，J2 连到 PA0。电源连到开发板上的 3.3 V 电源。

作业：
无

编后语：
串行对于计算机来说是一个古老的通信接口，从计算机诞生以来就有。

课题 5 同步串行通信口(SSI)的启动与应用

实验目的

了解和掌握 LM3S101(102) 同步串行通信口(SSI)的原理与启用方法。

实验设备

① 所用工具：30 W 烙铁 1 把，数字万用表 1 个；
② PC 机 1 台；
③ 开发软件 IAR Embedded Workbench5.20v 集成开发平台 1 套；
④ LM LINK JTAG 调试器 1 套，EasyARM101 开发套件 1 套。

外扩器件

74HC595 模块 1 块（所需器件：74HC595 1 块，发光二极管 1 个，限流电阻 1 个，接插针 1 条）；两位数码管模块 1 块（所需器件：单位 8 段数码管 2 个，9012 驱动管 2 个，小万能板 2 块）。焊接与连线图见 K5.7 小节。

LM3S101(102)内部资料

K5.1 初始化和配置

针对不同的帧格式，SSI 使用以下的步骤进行配置：
① 确保在改变任何配置之前先将 SSICR1 寄存器中的 SSE 位禁止。
② 选择 SSI 为主机或从机：
——作为主机时，将 SSICR1 寄存器设置为 0x00000000；
——作为从机时（输出使能），将 SSICR1 寄存器设置为 0x00000004；
——作为从机时（输出禁止），将 SSICR1 寄存器设置为 0x0000000C。
③ 通过写 SSICPSR 寄存器来配置时钟预分频除数。
④ 写 SSICR0 寄存器，实现以下配置：
——串行时钟速率(SCR)；
——如果使用 Freescale SPI 模式，则配置所需的时钟相位/极性(SPH 和 SPO)；

——协议模式：Freescale SPI、TI SSF、MICROWIRE(FRF)；

——数据大小(DSS)。

⑤ 通过置位 SSICR1 寄存器的 SSE 位来使能 SSI。

举例：假定必须将 SSI 配置为在以下参数下工作：主机操作、Freescale SPI 模式(SPO=1，SPH=1)、1 Mbps 位速率、8 个数据位。

假定系统时钟为 20 MHz，则位速率计算如下：

$F_{SSICLK} = F_{SysCLK}/[CPSDVR \times (1+SCR)] \times 10^6 = 20 \times 10^6/[CPSDVR \times (1+SCR)]$

此时，如果 CPSDVR=2，则 SCR 必须为 9。

具体的配置序列如下：

a. 确保 SSICR1 寄存器的 SSE 位禁止；

b. 向 SSICR1 寄存器写入 0x00000000；

c. 向 SSICPSR 寄存器写入 0x00000002；

d. 向 SSICR0 寄存器写入 0x000009C7；

e. 将 SSICR1 寄存器的 SSE 位置 1 来使能 SSI。

K5.2 寄存器映射

表 K5-1 列出了 SSI 寄存器。偏移量相对于 SSI 的基址 0x40008000，并在寄存器地址上采用十六进制递增的方式列出。

注：在对任何控制寄存器重新编程之前，必须将 SSI 禁止（见 K5.3 小节 SSICR1 寄存器的 SSE 位）。

表 K5-1 SSI 寄存器映射

序号	偏移量	名称	复位值	类型	描述
1	0x000	SSICR0	0x00000000	R/W	控制 0
2	0x004	SSICR1	0x00000000	R/W	控制 1
3	0x008	SSIDR	0x00000090	R/W	数据寄存器
4	0x00C	SSISR	0x00000003	R/W	状态
5	0x010	SSICPSR	0x00000000	R/W	时钟预分频
6	0x014	SSIIM	0x00000000	R/W	中断屏蔽
7	0x018	SSIRIS	0x00000008	RO	原始中断状态
8	0x01C	SSIMIS	0x00000000	RO	屏蔽后的中断状态
9	0x020	SSIICR	0x00000000	WIC	中断清零

注：有关 SSI 更多的寄存器见 LM3S101(102)数据手册。

K5.3 相关寄存器资料与库函数应用

(1) SSI 控制 0(SSICR0)

实际地址：0x40008000。

偏移量：0x000。

描述：SSICR0 为控制寄存器 0，其位域用来控制 SSI 模块内的各种功能。如协议模式、时钟速率和数据大小等功能都在该寄存器中配置。

各位分配如表 K5-2 所列。

表 K5-2 SSICR0 寄存器各位分配

位号	31:16	15:8	7	6	5	4	3	2	1	0
名称	保留	SCR	SPH	SPO	FRF		DSS			
复位值	0	0	0	0	0	0	0	0	0	0

各位功能描述如表 K5-3 所列。

表 K5-3 SSICR0 寄存器各位功能描述

位号	名称	类型	复位值	描述
31:16	保留	RO	0	保留位返回一个不确定的值,并且应该永不改变
15:8	SCR	R/W	0	SSI 串行时钟速率 SCR 的值用来产生 SSI 的发送和接收位速率。该位速率为: $BR = F_{SSICLK} / [CPSDVR \times (1+SCR)]$ 此处,CPSDVR 为 2~254 之间的一个偶数值,在 SSICPSR 寄存器中设置,SCR 为 0~255 之间的一个值
7	SPH	R/W	0	SSI 串行时钟相位 该位只适用于 Freescale SPI 格式 SPH 控制位选择捕获数据及允许数据改变的时钟边沿。通过在第一个数据捕获边沿之前允许或不允许存在一个时钟转换,SPH 在第一个发送位上产生极大的影响。 当 SPH 为 0 时,数据在第一个时钟边沿转换时捕获;当 SPH 为 1 时,数据在第二个时钟边沿转换时捕获
6	SPO	R/W	0	SSI 串行时钟极性 该位只适用于 Freescale SPI 格式。 当 SPO 为 0 时,它在 SSICLK 引脚上产生稳定的低电平;当 SPO 为 1 且没有传输数据时,在 SSICLK 引脚上产生稳定的高电平
5:4	FRF	R/W	0	SSI 帧格式选择 FRF 的值定义如下: FRF 帧格式 00 Freescale SPI 帧格式 01 Texas Instruments 同步串行帧格式 10 MICROWIRE 帧格式 11 保留
3:0	DSS	R/W	0	SSI 数据大小选择 DSS 的值定义如下: DSS 值数据大小 0000 — 0010 保留 0011 4 位数据 0100 5 位数据 0101 6 位数据

续表 K5－3

位 号	名 称	类 型	复位值	描 述		
				0110	7 位数据	
				0111	8 位数据	
				1000	9 位数据	
				1001	10 位数据	
				1010	11 位数据	
				1011	12 位数据	
				1100	13 位数据	
				1101	14 位数据	
				1110	15 位数据	
				1111	16 位数据	

下面是库函数应用解说。

与 SSI 通信用 SSICR0 寄存器各位有关的宏定义有：

宏定义说明宏 K5－1。

对 SSICR0 寄存器 5：4 位宏定义为：

```
//选择 Freescale SPI 帧格式取名为 SSI_FRF_MOTO_MODE_0
#define SSI_FRF_MOTO_MODE_0    0x00000000    // Moto fmt, polarity 0, phase 0
//选择 Texas Instruments 同步串行帧格式取名为 SSI_FRF_MOTO_MODE_1
#define SSI_FRF_MOTO_MODE_1    0x00000002    // Moto fmt, polarity 0, phase 1
//选择 MICROWIRE 帧格式取名为 SSI_FRF_MOTO_MODE_2
#define SSI_FRF_MOTO_MODE_2    0x00000001    // Moto fmt, polarity 1, phase 0
//保留格式
#define SSI_FRF_MOTO_MODE_3    0x00000003    // Moto fmt, polarity 1, phase 1
//发送 Texas Instruments 同步串行帧格式
#define SSI_FRF_TI             0x00000010    // TI frame format
//MICROWIRE 帧格式
#define SSI_FRF_NMW            0x00000020    // National MicroWire frame format
//设为主机
#define SSI_MODE_MASTER        0x00000000    // SSI master
//设为从机
#define SSI_MODE_SLAVE         0x00000001    // SSI slave
//设为从机并禁止输出
#define SSI_MODE_SLAVE_OD      0x00000002    // SSI slave with output disabled
```

(2) SSI 控制 1(SSICR1)

实际地址：0x40008004。

偏移量：0x004。

描述：SSICR1 为控制寄存器 1，其位域用来控制 SSI 模块内的各种功能。主机模式和从机模式功能就由该寄存器控制。

各位分配如表 K5－4 所列。

表 K5-4　SSICR1 寄存器各位分配

位号	31:4	3	2	1	0
名称	保留	SOD	MS	SSE	LBM
复位值	0	0	0	0	0

各位功能描述如表 K5-5 所列。

表 K5-5　SSICR1 寄存器各位功能描述

位号	名称	类型	复位值	描述
31:4	保留	RO	0	保留位返回一个不确定的值,并且应该永不改变
3	SOD	R/W	0	SI 从机模式输出禁止 该位只在从机模式(MS=1)中使用。在多从机系统中,为确保只有一个从机将数据驱动到串行输出线上,SSI 主机可以向系统中的所有从机广播一个消息。在这样的系统中,多个从机的 TXD 线可以连在一起。在这样的系统中操作时,需对 SOD 位进行配置以使 SSI 模式不驱动 SSITx 引脚 0:SSI 能够在从机输出模式中驱动 SSITx 输出 1:SSI 不可以在从机模式中驱动 SSITx 输出
2	MS	R/W	0	SSI 主/从选择 该位选择主机或从机模式并且只有当 SSI 禁止(SSE=0)时才能修改。 0:器件配置为主机 1:器件配置为从机
1	SSE	R/W	0	SSI 同步串行端口使能 将该位置位可使能 SSI 操作 0:SSI 操作禁止 1:SSI 操作使能 注:在对任何控制寄存器重新编程之前,该位必须设置为 0
0	LBM	R/W	0	SSI 环回(loopback)模式 将该位置位可使能环回(loopback)测试模式 0:正常的串行端口操作使能 1:发送串行移位寄存器的输出与接收串行移位寄存器的输入在内部相连

(3) SSI 数据寄存器(SSIDR)

实际地址:0x40008008。

偏移量:0x008。

描述:SSIDR 为 16 位宽的数据寄存器。SSIDR 的读操作即是对接收 FIFO 的入口(由当前 FIFO 读指针来指向)进行访问。当 SSI 接收逻辑将数据从输入的数据帧中转移出来后,将它们放入接收 FIFO 的入口(由当前 FIFO 写指针来指向)。

SSIDR 的写操作即是将数据写入发送 FIFO 的入口(由写指针来指向)。每次发送逻辑将发送 FIFO 中的数值转移出来一个,装入发送串行移位器,然后在设置的位速率下串行移出到 SSITx 引脚。

当所选数据的大小小于 16 位时,用户必须正确调整写入发送 FIFO 的数据。发送逻辑忽略未使用的位。小于 16 位的接收数据在接收缓冲区中自动调整。

当 SSI 设置为 MICROWIRE 帧格式时,发送数据的默认为 8 位(最高有效字节忽略),接收数据的大小由程序员控制。即使当 SSICR1 寄存器的 SSE 位设置为 0 时,也可以不将发送 FIFO 和接收 FIFO 清零。这样可在使能 SSI 之前使用软件来填充发送 FIFO。

各位分配如表 K5-6 所列。

表 K5-6　SSIDR 寄存器各位分配

位号	31:16	15:0
名称	保留	DATA
复位值	0	0

各位功能描述如表 K5-7 所列。

表 K5-7　SSIDR 寄存器各位功能描述

位号	名称	类型	复位值	描述
31:16	保留	RO	0	保留位返回一个不确定的值,并且应该永不改变
15:0	DATA	R/W	0	SSI 接收/发送数据 对该区域的读操作即是读接收 FIFO,写操作即是写发送 FIFO。 当 SSI 设置为数据大小小于 16 位时,软件必须正确地调整数据。发送逻辑将忽略顶部未使用的位。接收逻辑自动调整数据

(4) SSI 状态寄存器(SSISR)

实际地址:0x4000800C。

偏移量:0x00C。

描述:SSISR 是一个状态寄存器,其位域用来表示 FIFO 的填充状态以及 SSI 忙状态。

各位分配如表 K5-8 所列。

表 K5-8　SSISR 寄存器各位分配

位号	31:5	4	3	2	1	0
名称	保留	BSY	RFF	RNE	TNF	TFE
复位值	0	0	0	0	1	1

各位功能描述如表 K5-9 所列。

表 K5-9　SSISR 寄存器各位功能描述

位号	名称	类型	复位值	描述
31:5	保留	RO	0	保留位返回一个不确定的值,并且应该永不改变
4	BSY	RO	0	SSI 忙状态位 0:SSI 空闲; 1:SSI 当前正在发送和/或接收一个帧,或者发送 FIFO 不为空

续表 K5 – 9

位号	名称	类型	复位值	描述
3	RFF	RO	0	SSI 接收 FIFO 满 0：接收 FIFO 未满 1：接收 FIFO 满
2	RNE	RO	0	SSI 接收 FIFO 不为空 0：接收 FIFO 为空 1：接收 FIFO 不为空
1	TNF	RO	1	SSI 发送 FIFO 不为满 0：发送 FIFO 满 1：发送 FIFO 未满
0	TFE	RO	1	SSI 发送 FIFO 为空 0：发送 FIFO 不为空 1：发送 FIFO 为空

(5) SSI 时钟预分频(SSICPSR)

实际地址：0x40008010。

偏移量：0x010。

描述：SSICPSR 为时钟预分频寄存器，用来指定在进一步使用系统时钟之前必须在内部对系统时钟进行分频时使用的分频因子。

写入该寄存器的值必须是 2~254 之间的一个偶数。所设的值的最低有效位硬编码为 0。如果向该寄存器写入奇数，则该寄存器读操作返回的值中，最低有效位为 0。

各位分配如表 K5 – 10 所列。

表 K5 – 10　SSICPSR 寄存器各位分配

位号	31：8	7：0
名称	保留	CPSDVSR
复位值	0	0

各位功能描述如表 K5 – 11 所列。

表 K5 – 11　SSICPSR 寄存器各位功能描述

位号	名称	类型	复位值	描述
31：8	保留	RO	0	保留位返回一个不确定的值，并且应该永不改变
7：0	CPSDVSR	R/W	0	SSI 时钟预分频因子 该值必须为 2~254 之间的一个偶数，具体取值由 SSICLK 的频率决定。 读操作时，LSB 始终返回 0

(6) SSI 中断屏蔽(SSIIM)

实际地址：0x40008014。

偏移量：0x014。

描述：SSIIM 为中断屏蔽置位或清零寄存器。它是一个读/写寄存器，复位时所有位都清零。读该寄存器时将获得相关中断屏蔽的当前值。向寄存器的特定位写 1 将设置屏蔽，使得中断能够读出，写 0 可清除对应的中断屏蔽。

各位分配如表 K5-12 所列。

表 K5-12 SSIIM 寄存器各位分配

位 号	31:4	3	2	1	0
名 称	保留	TXIM	RXIM	RTIM	RORIM
复位值	0	0	0	0	0

各位功能描述如表 K5-13 所列。

表 K5-13 SSIIM 寄存器各位功能描述

位 号	名 称	类 型	复位值	描 述
31:4	保留	RO	0	保留位返回一个不确定的值，并且应该永不改变
3	TXIM	R/W	0	SSI 发送 FIFO 中断屏蔽 0：TX FIFO 一半或更少为空中断被屏蔽 1：TX FIFO 一半或更少为空中断没有被屏蔽
2	RXIM	R/W	0	SSI 接收 FIFO 中断屏蔽 0：RX FIFO 一半或更少为满中断被屏蔽 1：RX FIFO 一半或更少为满中断没有被屏蔽
1	RTIM	R/W	0	SSI 接收超时中断屏蔽 0：RX FIFO 超时中断被屏蔽 1：RX FIFO 超时中断没有被屏蔽
0	RORIM	R/W	0	SSI 接收溢出中断屏蔽 0：RX FIFO 溢出中断被屏蔽 1：RX FIFO 溢出中断没有被屏蔽

(7) SSI 原始中断状态(SSIRIS)

实际地址：0x40008018。

偏移量：0x018。

描述：SSIRIS 为原始中断状态寄存器。读该寄存器可获得屏蔽之前对应中断的当前原始中断状态。写操作无效。

各位分配如表 K5-14 所列。

表 K5-14 SSIRIS 寄存器各位分配

位 号	31:4	3	2	1	0
名 称	保留	TXRIS	RXRIS	RTRIS	RORRIS
复位值	0	0	0	0	0

各位功能描述如表 K5-15 所列。

表 K5-15 SSIRIS 寄存器各位功能描述

位号	名称	类型	复位值	描述
31:4	保留	RO	0	保留位返回一个不确定的值,并且应该永不改变
3	TXRIS	RO	0	SSI 发送 FIFO 原始中断状态 该位置位表示发送 FIFO 的一半或更多为空
2	RXRIS	RO	0	SSI 接收 FIFO 原始中断状态 该位置位表示接收 FIFO 的一半或更多为空
1	RTRIS	RO	0	SSI 接收超时原始中断状态 该位置位表示发生接收超时
0	RORRIS	RO	0	SSI 接收溢出原始中断状态 该位置位表示接收 FIFO 溢出

(8) SSI 屏蔽后的中断状态(SSIMIS)

实际地址:0x4000801C。

偏移量:0x01C。

描述:SSIMIS 为屏蔽后的中断状态寄存器。读该寄存器将获得当前的对应中断屏蔽后的状态。写操作无效。

各位分配如表 K5-16 所列。

表 K5-16 SSIMIS 寄存器各位分配

位号	31:4	3	2	1	0
名称	保留	TXMIS	RXMIS	RTMIS	RORMIS
复位值	0	0	0	0	0

各位功能描述如表 K5-17 所列。

表 K5-17 SSIMIS 寄存器各位功能描述

位号	名称	类型	复位值	描述
31:4	保留	RO	0	保留位返回一个不确定的值,并且应该永不改变
3	TXMIS	RO	0	SSI 发送 FIFO 屏蔽后的中断状态 该位置位表示发送 FIFO 的一半或更多为空
2	RXMIS	RO	0	SSI 接收 FIFO 屏蔽后的中断状态 该位置位表示接收 FIFO 的一半或更多为空
1	RTMIS	RO	0	SSI 接收超时屏蔽后的中断状态 该位置位表示发生接收超时
0	RORMIS	RO	0	SSI 接收溢出屏蔽后的中断状态 该位置位表示接收 FIFO 溢出

(9) SSI 中断清零(SSIICR)

实际地址:0x40008020。

偏移量:0x020。

描述:SSIICR 为中断清零寄存器。向该寄存器写 1 可将对应中断清零。写 0 无效。
各位分配如表 K5-18 所列。

表 K5-18 SSIICR 寄存器各位分配

位 号	31:4	1	0
名 称	保留	RTIC	RORIC
复位值	0	0	0

各位功能描述如表 K5-19 所列。

表 K5-19 SSIICR 寄存器各位功能描述

位 号	名 称	类 型	复位值	描 述
31:2	保留	RO	0	保留位返回一个不确定的值,并且应该永不改变
1	RTIC	WIC	0	SSI 接收超时中断清零 0:对中断无影响 1:将中断清零
0	RORIC	WIC	0	SSI 接收溢出中断清零 0:对中断无影响 1:将中断清零

限于篇幅,其他与 SSI 通信有关的寄存器不再一一列出。有兴趣的朋友可以查看网上资料\器件资料库\LM3S101(102)数据手册.pdf。

K5.4 SSI 通信模块的编程方法

(1) 库函数应用解说

有关中断标识符的宏定义如下。
宏定义说明宏 K5-2。

```
//发送数据中断标识
#define SSI_TXFF        0x00000008    // TX FIFO half empty or less
//接收数据中断标识
#define SSI_RXFF        0x00000004    // RX FIFO half full or less
//接收超时产生中断标识
#define SSI_RXTO        0x00000002    // RX timeout
//接收溢出产生中断标识
#define SSI_RXOR        0x00000001    // RX overrun
```

现将 SSI 同步串行通信用到的库函数解说如下:
① 配置 SSI 通信函数
函数名为:SSIConfig();
函数原型:

void SSIConfig(unsigned long ulBase, unsigned long ulProtocol,

unsigned long ulMode, unsigned long ulBitRate,
　　　　　　　　　　　　　　　　unsigned long ulDataWidth);

参数含义：
　　ulBase——SSI 起始地址（基址）。
　　ulProtocol——格式选择（协议），取值范围见宏 K5-1。
　　ulMode——模式选择为主从选择由 SSI_MODE_MASTER（主机模式）、SSI_MODE_SLAVE（从机模式）、SSI_MODE_SLAVE_OD（从机模式禁止输出）决定。
　　ulBitRate——传输速率（由器件决定）。
　　ulDataWidth——数据宽度，取值范围 4～16 位之间。

应用范例：

任务 K5-1：设一个对 74HC595 SPI 通信的配置，波特率为 9600，数据宽度 8 位，工作模式为主机。

解题：SSI 的起始地址为 0x40008000(SSI_BASE)，SPI 的定位协议是 SSI_FRF_MOTO_MODE_0，模式为主机(SSI_MODE_MASTER)。

编程：

```
void SSIConfig(SSI_BASE,              //SSI 起始地址
    SSI_FRF_MOTO_MODE_0,              //选择 SPI 帧格式工作
    SSI_MODE_MASTER,                  //设为主机模式工作
    9600,                             //传输速率
    8);                               //8 位数据宽度
```

② 启用 SSI 同步串行通信

函数名为：SSIEnable()；

函数原型：void SSIEnable(unsigned long ulBase);

参数含义：

ulBase——SSI 模块起始地址。

应用范例：

任务 K5-2：启动 SSI 通信。

解题：无

编程：

```
//使能 SSI，启动 SSI 通信
SSIEnable(SSI_BASE);
```

③ 启用 SSI 通信中断

函数名为：SSIIntEnable()；

函数原型：void SSIIntEnable(unsigned long ulBase, unsigned long ulIntFlags);

参数含义：

ulBase——SSI 模块的起始地址。

ulIntFlags——启用的中断标识，取值范围见宏 K5-2。

应用范例:

任务 K5-3:启动 SSI 通信 RX 接收和溢出中断。

解题:无

编程:

```
//使能 SSI 通信接收中断
SSIIntEnable(SSI_BASE,SSI_RXFF|SSI_RXOR);
```

④ 中断服务程序的注册

函数名为:SSIIntRegister();

函数原型:void SSIIntRegister(unsigned long ulBase, void(* pfnHandler)(void));

参数含义:

　　ulBase——SSI 模块的起始地址。

　　pfnHandler——需要注册的中断服务程序的名称。

应用范例:

任务 K5-4:注册一个接收中断的服务程序。

解题:SSI 模块的起始地址是 0x40008000(SSI_BASE),接收中断的服务程序取名为 SSI_RX_ISR。

编程:

```
//注册接收中断服务程序
SSIIntRegister(SSI_BASE,         //SSI 模块的起始地址
           SSI_RX_ISR);          //接收中断的服务程序名称
//下面是中断服务程序实体
void SSI_RX_ISR()
{
    SSIIntClear(SSI_BASE,SSI_RXFF|SSI_RXOR);//清除中断标志
}
```

⑤ 清除中断标志

函数名为:SSIIntClear();

函数原型:void SSIIntClear(unsigned long ulBase, unsigned long ulIntFlags);

参数含义:

ulBase——SSI 模块的起始地址。

ulIntFlags——清除的中断标识,取值范围见宏 K5-2。

应用范例:参见任务 K5-4。

(2)库函数应用编程步骤

　　LM3S101(102)这样的 32 位芯片内部系统比较复杂,已经远远超出了 80C51 的内核,所以很多情况下我们不得不依赖芯片厂商编好的库函数来提高开发速度,这也是最明智之举。当然了,这在技术的发挥上会受到一定的限制,如果确实需要更高层次的应用开发,那唯一的办法就是认真地读懂各模块的寄存器功能,特别是原始的英文资料。直接操作寄存器的方法在课题 1 和课题 2 中都讲到了,请参考试用即可。

　　启动 SSI 模块编程和步骤如下:

① 启动 SSI 通信模块。
② 使能 SSI 通信 I/O 口。
③ 配置 SSI。
④ 使能 SSI。
⑤ 设置 SSI 输出引脚为硬件控制。

具体编程请参阅 lm101_ssi.h 文件中的 Lm101_Ssi_Initi(void)函数。

为了提高朋友们的学习效率和缩短学习时间,本人整理了一个 SSI 通信程序的头文件供使用。取名为:lm101_ssi.h。这样就可以不用去考虑细节问题,直接调用文件中的函数便可。下面是 lm101_ssi.h 文件的全部内容:

```c
//******************************************************************
//LM_SSI 同步串行通信程序
//Lm101_ssi.h
//------------------------------------------------------------------
#include "hw_memmap.h"
#include "hw_types.h"
#include "ssi.h"
#include "gpio.h"
#include "sysctl.h"
#include "systick.h"

#define BitRate     115200       // 设定波特率[这个在根据外设芯片具体情况而定]
#define DataWidth   8            // 设定数据宽度

//此表为 7 段数码管显示 0～F 的字模
unsigned char DISP_TAB[16] = {
    0xC0, 0xF9, 0xA4, 0xB0, 0x99, 0x92, 0x82, 0xF8,
    0x80, 0x90, 0x88, 0x83, 0xC6, 0xA1, 0x86, 0x8E};
//------------------------------------------------------------------
//下面是外用程序
//------------------------------------------------------------------
// 函数名称:Lm101_Ssi_Initi(void)
// 函数功能:启用 SSI 通信模块
// 入口参数:无
// 输出参数:无
// 说明:连线时 PA5 为 MOSI 发送数据引脚,PA4 为 MISO 接收数据引脚,PA3 为/SS 片选引脚,PA2 为
//       SCL 时钟引脚
//------------------------------------------------------------------
void Lm101_Ssi_Initi(void)
{
    //使能 SSI  即启动外设 SSI 通信系统
    SysCtlPeripheralEnable(SYSCTL_PERIPH_SSI);
    //启用 GPIO PA 口,用以 SSI 同步串行输出
    SysCtlPeripheralEnable(SYSCTL_PERIPH_GPIOA);
    //配置 SSI SSI_FRF_MOTO_MODE_0 设为 SPI 通信格式并设为主工作模式,波特率为 115 200,8 位
```

```c
    //数据宽度
    SSIConfig(SSI_BASE, SSI_FRF_MOTO_MODE_0, SSI_MODE_MASTER, BitRate, DataWidth);

    //使能 SSI 启动 SSI 通信
    SSIEnable(SSI_BASE);

    //设定 GPIO A 2~5 引脚为使用外设功能,GPIO_DIR_MODE_HW 由硬件进行控制
    GPIODirModeSet(GPIO_PORTA_BASE, (GPIO_PIN_2 | GPIO_PIN_3 | GPIO_PIN_4 |
                    GPIO_PIN_5), GPIO_DIR_MODE_HW);
}
//-----------------------------------------------------------------
// 函数名称:Lm101_Ssi_NB_Send()
// 函数功能:一次发出多个字符
// 入口参数:lpchData[待发送的数据缓存区,可以用数组将数据传过来],nCount[待发送数据的个数]
// 输出参数:无
//-----------------------------------------------------------------
void Lm101_Ssi_NB_Send(unsigned char * lpchData,unsigned int nCount)
{
    unsigned int i = 0;
    for (i = 0; i<nCount; i++)
    {
        //循环输出
        SSIDataPut(SSI_BASE, lpchData[i]);
    }
}
//-----------------------------------------------------------------
// 函数名称:Lm101_Ssi_Send()
// 函数功能:用于一次发出单个字符
// 入口参数:uchC[待发送的字符]
// 输出参数:无
//-----------------------------------------------------------------
void Lm101_Ssi_Send(unsigned char uchC)
{
    SSIDataPut(SSI_BASE, uchC);
}
//-----------------------------------------------------------------
// 函数名称:Lm101_Ssi_Rcv()
// 函数功能:用于读出一个字符[接收数据]
// 入口参数:无
// 输出参数:uchCb[读出的单个字符]
//-----------------------------------------------------------------
unsigned char Lm101_Ssi_Rcv()
{
    unsigned char uchCb;
    unsigned long nlStr = 0;
```

```
    SSIDataGet(SSI_BASE, &nlStr);
    uchCb = nlStr;

    return uchCb;
}
//------------------------------------------------------------
//************************************************************
```

在头文件的程序中我们作了详尽的中文介绍,有兴趣的朋友可以认真地读一读。文件中全是外部调用函数。下面介绍使用方法。

a. SSI 初始化函数 Lm101_Ssi_Initi(void),用于启动 SSI 模块功能,调用时请在主循环体前加入。

b. 多字节发送函数 Lm101_Ssi_NB_Send()

函数原型:void Lm101_Ssi_NB_Send(unsigned char * lpchData,unsigned int nCount);

参数含义:

lpchData——待发数据缓存区的首地址,使用时最好申请一个数组,将待发数据存入数组中,再将数组的地址传给 lpchData 变量即可。

ulCount——参数为待发数据的个数,以字节为单位,一个中文字为两个字节,计算时一定要记住这一点。

任务 K5-5:向 74HC595 发送一个数码管字模。

编程:

```
//发送一个 0 的字模[0xC0]
Lm101_Ssi_NB_Send("0xC0",1);
```

c. 单字节发送函数 Lm101_Ssi_Send(unsigned char uchC);调用时直接传送一个字符即可。

d. 读取数据函数 Lm101_Ssi_Rcv()

函数原型:unsigned char Lm101_Ssi_Rcv();

返回值的意义:接收从机发过来的数据。

调用方法编程:

```
……
unsigned char uchC;

uchC = Lm101_Ssi_Rcv();
//这样可以获取一个字符
……
```

K5.5 操作实例任务

任务①:通过 74HC595 向单数码管发送 16 个数字,并通过 Q7 读回发出的数据同时转发送到 PC 机上,通过串行助手接收。

任务②:用一个两位数码管模块,通过 74HC595 串/并转换实现 00~99 计数。

K5.6 操作任务编程实例

任务①:通过 74HC595 向单数码管发送 16 个数字,并通过 Q7 读回发出的数据同时转发送到 PC 机上,通过串行助手接收。

程序编写如下:

```
//**********************************************************************
//LM_SSI 同步串行通信程序
//SSI 同步串行发送
//文件夹:LM101_SSI
//跳线的连线方法:请将 EasyARM101 开发板上的 MOSI 与 PA5,SSCL 与 PA3,SCLK 与 PA2,MISO 与 PA4
//             用跳线块短接,如果是自制 CPU 板,请按 CPU 芯片引脚接线
//**********************************************************************
#include "lm101_ssi.h"
#include "Lm101UartSR.h"
#define PB4_LED   GPIO_PIN_4
#define PB5_LED   GPIO_PIN_5
#define PB6_LED   GPIO_PIN_6
//-------------------------------------------------------------------
//防止 JTAG 失效
//-------------------------------------------------------------------
void  jtagWait(void)
{
    SysCtlPeripheralEnable(SYSCTL_PERIPH_GPIOB);
    //设置 KEY 所在引脚为输入
    GPIODirModeSet(GPIO_PORTB_BASE, GPIO_PIN_3, GPIO_DIR_MODE_IN);
    //如果复位时按下 KEY,则进入
    if ( GPIOPinRead( GPIO_PORTB_BASE , GPIO_PIN_3) ==  0x00 )
    {
        for(;;);       //死循环,以等待 JTAG 连接
    }
    //禁止 KEY 所在的 GPIO 端口
    SysCtlPeripheralDisable(SYSCTL_PERIPH_GPIOB);
}
//-------------------------------------------------------------------
//延时子程序
//-------------------------------------------------------------------
void delay(int d)
{
  int i = 0;
  for( ; d; --d)
   for(i = 0;i<10000;i++);
}
//-------------------------------------------------------------------
// 函数名称:GPio_Initi
// 函数功能:启动外设 GPIO 输入/输出
// 输入参数:无
// 输出参数:无
```

```c
//---------------------------------------------------------------
void GPio_Initi(void)
{
    //使能 GPIO B 口外设。用于指示灯
    SysCtlPeripheralEnable( SYSCTL_PERIPH_GPIOB );
    //设定 PB4 PB5 为输出用作指示灯点亮
    GPIODirModeSet(GPIO_PORTB_BASE, PB4_LED | PB5_LED | \
                                    PB6_LED,GPIO_DIR_MODE_OUT);
    //初始化 PB4 PB5 为低电平点亮指示灯
    GPIOPinWrite( GPIO_PORTB_BASE, PB5_LED, 0 );
}
//---------------------------------------------------------------
int main()
{
    unsigned char nJsq = 0,chS;
    //防止 JTAG 失效
    delay(10);
    jtagWait();
    delay(10);
    //设定系统晶振为时钟源
    SysCtlClockSet( SYSCTL_SYSDIV_1 | SYSCTL_USE_OSC | SYSCTL_OSC_MAIN |
                                    SYSCTL_XTAL_6MHZ );

    GPio_Initi();                       //启动 GPIO 输出

    Lm101_Ssi_Initi();                  //启动 SSI 同步串行通信功能
    //启动 UART 通信
    LM101_UART_Initi();

    delay(100);                         //延时

    while(1)
    {
        //发送数码管字模
        Lm101_Ssi_Send(DISP_TAB[nJsq]);
        //读取从机返回的值
        chS = Lm101_Ssi_Rcv();
        //将读出的值发送到 PC 机查看是否正确
        UARTSend(&chS,1);

        nJsq ++ ;
        if(nJsq>15)nJsq = 0;

        //程序运行指示灯处理
        //读出 PB5_LED 引脚值判断是否为 0
        if(GPIOPinRead(GPIO_PORTB_BASE, PB5_LED) == 0x00)
            //如果 PB5 引脚为 0 就给其写 1 熄灯
            GPIOPinWrite(GPIO_PORTB_BASE, PB5_LED,0x20);
        else GPIOPinWrite(GPIO_PORTB_BASE, PB5_LED,0x00);  //直接写 0 亮灯
```

```
            delay(50);
        }
    }
//----------------------------------------------------------------
//****************************************************************
```

任务②:用一个两位数码管模块,通过 74HC595 串并转换实现 00~99 计数。
程序编写如下:

```
//****************************************************************
//LM_SSI 同步串行通信程序
//SSI 同步串行发送
//文件夹:LM101_SSI
//说明:用于计数 00~99(采用外扩 74HC595 模块和两位数码管模块)
//****************************************************************
#include "lm101_ssi.h"
#include "Lm101UartSR.h"

#define PB4_LED    GPIO_PIN_4
#define PB5_LED    GPIO_PIN_5
#define PB0        GPIO_PIN_0    //用于控制数码管的个位
#define PB1        GPIO_PIN_1    //用于控制数码管的十位
//申请函数用于拆分计数值
void Chefengshu(unsigned int nJs,unsigned int * pWs,unsigned int * pWg);
//----------------------------------------------------------------
//防止 JTAG 失效
//----------------------------------------------------------------
void  jtagWait(void)
{
    SysCtlPeripheralEnable(SYSCTL_PERIPH_GPIOB);
    //设置 KEY 所在引脚为输入
    GPIODirModeSet(GPIO_PORTB_BASE, GPIO_PIN_3, GPIO_DIR_MODE_IN);
    //如果复位时按下 KEY,则进入
    if ( GPIOPinRead( GPIO_PORTB_BASE , GPIO_PIN_3)  ==   0x00 )
    {
        for (;;);                              //死循环,以等待 JTAG 连接
    }
    //禁止 KEY 所在的 GPIO 端口
    SysCtlPeripheralDisable(SYSCTL_PERIPH_GPIOB);
}
//----------------------------------------------------------------
//延时子程序
//----------------------------------------------------------------
void delay(int d)
{
  int i = 0;
```

```c
    for( ; d; --d)
     for(i=0;i<1000;i++);
}
//------------------------------------------------------------
// 函数名称:GPio_Initi
// 函数功能:启动外设 GPIO 输入/输出
// 输入参数:无
// 输出参数:无
//------------------------------------------------------------
void GPio_Initi(void)
{
    //使能 GPIO B 口外设。用于指示灯
    SysCtlPeripheralEnable( SYSCTL_PERIPH_GPIOB );
    //设定 PB4 PB5 为输出用作指示灯点亮 PB0 和 PB1 用于两位数码管控制
    GPIODirModeSet(GPIO_PORTB_BASE, PB4_LED | PB5_LED | PB0 |   \
                    PB1,GPIO_DIR_MODE_OUT);
    //初始化 PB4 PB5 为低电平点亮指示灯
    GPIOPinWrite( GPIO_PORTB_BASE, PB5_LED, 0 );
}
//------------------------------------------------------------
int main()
{
    unsigned int nJsq = 0,nWg = 0,nWs = 0,i = 0;    //nWg(个位),nWs(十位)
    //防止 JTAG 失效
    delay(10);
    jtagWait();
    delay(10);
    //设定系统晶振为时钟源
    SysCtlClockSet( SYSCTL_SYSDIV_1 | SYSCTL_USE_OSC | SYSCTL_OSC_MAIN |
                    SYSCTL_XTAL_6MHZ );

    GPio_Initi();                           //启动 GPIO B 输出
    Lm101_Ssi_Initi();                      //启动 SSI 同步串行通信功能
    //启动 UART 通信
    LM101_UART_Initi();

    delay(100);                             //延时
    while(1)
    {
      for(i=0;i<60;i++)                     //实现大圈延时
      {
        //发送个位数
        Lm101_Ssi_Send(DISP_TAB[nWg]);
        //置 PB0 为低电平使个位数码管亮
        GPIOPinWrite(GPIO_PORTB_BASE, PB0,0x00);
```

```
        //置 PB1 为高电平使十位数码管熄
        GPIOPinWrite(GPIO_PORTB_BASE, PB1,0x02);
        delay(3);
        //发送十位数
        Lm101_Ssi_Send(DISP_TAB[nWs]);
        //置 PB0 为高电平使个位数码管熄
        GPIOPinWrite(GPIO_PORTB_BASE, PB0,0x01);
        //置 PB1 为低电平使十位数码管亮
        GPIOPinWrite(GPIO_PORTB_BASE, PB1,0x00);
        }

        nJsq++;
        if(nJsq>99)nJsq = 0;
        Chefengshu(nJsq,&nWs,&nWg);
        delay(3);

        //程序运行指示灯处理
        //读出 PB5_LED 引脚值判断是否为 0
        if(GPIOPinRead(GPIO_PORTB_BASE, PB5_LED) == 0x00)
            //如果 PB5 引脚为 0 就给其写 1 熄灯
            GPIOPinWrite(GPIO_PORTB_BASE, PB5_LED,0x20);
            else GPIOPinWrite(GPIO_PORTB_BASE, PB5_LED,0x00);    //直接写 0 亮灯

    }
}
//-------------------------------------------------------------
//名称:Chefengshu()
//功能:用于拆分数字得出个位和十位用于显示
//入口参数:nJs(计数值)
//出口参数:pWs(拆分后的十位),pWg(拆分后的个位)
//-------------------------------------------------------------
void Chefengshu(unsigned int nJs,unsigned int * pWs,unsigned int * pWg)
{
    * pWs = nJs/10;
    * pWg = nJs%10;
}
//-------------------------------------------------------------
//*************************************************************
```

SSI 通信有待于更进一步地开发运用,因为本书是写给初学者的,所以不再深究。

K5.7 外扩模块电路图与连线

扩展模块电路图见图 K5-1 和图 K5-2 所示。

扩展模块图连线方法如下:

任务①:将 EasyARM101 开发板上的 74HC595 的 MOSI 与 PA5、SSCL 与 PA3、SCLK 与 PA2、MISO 与 PA4 用跳线块短接。

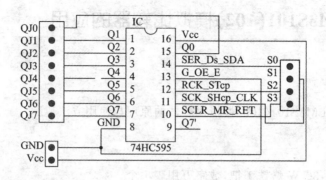

图 K5-1　74HC595 模块图

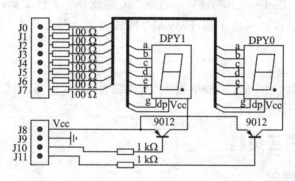

图 K5-2　两位数码管模块

任务②：

a. 图 K5-1、图 K5-2 与 EasyARM101 开发板连线：

图 K5-1:S0 连到 PA5,S1 连到 PA2,S2 连到 PA3。电源可以使用 5 V。

图 K5-2:J11 连到 PB0,J10 连到 PB1。电源可以使用 5 V。

b. 图 K5-1 与图 K5-2 连线：

QJ0～QJ7 与 J0～J7 顺序连接。

作业：

实现 LM3S101 SSI 与 P89V51 SPI 进行同步串行通信，并将通信的结果通过 UART 通信发给 PC 机串行助手。

编后语：

实现与外围接口电路联系的唯一办法是通信方法。

课题6　LM3S101(102)模拟比较器的应用

实验目的

了解和掌握 LM3S101(102)模拟比较器的原理与使用方法。

实验设备

① 所用工具:30 W 烙铁1把,数字万用表1个;
② PC 机1台;
③ 开发软件 IAR Embedded Workbench5.20v 集成开发平台1套;
④ LM LINK JTAG 调试器1套,EasyARM101 开发套件1套。

外扩器件

可调模块(所需器件:10 kΩ 可调电阻1个,接插针4个,小万能板1块)。焊接与连线图见 K6.4 小节。

LM3S101(102)内部资料

K6.1　寄存器映射

表 K6-1 列出了比较器寄存器。所列的偏移量相对于 0x4003C000 的模拟比较器基址,在寄存器地址上采用十六进制递增的方式列举。

基址地址的宏定义为:

宏定义说明宏 K6-1:

```
#define COMP_BASE        0x4003C000    // Analog comparators
```

表 K6-1　模拟比较器寄存器映射

序号	偏移量	名称	复位值	类型	描述
1	0x000	ACMIS	0x00000000	RO	中断状态
2	0x004	ACRIS	0x00000000	RO	原始中断状态
3	0x008	ACINTEN	0x00000000	R/W	中断使能
4	0x010	ACREFCTL	0x00000000	R/W	参考电压控制
5	0x020	ACSTAT0	0x00000000	RO	比较器 0 状态
6	0x024	ACCTL0	0x00000000	R/W	比较器 0 控制

K6.2　相关寄存器资料与库函数应用

(1) 模拟比较器屏蔽后的中断状态(ACMIS)

实际地址:0x4003C000。

偏移量:0x000。

描述:该寄存器提供了比较器(已屏蔽)中断状态的汇总。

各位分配如表 K6-2 所列。

表 K6-2 ACMIS 寄存器各位分配

位 号	31:1	1	0
名 称	保留	IN1	IN0
复位值	0	0	0

各位功能描述如表 K6-3 所列。

表 K6-3 ACMIS 寄存器各位功能描述

位号	名称	类型	复位值	描述
31:1	保留	RO	0	保留位返回一个不确定的值,并且应该永不改变
0	IN0	RO	0	比较器 0 屏蔽后的中断状态 给出该中断屏蔽后的中断状态

(2) 模拟比较器原始中断状态(ACRIS)

实际地址:0x4003C004。

偏移量:0x004。

描述:该寄存器提供了比较器(原始)中断状态的汇总。

各位分配如表 K6-4 所列。

表 K6-4 ACRIS 寄存器各位分配

位 号	31:1	1	0
名 称	保留	IN1	IN0
复位值	0	0	0

各位功能描述如表 K6-5 所列。

表 K6-5 ACRIS 寄存器各位功能描述

位号	名称	类型	复位值	描述
31:1	保留	RO	0	保留位返回一个不确定的值,并且应该永不改变
0	IN0	RO	0	该位置位表示通过比较器 0 产生了中断

(3) 模拟比较器中断使能(ACINTEN)

实际地址:0x4003C008。

偏移量:0x008。

描述:该寄存器为比较器提供了中断使能。

各位分配如表 K6-6 所列。

表 K6-6　ACINTEN 寄存器各位分配

位　号	31：1	1	0
名　称	保留	IN1	IN0
复位值	0	0	0

各位功能描述如表 K6-7 所列。

表 K6-7　ACINTEN 寄存器各位功能描述

位　号	名　称	类　型	复位值	描　述
31：1	保留	RO	0	保留位返回一个不确定的值，并且应该永不改变
0	IN0	R/W	0	当该位置位时，使能比较器 0 输出的控制器中断

(4) 模拟比较器参考电压控制(ACREFCTL)

实际地址：0x4003C010。

偏移量：0x010。

描述：该寄存器表示梯形电阻(resistor ladder)是否已上电，以及该电阻的范围和抽头(tap)。

各位分配如表 K6-8 所列。

表 K6-8　ACREFCTL 寄存器各位分配

位　号	31：10	9	8	7：4	3：0
名　称	保留	EN	RNG	保留	VREF
复位值	0	0	0	0	0

各位功能描述如表 K6-9 所列。

表 K6-9　ACREFCTL 寄存器各位功能描述

位　号	名　称	类　型	复位值	描　述
31：10	保留	RO	0	保留位返回一个不确定的值，并且应该永不改变
9	EN	R/W	0	EN 位表示梯形电阻(resistor ladder)是否已上电。如果该位为 0，则梯形电阻未上电。如果该位为 1，则梯形电阻被连接到模拟 V_{DD}。该位复位为 0 使得在未使用和未编程的情况下内部参考消耗的功率总量最小
8	RNG	R/W	0	RNG 位表示梯形电阻的范围。如果该位为 0，则梯形电阻的总电阻为 32 Ω。如果该位为 1，则梯形电阻的总电阻为 24 Ω
7：4	保留	RO	0	保留位返回一个不确定的值，并且应该永不改变
3：0	V_{REF}	R/W	0	V_{REF} 位字段表示一个通过模拟复用器的梯形电阻抽头。抽头(tap)对应的电压是可用于比较的内部参考电压。有关一些输出参考电压的例子详见表 K6-10

表 K6-10 内部的参考电压和 ACREFCTL 字段值

ACREFCTL 寄存器		基于 V_{REF} 字段值的输出参考电压
EN 位值	RNG 位值	
EN=0	RNG=X	对于 V_{REF} 的任意值为 0 V(GND);然而,建议 RNG=1 且 $V_{REF}=0$ 来获得最小噪声的地参考
EN=1	RNG=0	总的梯形电阻(resistance in ladder)为 32R。 $V_{REF}=AV_{DD}\times\dfrac{RV_{REF}}{R_T}$ $V_{REF}=AV_{DD}\times\dfrac{(V_{REF}+8)}{32}$ $V_{REF}=0.825+0.103\times V_{REF}$ 在该模式中内部参考的范围是 0.825~2.37 V。
	RNG=1	总的梯形电阻(resistance in ladder)为 24R。 $V_{REF}=AV_{DD}\times\dfrac{RV_{REF}}{R_T}$ $V_{REF}=AV_{DD}\times\dfrac{V_{REF}}{24}$ $V_{REF}=0.1375\times V_{REF}$ 在该模式中内部参考电压的范围是 0.0~0.0625 V。

有关本寄存器基准电压值宏定义如下:
宏定义说明宏 K6-1:

```
#define COMP_REF_OFF           0x00000000   // Turn off the internal reference
#define COMP_REF_0V            0x00000300   // Internal reference of 0V
#define COMP_REF_0_1375V       0x00000301   // Internal reference of 0.137 5 V
#define COMP_REF_0_275V        0x00000302   // Internal reference of 0.275 V
#define COMP_REF_0_4125V       0x00000303   // Internal reference of 0.412 5 V
#define COMP_REF_0_55V         0x00000304   // Internal reference of 0.55 V
#define COMP_REF_0_6875V       0x00000305   // Internal reference of 0.687 5 V
#define COMP_REF_0_825V        0x00000306   // Internal reference of 0.825 V
#define COMP_REF_0_928125V     0x00000201   // Internal reference of 0.928 125 V
#define COMP_REF_0_9625V       0x00000307   // Internal reference of 0.962 5 V
#define COMP_REF_1_03125V      0x00000202   // Internal reference of 1.031 25 V
#define COMP_REF_1_134375V     0x00000203   // Internal reference of 1.134 375 V
#define COMP_REF_1_1V          0x00000308   // Internal reference of 1.1 V
#define COMP_REF_1_2375V       0x00000309   // Internal reference of 1.237 5 V
#define COMP_REF_1_340625V     0x00000205   // Internal reference of 1.340 625 V
#define COMP_REF_1_375V        0x0000030A   // Internal reference of 1.375 V
#define COMP_REF_1_44375V      0x00000206   // Internal reference of 1.443 75 V
#define COMP_REF_1_5125V       0x0000030B   // Internal reference of 1.512 5 V
#define COMP_REF_1_546875V     0x00000207   // Internal reference of 1.546 875 V
#define COMP_REF_1_65V         0x0000030C   // Internal reference of 1.65 V
#define COMP_REF_1_753125V     0x00000209   // Internal reference of 1.753 125 V
#define COMP_REF_1_7875V       0x0000030D   // Internal reference of 1.787 5 V
```

```
#define COMP_REF_1_85625V      0x0000020A    // Internal reference of 1.856 25 V
#define COMP_REF_1_925V        0x0000030E    // Internal reference of 1.925 V
#define COMP_REF_1_959375V     0x0000020B    // Internal reference of 1.959 375 V
#define COMP_REF_2_0625V       0x0000030F    // Internal reference of 2.062 5 V
#define COMP_REF_2_165625V     0x0000020D    // Internal reference of 2.165 625 V
#define COMP_REF_2_26875V      0x0000020E    // Internal reference of 2.268 75 V
#define COMP_REF_2_371875V     0x0000020F    // Internal reference of 2.371 875 V
```

宏定义的后面跟有电压值,使用时直接调用便是,在这就不详细介绍了。

(5) 模拟比较器状态 0(ACSTAT0)

实际地址:0x4003C020。

偏移量:0x020。

描述:该寄存器表示比较器的当前输出值。

各位分配如表 K6-11 所列。

表 K6-11 ACSTAT0 寄存器各位分配

位 号	31:1	1	0
名 称	保留	OVAL	保留
复位值	0	0	0

各位功能描述如表 K6-12 所列。

表 K6-12 ACSTAT0 寄存器各位描述

位 号	名 称	类 型	复位值	描 述
31:1	保留	RO	0	保留位返回一个不确定的值,并且应该永不改变
1	OVAL	RO	0	OVAL 位表示比较器的当前输出值
0	保留	RO	0	保留位返回一个不确定的值,并且应该永不改变

(6) 模拟比较器控制 0 (ACCTL0)

实际地址:0x4003C024。

偏移量:0x024。

描述:该寄存器配置该比较器的输入和输出。

各位分配如表 K6-13 所列。

表 K6-13 ACCTL0 寄存器各位分配

位 号	31:11	10:9	8:5	4	3:2	1	0
名 称	保留	ASRCP	保留	IDLVAL	ISEN	CINV	保留
复位值	0	0	0	0	0	0	0

各位功能描述如表 K6-14 所列。

表 K6-14　ACCTL0 寄存器各位描述

位 号	名 称	类 型	复位值	描 述
31:11	保留	RO	0	保留位返回一个不确定的值,并且应该永不改变
10:9	ASRCP	R/W	0	ASRCP 字段表示到比较器 VIN+端的输入电压源。该字段的编码如下： ASRCP 功能 00　引脚值 01　C0+的引脚值 10　内部电压参考 11　保留
8:5	保留	RO	0	保留位返回一个不确定的值,并且应该永不改变
4	IDLVAL	R/W	0	ISLVAL 位表示在电平检测模式中产生中断的输入的检测值。如果该位为0,则比较器输出为低时产生中断。否则,在比较器输出为高时产生中断
3:2	ISEN	R/W	0	ISEN 位表示产生中断的比较器输出的检测。检测条件如下： ISEN 功能 00　电平检测,见 ISLVAL 01　下降沿 10　上升沿 11　上升沿或下降沿
1	CINV	R/W	0	CINV 位有条件地翻转(invert)比较器的输出。如果该位为0,则比较器的输出未改变。如果该位为1,则在由硬件处理之前翻转比较器的输出
0	保留	RO	0	保留位返回一个不确定的值,并且应该永不改变

本寄存器的宏定义：

宏定义说明宏 K6-2：

有关寄存器的 10:9(ASRCP)位触发方式的宏定义如下：

```
//00 引脚值
#define COMP_ASRCP_PIN      0x00000000      // Dedicated Comp+ pin
//01 C0+ 的引脚值
#define COMP_ASRCP_PIN0     0x00000200      // Comp0+ pin
//10 内部电压参考
#define COMP_ASRCP_REF      0x00000400      // Internal voltage reference
```

有关寄存器的 3:2(ISEN)位触发方式的宏定义如下：

```
//高电平触发
#define COMP_INT_HIGH       0x00000010      // Interrupt when high
//低电平触发
#define COMP_INT_LOW        0x00000000      // Interrupt when low
//下降沿触发
#define COMP_INT_FALL       0x00000004      // Interrupt on falling edge
//上升沿触发
```

```
#define COMP_INT_RISE          0x00000008        // Interrupt on rising edge
//两者
#define COMP_INT_BOTH          0x0000000C        // Interrupt on both edges
```

有关寄存器的 1(CINV)位触发方式的宏定义如下:

```
//没有输出
#define COMP_OUTPUT_NONE       0x00000000        // No comparator output
//正常输出
#define COMP_OUTPUT_NORMAL     0x00000100        // Comparator output normal
//取反输出
#define COMP_OUTPUT_INVERT     0x00000102        // Comparator output inverted
```

K6.3　模拟比较器 0 的编程方法

(1) 直接操作寄存器实现

① 启动模拟比较器模块。

② 启动比较器所在的工作模块(GPIO B)。

③ 设置比较器工作引脚 PB4、PB5 由硬件控制。

④ 配置比较器的控制寄存器。

⑤ 如果第④步配置为使用内部基准电压,则本步设置内部基准电压值。

具体编程见实例 1 和实例 2。

模拟比较器实例 1 编程实现使用内部基准电压作比较输出:

```c
//************************************************************
//------------------------------------------------------------
// 模拟比较器 0 的编程实现
// 文件名:lm101_comp_main1.c
// 功能描述:在 PB0 上输出方波,高电平为 3.3 V,低电平为 0 V。将 PB0 连接到模拟
//          比较器的输入脚 PB4,模拟比较器使用内部参考电压 1.1 V,比较的结果
//          在 PB5 上输出,PB5 连接到 LED2 以便观察实验现象
//------------------------------------------------------------
#define HWREG32B(addr)         (*((volatile unsigned long *)(addr)))
//------------------------------------------------------------
void   jtagWait2(void)
{
    //使能 GPIO B
    HWREG32B(0x400FE108) = 0x00000002;           //启用 PB 低 8 位 = 00000010
    //设 PB3 引脚为输入方向[用于按键能工作]
    HWREG32B(0x40005400) = 0x00000000;           //设 PB3 = 0,输入(DIR)
    //设 PB3 引脚的工作模式为软件控制
    HWREG32B(0x40005420) = 0x00000000;           //选择软件控制模式(AFSEL)
    //判断按键是否按下,如果按下就进入死循环
    if(HWREG32B(0x40005000 + 0x00000020) == 0)   //记住位地址要向左移动 2 位,这是总线要求
        while(1);
    //禁止 GPIO B
```

```c
  HWREG32B(0x400FE108) = 0x00000000;
}
//--------------------------------------------------------------
//函数原形:void delay(unsigned long d)
//功能描述:延时数量为 d 个指令周期
//参数说明:unsigned long d,将要延时的时间数
//返回值:无
//--------------------------------------------------------------
void delay(unsigned long d)
{
  int i = 0;
  for( ; d; --d)
    for(i = 0;i<10000;i++);
}
//--------------------------------------------------------------
//名称:LM101_COMP0_Initi()
//功能:启动模拟比较器 0
//入出参数:无
//说明:采用外部基准电压,从 PB6 输入,引脚上请接可调电阻用于设定基准电压值
//--------------------------------------------------------------
void LM101_COMP0_Initi()
{
  unsigned char   i;
  //模拟比较器模块控制在系统控制的 RCGC1 寄存器的第 24 位,设此位为 1 即可启动模拟比较器 0 进
  //入工作状态
  //RCGC1 寄存器的起始地址是 0x400fe104,设定第 24 位为 1 的值为 0x01000000
  //使能模拟比较器 0
  HWREG32B(0x400fe104) |= 0x01000000;   //为了不破坏寄存器中的其他数据采用逻辑或进行工作
  //GPIO B 模块控制在 RCGC2 寄存器的第 1 位上,所以要启用 GPIO B 口只要设 PORTB = 1 即可
  //RCGC2 的起始地址为 0x400fe108,设定第 1 位为 1 的值为 0x00000002
  // 使能 GPIO PB 口
  HWREG32B(0x400fe108) |= 0x00000002;   //为了不破坏寄存器中的其他数据采用逻辑或进行工作

  //在使能外设时钟后,至少要延时 4 个内核时钟周期才能设置外设模块
  for(i = 0;i<2;i++);

  //设置 PB4 和 PB5 为外设控制[即硬件控制]。PB4 为电压信号输入引脚,比较器发现 PB4 引脚的电
  //压高于基准电压时从 PB5 引脚输出低电平,现设定模式寄存器(AFSEL)启用 PB4,PB5 由硬件控制
  HWREG32B(0x40005000 + 0x00000420) = 0x00000030;   //设寄存器的第 4、5 位为 1
  //启用 PB0、PB1 用于作比较器信号指示,设定 GPIO B 模块方向寄存器(DIV),使 PB0、PB1 处于输出
  //状态
  HWREG32B(0x40005000 + 0x00000400) |= 0x00000003;   //如果采用别的方法可以不设此引脚

  // 配置模拟比较器 0(主要是设置 ACCTL0 寄存器)
  //模拟比较器 0 的记始地址是 0x4003C000 ACCTL0 寄存器的偏移量为 0x024
  //设寄存器的 10:9 为 10(内部电压参考)取内部电压作基准电压参考,设 3:2 为 01,下降沿触发
  HWREG32B(0x4003C000 + 0x00000024) = 0x00000404;   //配置 ACCTL0 寄存器值
```

```c
    //配置模拟比较器的内部参考电压为 1.1 V
    //设定 ACREFCTL 寄存器的 3:0 位值即可,操作方法,设第 8 位(RNG)=1,第 9 位(EN)=1,取表 K6-10
    //公式计算得出 1.1 V 为 0x08
    //所以设定 ACREFCTL 寄存器的值为 0x00000308,寄存器的偏移量为:0x010
    HWREG32B(0x4003C000 + 0x00000010) = 0x00000308;   //设定内部参考电压为1.1 V
                                                       //0011 0001 1000
    //使能模拟比较器 0 中断,中断使能寄存器为 ACINTEN
    //其偏移量为 0x008,设定 IN0 位=1 即可启动比较器 0 中断
    // HWREG32B(0x4003C000 + 0x00000008) = 0x00000001;
}
//--------------------------------------------------------------------
/* void Lm101_Copm_ISR()
{
    HWREG32B(0x40005000 + 0x00000008) = ~HWREG32B(0x40005000 + 0x00000008);
} */
//--------------------------------------------------------------------
// 函数原形:int main(void)
// 功能描述:主函数
// 参数说明:无
// 返回值:0
//--------------------------------------------------------------------
void main()
{
    //防止 JTAG 失效
    delay(10);
    jtagWait2();
    delay(10);

    //初始化模拟比较器
    LM101_COMP0_Initi();

    while(1)
    {
        //反转 PB0
        HWREG32B(0x40005000 + 0x00000004) = ~HWREG32B(0x40005000 + \
                                    0x00000004);

        //延时一段时间
        delay(30);
    }
}
//--------------------------------------------------------------------
//********************************************************************
```

模拟比较器实例 2 编程实现使用外部基准电压作比较输出:

```
//*************************************************************
//---------------------------------------------------------------
// 模拟比较器 0 的编程实现
// 文件名:lm101_comp_main1.c
// 功能描述:在 PB0 上输出方波,高电平为 3.3 V,低电平为 0 V。将 PB0 连接到模拟
//          比较器的输入脚 PB4,模拟比较器使用外部参考电压,设 PB6 引脚电压为
//          2.1 V,比较的结果在 PB5 上输出,PB5 连接到 LED2 以便观察实验现象。
//说明:本程序改设为外部参考电压工作,在 PB6 的引脚上外接可调电阻将电压调到 2.1 V
//---------------------------------------------------------------

#define HWREG32B(addr)        ( *((volatile unsigned long *)(addr)))
//---------------------------------------------------------------
void  jtagWait2(void)
{
   //使能 GPIO B
   HWREG32B(0x400FE108) = 0x00000002;   //启用 PB 低 8 位 = 00000010
   //设 PB3 引脚为输入方向[用于按键能工作]
   HWREG32B(0x40005400) = 0x00000000;   //设 PB3 = 0,输入(DIR)
   //设 PB3 引脚的工作模式为软件控制
   HWREG32B(0x40005420) = 0x00000000;   //选择软件控制模式(AFSEL)
   //判断按键是否按下,如果按下就进入死循环
   if(HWREG32B(0x40005000 + 0x00000020) == 0) //记住位地址要向左移动 2 个位,这是总线要求
      while(1);
   //禁止 GPIO B
   HWREG32B(0x400FE108) = 0x00000000;
}
//---------------------------------------------------------------
// 函数原形:void delay(unsigned long d)
// 功能描述:延时数量为 d 个指令周期
// 参数说明:unsigned long d,将要延时的时间数
// 返回值:无
//---------------------------------------------------------------
void delay(unsigned long d)
{
   int i = 0;
   for( ; d; --d)
     for(i = 0;i<10000;i++);
}
//---------------------------------------------------------------
//名称:LM101_COMP0_Initi()
//功能:启动模拟比较器 0
//入出参数:无
//说明:采用外部基准电压,从 PB6 输入,引脚上请接可调电阻用于设定基准电压值
//---------------------------------------------------------------
```

```c
void LM101_COMP0_Initi()
{
    unsigned char  i;
    //模拟比较器模块控制在系统控制的 RCGC1 寄存器的第 24 位,设此位为 1 即可启动模拟比较器 0
    //进入工作状态
    //RCGC1 寄存器的起始地址是 0x400fe104,设定第 24 位为 1 的值为 0x01000000
    //使能模拟比较器 0
    HWREG32B(0x400fe104) |= 0x01000000;    //为了不破坏寄存器中的其他数据采用逻辑或进行工作
    //GPIO B 模块控制在 RCGC2 寄存器的第 1 位上,所以要启用 GPIO B 口只要设 PORTB = 1 即可
    //RCGC2 的起始地址为 0x400fe108,设定第 1 位为 1 的值为 0x00000002
    //使能 GPIO PB 口
    HWREG32B(0x400fe108) |= 0x00000002;    //为了不破坏寄存器中的其他数据采用逻辑或进行工作

    //在使能外设时钟后,至少要延时 4 个内核时钟周期才能设置外设模块
    for(i = 0;i<2;i++);

    //设置 PB4 和 PB5 为外设控制[即硬件控制] PB4 为电压信号输入引脚,比较器发现 PB4 引脚的电
    //压高于基准电压时从 PB5 引脚输出低电平,现设定模式寄存器(AFSEL)启用 PB4,PB5 由硬件控制
    HWREG32B(0x40005000 + 0x00000420) = 0x00000030;    //设寄存器的第 4,5 位为 1
    //启用 PB0 用于作比较器信号指示,设定 GPIO B 模块方向寄存器(DIV),使 PB0 处于输出状态
    HWREG32B(0x40005000 + 0x00000400) |= 0x00000001;    //如果采用别的方法可以不设此引脚

    //配置模拟比较器 0(主要是设置 ACCTL0 寄存器)
    //模拟比较器 0 的记始地址是 0x4003C000 ACCTL0 寄存器的偏移量为 0x024
    //设寄存器的 10:9 为 01(C0 + 的引脚值)取外部电压作基准电压参考,设 3:2 为 01 下降沿触发
    HWREG32B(0x4003C000 + 0x00000024) = 0x00000204;

}
//-----------------------------------------------------------------
// 函数原形:int main(void)
// 功能描述:主函数
// 参数说明:无
// 返回值:0
//-----------------------------------------------------------------
void main()
{
    //防止 JTAG 失效
    delay(10);
    jtagWait2();
    delay(10);

    //初始化模拟比较器
    LM101_COMP0_Initi();

    while (1)
    {
        //反转 PB0
        HWREG32B(0x40005000 + 0x00000004) = ~HWREG32B(0x40005000 + 0x00000004);
        //延时一段时间
```

```
        delay(30);
    }
}
```
//--
//**

(2) 使用库函数进行编程

下面的程序是使用内部参考电压进行比较。有关外部电压作基准电压参考作为家庭作业。

//**
//--
// 文件名:lm101_comp_main.c
// 功能描述:在 PB0 上输出方波,高电平为 3.3 V,低电平为 0 V。将 PB0 连接到模拟
//   比较器的输入脚 PB4,模拟比较器使用内部参考电压 1.1 V,比较的结果在 PB5
//   上输出,PB5 连接到 LED2 以便观察实验现象。
//--

```c
#include "hw_memmap.h"
#include "hw_types.h"
#include "gpio.h"
#include "sysctl.h"
#include "systick.h"
#include "comp.h"

#define PB0 GPIO_PIN_0                        //定义相关的 I/O 口
#define PB4 GPIO_PIN_4
#define PB5 GPIO_PIN_5

#define HWREG32B(addr)        (*((volatile unsigned long *)(addr)))
//------------------------------------------------------------------
void   jtagWait2(void)
{
    //使能 GPIO B
    HWREG32B(0x400FE108) = 0x00000002;        //启用 PB 低 8 位 = 00000010
    //设 PB3 引脚为输入方向[用于按键能工作]
    HWREG32B(0x40005400) = 0x00000000;        //设 PB3 = 0,输入(DIR)
    //设 PB3 引脚的工作模式为软件控制
    HWREG32B(0x40005420) = 0x00000000;        //选择软件控制模式(AFSEL)
    //判断按键是否按下,如果按下就进入死循环
    if(HWREG32B(0x40005000 + 0x00000020) == 0)  //记住位地址要向左移动 2 个位,这是总线要求
        while(1);
    //禁止 GPIO B
    HWREG32B(0x400FE108) = 0x00000000;
}
```
//--
// 函数原形:void delay(unsigned long d)

```c
// 功能描述:延时数量为 d 个指令周期
// 参数说明:unsigned long d,将要延时的时间数
// 返回值:无
//-------------------------------------------------------------------
void delay(unsigned long d)
{
    int i = 0;
    for( ; d; --d)
      for(i = 0;i<10000;i++);
}
//-------------------------------------------------------------------
//函数名称:Lm101_Comp_Initi()
//函数功能:启用模拟比较器 0
//入出参数:无
//说明:模拟比较器主要用于判断供电系统是否有电,本例可以设想如果电池电压低于
//      1.1V 时提醒用户或关闭用电器,操作时请使用 PB4.PB4 为检测电压信号,当 PB4 引
//      脚上的电压低于或高于基准电压时,从 PB5 输出信号或产生中断
//-------------------------------------------------------------------
void Lm101_Comp_Initi()
{
    //使能 GPIO PB 口
    SysCtlPeripheralEnable(SYSCTL_PERIPH_GPIOB);
    //使能模拟比较器 0
    SysCtlPeripheralEnable(SYSCTL_PERIPH_COMP0);

    //设置 PB4 和 PB5 为外设控制(硬件控制)
    GPIODirModeSet(GPIO_PORTB_BASE, ( PB4 | PB5 ), GPIO_DIR_MODE_HW);

    //配置模拟比较器
    ComparatorConfigure(COMP_BASE, 0, ( COMP_TRIG_NONE | COMP_ASRCP_REF |
                                        COMP_OUTPUT_NORMAL));

    //配置模拟比较器的内部参考电压为 1.1 V
    ComparatorRefSet(COMP_BASE, COMP_REF_1_1V);

    //设置 PB0 为输出用于指示灯
    GPIODirModeSet(GPIO_PORTB_BASE, PB0, GPIO_DIR_MODE_OUT);
}
//-------------------------------------------------------------------
// 函数原形:int main(void)
// 功能描述:主函数
// 参数说明:无
// 返回值:0
//-------------------------------------------------------------------
int main(void)
{
```

```
//防止 JTAG 失效
delay(10);
jtagWait2();
delay(10);
//初始化比较器
Lm101_Comp_Initi();
while (1)
{
  //反转 PB0
  GPIOPinWrite(GPIO_PORTB_BASE, PB0,  \
               ~GPIOPinRead(GPIO_PORTB_BASE, PB0));
  //延时一段时间
  delay(30);
}
}
//-----------------------------------------------------------------
//*****************************************************************
```

K6.4 扩展模块电路与连线

扩展模块电路如图 K6-1 所示。

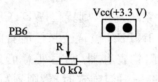

图 K6-1 外接可调电阻

扩展模块图 K6-1 与 EasyARM101 开发板连线方法为：PB6 连到 PB6，Vcc 接到板上 3.3 V。

作业：

编程实现充电器自动控制系统，当电压高于 5.1 V 时停止充电，当电压低于 3.6 V 时启动充电。

编后语：

模拟比较器在对电压进行控制时是非常有用的一个功能。熟练地掌握对于日后做工程设计是非常有帮助的。

课题 7　LM3S101(102)看门狗的启动与应用

实验目的

了解和掌握 LM3S101(102)看门狗的的原理与启用方法。

实验设备

① 所用工具:30 W 烙铁 1 把,数字万用表 1 个;
② PC 机 1 台;
③ 开发软件 IAR Embedded Workbench5.20v 集成开发平台 1 套;
④ LM LINK JTAG 调试器 1 套,EasyARM101 开发套件 1 套。

LM3S101(102)内部资料

看门狗主要用来防止微控制器发生死机现象。

K7.1　初始化和配置

使用下面的序列来配置看门狗定时器:
① 把所需的定时器值载入到 WDTLOAD 寄存器。
② 如果看门狗被配置为触发系统复位,则置位 WDTCTL 寄存器中的 RESEN 位。
③ 将 WDTCTL 寄存器中的 INTEN 位置位来使能看门狗并锁定控制寄存器。

如果软件需要锁定所有的看门狗寄存器,则写任意值到 WDTLOCK 寄存器便可以完全锁定看门狗定时器模块。若需要解锁看门狗定时器,则须写入 0x1ACCE551。

K7.2　寄存器映射

表 K7 - 1 列出了看门狗寄存器。所列出的偏移量对应于看门狗定时器的基址 0x40000000,而寄存器的地址则以十六进制递增的方式来排列。

表 K7 - 1　WDT 寄存器映射

序号	偏移量	名称	复位值	类型	描述
1	0x000	WDTLOAD	0xFFFFFFFF	R/W	装载
2	0x004	WDTVALUE	0xFFFFFFFF	RO	当前值
3	0x008	WDTCTL	0x00000000	R/W	控制
4	0x00C	WDTICR	—	WO	中断清除
5	0x010	WDTRIS	0x00000000	RO	原始中断状态
6	0x014	WDTMIS	0x00000000	RO	屏蔽中断状态
7	0x418	WDTTEST	0x00000000	R/W	看门狗中止使能
8	0xC00	WDTLOCK	0x00000000	R/W	锁定

注:有关 SSI 更多的寄存器见网上资料\器件资料库\LM3S101(102)数据手册.PDF。

K7.3 相关寄存器资料与库函数应用

(1) 看门狗装载(WDTLOAD)

实际地址:0x40000000。

偏移量:0x000。

描述:该寄存器存放的是供32位计数器使用的32位间隔值。该寄存器被写入时,这个值将被立即装载而且计数器会从新的值开始重新递减计数。如果用0x00000000装载WDTLOAD寄存器,则立即产生中断。

各位分配如表K7-2所列。

表 K7-2 WDTLOAD 寄存器各位分配

位 号	31:16	15:0
名 称	WDTLoad	WDTLoad
复位值	1	1

各位功能描述见表K7-3所列。

表 K7-3 WDTLOAD 寄存器各位功能描述

位 号	名 称	类 型	复位值	描 述
31:0	WDTLoad	R/W	0xFFFFFFFF	看门狗装载值

(2) 看门狗值(WDTVALUE)

实际地址:0x40000004。

偏移量:0x004。

描述:该寄存器包含了定时器的当前计数值。

各位分配如表K7-4所列。

表 K7-4 WDTVALUE 寄存器各位分配

位 号	31:16	15:0
名 称	WDTValue	WDTValue
复位值	1	1

各位功能描述如表K7-5所列。

表 K7-5 WDTVALUE 寄存器各位功能描述

位 号	名 称	类 型	复位值	描 述
31:0	WDTValue	RO	0xFFFFFFFF	看门狗值。32位向下计数器的当前值

(3) 看门狗控制(WDTCTL)

实际地址:0x40000008。

偏移量:0x008。

描述:该寄存器是看门狗控制寄存器。可以将看门狗定时器配置为产生复位信号(在第二次超时时)或者是在超时的时候产生中断。

在看门狗中断已经被使能的情况下,之后写入控制寄存器的所有值都将被忽略。而硬件复位是重新使能写操作的唯一方法。

各位分配如表 K7-6 所列。

表 K7-6 WDTCTL 寄存器各位分配

位 号	31:16	1	0
名 称	保留	RESEN	INTEN
复位值	1	0	0

各位功能描述如表 K7-7 所列。

表 K7-7 WDTCTL 寄存器各位功能描述

位号	名称	类型	复位值	描述
31:2	保留	RO	0	留位返回一个不确定的值,并且应永不改变
1	RESEN	R/W	0	看门狗复位使能 0:禁止 1:使能看门狗模块复位输出
0	INTEN	R/W	0	看门狗中断使能 0:中断事件禁止(一旦该位被置位,则只能通过硬件复位来清零该位) 1:中断事件使能。一旦被使能,之后所有的写操作都会被忽略

(4) 看门狗中断清除(WDTICR)

实际地址:0x4000000C。

偏移量:0x00C。

描述:该寄存器是中断清除寄存器。向该寄存器写任意值将清除看门狗中断,并且将 WDTLOAD 寄存器所保存的计数值重新载入到 32 位计数器中。读取值或复位后的值无法确定。

各位分配如表 K7-8 所列。

表 K7-8 WDTICR 寄存器各位分配

位 号	31:16	15:0
名 称	WDTIntClr	WDTIntClr
复位值	—	—

各位功能描述如表 K7-9 所列。

表 K7-9 WDTICR 寄存器各位功能描述

位号	名称	类型	复位值	描述
31:0	WDTIntClr	WO	—	清除看门狗中断

(5) 看门狗原始中断状态(WDTRIS)

实际地址:0x40000010。

偏移量:0x010。

描述:该寄存器是原始中断状态寄存器。如果控制器中断被屏蔽,则通过该寄存器可监控看门狗中断事件。

各位分配如表 K7-10 所列。

表 K7-10 WDTRIS 寄存器各位分配

位 号	31:1	0
名 称	保留	WDTRIS
复位值	0	0

各位功能描述如表 K7-11 所列。

表 K7-11 WDTRIS 寄存器各位功能描述

位号	名称	类型	复位值	描述
31:1	保留	RO	0	保留位返回一个不确定的值,并且应永不改变
0	WDTRIS	RO	0	看门狗原始中断状态 给出 WDTINTR 的原始中断状态(在屏蔽之前)

(6) 看门狗屏蔽后的中断状态(WDTMIS)

实际地址:0x40000014。

偏移量:0x014。

描述:该寄存器是屏蔽后的中断状态寄存器。该寄存器的值是将原始中断位和看门狗中断使能位进行逻辑与运算(AND)的结果。

各位分配如表 K7-12 所列。

表 K7-12 WDTMIS 寄存器各位分配

位 号	31:1	0
名 称	保留	WDTMIS
复位值	0	0

各位功能描述如表 K7-13 所列。

表 K7-13 WDTMIS 寄存器各位功能描述

位号	名称	类型	复位值	描述
31:1	保留	RO	0	保留位返回一个不确定的值,并且应永不改变
0	WDTMIS	RO	0	看门狗屏蔽后的中断状态 给出 WDTINTR 中断在屏蔽后的中断状态

(7) 看门狗锁定(WDTLOCK)

实际地址:0x40000C00。

偏移量:0xC00。

描述:把0x1ACCE551写入WDTLOCK寄存器可以使能对其他所有寄存器的写访问。把任意值写入到WDTLOCK寄存器可重新使能锁定的状态。读WDTLOCK寄存器时返回的是锁定的状态而不是被写入的32位值。因此,当写访问被禁止时,读取WDTLOCK寄存器将返回0x00000001(这是在已锁定的情况下;否则,返回值为0x00000000(未锁定))。

各位分配如表K7-14所列。

表K7-14 WDTLOCK寄存器各位分配

位号	31:16	15:0
名称	WDTLOCK	WDTLOCK
复位值	0	0

各位功能描述如表K7-15所列。

表K7-15 WDTLOCK寄存器各位描述

位号	名称	类型	复位值	描述
31:0	WDTLOCK	R/W	0x0000	看门狗锁定。 写入值0x1ACCE551解锁看门狗寄存器来执行写访问。写入其他值则重新应用锁定,以防止更新任何寄存器。 读该寄存器返回下面的值: 已锁定的:0x00000001 未锁定的:0x00000000

(8) 看门狗测试(WDTTEST)

实际地址:0x40000418。

偏移量:0x418。

描述:进行调试期间,当微控制器使CPU的暂停(Halt)标志有效时的暂停操作(Stalling)可由用户通过该寄存器来控制使能。

各位分配如表K7-16所列。

表K7-16 WDTTEST寄存器各位分配

位号	31:16	8	7:0
名称	保留	STALL	保留
复位值	0	0	0

各位功能描述如表K7-17所列。

表K7-17 WDTTEST寄存器各位功能描述

位号	名称	类型	复位值	描述
31:9	保留	RO	0	保留位返回一个不确定的值,并且应永不改变

续表 K7-17

位 号	名 称	类 型	复位值	描 述
8	STALL	R/W	0	看门狗中止使能。 当设为 1 时，如果调试器使 Stellaris 微控制器停止，则看门狗定时器也会停止计数。而一旦微控制器重新启动，则看门狗定时器也会恢复计数
7:0	保留	RO	0	保留位返回一个不确定的值，并且应永不改变

限于篇幅，其他与 WDT 有关的寄存器就不一一列出。有兴趣的朋友可以查看 LM3S101(102)数据手册。

K6.4　WDT 模块的编程方法

(1) 库函数应用解说

启动看门狗使用的库函数有：

① 装载看门狗定时器计数值函数

函数名：WatchdogReloadSet()；

函数原型：

void WatchdogReloadSet(unsigned long ulBase, unsigned long ulLoadVal)；

参数含义：

　　ulBase——看门狗模块的起始地址。

　　ulLoadVal——看门狗定时器计数值，最小单位是 μs(微秒)，如果想定时 1 s，则其值是 1 000 000。

应用范例：

任务 K6-1：设定看门狗定时器 5 s 不喂狗自动复位。

解题：看门狗模块的起始地址是 0x40000000(WATCHDOG_BASE)，5 s 的时间值是 5 000 000。

编程：

```
WatchdogReloadSet(WATCHDOG_BASE,            //看门狗基址宏定义
                  5000000);                 //5 s
```

② 启动看门狗定时器中断

函数名：WatchdogIntEnable()；

函数原型：void WatchdogIntEnable(unsigned long ulBase)；

参数含义：ulBase——看门狗模块的起始地址。

应用范例：

编程：

```
//使能看门狗的中断
WatchdogIntEnable(WATCHDOG_BASE);           //看门狗基址宏定义
```

③ 启用看门狗定时器的复位功能

函数名：WatchdogResetEnable()；

函数原型:void WatchdogResetEnable(unsigned long ulBase);
参数含义:ulBase——看门狗模块的起始地址。
应用范例:
编程:

//使能看门狗定时器的复位功能
WatchdogResetEnable(WATCHDOG_BASE);

④ 启用看门狗定时器的锁定机制
函数名:WatchdogLock();
函数原型:void WatchdogLock(unsigned long ulBase);
参数含义:ulBase——看门狗模块的起始地址。
应用范例:
编程:

//使能看门狗定时器的锁定机制
WatchdogLock(WATCHDOG_BASE);

(2) 看门狗编程实例
① 使能看门狗模块。
② 装入看门狗计数值。
③ 使能看门狗中断。
④ 启用看门狗自动复位机制。
⑤ 锁定看门狗定时器
具体编程实现见下面的编程实例。

```
//******************************************************************
//------------------------------------------------------------------
//WDT 看门狗编程实现
//文件名:lm101_comp_main1.c
//功能描述:实现按键死机后自动复位
//说明:程序运行后 PB0 引脚上的指示灯在闪烁,按下 PA0 键死机大约 3 s 后单片机复位重启
//------------------------------------------------------------------
#define HWREG32B(addr)        (*((volatile unsigned long *)(addr)))
//------------------------------------------------------------------
void  jtagWait2(void)
{
    //使能 GPIO B
    HWREG32B(0x400FE108) = 0x00000002;     //启用 PB 低 8 位 = 00000010
    //设 PB3 引脚为输入方向[用于按键能工作]
    HWREG32B(0x40005400) = 0x00000000;     //设 PB3 = 0,输入(DIR)
    //设 PB3 引脚的工作模式为软件控制
    HWREG32B(0x40005420) = 0x00000000;     //选择软件控制模式(AFSEL)
    //判断按键是否按下,如果按下就进入死循环
    if(HWREG32B(0x40005000 + 0x00000020) == 0)//记住位地址要向左移动 2 个位,这是总线要求
```

```c
        while(1);

     //禁止 GPIO B
        HWREG32B(0x400FE108) = 0x00000000;
}
//--------------------------------------------------------------
// 函数原形:void delay(unsigned long d)
// 功能描述:延时数量为 d 个指令周期
// 参数说明:unsigned long d,将要延时的时间数
// 返回值:无
//--------------------------------------------------------------
void delay(unsigned long d)
{
   int i = 0;
   for( ; d; --d)
    for(i = 0;i<10000;i++);
}
//--------------------------------------------------------------
//名称:LM101_Wdt_Initi()
//功能:启动 WDT 看门狗
//入出参数:无
//--------------------------------------------------------------
void LM101_Wdt_Initi()
{
    unsigned char   i;
    //①使能看门狗模块
    //看门狗模块在系统寄存器(RCGC0)的位 3 上,也就是位 3 就是 WDT 看门狗模块的控制位,使其置位
    //就可以启动看门狗工作
    //RCGC0 寄存器的地址是 0x400FE100
    HWREG32B(0x400FE100) |= 0x00000008;

    //在使能外设时钟后,至少要延时 4 个内核时钟周期才能设置外设模块
    for(i = 0;i<2;i++);

    //②给看门狗计数寄存器赋初置
    //看门狗模块的启始地址是 0x40000000,看门狗计数装载寄存器的偏移量为 0x000
    HWREG32B(0x40000000) = 0x00530000;   //定时 4 s 复位

    //③看门狗中断使能,看门狗复位使能
    //看门狗控制寄存器(WDTCTL)的地址是:0x40000008
    //WDTCTL 寄存器的 1 位为看门狗复位使能 0 位为看门狗中断使能
    HWREG32B(0x40000008) = 0x00000003;  //启动看门狗复位,启动看门狗中断

    //④看门狗锁定
    //向看门狗锁定寄存器写入任意值,锁定看门狗
    //WDTLOCK 寄存器的地址是 0x40000C00
    HWREG32B(0x40000C00) = 0x00000010;  //写入任意值

}
```

```c
//-----------------------------------------------------------------
//功能:喂狗
//-----------------------------------------------------------------
void Lm101_Wdt_Clr()
{
    //看门狗中断清 0 寄存器 WDTICR,向其写入任意值将清 0 看门狗中断
    //WDTICR 寄存器的地址是 0x4000000C
    HWREG32B(0x4000000C) = 0x00000001;
}
//-----------------------------------------------------------------
void PA0_Key()
{
    if(HWREG32B(0x40004000 + 0x00000004) == 0x00000000)
    {
        while(1);
    }
}
//-----------------------------------------------------------------
// 函数原形:int main(void)
// 功能描述:主函数
// 参数说明:无
// 返回值:0
//-----------------------------------------------------------------
void main()
{
    //防止 JTAG 失效
    delay(10);
    jtagWait2();
    delay(10);
    //下面是启动 PA 口、PB 口进入工作状态,即使 GPIOA = 1,GPIOB = 1;
    HWREG32B(0x400FE108) = 0x00000003;   //启用 PA,PB
    //设置 GPIO 引脚的方向和功能选择使能,即 DIR = 0x01[方向] AFSEL = 0x01[功能]
    //设 PA0 为输入
    HWREG32B(0x40004400) = 0x00000000;   //设 PA0 = 0,输入(DIR)
    HWREG32B(0x40004420) = 0x00000000;   //选择软件控制模式(AFSEL)

    //设 PB0 为输出
    HWREG32B(0x40005400) = 0x00000001;   //设 PB0 = 1,输出(DIR)
    HWREG32B(0x40005420) = 0x00000000;   //选择软件控制模式(AFSEL)

    //初始化模拟比较器
    LM101_Wdt_Initi();

    while (1)
    {
        //用于测试按键死机
        PA0_Key();
```

```c
        //反转PB0
HWREG32B(0x40005000 + 0x00000004) = ~HWREG32B(0x40005000 + 0x00000004);
        //喂狗
        Lm101_Wdt_Clr();
        //延时一段时间
        delay(30);
    }
}
```
// --
// **

(3) 使用库函数进行编程

```c
// ************************************************************
//WDT看门狗编程实现
//文件名:lm101_comp_main1.c
//功能描述:实现按键死机后自动复位
//说明:程序运行后PB0引脚上的指示灯在闪烁,按下PA0键死机大约3s后单片机复位重启
// ************************************************************
#include "hw_memmap.h"
#include "hw_types.h"
#include "hw_ints.h"
#include "gpio.h"
#include "interrupt.h"
#include "sysctl.h"
#include "systick.h"
#include "watchdog.h"
// ------------------------------------------------------------
#define HWREG32B(addr)       (*((volatile unsigned long *)(addr)))
#define PB4_LED   GPIO_PIN_4
#define PB5_LED   GPIO_PIN_5
#define PB6_LED   GPIO_PIN_6
// ------------------------------------------------------------
//防止JTAG失效
// ------------------------------------------------------------
void  jtagWait(void)
{
    SysCtlPeripheralEnable(SYSCTL_PERIPH_GPIOB);
    //设置KEY所在引脚为输入
    GPIODirModeSet(GPIO_PORTB_BASE, GPIO_PIN_3, GPIO_DIR_MODE_IN);
    //如果复位时按下KEY,则进入
    if ( GPIOPinRead( GPIO_PORTB_BASE , GPIO_PIN_3)  ==  0x00 )
    {
        for(;;);        //死循环,以等待JTAG连接
    }
    //禁止KEY所在的GPIO端口
```

```
        SysCtlPeripheralDisable(SYSCTL_PERIPH_GPIOB);
}
//------------------------------------------------------------
//延时子程序
//------------------------------------------------------------
void delay(int d)
{
  int i = 0;
  for( ; d; --d)
   for(i = 0;i<10000;i++);
}
//------------------------------------------------------------
// 函数名称:GPio_Initi
// 函数功能:启动外设 GPIO 输入/输出
// 输入参数:无
// 输出参数:无
//------------------------------------------------------------
void GPio_Initi(void)
{
    //使能 GPIO B 口外设。用于指示灯
    SysCtlPeripheralEnable( SYSCTL_PERIPH_GPIOB );
    //设定 PB4 PB5 为输出用作指示灯点亮
    GPIODirModeSet(GPIO_PORTB_BASE, PB4_LED | PB5_LED | PB6_LED,GPIO_DIR_MODE_OUT);
    //初始化 PB4 PB5 为低电平点亮指示灯
    GPIOPinWrite( GPIO_PORTB_BASE, PB5_LED, 0 );

    //设置 PA 口用作按键功能
    SysCtlPeripheralEnable(SYSCTL_PERIPH_GPIOA);
    // 设置 KEY 所在引脚为输入(PA0~PA1)
    GPIODirModeSet(GPIO_PORTA_BASE, GPIO_PIN_0|GPIO_PIN_1, GPIO_DIR_MODE_IN);
}
//------------------------------------------------------------
//PA0_Key 为单按键。任务是按下后进入死循环区,验证看门狗
//------------------------------------------------------------
void  PA0_Key(void)
{
    //如果复位时按下 KEY,则进入
    if ( GPIOPinRead( GPIO_PORTA_BASE , GPIO_PIN_0)  ==   0x00 )
    {
      while(1);
    }
}
//------------------------------------------------------------
//功能:启动看门狗
//------------------------------------------------------------
```

```c
void Wdt_Initer()
{
    //使能看门狗定时器
    SysCtlPeripheralEnable(SYSCTL_PERIPH_WDOG);
    //设置看门狗定时器的重载值(到计数值,也就是看门狗的启动时间)
    WatchdogReloadSet(WATCHDOG_BASE, 6000000);
    //使能看门狗定时器的中断
    WatchdogIntEnable(WATCHDOG_BASE);
    //使能看门狗定时器的复位功能
    WatchdogResetEnable(WATCHDOG_BASE);
    //使能看门狗定时器的锁定机制
    WatchdogLock(WATCHDOG_BASE);
}
//-----------------------------------------------------------------
//功能:喂狗
//-----------------------------------------------------------------
void Wdt_Clr()
{
    //清除看门狗定时器的中断标志、"喂狗"
    WatchdogIntClear(WATCHDOG_BASE);
}
//-----------------------------------------------------------------
// 函数原形:int main(void)
// 功能描述:主函数
// 参数说明:无
// 返回值:0
//-----------------------------------------------------------------
int main(void)
{
    //防止JTAG失效
    delay(10);
    jtagWait();
    delay(10);
    //设定系统晶振为时钟源
    SysCtlClockSet( SYSCTL_SYSDIV_1 | SYSCTL_USE_OSC | SYSCTL_OSC_MAIN |
                    SYSCTL_XTAL_6MHZ );
    GPio_Initi();        //启动GPIO输入/输出设置
    Wdt_Initer();        //启动看门狗
    while(1)
    {
        PA0_Key();       //按键死机
        //指示灯处理。读出PB5_LED引脚值判断是否为0
        if(GPIOPinRead(GPIO_PORTB_BASE, PB5_LED) == 0x00)
```

```
        //如果 PB5 引脚为 0 就给其写 1 熄灯
        GPIOPinWrite(GPIO_PORTB_BASE, PB5_LED,0x20);
        else GPIOPinWrite(GPIO_PORTB_BASE, PB5_LED,0x00);    //实现写 0 亮灯
    delay(10);
    Wdt_Clr();                                               //喂狗
    }
}
//------------------------------------------------------------
//************************************************************
```

编后语：

计算机天生就有死机现象。单片机也不例外，所以如何防止单片机死机一直是工程师们探讨的问题。过去工程师们只有通过外接看门狗电路来防止单片机死机，需要外加器件和占用一定的外围空间。现在各生产厂商直接将看门狗做进芯片内部，通过软件启用。这对于工程设计师来说，确实是一件值得高兴的事。

第 7 章

Cortex-M3 内核微控制器 LM3S101(102) 外围接口电路在工程中的应用

课题 8 模拟 SPI 通信 FM25L04 存储芯片在 LM3S101(102) 系统中的应用

实验目的

了解和掌握带 SPI 通信的数据存储器件 FM25L04 在 LM3S101(102)系统中应用的原理与使用方法。

实验设备

① 所用工具:30 W 烙铁 1 把,数字万用表 1 个;
② PC 机 1 台;
③ 开发软件 IAR Embedded Workbench5.20v 集成开发平台 1 套;
④ LM LINK JTAG 调试器 1 套,EasyARM101 开发套件 1 套。

外扩器件

串行通信模块 1 块,FM25L04 模块 1 块(所需器件:FM25L04 芯片 1 块,LED 指示灯 1 个,120 Ω 电阻 1 个,接插针半条)。

工程任务

向 FM25L04 存储器读/写数据并通过串行模块发向 PC 机。

所需外围器件资料

K8.1 FM25L04 概述

FM25L04 是采用先进的铁电技术制造的 4 KB 的非易失性存储器,读/写速度与 RAM 一样,数据在掉电后可以保存 10 年,相对于 E^2PROM 或其他非易失性存储器,具有系统可靠性更高、结构更简单等诸多优点。

与 E^2PROM 不同的是,FM25L04 以总线速度进行写操作,且无须延时。当数据被移入芯片后,写操作仅需几百个纳秒(ns),下一个总线周期可以立刻开始而无须进行数据轮询。另外,FM25L04 具有比其他非易失性存储器更多的读/写次数,即可以承受超过 100 亿次的读/写操作,这远远超过了一般系统对串行存储器的读/写次数要求。

以上的这些特性使得 FM25L04 对于某些非易失性应用场合非常理想。举例来说,数据采集应用中,系统对写周期的要求很高,E^2PROM 较长的写入周期可能会导致数据丢失。M25L04 使用高速 SPI 通信接口,这种接口增强了铁电技术高速写数据的能力。

K8.2 FM25L04 内部结构

FM25L04 内部地址可分为 512 个字节单元,每个字节单元为 8 位,数据位被串行移出。它使用 SPI 协议,包括一个芯片选择(它允许总线上连接多个器件),一个包含最高地址位的操作码和一个字节的地址。字节的地址是内存地址的低 8 位,9 位的完整地址指定了一个唯一的字节地址。

K8.3 FM25L04 引脚排列与功能描述

其引脚排列如图 K8-1 所示,详细功能描述如表 K8-2 所列。

表 K8-1 FM25L04 引脚功能描述

引脚号	标识号	功　　能
1	$\overline{CS}$	片选
2	SO	串行数据输出[MISO]
3	$\overline{WP}$	数据保护,低电平为保护,高电平由状态寄存器决定
4	Vss	电源地
5	SI	串行数据输入[MOSI]
6	SCK	串行时钟输入
7	$\overline{HOLD}$	保持,高电平为有效(3 V),低电平为禁止
8	Vdd	电源正极,+2.7~3.6 V

图 K8-1 FM25L04 引脚排列

表 K8-2 FM25L04 引脚功能描述表

引　脚	描　　述
$\overline{CS}$	片选:使能芯片。当为高电平时,所有的输出处于高阻态,同时芯片忽略其他的输入。芯片保持在低功耗状态。当片选为低电平时,芯片根据 SCK 的信号而动作,在任何操作之前,$\overline{CS}$ 必须有一个下降沿
SCK	串行时钟。所有的输入输出都与时钟信号同步,输入在时钟的上升沿被锁存,输出出现在时钟的下降沿。芯片采用静态设计,时钟频率可以为 0~5 MHz 之间的任意值,并且可以被随时中止
$\overline{HOLD}$	保持。当主 MCU 因为另外一个任务而中止当前内存操作时,$\overline{HOLD}$ 引脚被使用。使 $\overline{HOLD}$ 引脚为低电平,则暂停当前的操作。芯片忽略 SCK 或 $\overline{CS}$ 上的所有的改变,$\overline{HOLD}$ 状态的改变必须发生在 SCK 信号为低电平的时候
$\overline{WP}$	写保护。这个引脚的作用是阻止向状态寄存器进行写操作,这是非常重要的,因为其他的写保护特性是通过状态寄存器来控制的,关于写保护的详细描述将在下面详细介绍(FM25L04 的 $\overline{WP}$ 功能是阻止所有的写操作)
SI	串行输入。所有的数据通过这个引脚输入进芯片。此引脚的信号在时钟的上升沿被采样,在其他时间被忽略

续表 K8-2

引 脚	描 述
SO	串行输出：SO 是数据输入引脚。它在读操作中有效，在其他情况下保持高阻状态，包括在 $\overline{\text{HOLD}}$ 引脚为低电平的时候。数据在时钟的下降沿移出到 SO 引脚上 (SO 可以与 SI 连接在一起，这里因为芯片以半双工的方式进行通信)
Vdd	电源电压；5 V
Vss	地

K8.4 FM25L04SPI 通信协议

SPI 接口是使用时钟及数据线的同步串行接口，它支持多个器件挂在同一条总线上，每一个器件使用片选信号使能。一旦总线控制器使片选有效，FM25L04 将监视时钟及数据线。$\overline{\text{CS}}$ 的下降沿、时钟、数据之间的关系是由 SPI 接口模式来定义的。器件在片选的下降沿时将使用一种 SPI 接口模式。总共有 4 种接口模式，FM25L04 支持模式 0。这种模式表明，在 $\overline{\text{CS}}$ 信号有效时，SCK 信号必须为低电平。

SPI 接口是通过操作码来控制的，这些操作码指出了操作器件的命令。当 $\overline{\text{CS}}$ 有效后，第一个被传输的字节就是操作码，紧跟操作码之后是任意的地址或者数据。一些操作码是不带数据传输的命令，$\overline{\text{CS}}$ 信号在一个操作完成后、一个新操作开始前必须无效（即为低电平），在一个有效的芯片选择周期内，只能发出一个合法的操作码。

K8.5 FM25L04 典型应用电路

典型应用电路如图 K8-2 和图 K8-3 所示。

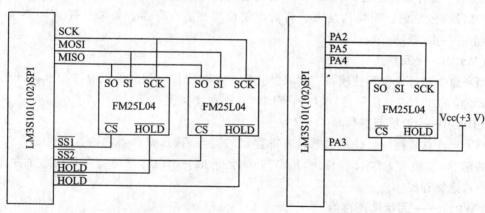

图 K8-2 典型应用电路连接图　　图 K8-3 典型应用节约型电路连接图

K8.6 FM25L04 数据传输

所有移进或移出 FM25L04 的数据都是以 8 位为一组，它们与时钟信号同步（SCK），同时以最高有效位在前的方式传送（D7 最先传送，高位在前），串行数据在时钟的上升沿移进，在时钟的下降沿移出。

K8.7 FM25L04 命令结构

FM25L04 共有 6 个被称为操作码的命令，它们可以由总线控制器发布给 FM25L04，命令列在表 K8-3 中。这些操作码控制存储器的操作。这些操作码被分为三类,第一类是不带数据的操作命令,它们只执行一些单一的功能,比如设置写使能;第二类是紧跟一个操作数的命令,可能是输入,也可能是输出,它们对寄存器进行操作;最后一类是对内存进行操作的命令,命令后面会紧跟地址或者一个或多个字节的数据。

表 K8-3 FM25L04 操作码指令

名称	描述	操作码
WREN	设置写使能锁定	0000 0110B
WRDI	写禁止	0000 0100B
RDSR	读状态寄存器	0000 0101B
WRSR	写状态寄存器	0000 0001B
READ	读存储器数据	0000 A011B
WRITE	写存储器数据	0000 A010B

注:表中的 A 代表的是器件地址的 A8 位,即地址的高位 0 或 1。FM25L04 是由 9 位地址构成的。如果 A=0 则器件地址区在 000H~0FFH 之间,如果 A=1 则器件地址区在 100H~1FFH 之间。

(1) WREN——写使能锁定

FM25L04 上电后的状态是禁止写操作。WREN 命令必须在任何写操作之前被发布,送出 WREN 命令后将允许用户发送不带数据的写操作码以执行写操作,这包括写状态寄存器或者写内存。

送出 WREN 命令后,将使内部的写使能寄存器被置位,状态寄存器中的一位被称为 WEL 的位,它表示了寄存器的状态,WEL=1 表明当前写操作是允许的,试图去写状态寄存器中的 WEL 位是没有效果的。写操作结束后将自动复位写使能寄存器。如果没有 WREN 命令送出,将禁止进一步的写操作。

(2) WRDI——写禁止

WRDI 命令通过复位写使能寄存器来禁止所有的写操作。用户可以通过读出状态寄存器中 WEL 位的状态来判断写使能状态,WEL=0 则写使能无效。

(3) RDSR——读状态寄存器

RDSR 允许总线控制器验证状态状态寄存器的内容,状态寄存器的内容提供了有关当前写保护的信息,紧跟着 RDSR 操作码,FM25L04 会送出一个包含状态寄存器内容的字节,包含了当前状态寄存器的内容。

(4) WRSR——写状态寄存器

WRSR 命令允许用户通过向状态寄存器写一个字节来选择特定的写保护状态。在发布一个 WRSR 命令之前,$\overline{WP}$ 引脚必须为高电平或者无效。必须注意,对于 FM25L04 而言,$\overline{WP}$ 禁止向状态寄存器和对内存的写入。在写入 WRSR 命令之前,用户必须写 WREN 命令以置位写使能。请注意,执行一个 WRSR 命令就是一个写操作,完成后复位写使能寄存器。

(5) 状态寄存器和写保护

FM25L04 的写保护特性是相对容易使用的,首先 WREN 操作码必须在任何的写操作之前发送,通过发布 WREN 设置写使能,通过状态寄存器和 $\overline{WP}$ 引脚控制内存的写操作。当 $\overline{WP}$ 为低电平时,整个内存都被写保护;当 $\overline{WP}$ 为高电平时,内存写保护与状态寄存器相关,如上所述,通过 WRSR 命令写状态寄存器,并受$\overline{WP}$引脚状态的影响。

状态寄存器组成如表 K8-4 所列。

表 K8-4 状态寄存器

位号	7	6	5	4	3	2	1	0
标号	0	0	0	0	BP1	BP0	WEL	0

位 0 及位 4~7 固定为 0,并且不可修改。请注意一点,E^2PROM 中的就绪位在此已经不再需要,因为 FRAM 是以实时的速度进行写操作,永远不会处于忙状态。BP1 和 BP0 控制写保护的特性,它们是非易失的,WEL 标志位表明了写使能寄存器的状态。写状态寄存器中的 WEL 位是没有效果的。BP1 和 BP0 是内存块写保护控制位,它们标明了写保护的内存块(见表 K8-5)。

表 K8-5 写保护地址范围

BP1	BP0	写保护地址区
0	0	无
0	1	0x180~0x1FF
1	0	0x100~0x1FF
1	1	0x000~0x1FF(全部)

BP1 和 BP0 选择内存需要保护的区块,$\overline{WP}$和写使能保护整个器件(包括 BP 位)。表 K8-6 对写保护的状态进行了总结。

表 K8-6 写保护

WEL	$\overline{WP}$	保护块	非保护块	状态寄存器
0	X	保护	保护	保护
1	0	保护	保护	保护
1	1	保护	不保护	不保护

(6) 存储器操作

拥有高速时钟频率的 SPI 接口,增强了 FRAM 的快写性能,不像 SPI 接口的 E^2PROM。FM25L04 可以跟随总线速度连续写入数据,不需要页缓冲区,任意连续字节可以被写入。

(7) 写操作

所有的写操作都必须以写 WREN 命令为开始,下一个操作码是 WRITE 指令,这个操作码包含了内存地址的最高位,这个操作码的位 3 对应了地址的 A8,下一个字节是地址的低 8 位 A7~A0,这样共有 9 位地址对应了内存写操作中的第一个字节,连续字节的数据能被连续写入,只要总线控制器连续提供时钟,那么地址是内部递增的。如果到达最后地址 0x1FF,那么地址计数器翻转为 0x000,数据以最高有效位在前的方式写入。

与 E^2PROM 不同,任意字节能被连续写入 FM25L04 中,当数据的第 8 位移入芯片后,写过程立即结束,片选信号的上升沿中止一个写操作过程。

(8) 读操作

$\overline{CS}$信号的下降沿后,总线控制器发送一个读操作码,这个操作码包含了内存地址的最高位,下一个字节是地址的低 8 位 A7~A0,9 位的地址指定了读操作的起始地址。当操作码及地址发送完成后,SI 线的信号被忽略,总线控制器提供 8 个时钟,每个时钟将读出相应数据的一位,只要总线控制器继续提供时钟,内部地址寄存器的值就会递增。如果地址到达最后的 0x1FF,那么地址寄存器的值将返回到 0x000,数据以最高有效位在前的方式读出。片选的上升沿将中止一个读操作。

(9) 保持

$\overline{\text{HOLD}}$引脚可以用来中断一个串行操作而不中止操作,如果总线控制器在 SCK 为低电平时驱动$\overline{\text{HOLD}}$引脚为低电平,那么当前的操作将被暂停。当 SCK 为低电平时驱动$\overline{\text{HOLD}}$引脚为高电平,则恢复一个已中断的操作,$\overline{\text{HOLD}}$信号必须在 SCK 为低电平时改变,但 SCK 引脚也能在$\overline{\text{HOLD}}$状态被触发。

有关 FM25L04 的详细资料见网上资料\器件资料库\ZK7_1 FM25L04_cn_f__289[中文].pdf。

解惑:

◆对 FM25L04 写的操作

①发送解除保护命令 WREN(器件要求每写一次都要解开保护一次)

操作:拉低片选线$\overline{\text{CS}}$,向 SI 线发送 WREN 解除保护命令,拉高$\overline{\text{CS}}$线结束本次操作。

注:在一个有效的芯片选择周期内,只能发出一个合法的操作码。

②发送写操作命令 WRITE

操作:拉低片选线$\overline{\text{CS}}$,向 SI 线发送 WRITE 命令,接下来发送器件内部地址,而后发送待写入的数据字节数……n 字节数,拉高$\overline{\text{CS}}$线结束本次操作。

◆对 FM25L04 读的操作

操作:拉低片选线$\overline{\text{CS}}$,向 SI 线发送 READ 命令,接下来发送器件内部地址,拉低 SCK 线,启动 SO 线读取 n 字节数,拉高$\overline{\text{CS}}$线结束本次操作。

具体操作见下面将要谈到的 FM25L04.inc 软件开发包。

扩展模块制作

扩展模块电路图如图 K8-4 所示。

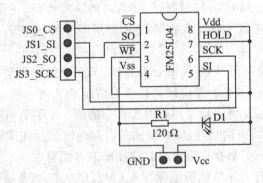

图 K8-4 FM25L04 模块电路

扩展模块图 K8-4 与 EasyARM101 开发板连线如下:

PA3 引脚连到 JS0(CS),PA5 引脚连到 JS1(SI),PA4 引脚连到 JS2(SO),PA2 引脚连到 JS3(SCK)。Vdd、Vss 与电源的正负极相连,并接到 3 V 电源上。

程序设计

(1).扩展器件驱动程序的编写

第7章 Cortex-M3 内核微控制器 LM3S101(102)外围接口电路在工程中的应用

创建器件驱动程序 fm25L04.h 文件：

```
//*********************************************************************
//程序文件名:fm25L04.h
//功能:MCU 对 FM25L04 实施 SPI 同步串行读写操作
//说明:此器件在与单片机连线时尽可能短一些,这样有利于通信,如果一但出现乱码
//     很有可能就是连线问题
//感想:几天的调试工作让人是一筹莫展。读取与写入数据总是时有时无,总感到好似有干扰
//     信号一样,究其原因何在？查了几天也没有结果。我在用 P89V51 编程时没有发现这种
//     现象。我反复用 V51 单片机进行同步工作,结果也是一样。当初我用的是 FM25L04,电
//     源电压是+5V,后来我又想:是否与电压有关？于是我又从深圳买来 3V 供电的 FM25L04
//     芯片,结果也是一样。就这样又调了两天,还是没有结果,总是时有时无。又想了一个
//     晚上,准备先将资料整出来,再重新做一个最小系统,因为我总觉是系统有干扰,所以
//     总怀疑系统有问题。到了第二天早上来整 FM25L04 器件资料时,发现HOLD引脚好像要接
//     高电平,因为前几天我试着也将它插到 5V 电源的正极上,没有什么反应。今日我又来
//     想试一下,将它接到 3V 电源的正极上(因接低电平为禁止)看是否有效,结果一试竟然
//     成功了! 看来真是有心栽花花不开,无心插柳柳成荫啊! 几天以来积聚在心中的疑虑
//     终于打消了。成功的方法是努力探索和寻找解决问题的方法。不抛弃不放弃,努力努力
//     再努力,坚持坚持再坚持,就一定能成功。请记住,模块在连线时请将HOLD引脚一定要
//     连到 3V 电源的正极上
//---------------------------------------------------------------------
#include "hw_memmap.h"
#include "hw_types.h"
#include "interrupt.h"
#include "gpio.h"
#include "sysctl.h"
#include "systick.h"

#define uchar unsigned char      //映射 uchar 为无符号字符
#define uint  unsigned int       //映射 uint 为无符号整数
#define   NOP    while(0);

#define  CS_FM    GPIO_PIN_3     //PA3 脚 SS/SC 片选
#define  DIO_FM   GPIO_PIN_5     //PA5 脚 SI[MOSI] 数据传送线
#define  MISO_FM  GPIO_PIN_4     //PA4 脚 SO[MISO] 接收数据
#define  CLK_FM   GPIO_PIN_2     //PA2 脚 SPICLK 时钟

//fm25L04 内部命令
uchar  WREN = 0x06;      //WREN    DATA   00000110B        ;设置状态寄存器
uchar  WRDI = 0x04;      //WRDI    DATA   00000100B        ;写禁止
uchar  RDSR = 0x05;      //RDSR    DATA   00000101B        ;读状态寄存器
uchar  WRSR = 0x01;      //WRSR    DATA   00000001B        ;写状态寄存器
uchar  READ0 = 0x03;     //READ0   DATA   00000011B        ;0000_A011b[读存储器数据]
                         //此处 A = 0 为 000H～0FFH 存储区
uchar  READ1 = 0x0B;     //READ1   DATA   00001011B        ;0000_A011b[读存储器数据]
                         //此处 A = 1 为 100H～1FFH 存储区
uchar  WRITE0 = 0x02;    //WRITE0  DATA   00000010B        ;0000_A010b[写存储器数据]
                         //此处 A = 0 为 000H～0FFH 存储区
```

```
uchar   WRITE1 = 0x0A;        //WRITE1 DATA 00001010B              ;0000_A010b[写存储器数据]
                              //此处 A = 1 为 100H～1FFH 存储区
uchar uchBuff, chACCb;
//--------------------------------------------------------------
// 函数名称:GPio_Initi[初始化 GPIO A 程序(外调)]
// 函数功能:启动外设 GPIO A 输入/输出用于数据传送
// 输入参数:无
// 输出参数:无
// 说明:设为硬件控制,主要是 PA3(CS)、PA2(spisclk)、PA5(MOSI)、PA4(MISO)
//--------------------------------------------------------------
void GPio_PA_Initi(void)
{
    //设置 PA 口用作按键功能
    SysCtlPeripheralEnable(SYSCTL_PERIPH_GPIOA);
    //设定 GPIO A 2～5 引脚为使用外设功能 GPIO_DIR_MODE_HW 由硬件进行控制
    GPIODirModeSet(GPIO_PORTA_BASE, (GPIO_PIN_2 | GPIO_PIN_3 |
                        GPIO_PIN_5), GPIO_DIR_MODE_OUT);
    //设 PA4 为输入
    GPIODirModeSet(GPIO_PORTA_BASE, GPIO_PIN_4 , GPIO_DIR_MODE_IN);
}
//--------------------------------------------------------------
//延时函数
//说明:每执行一次大约 6 μs
//--------------------------------------------------------------
void DelayDS(unsigned int nNum)
{
    unsigned long i;
    i = SysCtlClockGet()/1000000;   //获取系统 1 μs 的时间 * 1 得出 1 个 μs
    i = i * nNum;
    while(i -- );
}
//--------------------------------------------------------------
//程序名称:SEND_DATA8()
//程序功能:用于发送 8 位数据[单字节发送子程序]
//入口参数: SDAT[传送要发送的数据]
//出口参数:无
//说明:FM25L04 使用的是 SPI 同步串行通信,本子程序已是串行通信程序,再加上
//     CS 片选动作,即可实施 SPI 同步串行通信,发送数据时高位在前
//--------------------------------------------------------------
void SEND_DATA8(unsigned char SDAT)
{
    unsigned int nJSQ1 = 8;         //准备发送 8 次
    DelayDS(50);                    //调用 12 μs 延时子程序
    chACCb = SDAT;
    GPIODirModeSet(GPIO_PORTA_BASE, GPIO_PIN_5, GPIO_DIR_MODE_OUT);
```

```
    do
    {
        if((chACCb & 0x80)! = 0x00)
           GPIOPinWrite( GPIO_PORTA_BASE, DIO_FM, DIO_FM );        //如果是 1 就发 1
         else
            GPIOPinWrite( GPIO_PORTA_BASE, DIO_FM, 0x00 );         //如果是 0 就发 0
        chACCb = chACCb<<1;          //将第 6 位移到第 7 位准备发送
        DelayDS(2);
        //CLK_FM = 0;
        GPIOPinWrite( GPIO_PORTA_BASE, CLK_FM, 0x00 );//准备数据锁存
        DelayDS(8);
        //CLK_FM = 1;
        GPIOPinWrite( GPIO_PORTA_BASE, CLK_FM, CLK_FM );//在脉冲的上升沿锁存数据
        DelayDS(8);

        nJSQ1 -- ;
    }while(nJSQ1);

    //DIO_FM = 0;
    GPIOPinWrite( GPIO_PORTA_BASE, DIO_FM, 0x00 );//清零数据线

    //CLK_FM = 0;
    GPIOPinWrite( GPIO_PORTA_BASE, CLK_FM, 0x00 );
    // CLK_FM = 0;           //此处一定要加上这一句,对 fm25L04 有好处
                             //消除一个下降沿
                             //因为 fm25L04 在读取数据时是在脉冲的下降沿移出数据
}
//----------------------------------------------------------------
//程序名称:RECE_DATA8
//程序功能:用于读取 8 位数据[单字节接收子程序]
//入口参数:无
//出口参数:RDAT[传送接收到的数据]
//说明:接收数据时高位在前
//----------------------------------------------------------------
unsigned char RECE_DATA8()
{
    unsigned int nJSQ1 = 8;          //准备发送 8 次
    GPIODirModeSet(GPIO_PORTA_BASE, MISO_FM , GPIO_DIR_MODE_IN);
    DelayDS(50);
    do
    {
        //CLK_FM = 1;
        GPIOPinWrite( GPIO_PORTA_BASE, CLK_FM, CLK_FM );
        DelayDS(8);
        chACCb = chACCb<<1;       //将第 0 位移到第 1 位准备接收数据
        uchBuff = GPIOPinRead( GPIO_PORTA_BASE , MISO_FM );
        if((uchBuff & MISO_FM)! = 0x00)
```

```c
            chACCb |= 0x01;          //接收数据位放在第0位
         else chACCb &= 0xFE;
      // DelayDS(2);
        //CLK_FM = 0;
        GPIOPinWrite( GPIO_PORTA_BASE, CLK_FM, 0x00 );  //从下降沿读出数据
        DelayDS(8);
        nJSQ1--;
    }while(nJSQ1);
    return  chACCb;              //返回接收到的数据
}
//-----------------------------------------------------------------
//程序名称:WRITE_DAT00_fm25L04[向000H~0FFH区间写入]
//程序功能:向FM25L04SPI通信存储器写入数据[外用]
//入口参数:chAddre[器件内部地址(传送存储的起始地址)],nCount[字符个数],
//        * lpchData[数据存入缓存区]
//出口参数:无
//-----------------------------------------------------------------
void WRITE_DAT00_fm25L04(uchar chAddre, uchar * lpchData, uint nCount)
{
    //CS_FM = 0;        //当CS片选脚被清零时,芯片才能接收数据
    GPIOPinWrite( GPIO_PORTA_BASE, CS_FM, 0x00 );
    //CLK_FM = 0;
    GPIOPinWrite( GPIO_PORTA_BASE, CLK_FM, 0x00 );
    //DelayDS(12);

    SEND_DATA8(WREN);    //设置写使能锁定

    //CS_FM = 1;        //片选的上升沿结束命令操作,必须加上此向,否则无法写入数据
    GPIOPinWrite( GPIO_PORTA_BASE, CS_FM, CS_FM );
    DelayDS(12);         //调用12μs延时子程序

    //CS_FM = 0;        //当CS片选脚被清零时芯片才能接收数据
    GPIOPinWrite( GPIO_PORTA_BASE, CS_FM, 0x00 );
    //CLK_FM = 0;
    GPIOPinWrite( GPIO_PORTA_BASE, CLK_FM, 0x00 );
    DelayDS(12);
    //写命令
    SEND_DATA8(WRITE0);    //写存储器数据[发送写命令并从000H~0FFH区写入]

    //从chAddre开始写数据[发送器件内部地址]
    SEND_DATA8(chAddre);   //写存储器数据[发送写命令并从000H~0FFH区写入]
    do
    {
        SEND_DATA8( * lpchData);  //向存储器发送数据
        lpchData++;
        nCount--;
```

```
        }while(nCount);

        DelayDS(48);           //调用 48 μs 延时子程序

        //CS_FM = 1;    片选的上升沿结束命令操作
        GPIOPinWrite( GPIO_PORTA_BASE,CS_FM, CS_FM );
}
//----------------------------------------------------------------
//程序名称:WRITE_DAT01_fm25L04[向 100H~1FFH 区间写入]
//程序功能:向 FM25L04SPI 通信存储器写入数据[外用]
//入口参数:chAddre[器件内部地址(传送存储的起始地址)],nCount[字符个数],
//              * lpchData[数据存入缓存区]
//出口参数:无
//----------------------------------------------------------------
void WRITE_DAT01_fm25L04(uchar chAddre,uchar * lpchData,uint nCount)
{
        //CS_FM = 0;        //当 CS 片选脚被清零时芯片才能接收数据
        GPIOPinWrite( GPIO_PORTA_BASE,CS_FM, 0x00 );
        //CLK_FM = 0;
        GPIOPinWrite( GPIO_PORTA_BASE,CLK_FM, 0x00 );

        SEND_DATA8(WREN);     //设置写使能锁定

        //CS_FM = 1;    //片选的上升沿结束命令操作,必须加上此句,否则无法写入数据
        GPIOPinWrite( GPIO_PORTA_BASE,CS_FM, CS_FM );
        DelayDS(12);          //调用 12 μs 延时子程序

        //CS_FM = 0;        //当 CS 片选脚被清零时,芯片才能接收数据
        GPIOPinWrite( GPIO_PORTA_BASE,CS_FM, 0x00 );
        //CLK_FM = 0;
        GPIOPinWrite( GPIO_PORTA_BASE,CLK_FM, 0x00 );

        //写命令
        SEND_DATA8(WRITE1);      //写存储器数据[发送写命令并向 100H~1FFH 区写入]
        //从 chAddre 开始写数据[发送器件内部地址]
        SEND_DATA8(chAddre);     //写存储器数据[发送写命令并向 100H~1FFH 区写入]
        do
        {
          SEND_DATA8( * lpchData);   //向存储器发送数据
          lpchData++;

          nCount--;
        }while(nCount);

        DelayDS(48);             //调用 48 μs 延时子程序

        // CS_FM = 1;
        GPIOPinWrite( GPIO_PORTA_BASE,CS_FM, CS_FM );

}
```

ARM Cortex-M3 内核微控制器快速入门与应用

```
//------------------------------------------------------------
//程序名称:READ_DAT00_fm25L04
//程序功能:从 FM25L04 存储器中读出数据[区间在 000H~0FFH][外用]
//入口参数:chAddre[器件内部地址(传送存储的起始地址)],nCount[字符个数]
//出口参数:*lpchData[数据存入缓存区]
//------------------------------------------------------------
void READ_DAT00_fm25L04(uchar chAddre,uchar * lpchData,uint nCount)
{
        uint nI = 0;
        //CS_FM = 0;
        GPIOPinWrite( GPIO_PORTA_BASE,CS_FM, 0x00 );
        //CLK_FM = 0;
        GPIOPinWrite( GPIO_PORTA_BASE,CLK_FM, 0x00 );

        //发送读命令
        SEND_DATA8(READ0);    //读存储器数据[发送读命令并从 000H~0FFH 区读出]
        DelayDS(12);
        //发送读取数据的起始地址
        SEND_DATA8(chAddre);  //读存储器数据[发送读地址并从 000H~0FFH 区读出]
        do
        {
          lpchData[nI] = RECE_DATA8(); //读出数据并存于 lpchData
          nI ++ ;
          nCount -- ;
        }while(nCount);

        DelayDS(48);                   //调用 48 μs 延时子程序
        // CS_FM = 1;
        GPIOPinWrite( GPIO_PORTA_BASE,CS_FM, CS_FM );
}
//------------------------------------------------------------
//程序名称:READ_DAT01_fm25L04
//程序功能:从 FM25L04 存储器中读出数据[区间在 100H~1FFH][外用]
//入口参数:chAddre[器件内部地址(传送存储的起始地址)],nCount[字符个数]
//出口参数:*lpchData[数据存入缓存区]
//------------------------------------------------------------
void READ_DAT01_fm25L04(uchar chAddre,uchar * lpchData,uint nCount)
{
        uint nI = 0;
        //CS_FM = 0;
        GPIOPinWrite( GPIO_PORTA_BASE,CS_FM, 0x00 );
        //CLK_FM = 0;
        GPIOPinWrite( GPIO_PORTA_BASE,CLK_FM, 0x00 );

        //发送读命令
        SEND_DATA8(READ1);    //读存储器数据[发送读命令并从 100H~1FFH 区读出]
```

```
       //发送读取数据的起始地址
       SEND_DATA8(chAddre);   //读存储器数据[发送读地址并从 100H～1FFH 区读出]
       do
       {
         lpchData[nI] = RECE_DATA8(); //读出数据并存于 lpchData
         nI ++ ;
         nCount -- ;
       }while(nCount);
       DelayDS(48);                    //调用 48 μs 延时子程序
       //CS_FM = 1;
       GPIOPinWrite( GPIO_PORTA_BASE,CS_FM, CS_FM );
}
//-----------------------------------------------------------------
//程序名称:D_WRITE_COM_fm25L04
//程序功能:发送禁止写入
//入口参数:无
//出口参数:chRdat
//-----------------------------------------------------------------
unsigned char D_WRITE_COM_fm25L04()
{
       unsigned char chRdat;
       //CS_FM = 0;         //当 CS 片选脚被清零时,芯片才能接收数据
       GPIOPinWrite( GPIO_PORTA_BASE,CS_FM, 0x00 );
       //CLK_FM = 0;
       GPIOPinWrite( GPIO_PORTA_BASE,CLK_FM, 0x00 );

       //发送禁止写入命令
       SEND_DATA8(WRDI);
       chRdat = RECE_DATA8();              //读出数据并存于 RDAT 寄存器中
       DelayDS(48);                        //调用 48 μs 延时子程序
       //CS_FM = 1;                        //片选的上升沿结束命令操作.
       GPIOPinWrite( GPIO_PORTA_BASE,CS_FM, CS_FM );
       return chRdat;
}
//-----------------------------------------------------------------
//程序名称:PSW_WRITE_COM_fm25L04:
//程序功能:向状态字寄存器写入数据[写状态寄存器]
//入口参数:chAddre[传送要写入状态寄存器的值]
//出口参数:无
//-----------------------------------------------------------------
void PSW_WRITE_COM_fm25L04(unsigned char chAddre)
{
       //CS_FM = 0;       //当 CS 片选脚被清零时,芯片才能接收数据
       GPIOPinWrite( GPIO_PORTA_BASE,CS_FM, 0x00 );
```

```
    //CLK_FM = 0;
    GPIOPinWrite( GPIO_PORTA_BASE,CLK_FM, 0x00 );
    SEND_DATA8(WRSR);           //发送状态寄存器写入命令
    //发送写入的数据
    SEND_DATA8(chAddre);        //写状态寄存器
    DelayDS(48);                //调用 48 μs 延时子程序
    //CS_FM = 1;                //片选的上升沿结束命令操作
    GPIOPinWrite( GPIO_PORTA_BASE,CS_FM, CS_FM );
}
//-----------------------------------------------------------------
//程序名称:PSW_READ_COM_fm25L04;
//程序功能:从状态字寄存器中读出数据[读状态寄存器]
//入口参数:无
//出口参数:RDAT[存放读出的数据]
//-----------------------------------------------------------------
unsigned char PSW_READ_COM_fm25L04()
{
    unsigned char chRDAT;
    //CS_FM = 0;      //当 CS 片选脚被清零时,芯片才能接收数据
    GPIOPinWrite( GPIO_PORTA_BASE,CS_FM, 0x00 );
    //CLK_FM = 0;
    GPIOPinWrite( GPIO_PORTA_BASE,CLK_FM, 0x00 );
    //发送状态寄存器读出命令
    SEND_DATA8(RDSR);
    chRDAT = RECE_DATA8();      //读出数据并存于 RDAT 寄存器中
    DelayDS(48);                //调用 48 μs 延时子程序
    //CS_FM = 1;                //片选的上升沿结束命令操作
    GPIOPinWrite( GPIO_PORTA_BASE,CS_FM, CS_FM );
    return chRDAT;
}
//-----------------------------------------------------------------
//*****************************************************************
```

主要外用函数原型有:

a. void GPio_PA_Initi(void); //启动外设 GPIO A 输入/输出用于数据传送
　　//下面是向 FM25L04 的 0x000～0x0FF 空间写入数据函数

b. void WRITE_DAT00_fm25L04(uchar chAddre,uchar * lpchData,uint nCount);
　　//下面是向 FM25L04 的 0x100～0x1FF 空间写入数据函数

c. void WRITE_DAT01_fm25L04(uchar chAddre,uchar * lpchData,uint nCount);
　　//从 FM25L04 存储器中读出数据[区间在 0x000～0x0FF]

d. void READ_DAT00_fm25L04(uchar chAddre,uchar * lpchData,uint nCount)

//从 FM25L04 存储器中读出数据[区间在 0x100~0x1FF]
e. void READ_DAT01_fm25L04(uchar chAddre,uchar * lpchData,uint nCount)
有关各函数的应用见范例程序。
(2). 应用范例程序的编写
任务①:向 FM25L04 存储器读/写数据并通过串行模块发向 PC 机。
程序编写如下:

```c
//*****************************************************************
//功能:向 FM25L04 存储器读/写数据,并过通过串口发向 PC 机
//*****************************************************************
#include "Lm101UartSR.h"
#include "fm25L04.h"

#define PB4_LED    GPIO_PIN_4
#define PB5_LED    GPIO_PIN_5
#define PB6_LED    GPIO_PIN_6

unsigned char uchRecvD[33],uchSendD[33];
unsigned int nJSQ = 0;
void Uart_Recv();
void Uart_Send();
unsigned char chCC[3];
//-----------------------------------------------------------------
//防止 JTAG 失效
//-----------------------------------------------------------------
void  jtagWait(void)
{
    SysCtlPeripheralEnable(SYSCTL_PERIPH_GPIOB);
    //设置 KEY 所在引脚为输入
    GPIODirModeSet(GPIO_PORTB_BASE, GPIO_PIN_3, GPIO_DIR_MODE_IN);
    //如果复位时按下 KEY,则进入
    if ( GPIOPinRead( GPIO_PORTB_BASE , GPIO_PIN_3)  ==  0x00 )
    {
        for (;;);        //死循环,以等待 JTAG 连接
    }
    //禁止 KEY 所在的 GPIO 端口
    SysCtlPeripheralDisable(SYSCTL_PERIPH_GPIOB);
}
//-----------------------------------------------------------------
//延时子程序
//-----------------------------------------------------------------
void delay(int d)
{
   int i = 0;
   for( ; d; --d)
    for(i = 0;i<10000;i++);
```

```c
}
//-----------------------------------------------------------------
// 函数名称:GPio_Initi
// 函数功能:启动外设 GPIO 输入/输出
// 输入参数:无
// 输出参数:无
//-----------------------------------------------------------------
void GPio_Initi(void)
{
    //使能 GPIO B 口外设。用于指示灯
    SysCtlPeripheralEnable( SYSCTL_PERIPH_GPIOB );
    //设定 PB4 PB5 为输出用作指示灯点亮
    GPIODirModeSet(GPIO_PORTB_BASE, PB4_LED | PB5_LED |
                    PB6_LED,GPIO_DIR_MODE_OUT);
    //初始化 PB4 PB5 为低电平点亮指示灯
    GPIOPinWrite( GPIO_PORTB_BASE, PB5_LED, 0 );
}
//-----------------------------------------------------------------
void main()
{
    //防止 JTAG 失效
    delay(10);
    jtagWait();
    delay(10);
    //设定系统晶振为时钟源
    SysCtlClockSet( SYSCTL_SYSDIV_1 | SYSCTL_USE_OSC | SYSCTL_OSC_MAIN |
                    SYSCTL_XTAL_6MHZ );

    GPio_Initi();                  //启动 GPIO 输出
    LM101_UART_Initi();            //启动串行通信
    GPio_PA_Initi();               //初始化 SPI 接口外设
    delay(100);
    while(1)
    {
        UARTSend("Q",1);
        delay(10);
        if(nbRcvFlags)
        {
            chCC[0] = nlRcvData;
            chCC[1] = nbRcvFlags;
            // UARTSend(chCC,2);
            nbRcvFlags = 0;        //清 0 UART 串行标识
            if(chCC[0] == 0x77)
```

```
                Uart_Recv();
              else if(chCC[0] == 0x99)
                Uart_Send();
              else ;
                }

       //程序运行指示灯处理
       //读出 PB5_LED 引脚值判断是否为 0
         if(GPIOPinRead(GPIO_PORTB_BASE, PB5_LED) == 0x00)
           //如果 PB5 引脚为 0 就给其写 1 熄灯
             GPIOPinWrite(GPIO_PORTB_BASE, PB5_LED,0x20);
           else GPIOPinWrite(GPIO_PORTB_BASE, PB5_LED,0x00);    //就给其写 0 亮灯

         delay(50);

     }

}
//------------------------------------------------------------------
// 函数名称:Uart_Recv()
// 函数功能:用于接收从 PC 机上发来的数据,并保存到 FM25L04 存储器中
// 输入参数:无
// 输出参数:无
//------------------------------------------------------------------
void Uart_Recv()
{
   nJSQ = 1;

   UARTSend(chCC,2);

   do
   {
      if(nbRcvFlags)
      {
        nbRcvFlags = 0;
        uchRecvD[nJSQ] = nlRcvData;
        UARTSend(&uchRecvD[nJSQ],1);

        if(uchRecvD[nJSQ] == 0xDD)break;
        nJSQ++;
      }

   }while(1);

   uchRecvD[0] = nJSQ;  //总数存在第 1 位上
   //将接收到的上位机数据存入 FM25L04SPI 通信存储器
   WRITE_DAT00_fm25L04(0x10,uchRecvD,nJSQ);

}
//------------------------------------------------------------------
// 函数名称:Uart_Recv()
// 函数功能:用于接收从 PC 机上发来的数据,并保存到 FM25L04 存储器中
```

```
// 输入参数:无
// 输出参数:无
//------------------------------------------------------------
void Uart_Send()
{
    unsigned char chNuom;
    UARTSend(chCC,2);   //返回接收到的命令
    //读出总数据存储的个数
    READ_DAT00_fm25L04(0x10,uchSendD,1);

    if(uchSendD[0] == 0xFF)chNuom = 10;
     else chNuom = uchSendD[0]; //先读出数据的个数
    //从 FM25L04 存储器中读出所有的数据
    READ_DAT00_fm25L04(0x10,uchSendD,chNuom);
    //将读到的数据发向 PC 机
    UARTSend(uchSendD,chNuom); //发向 PC 机
}
//------------------------------------------------------------
//****************************************************************
```

在这个工程应用中,虽然花了几天时间,但还是有所收获的。最重要的问题是 LM3S101(102)使用的电源是 3 V 的,所以外围接口器件尽量选用 3 V 电压的。虽然 LM3S101(102)可以对 5 V 器件进行操作,但对某些器件是否支持有待于探讨。

作业:
用 FM25L04 做一个定时器(其余部分自配)。

编后语:
学就要有所得,坚而必攻克之方能前行。

课题 9 LCD_JCM12864M 的在 LM3S101(102)单片机上的应用

实验目的

了解和掌握 JCM12864M 液晶显示屏在 LM3S101(102)单片机上使用 SPI 同步串行通信的原理与使用方法。

实验设备

① 所用工具:30W 烙铁 1 把,数字万用表 1 个;
② PC 机 1 台;

第7章 Cortex-M3 内核微控制器 LM3S101(102)外围接口电路在工程中的应用

③ 开发软件 IAR Embedded Workbench5.20v 集成开发平台 1 套；

④ LM LINK JTAG 调试器 1 套，EasyARM101 开发套件 1 套。

外扩器件

JCM12864M 液晶显示屏模块 1 块(所需器件：JCM12864M 1 块，5 kΩ 可调电阻 1 个)，数据线 6 条(自制)，接插器(公)1 条，接插器(母)1 条，跳线块 1 块(可以用母接插器自制)。

工程任务

① 显示文字和边框。

② 使用绘图区绘制表格线并显示文字。

③ 在绘图区显示图片。

所需外围器件资料

K9.1 JCM12864M 模块概述

JM12864M 汉字图形点阵液晶显示模块，分汉字显示与图形显示，内置 8 192 个中文汉字(16×16 点阵)、128 个字符(8×16 点阵)及 64×256 点阵显示 RAM(GDRAM)。

主要技术参数和显示特性如下：

电源：Vdd +3.3～5 V(内置升压电路，无需负压)；

显示区：128 列×64 行；(8×16+8×16)列，分上下两屏。

显示颜色：黄绿。

与 MCU 接口：8 位或 4 位并行，或 3 位串行；

多种软件功能：光标显示、画面移位、自定义字符、睡眠模式等。

K9.2 JCM12864M 引脚及引脚说明

JCM12864M 引脚功能如图 K9-1 所示。

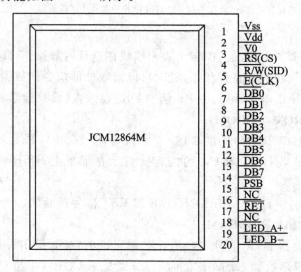

图 K9-1 JCM12864M 引脚功能

JCM12864M 引脚功能说明如表 K9-1 所列。

表 K9-1 JCM12864M 引脚说明

引脚号	引脚名称	方　向	功能说明
1	Vss	—	模块的电源地
2	Vdd	—	模块的电源正端
3	V0	—	LCD 显示驱动电压输入端
4	RS(CS)	H/L	并行的指令/数据选择信号；串行的片选信号
5	R/W(SID)	H/L	并行的读/写选择信号；串行的数据口
6	E(CLK)	H/L	并行的使能信号；串行的同步时钟
7	DB0	H/L	数据 0
8	DB1	H/L	数据 1
9	DB2	H/L	数据 2
10	DB3	H/L	数据 3
11	DB4	H/L	数据 4
12	DB5	H/L	数据 5
13	DB6	H/L	数据 6
14	DB7	H/L	数据 7
15	PSB	H/L	并/串行接口选择：H—并行；L—串行[①]
16	NC		空脚
17	$\overline{RET}$	H/L	复位 低电平有效[②]
18	NC		空脚
19	LED_A+	(LED+5 V)	背光源正极
20	LED_K−	(LED−0 V)	背光源负极

注：①如在实际应用中仅使用并口通信模式，可将 PSB 接固定高电平或低电平。
　　②模块内部接有上电复位电路，因此在不需要经常复位的场合可将该端悬空。

● **忙标志 BF**

BF 标志提供内部工作情况。BF=1 表示模块在进行内部操作，此时模块不接收外部指令和数据。BF=0 时，模块为准备好状态，随时可以接收外部指令和数据。

利用 STATUS RD 指令，可以将 BF 读到 DB7 总线，从而检验模块的工作状态。

● **字型产生 ROM(CGROM)**

字型产生 ROM(CGROM)提供 8 192 个触发器用于模块屏幕显示和开关控制。DFF=1 为开显示(DISPLAY ON)，DDRAM 的内容就显示在屏幕上；DFF=0 为关显示(DISPLAY OFF)。

DFF 的状态是指令 DISPLAY ON/OFF 和 RST 信号控制的。

● **显示数据 RAM(9DDRAM)**

模块内部显示数据 RAM 提供 64×2 个位单元组的空间，最多可控制 4 行(64 个字)中文字型显示。当写入显示数据 RAM 使能时，可分别显示 CGROM 与 CGRAM 的字型；此模块可显示 3 种字型，分别是半角英数字型(16×8)，CGRAM 字型及 CGROM 的中文字型。3 种字型的选择,由在 DDRAM 写入的编码选择。在 0000H～0006H 的编码中(其代码分别是 0000、0001、0002、0004、0006 共 4 个)将选择 CGRAM 的自定义字型,02H～7FH 的编码中将选择半角英数字的字型,至于 A1 以上的编码将自动的结合下一个位单元组,组成两个位单元组的编码形成中文字型的编码 BIG5(A140H～D75F),GB(A1A0H～F7FFH)。

- 字型产生 RAM(CGRAM)

字型产生 RAM 提供图像定语(造字)功能,可以提供四组 16×16 点的自定义图像空间,使用者可以将内部字型没有提供的图像字型自定义到 CGRAM 中,使可和 CGROM 中的定义一样地通过 DDRAM 显示在屏幕中。

- 地址计数器 AC

地址计数器是用来储存 DDRAM/XGRAM 之一的地址,它可由设定指令暂存器来改变,之后只要读取或是写入 DDRAM/CGRAM 的值时,地址计数器的值就会自行加一。当 RS 为 0 而 R/W 为 1 时,地址计数器的值会被读取到 DB6～DB0 中。

- 光标/闪烁控制电路

此模块提供硬件光标及闪烁控制电路,由地址计数器的值来指定 DDRAM 中的光标或闪烁位置。

K9.3 SPI 同步串行通信接口时序

在本课题中我们的主要任务是探讨 JCM12864M 的三线串行通信。有关 8 线与 4 线并行通信请查看网上资料\附录资料及参考程序。

JMC12864M 的 SPI 同步串行通信接口时序如图 K9-2 所示。

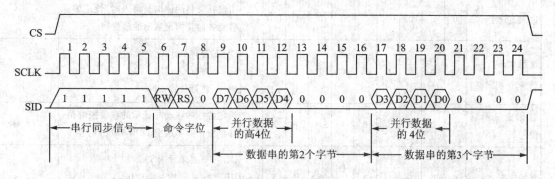

图 K9-2 串行连接时序图

从图 K9-2 串行连接时序图不难看出,串行数据传送是分三个字节完成(注:特别提示,片选择线 CS 必须置高电平才有效):

第①字节为串口控制指令,其格式是 11111ABC　其中:

　　A 为数据传送方向控制:H 表示数据从 LCD 到 MCU,L 表示数据从 MCU 到 LCD;

　　B 为数据类型选择:H 表示数据是显示数据,L 表示数据是控制指令;

　　C 固定为 0。

第②字节为并行 8 位数据的高 4 位,其格式是 DDDD0000。

第③字节为并行 8 位数据的低 4 位,其格式是 0000DDDD,发送时将低 4 位移至发送数据的高 4 位,即 DDDD0000 方能正确。

命令的具体的表现形式如表 K9-2 所列。

表 K9-2　串行发送命令字节说明表

指令	操作命令	功能
11111110	0FEH	从 LCD 读出数据
11111100	0FCH	从 LCD 读出命令
11111010	0FAH	向 LCD 写入数据
11111000	0F8H	向 LCD 写入命令

K9.4　用户指令集

用户指令如表 K9-3 与表 K9-4 所列。

表 K9-3　基本指令表(RE=0 为基本指令集)

指令	RS	RW	7	6	5	4	3	2	1	D0	说明	执行时间 (540 kHz)
清除显示	0	0	0	0	0	0	0	0	0	1	将 DDRAM 填满"0x20",并且设定 DDRAM 的地址计数器(AC)到"0x00"	4.6 ms
地址归位	0	0	0	0	0	0	0	0	1	X	设定 DDRAM 的地址计数器(AC)到"0x00",并且将游标移到开头原点位置;这个指令并不改变 DDRAM 的内容	4.6 ms
进入点设定	0	0	0	0	0	0	0	1	I/D	S	指定在资料的读取与写入时,设定游标移动方向及指定显示的移位	72 μs
显示状态开/关	0	0	0	0	0	0	1	D	C	B	D=1:整体显示 ON C=1:游标 ON B=1:游标位置 ON	72 μs
游标或显示移位控制	0	0	0	0	0	1	S/C	R/L	X	X	设定游标的移动与显示的移位控制位;这个指令并不改变 DDRAM 的内容	72 μs
功能设定	0	0	0	0	1	DL	X	0RE	X	X	DL=1(必须设为 1) RE=1:扩充指令集动作 RE=0:基本指令集动作	72 μs
设定 CGRAM 地址	0	0	0	1	AC5	AC4	AC3	AC2	AC1	AC0	设定 CGRAM 地址到地址计数器(AC)	72 μs
设定 DDRAM 地址	0	0	1	AC6	AC5	AC4	AC3	AC2	AC1	AC0	设定 DDRAM 地址到地址计数器(AC)	72 μs
读取忙碌标志(BF)和地址	0	1	BF	AC6	AC5	AC4	AC3	AC2	AC1	AC0	读取忙碌标志(BF)可以确认内部动作是否完成,同时可以读出地址计数器(AC)的值	0 μs

续表 K9-3

指令	RS	RW	____指令码____ 7	6	5	4	3	2	1	D0	说明	执行时间(540 kHz)
写资料到RAM	1	0	D7	D6	D5	D4	D3	D2	D1	D0	写入资料到内部的 RAM（DDRAM/CGRAM/IRAM/GDRAM）	72 μs
读出 RAM 的值	1	1	D7	D6	D5	D4	D3	D2	D1	D0	从内部 RAM 读取资料（DDRAM/CGRAM/IRAM/GDRAM）	72 μs

表 K9-4 扩展指令表（RE=1 为扩展指令集）

指令	RS	RW	7	6	5	4	3	2	1	0	说明	执行时间(540 kHz)
待命模式	0	0	0	0	0	0	0	0	0	1	将 DDRAM 填满"0x20"，并且设定 DDRAM 的地址计数器（AC）到"0x00"	72 μs
卷动地址或 IRAM 地址选择	0	0	0	0	0	0	0	0	1	SR	SR=1：允许输入垂直卷动地址 SR=0：允许输入 IRAM 地址	72 μs
反白选择	0	0	0	0	0	0	0	1	R1	R0	选择 4 行中的任一行作反白显示，并可决定反白与否	72 μs
睡眠模式	0	0	0	0	0	0	1	SL	X	X	SL=1：脱离睡眠模式 SL=0：进入睡眠模式	72 μs
扩充功能设定	0	0	0	0	1	1	X	1RE	G	0	RE=1：扩充指令集动作 RE=0：基本指令集动作 G=1：绘图显示 ON G=0：绘图显示 OFF	72 μs
设定 IRAM 地址或卷动地址	0	0	0	1	AC5	AC4	AC3	AC2	AC1	AC0	SR=1：AC5~AC0 为垂直卷动地址 SR=0：AC3~AC0 为 ICON IRAM 地址	72 μs
设定绘图 RAM 地址	0	0	1	AC6	AC5	AC4	AC3	AC2	AC1	AC0	设定 CGRAM 地址到地址计数器（AC）	72 μs

注：驱使光标移动的方法是：直接使用列号即可。如：光标现在所在的位置是 0x80，那么发送 0x81 命令，光标就可以移动到 0x81 处。在进行光标移动操作时最好关闭向液晶显示屏写入操作，否则有可能移不动光标。

K 9.5 显示坐标关系

JCM12864 点阵绘图坐标如图 K9-3 所示。

水平方向 X——以字节单位（80H～9FH）具体分配见图 K9-3。

垂直方向 Y——以位为单位（80H～9FH 为上屏，80H～9FH 为下屏），具体分配见图 K9-3。

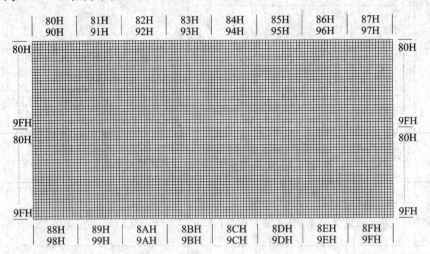

图 K9-3　JCM12864M 点阵绘图坐标

汉字显示坐标如表 K9-5 所列。

表 K9-5　汉字显示坐标

	X 坐标							
Line1	80H	81H	82H	83H	84H	85H	86H	87H
Line2	90H	91H	92H	93H	94H	95H	96H	97H
Line3	88H	89H	8AH	8BH	8CH	8DH	8EH	8FH
Line4	98H	99H	9AH	9BH	9CH	9DH	9EH	9FH

K9.6　字符显示 RAM

(1) 文本显示 RAM(DDRAM)

文本显示 RAM 提供 8 个×4 行的汉字空间，当写入文本显示 RAM 时，可以分别显示 CGROM、HCGROM 与 CGRAM 的字型。ST7920A 可以显示 3 种字型，分别是半宽的 HC-GROM 字型、CGRAM 字型及中文 CGROM 字型。三种字型，由在 DDRAM 中写入的编码选择，各种字型详细编码如下：

显示半宽字型：将一位字节写入 DDRAM 中，范围为 02H～7FH 的编码。

显示 CGRAM 字型：将两字节编码写入 DDRAM 中，总共有 0000H、0002H、0004H、0006H 四种编码。

显示中文字形：将两字节编码写入 DDRAMK，范围为 A1A0H～F7FFH（GB 码）或 A140H～D75FH（BIG5 码）的编码。

(2) 绘图 RAM(GDRAM)

绘图显示 RAM 提供 128×8 个字节的记忆空间，在更改绘图 RAM 时，先连续写入水平与垂直的坐标值，再写入两个字节的数据到绘图 RAM，而地址计数器（AC）会自动加 1；在写入绘图 RAM 的期间，绘图显示必须关闭，整个写入绘图 RAM 的步骤如下：

① 关闭绘图显示功能。

② 先将水平的位元组坐标(Y)写入绘图 RAM 地址；再将垂直的坐标(X)写入绘图 RAM 地址；将 D15～D8 写入到 RAM 中；将 D7～D0 写入到 RAM 中。

③ 打开绘图显示功能。

绘图显示的缓冲区对应分布请参考图 K9-3,所有显示都是以高电平点亮(FF),低电平熄灭(00)。

(3) 游标/闪烁控制

JCM12864M 提供硬件游标及闪烁控制电路,由地址计数器(address counter)的值来指定 DDRAM 中的游标或闪烁位置。

有关中文字符表及详细内容请查阅网上资料\器件资料库\ZK9_1 jcm12864m.pdf。

扩展模块制作

扩展模块电路图如图 K9-4 所示。

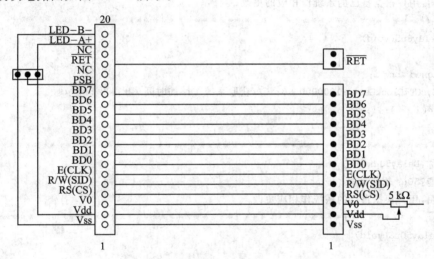

图 K9-4　JCM12864M 液晶显示模块

扩展模块与 EasyARM101 开发板连线如下：

PA3 引脚连到 RS(CS),PA5 引脚连到 R/W(SID),PA2 引脚连到 E(CLK)。Vdd、Vss 与电源的正负相连。

程序设计

(1). 扩展器件驱动程序的编写

创建器件驱动程序开发包：

```
//*********************************************************************
//程序文件名:jcm12864m.h
//程序要实现的功能:MCU 对 jcm12864m 液晶实施 SPI 同步串行读/写操作
//---------------------------------------------------------------------
#include "hw_ints.h"
#include "hw_memmap.h"
```

```c
#include "hw_types.h"
#include "gpio.h"
#include "sysctl.h"
#define uchar unsigned char        //映射 uchar 为无符号字符
#define uint  unsigned int         //映射 uint 为无符号整数
#define  NOP    while(0);

#define JCS    GPIO_PIN_3    //PA3 SPI 片选
#define JDIO   GPIO_PIN_5    //PA5 SPIDAT[MOSI]数据
#define JSCLK  GPIO_PIN_2    //PA2 SPICLK 时钟

uchar bACC; //申请一个位变量用于数据发送时产生位移

//***************************************************************
// 名称:Delay8uS
// 功能:8μs 软件延时
// 说明:用户根据自己的系统作相应的更改
//***************************************************************/
void Delay8uS(void)
{
    unsigned long i;
    i = SysCtlClockGet()/1000000 * 8;   //获取系统 1μs 的时间 * 8 得出 8 个 μs
    while(i--);
}
//***************************************************************
// 名称:Delay50μs
// 功能:50μs 软件延时
// 说明:用户根据自己的系统作相应更改
//***************************************************************/
void Delay50uS(void)
{
    unsigned long i;
    i = SysCtlClockGet()/1000000 * 50;  //获取系统 1μs 的时间 * 50 得出 50 个 μs
    while(i--);
}
//----------------------------------------------------------------
//延时函数
//说明:每执行一次大约 6 μs
//----------------------------------------------------------------
void DelayDS(uint nNum)
{
    unsigned long i;
    i = SysCtlClockGet()/1000000 * 6;   //获取系统 1 μs 的时间 * 6 得出 6 个 μs
    i = i * nNum;
    while(i--);
}
//----------------------------------------------------------------
```

```
// 函数名称:GPio_Initi
// 函数功能:启动外设 GPIO 输入/输出
// 输入参数:无
// 输出参数:无
// 说明:设为硬件控制
//------------------------------------------------------------
void GPio_PA_HW_Initi(void)
{
    //设置 PA 口用作按键功能
    SysCtlPeripheralEnable(SYSCTL_PERIPH_GPIOA);
    //设定 GPIO A 2～5 引脚为使用外设功能 GPIO_DIR_MODE_HW 由硬件进行控制
    GPIODirModeSet(GPIO_PORTA_BASE,(GPIO_PIN_2 | GPIO_PIN_3 |
                        GPIO_PIN_5),GPIO_DIR_MODE_OUT); //HW[]

    //设为输入
    GPIODirModeSet(GPIO_PORTA_BASE, GPIO_PIN_4 , GPIO_DIR_MODE_IN);
}
//------------------------------------------------------------
//程序名称:JSEND_DATA8
//程序功能:用于发送 8 位数据[单字节发送子程序]
//入口参数:SDAT[传送要发送的数据]
//出口参数:无
//说明:12864M 液晶使用的是 SPI 同步串行通信,本子程序已是串行通信程序,
//      再加上 CS 片选动作即可实施 SPI 同步串行通信
//------------------------------------------------------------
void JSEND_DATA8(uchar chSDAT)
{
        uint  JSQ1 = 8;    //准备发送 8 次
        GPIODirModeSet(GPIO_PORTA_BASE, GPIO_PIN_5, GPIO_DIR_MODE_OUT);
        Delay50uS();       //调用 50 μs 延时子程序
        bACC = chSDAT;
    SD:
        //先将高 7 位发送出去
        if(bACC&0x80)
          GPIOPinWrite( GPIO_PORTA_BASE, JDIO, JDIO );   //如果是 1 就发 1
         else
           GPIOPinWrite( GPIO_PORTA_BASE, JDIO, 0x00 );//如果是 0 就发 0

        bACC = bACC<<1;    //将高 6 位移到高 7 位准备下一次发送
        NOP
        NOP
        // JSCLK = 1;        //准备数据锁存
        GPIOPinWrite( GPIO_PORTA_BASE, JSCLK, JSCLK ); //准备数据锁存 = 1
        Delay8uS();         //12 μs 延时
        //JSCLK = 0;         //在脉冲的下沿锁存数据
        GPIOPinWrite( GPIO_PORTA_BASE, JSCLK, 0x00 );//在脉冲的下降沿锁存数据
        Delay8uS();         //12μs 延时锁存数据
```

```c
        if(--JSQ1)goto SD;
        //JDIO = 0;                //清零数据线
        GPIOPinWrite( GPIO_PORTA_BASE, JDIO, 0x00 );//清零数据线
    return;
}
//------------------------------------------------------------
//程序名称:RECE_DATA8()
//程序功能:用于读取 8 位数据[单字节接收子程序]
//入口参数:无
//出口参数:chRDAT[传送接收到的数据]
//------------------------------------------------------------
uchar RECE_DATA8()
{
    uint  JSQ1 = 8;
    uchar C;
    GPIODirModeSet(GPIO_PORTA_BASE, GPIO_PIN_5 , GPIO_DIR_MODE_IN);
    //JDIO = 1;                //先拉高数据线
    GPIOPinWrite( GPIO_PORTA_BASE, JDIO, JDIO );//先拉高数据线
    Delay50uS();              //调用 50 μs 延时子程序
RBIT:
    //JSCLK = 1;
    GPIOPinWrite( GPIO_PORTA_BASE, JSCLK, JSCLK );//置位//JSCLK = 1;
    Delay8uS();         //10 μs 延时锁存数据
    bACC = bACC<<1; //将低 0 位移到低 1 位准备接收数据
    C = GPIOPinRead( GPIO_PORTB_BASE ,JDIO);
    if((C & JDIO)! =0)bACC |= 0x01;
      else bACC &= 0xfe;
    //JSCLK = 0;             //锁存数据
    GPIOPinWrite( GPIO_PORTA_BASE, JSCLK, ~JSCLK );
    Delay8uS();         //10 μs 延时锁存数据
    if(--JSQ1)goto RBIT;
    //JDIO = 0;              //拉低数据线
    GPIOPinWrite( GPIO_PORTA_BASE, JDIO, 0x00 );//清零数据线
    return  bACC;          //;返回接收到的数据
}
//------------------------------------------------------------
//下面是应用程序
//------------------------------------------------------------
//程序名称:SEND_COM_12864M()[外部调用]
//程序功能:用于向 12864m 发送命令[发送命令[写入]]
//入口参数:chSADD[传送要发送的命令]
//出口参数:无
//------------------------------------------------------------
void SEND_COM_12864M(uchar chSADD)
```

```
{
    uchar chAcc,DATD,DATD2;
    chAcc = chSADD;
    DATD = chAcc&0xF0;
    chAcc = chSADD;
    DATD2 = chAcc&0x0F;
    DATD2 = DATD2<<4;

    //JCS = 1;        //当CS片选脚被拉高时芯片才能接收数据
    GPIOPinWrite( GPIO_PORTA_BASE, JCS, JCS );
    //JSCLK = 0;
    GPIOPinWrite( GPIO_PORTA_BASE, JSCLK, ~JSCLK );

    //以下为三字节24个脉冲处理,0x0F8为写命令
    JSEND_DATA8(0xF8);

    JSEND_DATA8(DATD);      //命令的高4位
    JSEND_DATA8(DATD2);     //命令的低4位,要求发出之前要将其移到高4位处

    //JCS = 0;
    GPIOPinWrite( GPIO_PORTA_BASE, JCS, ~JCS );
}
//--------------------------------------------------------------
//程序名称:SEND_DAT_12864M[外部调用]
//程序功能:用于向12864m发送数据[发送数据[写入]]
//入口参数:chSADD[传送要发送的数据]
//出口参数:无
//--------------------------------------------------------------
void SEND_DAT_12864M(uchar chSADD)
{
    uchar chAcc,DATD,DATD2;
    chAcc = chSADD;
    DATD = chAcc&0xF0;
    chAcc = chSADD;
    DATD2 = chAcc&0x0F;
    DATD2 = DATD2<<4;

    //JCS = 1;        //当CS片选脚被拉高时芯片才能接收数据
    GPIOPinWrite( GPIO_PORTA_BASE, JCS, JCS );
    //JSCLK = 0;
    GPIOPinWrite( GPIO_PORTA_BASE, JSCLK, ~JSCLK );

    //以下为三字节24个脉冲处理,0x0FA为写命令
    JSEND_DATA8(0xFA);

    //命令的高4位
    JSEND_DATA8(DATD);

    //命令的低4位,要求发出之前要将其移到高4位处
    JSEND_DATA8(DATD2);
```

```c
        //JCS = 0;
        GPIOPinWrite( GPIO_PORTA_BASE, JCS, ~JCS );
}
//------------------------------------------------------------------
//程序名称:JCM12864M_INITI()[外部调用]
//程序功能:初始化 JCM12864M 液晶显示屏
//入口参数:无
//出口参数:无
//------------------------------------------------------------------
void JCM12864M_INITI()
{
        GPio_PA_HW_Initi();   //启动 I/O 口输出
        DelayDS(650);         //延迟 3.9 ms
        //8 位 MCU,使用基本指令集合
        SEND_COM_12864M(0x30);
        DelayDS(650);
        SEND_COM_12864M(0x03);      //AC 归 0,不改变 DDRAM 内容
        DelayDS(650);
        SEND_COM_12864M(0x0F);      //显示 ON,游标 OFF,游标位反白 OFF
        DelayDS(650);
        SEND_COM_12864M(0x01);      //清屏,AC 归 0 AC 为显示器的内部计数器
        DelayDS(650);
        SEND_COM_12864M(0x06);      //写入时,游标右移动
        DelayDS(650);               //延迟 3.9 ms
}
//------------------------------------------------------------------
//程序名称:READ_BUSY[外部调用]
//程序功能:双字节命令、数据发送与接收子程序[发送命令接收读回数据子程序]
//入口参数:无
//出口参数:RDAT2[传送接收到的数据前 4 位] RDAT[传送接收到的数据后 4 位]
//------------------------------------------------------------------
void READ_BUSY()
{
        uchar chAcc,DATD,DATD2;
        //JCS = 1;
        GPIOPinWrite( GPIO_PORTA_BASE, JCS, JCS );
        //JSCLK = 0;
        GPIOPinWrite( GPIO_PORTA_BASE, JSCLK, ~JSCLK );
    Aing:
        //发送读命令 FEH[读数据命令]
        JSEND_DATA8(0xFE);
        //读出判忙字节的高 4 位
```

```c
        DATD = RECE_DATA8();
        //读出判忙字节的低 4 位
        DATD2 = RECE_DATA8();
        DATD2 = DATD2>>4;
        chAcc = DATD|DATD2;              //合并判忙字节
        if(chAcc&0x80)goto Aing;         //如果忙点为 1 则继续读出判忙点
        //JCS = 0;
        GPIOPinWrite( GPIO_PORTA_BASE, JCS, ~JCS );
}
//-------------------------------------------------------------
//程序名称:CLS_12864M
//程序功能:清屏
//出入参数:无
//-------------------------------------------------------------
void CLS_12864M()
{
    //使用基本指令集
    SEND_COM_12864M(0x30);
    //清屏
    SEND_COM_12864M(0x01);
}
//-------------------------------------------------------------
//程序名称:SEND_NB_DATA_12864M[外部调用]
//程序功能:用于向 12864m 发送多字节字符
//入口参数:chSADD[传送数据显示的起始地址],lpSData[传送要发送的字符串],nConut[传送要发送
//        字符的个数]
//出口参数:无
//-------------------------------------------------------------
void SEND_NB_DATA_12864M(uchar chSADD,uchar * lpSData,uint nConut)
{
    SEND_COM_12864M(chSADD);    //发起始地址
    do
    {
        SEND_DAT_12864M( * lpSData);
        lpSData ++ ;
        nConut - - ;
    }while(nConut);
}
//-------------------------------------------------------------
//程序名称:CLOS_Focus_12864M()
//程序功能:关闭光标
//出入参数:无
//-------------------------------------------------------------
```

```c
void CLOS_Focus_12864M()
{
        //使用基本指令集
        SEND_COM_12864M(0x30);
        //发送关闭光标指令
        SEND_COM_12864M(0x0C);
}
//--------------------------------------------------------------
//程序名称:CLS0_RAM_12864M
//程序功能:先清除屏幕花点,而后画图[清零绘图区]
//入出参数:无
//说明:X、Y坐标都是从 0x80 起步的[起始位]
//--------------------------------------------------------------
void CLS0_RAM_12864M()
{
        uchar    ch2CH = 0x20;
        uchar    ch2BH = 0x20;
        uchar    ch2AH = 0x80;        //Y 坐标

        //8Bit MCU,使用扩展指令集合并关闭绘图显示
        SEND_COM_12864M(0x34);
CLS02:
        //设置绘图区的 Y 地址坐标
        SEND_COM_12864M(ch2AH);
        //设置绘图区的 X 地址坐标 每一个 X 坐标值是 16 个点,所以要分两次填写
        SEND_COM_12864M(0x80);
        ch2AH++;                      //[Y 坐标,X 坐标自动右移]
CLS03:
        //向显示区填充关闭显示
        SEND_DAT_12864M(0x00);
        if(--ch2CH)goto CLS03;
        ch2CH = 0x20;                 //给 ch2CH 初值
        if(--ch2BH)goto CLS02;
        //使用扩展指令集合并打开绘图显示
        SEND_COM_12864M(0x36);
}
//--------------------------------------------------------------
//程序名称:H_LINE_12864M()
//程序功能:绘制水平直线
//入口参数:X0[起始位],Y0[起始位],Y1[结束位],X1[为左半结束位],X2[为右半结束位]
//--------------------------------------------------------------
void H_LINE_12864M(uchar X0,uchar Y0,uchar X1)
{
        uchar JSQ;
```

```
        X1 = X1 + 1;

        JSQ = X0;
        //8 位 MCU,使用扩展指令集合并关闭绘图显示
        SEND_COM_12864M(0x34);

        //设置绘图区的 Y 地址坐标
        SEND_COM_12864M(Y0);
        //设置绘图区的 X 地址坐标
        SEND_COM_12864M(X0);

    H_L:
        //先画高 8 位
        SEND_DAT_12864M(0xFF);
        //再画低 8 位
        SEND_DAT_12864M(0xFF);

        JSQ++;
        if(JSQ<X1)goto H_L;

        //用扩展指令集合并打开绘图显示
        SEND_COM_12864M(0x36);

}
//-------------------------------------------------------------
//程序名称:V_LINE_12864M
//程序功能:绘制垂直直线
//入口参数:X0[起始位],Y0[起始位],Y1[结束位],X1[为左半结束位],X2[为右半结束位]
//说明:X1 为 16*16 点阵的高 8 位[左], X2 为 16*16 点阵的低 8 位[右],
//-------------------------------------------------------------
void V_LINE_12864M(uchar X0,uchar Y0,uchar Y1,uchar X1,uchar X2)
{
        Y1 = Y1 + 1;

        //8 位 MCU,使用扩展指令集合并关闭绘图显示
        SEND_COM_12864M(0x34);

    V_L:
        //设置绘图区的 Y 地址坐标
        SEND_COM_12864M(Y0);
        Y0++;
        //设置绘图区的 X 地址坐标
        SEND_COM_12864M(X0);

        SEND_DAT_12864M(X1);

        SEND_DAT_12864M(X2);

        if(Y0<Y1)goto V_L;

        //使用扩展指令集合并打开绘图显示
        SEND_COM_12864M(0x36);

}
```

```c
//----------------------------------------
//程序名称:DISP_TEXT_12864M
//程序功能:显示数字
//入口参数:Y0,TXT1,TXT2
//----------------------------------------
void DISP_TEXT_12864M(uchar Y0,uchar TXT1,uchar TXT2)
{
        //8 位 MCU,使用扩展指令集合并关闭绘图显示
        SEND_COM_12864M(0x30);

        //列号 ;DD RAM  地址 - - - - - 0000000
        SEND_COM_12864M(Y0);

        SEND_DAT_12864M(TXT1);
        Delay50uS();
        SEND_DAT_12864M(TXT2);

}
//----------------------------------------------------------------
uchar     ZHMO[] = {0x00,0x00,0x00,0x00,0x00,0x00,0x08,0x00,   // ;℃
                    0x14,0xE0,0x09,0x10,0x02,0x08,0x02,0x00,
                    0x02,0x00,0x02,0x00,0x02,0x00,0x02,0x08,
                    0x01,0x10,0x00,0xE0,0x00,0x00,0x00,0x00};
//----------------------------------------------------------------
//程序名称:WRITE_ZHMO_12864M
//程序功能:向12864M写入用户字模
//入口参数:无
//----------------------------------------------------------------
void WRITE_ZHMO_12864M()
{
        uint X1 = 32;
        DelayDS(650);
        //8 位 MCU,使用扩展指令集合并关闭绘图显示
        SEND_COM_12864M(0x30);

        //CGRAM 地址[用户字模地址]
        SEND_COM_12864M(0x40);

   ZHM:
        SEND_DAT_12864M(ZHMO[32 - X1]);

        if( -- X1)goto ZHM;

}
//----------------------------------------------------------------
//****************************************************************
```

主要外用程序原型如下:

a. void JCM12864M_INITI();   //Jcm12864m 初始化设置程序

b. SEND_NB_DATA_12864M(uchar chSADD,uchar * lpSData,uint nConut);
   //发送字符串
c. void H_LINE_12864M(uchar X0,uchar Y0,uchar X1); //绘制水平线
d. void V_LINE_12864M(uchar X0,uchar Y0,uchar Y1,uchar X1,uchar X2); //绘制垂直线
e. void CLS0_RAM_12864M(); //清除绘图区

有关各函数的应用见范例程序。
（2）. 应用范例程序的编写
任务①：显示文字和边框。
程序编写如下：

```c
//*************************************************************
//功能:在JCM12864M屏上绘制边框和显示文字
//文件名:lm101_spi_jc12864m.c
//-------------------------------------------------------------
#include "jcm12864m.h"
#define PB4_LED   GPIO_PIN_4
#define PB5_LED   GPIO_PIN_5
#define PB6_LED   GPIO_PIN_6
//防止JTAG失效
//-------------------------------------------------------------
void  jtagWait(void)
{
    SysCtlPeripheralEnable(SYSCTL_PERIPH_GPIOB);
    //设置KEY所在引脚为输入
    GPIODirModeSet(GPIO_PORTB_BASE, GPIO_PIN_3, GPIO_DIR_MODE_IN);
    //如果复位时按下KEY,则进入
    if ( GPIOPinRead( GPIO_PORTB_BASE , GPIO_PIN_3)  ==   0x00 )
    {
        for (;;);       //死循环,以等待JTAG连接
    }
    //禁止KEY所在的GPIO端口
    SysCtlPeripheralDisable(SYSCTL_PERIPH_GPIOB);
}
//-------------------------------------------------------------
//延时子程序
//-------------------------------------------------------------
void delay(int d)
{
  int i = 0;
  for( ; d; --d)
    for(i = 0;i<10000;i++);
}
//-------------------------------------------------------------
// 函数名称:GPio_Initi
```

```c
// 函数功能:启动外设 GPIO 输入/输出
// 输入参数:无
// 输出参数:无
// ……
vvoid GPio_Initi(void)
{
    //使能 GPIO B口外设。用于指示灯
    SysCtlPeripheralEnable( SYSCTL_PERIPH_GPIOB );
    //设定 PB4 和 PB5 为输出,用作指示灯点亮
    GPIODirModeSet(GPIO_PORTB_BASE, PB4_LED | PB5_LED |
                                    PB6_LED,GPIO_DIR_MODE_OUT);
    //初始化 PB4 和 PB5 为低电平,点亮指示灯
    GPIOPinWrite( GPIO_PORTB_BASE, PB5_LED|PB4_LED, 0 );
}
//--------------------------------------------------------------
int main()
{
    uchar chR4;
    //防止 JTAG 失效
    delay(10);
    jtagWait();
    delay(10);

    SysCtlClockSet(SYSCTL_SYSDIV_1 | SYSCTL_USE_OSC |
                    SYSCTL_OSC_MAIN | SYSCTL_XTAL_6MHZ);

    GPio_Initi();                           //初始化指示灯 I/O 口

    delay(100);
    JCM12864M_INITI();                      //初始化 JCM12864M
    WRITE_ZHMO_12864M();                    //装载用户字模
    CLS0_RAM_12864M();                      //清除绘区
    CLS_12864M();                           //清屏
    SEND_NB_DATA_12864M(0x92,"博   圆",6);
    SEND_NB_DATA_12864M(0x89,"单片机培训",10); //每个中断字算两个字符

    //画水平线(上双线)
    //          X0   Y0   X1
    H_LINE_12864M(0x80,0x80,0x87);
    H_LINE_12864M(0x80,0x82,0x87);
    //(下双线)
    //          X0   Y0   X1
    H_LINE_12864M(0x88,0x9F,0x8F);
    H_LINE_12864M(0x88,0x9D,0x8F);

    //画左边线
    //画垂直线[上屏]
    //          X0   Y0   Y1   X1   X2
```

```
        V_LINE_12864M(0x80,0x81,0x81,0xA0,0x00);
        V_LINE_12864M(0x80,0x83,0x8F,0xA0,0x00);
        V_LINE_12864M(0x90,0x83,0x9F,0xA0,0x00);

        //画垂直线[下屏]
        //              X0    Y0    Y1    X1    X2
        V_LINE_12864M(0x88,0x80,0x8F,0xA0,0x00);
        V_LINE_12864M(0x98,0x80,0x9C,0xA0,0x00);
        V_LINE_12864M(0x98,0x9E,0x9E,0xA0,0x00);

        //画右边线
        //画垂直线[上屏]
        //              X0    Y0    Y1    X1    X2
        V_LINE_12864M(0x87,0x81,0x81,0x00,0x05);
        V_LINE_12864M(0x87,0x83,0x8F,0x00,0x05);
        V_LINE_12864M(0x97,0x83,0x9F,0x00,0x05);

        //画垂直线[下屏]
        //              X0    Y0    Y1    X1    X2
        V_LINE_12864M(0x8F,0x80,0x8F,0x00,0x05);
        V_LINE_12864M(0x9F,0x80,0x9C,0x00,0x05);
        V_LINE_12864M(0x9F,0x9E,0x9E,0x00,0x05);
        delay(30);

    while(1)
    {
        //程序运行指示灯处理
        //读出 PB5_LED 引脚值判断是否为 0
        if(GPIOPinRead(GPIO_PORTB_BASE, PB5_LED) == 0x00)
            //如果 PB5 引脚为 0 就给其写 1  熄灯
            GPIOPinWrite(GPIO_PORTB_BASE, PB5_LED,0x20);
        else GPIOPinWrite(GPIO_PORTB_BASE, PB5_LED,0x00);   //就给其写 0 亮灯
        delay(30);
    }
}
//------------------------------------------------------------------
//******************************************************************
```

在绘制边线时,需要注意一点的是上下两屏分开绘,因为 JCM12864 在物理上也是上下两屏分开的。

任务②:使用绘图区绘制表格线并显示文字。

现编程如下:

```
//******************************************************************
//功能:在 JCM12864M 屏上绘制表格和显示文字
//文件名:lm101_spi_jc12864m.c
//------------------------------------------------------------------
# include "jcm12864m.h"
```

```c
#define PB4_LED    GPIO_PIN_4
#define PB5_LED    GPIO_PIN_5
#define PB6_LED    GPIO_PIN_6
//防止 JTAG 失效
//------------------------------------------------------------
void   jtagWait(void)
{
    SysCtlPeripheralEnable(SYSCTL_PERIPH_GPIOB);
    //设置 KEY 所在引脚为输入
    GPIODirModeSet(GPIO_PORTB_BASE, GPIO_PIN_3, GPIO_DIR_MODE_IN);
    //如果复位时按下 KEY,则进入
    if ( GPIOPinRead( GPIO_PORTB_BASE , GPIO_PIN_3)   ==   0x00 )
    {
        for (;;);          //死循环,以等待 JTAG 连接
    }
    //禁止 KEY 所在的 GPIO 端口
    SysCtlPeripheralDisable(SYSCTL_PERIPH_GPIOB);
}
//------------------------------------------------------------
//延时子程序
//------------------------------------------------------------
void delay(int d)
{
   int i = 0;
   for( ; d; --d)
   for(i = 0;i<10000;i++);
}
//------------------------------------------------------------
// 函数名称:GPio_Initi
// 函数功能:启动外设 GPIO 输入/输出
// 输入参数:无
// 输出参数:无
//------------------------------------------------------------
void GPio_Initi(void)
{
    //使能 GPIO B 口外设。用于指示灯
    SysCtlPeripheralEnable( SYSCTL_PERIPH_GPIOB );
     //设定 PB4 和 PB5 为输出,用作指示灯点亮
    GPIODirModeSet(GPIO_PORTB_BASE, PB4_LED | PB5_LED | PB6_LED,GPIO_DIR_MODE_OUT);
    //初始化 PB4 和 PB5 为低电平,点亮指示灯
    GPIOPinWrite( GPIO_PORTB_BASE, PB5_LED|PB4_LED, 0 );
}
//------------------------------------------------------------
//主函数体
//------------------------------------------------------------
```

```c
int main()
{
    uchar chR4;
    //防止 JTAG 失效
    delay(10);
    jtagWait();
    delay(10);
    SysCtlClockSet(SYSCTL_SYSDIV_1 | SYSCTL_USE_OSC | SYSCTL_OSC_MAIN | SYSCTL_XTAL_6MHZ);
    GPio_Initi();                    //初始化指示灯 I/O 口
    JCM12864M_INITI();               //初始化 JCM12864M
    CLS_12864M();                    //清屏
    CLS0_RAM_12864M();               //清除绘图区
    //画水平线
    //              X0   Y0   X1
    H_LINE_12864M(0x80,0x80,0x8F);
    //              X0   Y0   X1
    H_LINE_12864M(0x80,0x90,0x8F);
    //              X0   Y0   X1
    H_LINE_12864M(0x88,0x9F,0x8F);
    //画垂直线[上页]
    chR4 = 0x81;
L:
    //              X0   Y0   Y1   X1   X2
    V_LINE_12864M(chR4,0x81,0x8F,0x00,0x01);
    chR4 ++ ;
    chR4 ++ ;
    if(chR4<0x91)goto L;
    //画垂直线[下页]
    chR4 = 0x81;
L1:
    //              X0   Y0   Y1   X1   X2
    V_LINE_12864M(chR4,0x91,0x9F,0x00,0x01);
    chR4 ++ ;
    chR4 ++ ;
    if(chR4<0x89)goto L1;
    chR4 = 0x89;
L3:
    //              X0   Y0   Y1   X1   X2
    V_LINE_12864M(chR4,0x91,0x9E,0x00,0x01);
    chR4 ++ ;
    chR4 ++ ;
    if(chR4<0x91)goto L3;
```

```
            //第一行
            //              X0     Y0    Y1    X1    X2
            V_LINE_12864M(0x80,0x81,0x8F,0x80,0x00);
            //第二行
            //              X0     Y0    Y1    X1    X2
            V_LINE_12864M(0x80,0x91,0x9F,0x80,0x00);
            //第三行
            //              X0     Y0    Y1    X1    X2
            V_LINE_12864M(0x88,0x81,0x8F,0x80,0x00);
            //第四行
            //              X0     Y0    Y1    X1    X2
            V_LINE_12864M(0x88,0x91,0x9E,0x80,0x00);
            //使用基本指令集
            CLOS_Focus_12864M();  //关闭光标
            SEND_NB_DATA_12864M(0x80,"姓名",4);
            SEND_NB_DATA_12864M(0x90,"电话",4);
            SEND_NB_DATA_12864M(0x88,"地址",4);
            SEND_NB_DATA_12864M(0x9A,"同法设计",8);

    while(1)
    {
      //程序运行指示灯处理
      //读出 PB5_LED 引脚值判断是否为 0
      if(GPIOPinRead(GPIO_PORTB_BASE, PB5_LED) == 0x00)
        //如果 PB5 引脚为 0 就给其写 1 熄灯
         GPIOPinWrite(GPIO_PORTB_BASE, PB5_LED,0x20);
      else GPIOPinWrite(GPIO_PORTB_BASE, PB5_LED,0x00);   //就给其写 0 亮灯
      delay(30);
    }
}
//--------------------------------------------------------------------
//********************************************************************
```

以上是表格的绘制。

任务③:在绘图区显示图片。

现编程如下:

```
//********************************************************************
//功能:在 JCM12864M 屏上绘制图形和显示文字
//文件名:lm101_spi_jc12864m.c
//--------------------------------------------------------------------
#include "jcm12864m.h"

#define PB4_LED    GPIO_PIN_4
#define PB5_LED    GPIO_PIN_5
#define PB6_LED    GPIO_PIN_6
```

```c
//  防止 JTAG 失效
//------------------------------------------------------------
void  jtagWait(void)
{
    SysCtlPeripheralEnable(SYSCTL_PERIPH_GPIOB);
    //设置 KEY 所在引脚为输入
    GPIODirModeSet(GPIO_PORTB_BASE, GPIO_PIN_3, GPIO_DIR_MODE_IN);
    //如果复位时按下 KEY,则进入
    if ( GPIOPinRead( GPIO_PORTB_BASE , GPIO_PIN_3)   ==   0x00 )
    {
         for (;;);        //死循环,以等待 JTAG 连接
    }
    //禁止 KEY 所在的 GPIO 端口
    SysCtlPeripheralDisable(SYSCTL_PERIPH_GPIOB);
}
//------------------------------------------------------------
//延时子程序
//------------------------------------------------------------
void delay(int d)
{
  int i = 0;
  for( ; d; --d)
  for(i = 0;i<10000;i++);
}
//------------------------------------------------------------
// 函数名称:GPio_Initi
// 函数功能:启动外设 GPIO 输入/输出
// 输入参数:无
// 输出参数:无
//------------------------------------------------------------
uchar GPio_Initi(void)
{
    uchar chC = 50;
    //使能 GPIO B 口外设。用于指示灯
    SysCtlPeripheralEnable( SYSCTL_PERIPH_GPIOB );
    //设定 PB4 PB5 为输出用作指示灯点亮
    GPIODirModeSet(GPIO_PORTB_BASE, PB4_LED | PB5_LED |
                   PB6_LED,GPIO_DIR_MODE_OUT);
    //初始化 PB4 PB5 为低电平点亮指示灯
    GPIOPinWrite( GPIO_PORTB_BASE, PB5_LED|PB4_LED, 0 );

    return chC;
}
//------------------------------------------------------------
int main()
{
```

```c
    uchar chCcc;
    //防止 JTAG 失效
    delay(10);
    jtagWait();
    delay(10);

    SysCtlClockSet(SYSCTL_SYSDIV_1 | SYSCTL_USE_OSC |
                    SYSCTL_OSC_MAIN | SYSCTL_XTAL_6MHZ);
    chCcc = GPio_Initi();                    //初始化指示灯 I/O 口
     delay(100);
    JCM12864M_INITI();                       //初始化 JCM12864M
     CLS0_RAM_12864M();                      //清除绘图区
    CLS_12864M();                            //清屏
     delay(50);
    //显示第一幅图片
    Sned_DISP_Image(chTuDat1);

    //delay(100);
    // CLS_12864M();                         //清屏
    //显示第二幅图片
    // Sned_DISP_Image(chTuDat2);

    SEND_NB_DATA_12864M(0x9A,"博圆单片机",10);
    delay(30);

    while(1)
    {
        //程序运行指示灯处理
        //读出 PB5_LED 引脚值判断是否为 0
        if(GPIOPinRead(GPIO_PORTB_BASE, PB5_LED) == 0x00)
        //如果 PB5 引脚为 0 就给其写 1 熄灯
        GPIOPinWrite(GPIO_PORTB_BASE, PB5_LED,0x20);
        else GPIOPinWrite(GPIO_PORTB_BASE, PB5_LED,0x00);   //就给其写 0 亮灯
        delay(30);
    }
}
//--------------------------------------------------------------
```

在 jcm12864m.h 文件中加入 Sned_DISP_Image() 函数说明和图片数据:

```c
//--------------------------------------------------------------
//程序名称:Sned_DISP_Image()
//程序功能:绘制图形
//入口参数:lpImageDat[传送图片数据]
//出口参数:无
//--------------------------------------------------------------
void Sned_DISP_Image(uchar * lpImageDat)
```

```
{
        uint nR1 = 0;
        uint nR2 = 32;              //32 行,(双屏结构中上半屏)
        uchar chR3 = 0x80;          //Y 地址寄存器
    //8 位 MCU,使用扩展指令集合并关闭绘图显示
        SEND_COM_12864M(0x34);
DISP6:
        //设置绘图区的 Y 地址坐标
        SEND_COM_12864M(chR3);
        chR3 ++ ;                   //Y 地址加 1
        //设置绘图区的 X 地址坐标
        SEND_COM_12864M(0x80);
        nR1 = 16;                   //16 * 8 列[8 大列 16 小列]
DISP7:
        SEND_DAT_12864M( * lpImageDat);
        lpImageDat ++ ;

        if( - - nR1)goto DISP7;

        if( - - nR2)goto DISP6;     //写满全屏的 16 * 8 字节 X64
    //LM3S101 内存不够,如果有大一点的内存可以打开
/ *     nR2 = 32;                   //32 行,(双屏结构的下半屏)
        chR3 = 0x80;                //Y 地址寄存器
DISP8:
        //设置绘图区的 Y 地址坐标
        SEND_COM_12864M(chR3);
        chR3 ++ ;                   //Y 地址加 1
        //设置绘图区的 X 地址坐标
        SEND_COM_12864M(0x88);
        nR1 = 16;                   //16 * 8 列
DISP9:
        SEND_DAT_12864M( * lpImageDat);
        lpImageDat ++ ;

        if( - - nR1)goto DISP9;

        if( - - nR2)goto DISP8;     //写满全屏的 16 * 8 字节 X64
* /
        //使用扩展指令集合并打开绘图显示
        SEND_COM_12864M(0x36);

        //显示 ON,游标 OFF,游标位反白 OFF
        SEND_COM_12864M(0x30);
        //显示 ON,游标 OFF,游标位反白 OFF
        SEND_COM_12864M(0x0C);

        DelayDS(1000);              //1 s 延时子程序
```

}
//--
//（电脑桌面图）图（半屏）
uchar chTuDat1[] = {
 0xFF,0xFF,0xFF,0xFF,0xFF,0xFF,0xFF,0xFF,0xFF,0xFF,0xFF,0xFF,0xFF,0xFF,0xFF,0xFF,
 0x80,0x00,0x00,0x00,0x00,0x00,0x00,0x00,0x00,0x00,0x00,0x00,0x00,0x00,0x00,0x01,
 0x80,0x00,0x00,0x00,0x00,0x00,0x00,0x00,0x00,0x00,0x00,0x00,0x00,0x00,0x00,0x01,
 0x80,0x00,0x00,0x00,0x00,0x00,0x00,0x00,0x00,0x00,0x00,0x00,0x00,0x00,0x00,0x01,
 0x80,0x00,0x00,0x00,0x00,0x00,0x00,0x00,0x00,0x00,0x00,0x00,0x00,0x00,0x00,0x01,
 0x80,0x00,0x00,0x00,0x00,0x00,0x00,0x00,0x00,0x00,0x00,0x00,0x00,0x00,0x00,0x01,
 0x80,0x00,0x00,0x00,0x00,0x00,0x00,0x00,0x00,0x00,0x3F,0xFF,0xF0,0x00,0x00,0x01,
 0x80,0x00,0x00,0x00,0x00,0x00,0x00,0x00,0x00,0x00,0x40,0x00,0x18,0x00,0x00,0x01,
 0x80,0x00,0x00,0x00,0x00,0x00,0x00,0x00,0x00,0x00,0xBF,0xFF,0xDC,0x00,0x00,0x01,
 0x80,0x00,0x00,0x1F,0xFF,0xFF,0x00,0x00,0x00,0x00,0x00,0x00,0xBF,0xFF,0xBC,0x00,0x00,0x01,
 0x80,0x00,0x00,0x30,0x00,0x01,0x80,0x00,0x00,0x00,0x00,0x01,0x7F,0xFF,0xB8,0x00,0x00,0x01,
 0x80,0x00,0x00,0x30,0x00,0x00,0x80,0x00,0x00,0x00,0x00,0x01,0x7F,0xFF,0x78,0x00,0x00,0x01,
 0x80,0x00,0x00,0x19,0xFF,0xFE,0xC0,0x00,0x00,0x00,0x00,0x02,0xFF,0xFF,0x70,0x00,0x00,0x01,
 0x80,0x00,0x00,0x18,0x00,0x00,0x40,0x00,0x00,0x00,0x00,0x02,0xFF,0xFE,0xF0,0x00,0x00,0x01,
 0x80,0x00,0x00,0x0C,0x01,0xFF,0x60,0x00,0x00,0x00,0x00,0x05,0xFF,0xFE,0xE0,0x00,0x00,0x01,
 0x80,0x00,0x00,0x0C,0x7F,0xD0,0x20,0x00,0x00,0x00,0x00,0x05,0xFF,0xFD,0xE0,0x00,0x00,0x01,
 0x80,0x00,0x00,0x06,0x00,0x0F,0xB0,0x00,0x00,0x00,0x00,0x0B,0xFF,0xFD,0xC0,0x00,0x00,0x01,
 0x80,0x00,0x00,0x06,0x03,0xFC,0x10,0x00,0x00,0x00,0x00,0x0B,0xFF,0xFB,0xC0,0x00,0x00,0x01,
 0x80,0x00,0x00,0x03,0x1F,0x00,0x18,0x00,0x00,0x00,0x00,0x17,0xFF,0xFB,0x80,0x00,0x00,0x01,
 0x80,0x00,0x00,0x03,0x00,0x00,0x08,0x00,0x00,0x00,0x00,0x17,0xFF,0xF7,0x80,0x00,0x00,0x01,
 0x80,0x00,0x00,0x01,0x80,0x00,0x0C,0x00,0x00,0x00,0x00,0x17,0xFF,0xF7,0x00,0x00,0x00,0x01,
 0x80,0x00,0x00,0x01,0x80,0x00,0x04,0x00,0x00,0x00,0x00,0x09,0xFF,0xEF,0x00,0x00,0x00,0x01,
 0x80,0x00,0x00,0x00,0xC0,0x00,0xF6,0x00,0x00,0x00,0x00,0x06,0x7F,0xEE,0x00,0x00,0x00,0x01,
 0x80,0x00,0x00,0x00,0xC0,0x03,0xC2,0x00,0x00,0x00,0x00,0x01,0x9F,0xDE,0x00,0x00,0x00,0x01,
 0x80,0x00,0x00,0x00,0x60,0x00,0x3B,0x00,0x00,0x00,0x00,0x00,0x67,0xDF,0x00,0x00,0x00,0x01,
 0x80,0x00,0x00,0x00,0x60,0x00,0xE3,0x00,0x00,0x00,0x00,0x00,0x19,0xBF,0x00,0x00,0x00,0x01,
 0x80,0x00,0x00,0x00,0x30,0x03,0x8E,0x00,0x00,0x00,0x00,0x00,0x06,0x3F,0x00,0x00,0x00,0x01,
 0x80,0x00,0x00,0x00,0x30,0x06,0x3C,0x00,0x00,0x00,0x00,0x00,0x01,0xFF,0x00,0x00,0x00,0x01,
 0x80,0x00,0x00,0x00,0x18,0x00,0xF0,0x00,0x00,0x00,0x00,0x00,0x00,0xFF,0x00,0x00,0x00,0x01,
 0x80,0x00,0x00,0x00,0x18,0x03,0xC0,0x00,0x00,0x00,0x00,0x00,0x0F,0x7F,0x80,0x00,0x00,0x01,
 0x80,0x00,0x00,0x00,0x0C,0x0F,0x00,0x00,0x00,0x00,0x00,0x00,0x30,0x1F,0xC0,0x00,0x00,0x01,
 0x80,0x00,0x00,0x00,0x0C,0x3C,0x00,0x00,0x00,0x00,0x00,0x00,0x40,0x07,0xE0,0x00,0x00,0x01};
//**

由于 LM3S101(102)内存比较小，存不下满屏的画面，所以在此只展示出了半屏数据。显示对于单片机也是非常重要的。

作业：
显示 RTC 产生的秒、分、时、日、月、年，最好带上调时功能。

── 第7章 Cortex-M3 内核微控制器 LM3S101(102)外围接口电路在工程中的应用 ──

编后语:
显示器也是常用的器件,在学习中要学会举一反三。

课题 10　模拟 I^2C 通信在 LM3S101(102)芯片中的应用(at24Cxx)

实验目的

了解和掌握 I^2C 总线和 I^2C 从件 AT24Cxx 的原理与使用方法。

实验设备

① 所用工具:30 W 烙铁 1 把,数字万用表 1 个;
② PC 机 1 台;
③ 开发软件 IAR Embedded Workbench5.20v 集成开发平台 1 套;
④ LM LINK JTAG 调试器 1 套,EasyARM101 开发套件 1 套。

外扩器件

使用随 EasyARM101 开发板自带的 AT24C02。可自制 AT24Cxx 模块 1 块,所需器件:AT24Cxx 1 块,10 kΩ 电阻 2 个,100 Ω 电阻 1 个,发光二极管 1 个,接插器(公)4 个。

工程任务

① 通过 I^2C 总线向 AT24Cxx 读/写数据(作业)。
② 将 PC 机发往单片机中的数据,通过 I^2C 总线存入 AT24Cxx E^2PROM 存储器,并通过命令读出同时发回 PC 机。
③ 用键盘将需要保存的数据写入 AT24Cxx 存储器(此题为家庭作业,没有参考程序,请学员自己动手做)。

所需外围器件资料

IIC(Inter—Integrated Circuit)总线,简称为 I^2C 总线。20 世纪 90 年代由 NXP 公司推出,近年来在微电子通信控制领域得到广泛利用的一种新型总线标准。它是同步串行通信的一种特殊形式。其特点有:口线少(SDA、CLK),控制方式简单,器件封装形式小,通信速率高,最高可达 3.4 Mbit/s。在主从机的通信中,可以有多个 I^2C 总线器件同时连接到 I^2C 总线上,通过地址识别每一个连在总线上的通信对象。

K10.1　概述

I^2C 总线支持任何 IC 生产厂家生产的两线(串行数据 SDA 和串行时钟 SCL 线),在连接到总线的器件间传递信息。每个器件都有一个唯一的地址识别(微控制器、LCD 驱动器、存储器或键盘接口),而且每一个连在总线上的 I^2C 器件都可以作为一个发送器或接收器(由器件的功能决定）。譬如 LCD 驱动器就是一个接收器，而存储器则既可以接收又可以发送数据，是一个收发一体的 I²C 器件，除了发送器和接收器外，器件在执行数据传输时，也可以被看作是主机或从机关系。具体情况如表 K10-1 所列。主机负责初始化总线数据传输，并产生允许传输的时钟信号。

表 K10-1 I²C 总线术语的定义

术 语	描 述
发送器	发送数据到总线的器件
接收器	从总线接收数据的器件
主机	初始化发送产生时钟信号和终止发送的器件
从机	被主机寻址的器件
多主机	同时有多于一个主机尝试控制总线但不破坏报文
仲裁	是一个在有多个主机同时尝试控制总线，但只允许其中一个控制总线，并使报文不被破坏的过程
同步	两个或多个器件同步时钟信号的过程

I²C 总线是一个多主机的总线，也就是说在总线上可以连接多于一个能控制总线的器件。主机通常是微控制器，数据在两个连接到 I²C 总线的微控制器之间传输的情况如图 K10-1 所示。

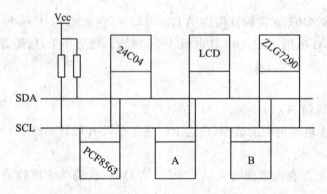

图 K10-1 使用两个微控制器的 I²C 总线配置图

图 K10-1 突出了 I²C 总线的主机/从机和接收器/发送器的关系。应当注意的是这些关系不是持久的，只由当时数据传输的方向决定传输数据的过程。工作过程如下：

① 假设微控制器 A 要发送信息到微控制器 B：
➢ 微控制器 A(主机)寻址微控制器 B(从机)；
➢ 微控制器 A(主机)发送器发送数据到微控制器 B(从机)接收器；
➢ 微控制器 A 终止传输。

② 如果微控制器 A 想从微控制器 B 接收信息：
➢ 微控制器 A(主机)寻址微控制器 B(从机)；
➢ 微控制器 A(主机)接收器从微控制器 B(从机)发送器接收数据；
➢ 微控制器 A 终止传输。

在这种情况下，微控制器 A(主机)也产生定时而且终止传输。

第 7 章 Cortex-M3 内核微控制器 LM3S101(102) 外围接口电路在工程中的应用

连接多于一个微控制器到 I^2C 总线的可能性意味着超过一个主机可以同时尝试初始化传输数据。为了避免由此产生混乱,故发展出一个仲裁过程。它依靠线与连接所有 I^2C 总线接口到 I^2C 总线。

如果两个或多个主机尝试发送信息到总线,在其他主机都产生"0"的情况下,首先产生一个"1"的主机将丢失仲裁。仲裁时的时钟信号是用线与连接到 SCL 线的主机产生的时钟的同步结合(关于仲裁的更详细信息请参考网上资料\器件资料库\ I^2C 协议标准.pdf)。

在 I^2C 总线上产生时钟信号通常是主机器件的责任;当在总线上传输数据时,每个主机产生自己的时钟信号。主机发出的总线时钟信号只有在以下的情况才能被改变:慢速的从机器件控制时钟线并延长时钟信号,或者在发生仲裁时被另一个主机改变。

K10.2 I^2C 总线的基本原理

(1) 标准式 I^2C 总线规范

I^2C 总线通过 2 根线(串行数据线 SDA 和串行时钟线 SCL 连接到总线的任何一个器件上。每个器件都应有一个唯一的地址,而且都可以作为一个发送器或接收器。此外,器件在执行数据传输时也可以看作是主机或从机。

I^2C 总线是一个多主机的总线,即可以连接多于一个能控制总线的器件到总线。当 2 个以上能控制总线的器件同时发动传输时,只能一个器件真正控制总线而成为主机,并使报文不能破坏,这个过程叫作仲裁。与此同时,能使多个能控制总线的器件产生时钟信号的同步。

SDA 和 SCL 都是双向线路,都通过一个电流源或上拉电阻连接到正的电源电压。当总线空闲时这两条线路都是高电平。连接到总线的器件输出级必须是漏极开路或集电极开路才能执行"线与"的功能。I^2C 总线上数据的传输速率在标准模式下可达 100 Kbit/s 在快速模式下可达 400 Kbit/s 在高速模式下可达 3.4 Mbit/s。连接到总线的接口数量只由总线电容 400 pF 的限制决定。

(2) I^2C 总线数据位的传输

I^2C 总线上每传输一个数据位必须产生一个时钟脉冲(这和普通的 I/O 串行通信没有区别,在初次接触到 74LS164 时,我们在编写串行通信子程序时也讲到,每发送一个数据位便要在 SCL 线上发送一个时钟脉冲信号)。

I^2C 总线上数据传输的有效性,要求数据线(SDA)上的数据必须在时钟线 SCL 的高电平周期内保持稳定,SDA 线的高电平或低电平状态只有在 SCL 线的时钟信号是低电平时才能发生改变,如图 K10-2 所示。在标准模式下,高、低电平宽度必须不小于 4.7 μs。

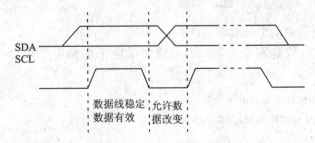

图 K10-2 I^2C 总线上的位传输

在这里,我们可以拿 74LS164 的串行通信来比较。实际上在 74LS164 的串行通信应用中,SDA 线上的数据位是由 SCL 时钟线来决定的,MCU 向 74LS164 锁存数据位的条件是 SCL 线从低电平转上高电平时,将数据位锁入器件 74LS164。在本课题中,我们也发现在 SCL 线稳定为高电平时,SDA 线上的数据是有效的。而 SCL 线由高电平变为低电时才允许 SDA 线上的数据位发生改变。在实际编程时我们可以直接拿 74LS164 的串行发送字节子程序来用(请学员们自己一试)。也就是说 I^2C 总线发送一个字节与普通 I/O 口串行通信是一样的。

在 I^2C 总线中,唯一违反上述数据有效性的是起始(S)和停止(P)条件,如图 K10-3 所示。在这里,起始(S)是启动 I^2C 总线,停止(P)是停止 I^2C 总线。

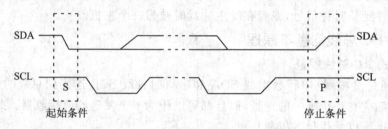

图 K10-3 I^2C 总线的启动与停止条件

起始条件(重复起始条件):SCL 线为高电平时,SDA 线从高电平向低电平切换。用 LM3S101(102)API 函数表述如下:

```
// SDA = 1; 保持数据线为高电平不变化
GPIOPinWrite( GPIO_PORTB_BASE, SDA, SDA );
DelayIIC(1);              //延时 1 μs
// SCL = 1;  保持时钟线为高电平不变化
GPIOPinWrite( GPIO_PORTB_BASE, SCL, SCL );
//以下工作是大于 4.7 μs 后启动总线(大约 5 μs)
DelayIIC(5);
//4.7 μs 后在 SCL 时钟线保持高电平的情况下拉低数据线 SDA 则可启动 I²C 总线
//SDA = 0;             //拉低数据线 SDA 启动总线
GPIOPinWrite( GPIO_PORTB_BASE, SDA, ~SDA );
DelayIIC(5);
//4.7 μs 后准备钳住总线
//SCL = 0;              //钳位总线,准备发数据
GPIOPinWrite( GPIO_PORTB_BASE, SCL, ~SCL );
```

上述代码就构成了启动 I^2C 总线的条件。

停止条件:在 SCL 线是高电平时,SDA 线由低电平向高电平切换。用 LM3S101(102) API 函数表述如下:

```
// SDA = 0;    置数据线为低电平
GPIOPinWrite( GPIO_PORTB_BASE, SDA, ~SDA );
DelayIIC(1);
// SCL = 1;    保持时钟线为高电平不变[发送结束条件的时钟信号]
GPIOPinWrite( GPIO_PORTB_BASE, SCL, SCL );
//以下工作是大于 4.7 μs 后结束总线(每一个 NOP 语句为 1 μs)
```

```
DelayIIC(5);
//4.7 μs 后在 SCL 时钟线保持高电平的情况下拉高数据线 SDA 则可停止 I²C 总线通信
// SDA = 1;      拉高数据线 SDA 结束总线通信
GPIOPinWrite( GPIO_PORTB_BASE, SDA, SDA );
//保证终止信号和起始信号的空闲时间大于 4.7 μs
DelayIIC(4);
```

上述代码就构成了停止 I²C 总线的条件。

起始和停止条件一般由主机产生。起始条件作为一次传送的开始,在起始条件后,总线被认为处于忙的状态。停止条件作为一次传送的结束,在停止条件的某段时间后,总线被认为再次处于空闲状态。重复起始条件既作为上次传送的结束,也作为下次传送的开始。

(3) I²C 总线数据的传输

① 数据传输的字节格式

发送到 SDA 线上的每个字节必须是 8 位。每次传输可以发送的字节数量不受限制。每个字节后必须跟一个应答位,而这个应答是由从器件产生的。首先传输的是数据的最高位(MSB),如图 K10－4 所示。

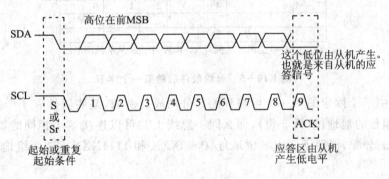

图 K10－4　I²C 总线的数据传输

② 数据传输中的应答

相应的应答时钟脉冲由从机产生。在应答的时钟脉冲期间,发送器释放 SDA 线(高)。在应答的时钟脉冲期间,接收器必须将 SDA 线拉低,使它在这个时钟脉冲的高电平期间保持稳定的低电平,如图 K10－4 中时钟信号 SCL 的第 9 位。

一般说来,被寻址匹配的从机或可继续接收下一字节的接收器将产生一个应答。若作为发送器的主机在发送完一个字节后没有收到应答位(或收到一个非应答位),或作为接收器的主机没有发送应答位(或发送一个非应答位),那么主机必须产生一个停止条件或重复起始条件来结束本次传输。

若从机接收器不能接收更多的数据字节,将不产生这个应答位;主机接收器在接收完最后一个字节后不产生应答,通知从机发送器数据结束。

用 C 语言表述如下:

```
……
START_I2C();                        //启动总线
WRITE_BYTE_I2C(chWAddre);           //向总线发送器件从机地址(向 I²C 总线发送数据)
if(GET_I2C_ACK() == 0)              //读取从机应答(高电平有效)即获取一个总线应答信号
```

```
        goto RETWRB;              //无应答则退出
……
```
以上是程序中的应答过程。

(4) 仲裁与时钟产生

有关仲裁详见网上资料\器件资料库\I²C 协议标准.pdf。

对于高速 I²C 不存在仲裁问题。

(5) I²C 总线的传输协议

① 寻址字节(寻址命令)

主机产生起始条件后,发送的第一个字节为寻址字节,该字节的头 7 位(高 7 位)为从机地址,最低位(LSB)决定了报文的方向,"0"表示主机写信息到从机,"1"表示主机读从机中的信息,如图 K10-5 所示。当发送了一个地址后,系统中的每个器件都将头 7 位与它自己的地址比较。如果一样,器件会应答主机的寻址,至于是从机—接收器还是从机—发送器则都由"R/W"位决定。

MSB							LSB
7	6	5	4	3	2	1	0
从 机 地 址							R/W

注:R/W=0 主机向从机写入,R/W=1 主机从从机读出。

图 K10-5　起始条件后的第一个字节

从机地址由一个固定的和一个可编程的部分构成。例如,某些器件有 4 个固定的位(高 4 位)和 3 个可编程的地址位(低 3 位),那么同一总线上共可以连接 8 个相同的器件。I²C 总线协调 I²C 地址的分配,保留了两组 8 位地址(0000XXX 和 1111XXX),这两组地址的用途查阅有关资料。

用 C 语言表述如下:

```
……
START_I2C();              //启动总线
//传送一个要寻址的器件地址,设 chWAddre = 02H 即
//0000010B,那么这个器件地址是 0000001,方向是写入信息
WRITE_BYTE_I2C(0x02);
if(GET_I2C_ACK() == 0)    //读取从机应答(高电平有效)
    goto RETWRB;          //无应答则退出
……
```

以上是 I²C 简单的数据传送过程,我们将在 iic_i2c_lm101.h 开发包中给出详细的介绍。

② 传输格式

主机产生起始条件后,发送一个寻址字节,收到应答后跟着就是数据传输,数据传输一般由主机产生的停止位终止。但是,如果主机仍希望在总线上通信,它可以产生重复起始条件(Sr)和寻址另一个从机,而不是首先产生一个停止条件。在这种传输中,可能有不同的读/写格式结合。可能的数据传输格式有以下几种。

主机发送器发送数据到从机接收器。如图 K10-6 所示,寻址字节的 R/W 位为 0,数据传

输的方向不改变。寻址字节后,主机接收器立即读从机发送器中的数据(如图 K10-7 所示),寻址字节的 R/W 位为 1。在从机第一次产生响应时,主机发送器变成主机接收器,从机接收器变成从机发送器。之后,数据由从机发出,由主机接收。每个应答由主机产生。时钟信号 CLK 仍由主机产生。若主机要终止本次传输,则发送一个非应答信号($\overline{A}$),接着主机产生停止条件。

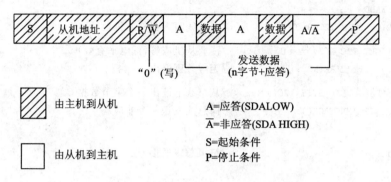

图 K10-6 主机发送器发送数据到从机接收器

用 C 语言表述图 K10-6 程序如下:

```
……
    START_I2C();              //启动总线
    WRITE_BYTE_I2C(0x02);     //向 I²C 总线发送器件寻址字节指令
    if(GET_I2C_ACK() == 0)    //读取从机应答(高电平有效)
        goto RETWRB;          //无应答则退出

//向总线发送数据
    WRITE_BYTE_I2C(0x0A);     //向 I²C 总线写入数据
    GET_I2C_ACK();            //读取从机应答(高电平有效)
    STOP_I2C();               //结束总线通信
    return ;

RETWRB:
    STOP_I2C();               //结束总线通信
    return ;
……
```

| S | 从机地址 | R/$\overline{W}$ | A | 数据 | A | 数据 | A/$\overline{A}$ | P |

"1"(读)   发送数据(N字节+应答)

■ 由主机到从机   A=应答(SDALOW)
                 $\overline{A}$=非应答(SDA HIGH)
                 S=起始条件
□ 由从机到主机   P=停止条件

图 K10-7 寻址字节后,主机接收器立即读出从机发送器中的数据

用 C 语言表述图 K10-7 程序如下：

```
……
    START_I2C();                    //启动总线
    //发送器件从机地址
    //使地址最低位为1,即R/W=1,改向总线写入数据为从总线读取数据
    chWADD++;
    WRITE_BYTE_I2C(0x02);           //向总线写入器件从机地址
    if(GET_I2C_ACK()==0)            //读取从机应答(低电平有效)
        goto RETRDB;                //无应答则退出
    chRDat = READ_BYTE_I2C();       //从总线上读出一个字节数据
    SET_I2C_MNOTACK();              //向总线发送一个非应答
RETRDB:
    STOP_I2C();                     //结束总线通信
……
```

复合格式如图 K10-8 所示。传输改变方向的时候，起始条件和从机地址都会被重复，但"R/W"位取反。如果主机接收器发送一个重复起始条件，在它之前应该发送一个非应答信号($\overline{A}$)。

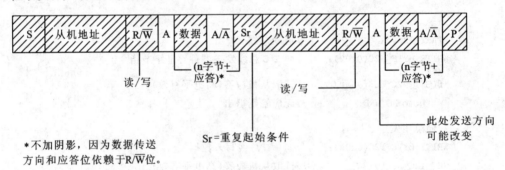

图 K10-8 复合格式

有关 I^2C 总线的更多资料请读者查阅网上资料\器件资料库\I^2C 协议标准.pdf。

K10.3 I^2C 总线 E^2PROM 芯片 AT24Cxx 的原理与应用

(1) 概述

串行 E^2PROM 芯片 AT24C01/02/04/08/16 系列芯片，是美国 ATMEL 公司生产的二线式（SDA、SCL）串行数据存储芯片。它小巧，可靠性高，具有保护性能，速度快，且安全稳定，因此在智能电路设计中得到广泛的应用。

(2) AT24Cxx 性能与特点

AT24Cxx 系列芯片主要有 AT24C01、AT24C02、AT24C04、AT24C08、AT24C16 等型号。其容量分别为 1K、2K、4K、8K 和 16K。内部组合分为 128×8、256×8、512×8、1024×8 和 2048×8（每页 8 个字节），并允许部分页面写入功能，且有多种工作电压可供不同用户选择。它采用低功耗、高速度和高密度 CMOS 工艺。器件可擦写 10 万次以上。数据可保存 100 年有效。通信方式为双线串行 I^2C 总线接口。存储在芯片中的数据可通过软件利用各种加密算法进行处理，确保安全。芯片引脚和外形封装形式如图 K10-9 所示。各引脚功能如表

第7章 Cortex-M3 内核微控制器 LM3S101(102)外围接口电路在工程中的应用

K10-2 所列。

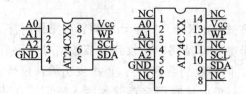

图 K10-9 AT24Cxx 引脚图

表 K10-2 AT24Cxx 引脚功能表

引脚符号	功　　能
A0～A2	地址输入端
SDA	串行数据端
SCL	串行钟输入端
$\overline{WP}$	写保护端
NC	空脚

SDA：双向串行数据输入/输出、开路驱动端口。所有的 E^2PROM 的 SDA 端可以并接在一起。

A0～A2：地址输入端。当为 AT24C01/02 时，用 A2、A1、A0 地址输入端，每 8 个同样的芯片可以连到一个总线系统中。当为 AT24C04 时，用 A2、A1 输入端，每 4 个同样的芯片可以连到一个总线系统中。当为 AT24C08 时，用 A2 输入端即可，每 2 个同样的芯片连到一个总线系统中。当为 AT24C16 时，地址端全不连。

$\overline{WP}$：用于数据保护，操作功能如表 K10-3 所列。

表 K10-3 引脚$\overline{WP}$操作功能表

引脚$\overline{WP}$状态	可保护的部分				
	24c01	24c02	24c04	24c08	24c16
连到 Vcc	全部(1K)	全部(2K)	全部(4K)	正常读/写操作	上半部分(8K)
连到 GND	正常读/写操作				

(3) AT24CXX 的工作原理

两个总线 SCL 和 SDA 一般由一个电阻上拉为高电平。SDA 上数据只有在 SCL 低电平周期内才能改变，如图 K10-2 所示。通过 SCL 高电平期间数据的改变表示"开始"或"停止"两种状态：当 SCL 为高电平时，SDA 由高电平转向低电平时表示"开始"状态，由低电平转向高电平表示"停止"状态，如图 K10-3 所示。其中"开始"状态必须在其他操作之前执行，而"停止"状态则终止所有操作。同时 AT24CXX 与设备的信息交换还需要另外一个状态，那就是"确认(ACK)"，总线上的任何接收数据设备必须将 SDA 总线置于低电平，以确定它成功地收到了每个字节。该确认状态是在每个字节之后第 9 个时钟周期时发生的。同时 AT24CXX 也通过在收到每个地址或数据码之后置 SDA 低电平的方式确认(如图 K10-6 所示)。一般情况下，为了正确无误地访问 AT24CXX，外部数据传送必须在发出"开始"状态之后，随即给出一个 8 位地址码(称作器件寻址码)，该码高 4 位为 1010，接下来 3 位依次是 A2,A1,A0。它们与各自芯片的输入地址引脚相连接相对应，未作硬件连接的引脚所对应位用于页面寻址。最后 1 位是读/写操作选择位，该位为 0 (低电平) 时激发写操作，为 1 (高电平) 时激发读操作。

其意为本芯片遵守 I^2C 总线规则，所以可以用 I^2C 总线的读/写对其进行操作。

(4) 使用方法

AT24CXX 的使用方法与一般的串行 E^2PROM 类似，硬件上只要控制 CPU 读/写口地址就行。

① 写操作

AT24CXX 具有字节写操作和页面写操作两种方式，图 K10-8 所示为字节写操作时序。由图可看出，该方式在器件寻址确认之后是一个字节数据寻址码。在收到字节数据寻址码后通过 SDA 发出确认信号，并随时钟输入 8 位数据码。同样收到数据之后，再次发出确认信号。数据传送必须用停止状态来终止写操作，这时便进入一个内计时固定存储器写入周期。在该写周期内，所有写入都被禁止，直到写操作完成。页面写操作方式总的来说与上述字节写操作方式类似，只是在输入 8 位数据码时，不是单字节数据，而是多字节数据，即一页数据。

② 读操作

AT24CXX 的读操作主要有：立即地址读取（Current Address Read）、随机地址读取（Random Read）、顺序地址读取（Sequential Read）3 种。立即地址读取方式由一个空字节序列来加载数据地址。当器件寻址码和数据寻址码随时钟输入并被确认时，传送设备必须产生另一开始状态。通过发出一个读/写(R/W)选择位是高电平的器件寻址码去激发一次寻址操作，来确认器件读取，同时随时钟串行输出数据。数据的读取不通过确认状态应答，而是通过一个停止状态来应答。其他两种方式基本类似，只是不需要产生另一个开始状态，而顺序地址读取时，读出的是连续数据。

注：本器件遵守 I^2C 总线规范，即为 I^2C 标准器件。

扩展模块制作

扩展模块电路图如图 K10-10 所示。

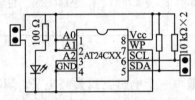

图 K10-10　AT24Cxx 模块

扩展模块与 EasyARM101 开发板连线为：PB3 连到图 K10-17 所示的 SDA(5 脚)，PB2 连到图 K10-17 的 SCL(6 脚)。

程序设计

扩展器件驱动程序的编写（创建器件驱动程序开发包即 I^2C 标准件应用包）如下：

```
//*************************************************************
//程序文件名：iiC_i2c_lm101.h
//功能：标准 I²C 通信驱动程序
//说明：不能用 PA 口，PA 口不能正常工作
//引脚配送：PB3→SDA  PB2→SCL
//-------------------------------------------------------------
#include "hw_memmap.h"
#include "hw_types.h"
#include "interrupt.h"
```

```c
#include "gpio.h"
#include "sysctl.h"
#include "systick.h"
#define uchar unsigned char        //映射 uchar 为无符号字符
#define uint  unsigned int         //映射 uint 为无符号整数
#define    NOP   while(0);
//使用前定义常量
#define    SDA   GPIO_PIN_3        //PB3 I²C 总线定义为数据引脚
#define    SCL   GPIO_PIN_2        //PB2 为时钟输送引脚
uchar uchDatBuff,C;                //申请一个数据缓存器用于数据存储
uint ACK;                          //应答位
//定义器件地址[随板器件]
uchar AT24C02 = 0xA0;
//------------------------------------------------------------
//延时函数
//说明:本延时函数采用精确计算,通过系统 API 函数 SysCtlClockGet()获取 1 s 的精确时间
//------------------------------------------------------------
void DelayIIC(uint nN)
{
  unsigned long i;
  i = SysCtlClockGet()/1000000 * nN;   //获取系统 1μs 的时间 * nN 得出 nN 个 μs
  while(i--);
}
//------------------------------------------------------------
// 函数名称:GPio_Initi
// 函数功能:启动外设 GPIO 输入/输出
// 输入参数:无
// 输出参数:无
// 说明:设为硬件控制
//------------------------------------------------------------
void GPio_PB_Initi(void)
{
  //设置 PA 口用作按键功能
  SysCtlPeripheralEnable(SYSCTL_PERIPH_GPIOB);
  // 设定 GPIO B 2~3 引脚为使用外设功能 GPIO_DIR_MODE_HW 由硬件进行控制
  // 连线是:PB2 - >SCL,PB3 - >SDA
  GPIODirModeSet(GPIO_PORTB_BASE, (SDA| SCL), GPIO_DIR_MODE_OUT);
}
//------------------------------------------------------------
//程序名称:START_I2C()
//程序功能:启动 I²C 总线
//入口参数:无
//出口参数:无
```

```c
//-------------------------------------------------------------
void START_I2C()
{
        // SDA = 1;         //保持数据线为高电平不变化
        GPIOPinWrite( GPIO_PORTB_BASE, SDA, SDA );
        DelayIIC(1);
        // SCL = 1;         //保持时钟线为高电平不变化
        GPIOPinWrite( GPIO_PORTB_BASE, SCL, SCL );
        //以下工作是大于 4.7 μs 后启动总线(大约 5 μs)
        DelayIIC(5);
        //4.7 μs 后在 SCL 时钟线保持高电平的情况下拉低数据线 SDA 则可启动 I²C 总线
        //SDA = 0;          //拉低数据线 SDA 启动总线
        GPIOPinWrite( GPIO_PORTB_BASE, SDA, ~SDA );
        DelayIIC(5);
        //4.7 μs 后准备钳住总线
        //SCL = 0;          //钳位总线,准备发数据
        GPIOPinWrite( GPIO_PORTB_BASE, SCL, ~SCL );
        //结束总线启动
}
//-------------------------------------------------------------
//程序名称:STOP_I2C()
//程序功能:停止 I²C 总线
//入口参数:无
//出口参数:无
//-------------------------------------------------------------
void STOP_I2C()
{
        // SDA = 0;         //置数据线为低电平
        GPIOPinWrite( GPIO_PORTB_BASE, SDA, ~SDA );
        DelayIIC(1);
        // SCL = 1;         //保持时钟线为高电平不变(发送结束条件的时钟信号)
        GPIOPinWrite( GPIO_PORTB_BASE, SCL, SCL );
        //以下工作是大于 4.7 μs 后结束总线(每一个 NOP 语句为 1 μs)
        DelayIIC(5);
        //4.7 μs 后在 SCL 时钟线保持高电平的情况下,拉高数据线 SDA 则可停止 I²C 总线通信
        // SDA = 1;          //拉高数据线 SDA 结束总线通信
        GPIOPinWrite( GPIO_PORTB_BASE, SDA, SDA );
        //保证终止信号和起始信号的空闲时间大于 4.7 μs
        DelayIIC(4);
}
//-------------------------------------------------------------
//程序名称:GET_I2C_ACK()(检查应答位子程序)
//程序功能:获取一个总线响应(应答)信号
//入口参数:无
//出口参数:ACK(低电平为有效应答,人为地使 ACK = 1 返回一个高电平用于判断)
```

```
//说明:返回值 ACK=1 时表示有应答
//----------------------------------------------------------------
uint   GET_I2C_ACK()
{
        GPIODirModeSet(GPIO_PORTB_BASE, SDA, GPIO_DIR_MODE_IN);
        //SDA = 1;          //应答的时钟脉冲期间,发送器释放 SDA 线(高)
        GPIOPinWrite( GPIO_PORTB_BASE, SDA, SDA );
        DelayIIC(2);
        //SCL = 1;          //保持时钟线为高电平
        GPIOPinWrite( GPIO_PORTB_BASE, SCL, SCL );
        ACK = 0;            //初始化应答信号用于后判断
        DelayIIC(2);
        // C = SDA;         //应答的时钟脉冲期间,接收器会将 SDA 线拉低(从机在应答时拉低此线)
        C = GPIOPinRead( GPIO_PORTB_BASE ,SDA);
        if(C = = 0x00)      //判断应答位,SDA 为高,则 ACK=0,表示无应答
            ACK = 1;        //SDA 为低,则使 ACK=1,表示有应答
        NOP
        //SCL = 0;          //钳住总线
        GPIOPinWrite( GPIO_PORTB_BASE, SCL, ~SCL );
        DelayIIC(1);

        GPIODirModeSet(GPIO_PORTB_BASE, SDA, GPIO_DIR_MODE_OUT);
        return  ACK;
}
//----------------------------------------------------------------
//程序名称:SET_I2C_MACK()
//程序功能:主机发送一个总线响应(应答)信号
//入口参数:无
//出口参数:无
//----------------------------------------------------------------
void SET_I2C_MACK()
{
        //SDA = 0;              //将 SDA 置 0,拉低数据线
        GPIOPinWrite( GPIO_PORTB_BASE, SDA, ~SDA );
        DelayIIC(2);
        //SCL = 1;              //保证数据时间,即 SCL 为高时间大于 4.7 $\mu$s
        GPIOPinWrite( GPIO_PORTB_BASE, SCL, SCL );
        DelayIIC(5);
        //4.7 $\mu$s 后钳住总线
        //SCL = 0;              //拉低时钟线,钳住总线
        GPIOPinWrite( GPIO_PORTB_BASE, SCL, ~SCL );
        DelayIIC(2);
}
//----------------------------------------------------------------
//程序名称:SET_I2C_MNOTACK()
```

```c
//程序功能:主机发送一个总线非响应(应答)信号
//入口参数:无
//出口参数:无
//-----------------------------------------------------------------
void SET_I2C_MNOTACK()
{
        //SDA = 1;          //将 SDA 置 1  拉高数据线
        GPIOPinWrite( GPIO_PORTB_BASE, SDA, SDA );
        DelayIIC(2);
        //SCL = 1;          //保证数据时间,即 SCL 为高时间大于 4.7 μs
        GPIOPinWrite( GPIO_PORTB_BASE, SCL, SCL );
        DelayIIC(5);
        //4.7 μs 后钳住总线
        //SCL = 0;          //拉低时钟线,钳住总线
        GPIOPinWrite( GPIO_PORTB_BASE, SCL, ~SCL );
        DelayIIC(2);
}
//-----------------------------------------------------------------
//程序名称:WRITE_BYTE_I2C()
//程序功能:写一个字节到总线
//入口参数:chData[要发送的数据]
//出口参数:无
//说明:每发送一字节要调用一次 GET_I2C_ACK 子程序,取应答位
//     数据在传送时高位在前
//-----------------------------------------------------------------
void WRITE_BYTE_I2C(uchar chData)
{
        uint   JSQ = 8;                     //计数器
        uchDatBuff = chData;
        do
        {
          if(uchDatBuff&0x80)goto WR1;      //判断 bACC7(数据的高 7 位)位是 1 还是 0,
                                            //如果为 1 就跳到 WR1
          //SDA = 0;                        //若 bACC7 位为 0,则发送 0[将数据线拉低]
          GPIOPinWrite( GPIO_PORTB_BASE, SDA, ~SDA );
          DelayIIC(1);
          //SCL = 1;                        //保证数据时间,即 SCL 为高时间大于 4.7 μs
          GPIOPinWrite( GPIO_PORTB_BASE, SCL, SCL );
          DelayIIC(5);
          //;4.7 μs 后钳住总线
          //SCL = 0;                        //拉低时钟线,钳住总线
          GPIOPinWrite( GPIO_PORTB_BASE, SCL, ~SCL );
          DelayIIC(1);
    WLP1:
```

```
            JSQ - - ;
            uchDatBuff = uchDatBuff<<1;    //左移一位准备下一次发送(将高6位移到高7位准备发送)
        }while(JSQ);                        //判断8位数据是否发完
        DelayIIC(1);
        return ;                            //结束程序
WR1:    //SDA = 1;                          //若 bACC7 为 1,则发送 1[将数据线拉高]
        GPIOPinWrite( GPIO_PORTB_BASE, SDA, SDA );
        DelayIIC(1);
        //SCL = 1;        //保证数据时间,即 SCL 为高时间大于 4.7 μs
        GPIOPinWrite( GPIO_PORTB_BASE, SCL, SCL );
        DelayIIC(5);
        //4.7 μs 后钳住总线
        // SCL = 0;
        GPIOPinWrite( GPIO_PORTB_BASE, SCL, ~SCL );
        goto   WLP1;
}
//------------------------------------------------------------------
//程序名称:READ_BYTE_I2C()
//程序功能:从总线读一个字节
//入口参数:无
//出口参数:A(存储读取的总线数据)
//说明:每读取一字节要发送一个应答/非应答信号
//------------------------------------------------------------------
uchar   READ_BYTE_I2C()
{
        GPIODirModeSet(GPIO_PORTB_BASE, SDA, GPIO_DIR_MODE_IN);
        uint   JSQ = 8;
        do
        {
          //SDA = 1;
          GPIOPinWrite( GPIO_PORTB_BASE, SDA, SDA );
          DelayIIC(1);
          //SCL = 1;                       //时钟线为高,接收数据位
          GPIOPinWrite( GPIO_PORTB_BASE, SCL, SCL );
          DelayIIC(2);

          uchDatBuff = uchDatBuff<<1;
          C = GPIOPinRead( GPIO_PORTB_BASE ,SDA);
          if((C&SDA)! = 0)uchDatBuff| = 0x01;
           else uchDatBuff& = 0xfe;

          //SCL = 0;                       //将 SCL 拉低,时间大于 4.8 μs
          GPIOPinWrite( GPIO_PORTB_BASE, SCL, ~SCL );
          DelayIIC(4);

          JSQ - - ;
```

```
        }while(JSQ);                        //8 位数据发完了吗?
        GPIODirModeSet(GPIO_PORTB_BASE, SDA, GPIO_DIR_MODE_OUT);
    return uchDatBuff;
}
//--------------------------------------------------------------
//程序名称:SEND_BDAT_I2C()[发送一个字节数据到总线]
//程序功能:向总线写一个字节[外部调用,无子地址,即无内部储存器地址的器件]
//入口参数:chWAddre[器件从机地址],chWDat[要发送的数据]
//出口参数:无
//--------------------------------------------------------------
void SEND_BDAT_I2C(uchar chWAddre,uchar chWDat)
{
        START_I2C();                    //启动总线
        WRITE_BYTE_I2C(chWAddre);       //向总线发送器件从机地址
        if(GET_I2C_ACK() == 0)          //读取从机应答(高电平有效)
            goto RETWRB;                //无应答则退出
        //向总线发送数据
        WRITE_BYTE_I2C(chWDat);
        GET_I2C_ACK();                  //读取从机应答(高电平有效)
        STOP_I2C();                     //结束总线通信
        return ;

RETWRB:
        STOP_I2C();                     //结束总线通信
        return ;
}
//--------------------------------------------------------------
//程序名称:RCV_BDAT_I2C()[从总线读取一个字节数据]
//程序功能:从总线读一个字节[外部调用,无子地址,即无内部储存器地址的器件]
//入口参数:chWADD[器件从机地址]
//出口参数:chRDat[存储读取的数据]
//--------------------------------------------------------------
uchar RCV_BDAT_I2C(uchar chWADD)
{
        uchar chRDat = 0x00;
        START_I2C();                    //启动总线
        //发送器件从机地址
        chWADD++;       //使地址最低位为1,即 R/W=1,改向总线写入数据为从总线读取数据
        WRITE_BYTE_I2C(chWADD);         //向总线写入器件从机地址
        if(GET_I2C_ACK() == 0)          //读取从机应答(低电平有效)
            goto RETRDB;                //无应答则退出
        chRDat = READ_BYTE_I2C();       //从总线上读出一个字节数据,数据存在 A
        SET_I2C_MNOTACK();              //向总线发送一个非应答
```

```
    RETRDB:
        STOP_I2C();              //结束总线通信

    return chRDat;
}
//----------------------------------------------------------------
//程序名称:WRITE_NB_DAT_I2C()[NB 为 N 个 BYTE 数据]
//程序功能:向总线写入 N 个字节数[外部调用]
//入口参数:WADD[器件从机地址],WADD2[器件内部要存储数据的起始地址]
//         lpMTD[数据缓冲区的起始地址],NUMBYTE[要写入数据的字节个数]
//出口参数:无
//----------------------------------------------------------------
void WRITE_NB_DAT_I2C(uchar chWADD,uchar chWADD2,uchar * lpMTD,uint NUMBYTE)
{
    WNBI2C:
        START_I2C();                        //启动总线

        WRITE_BYTE_I2C(chWADD);             //向总线写入器件从机地址

        if(GET_I2C_ACK() == 0)              //读取从机应答(低电平有效)
            goto   RETWRN;                  //无应答则退出

        //传送器件从机内部要写入数据的起始地址
        WRITE_BYTE_I2C(chWADD2);            //向总线写入数据[从机内部地址写入]
        GET_I2C_ACK();                      //读取从机应答(高电平有效)
        do
        {
            WRITE_BYTE_I2C( * lpMTD);       //向总线写入数据

            if(GET_I2C_ACK() == 0)          //读取从机应答(高电平有效)
                goto   WNBI2C;              //无应答则重复起始条件

            lpMTD ++ ;
            NUMBYTE - - ;
        }while(NUMBYTE);                    //判断写完没有

    RETWRN:
        STOP_I2C();                         //结束总线通信
}
//----------------------------------------------------------------
//程序名称:READ_NB_DAT_I2C [NB 为 N 个 BYTE 数据]
//程序功能:向总线写入 N 个字节数[外部调用]
//入口参数:chWADD[器件从机地址],chWADD2[器件从机内部要存储数据的起始地址]
//         NUMBYTE[要读取数据的个数]
//出口参数:接收数据缓冲区 lpMRD
//说明:用一个数组将数据从 lpMRD 处接出去,长度根据需要而定
//----------------------------------------------------------------
void READ_NB_DAT_I2C(uchar chWADD,uchar chWADD2,uchar * lpMRD,uint NUMBYTE)
{
```

```c
        uint nJsq = 0;                              //计数器
    READI2C:
        START_I2C();                                //启动总线
        WRITE_BYTE_I2C(chWADD);                     //向总线写入器件从机地址
        //获取一个应答
        if(GET_I2C_ACK() == 0)                      //读取从机应答(高电平有效)
               goto    RETRDN;
    //如果有应答就发送器件从地址
    //指定从机内部地址[子地址][传送器件内部要写入数据的起始地址]
        WRITE_BYTE_I2C(chWADD2);                    //向总线写入数据
        GET_I2C_ACK();                              //读取从机应答(高电平有效)
        START_I2C();                                //重新启动总线
    //传送器件从机地址
    //使地址最低位为 1,即 R/W = 1,改向总线写入数据为从总线读取数据
        chWADD ++ ;                                 //将器件地址加 1 变为读数据
        WRITE_BYTE_I2C(chWADD);                     //向总线写入数据
        if(GET_I2C_ACK() == 0)                      //读取从机应答(高电平有效)
               goto READI2C;
      RDN1:
        lpMRD[nJsq] = READ_BYTE_I2C();              //读出总线数据[读操作开始]
        NUMBYTE - - ;
        if(NUMBYTE)goto SACK;
        SET_I2C_MNOTACK();                          //主机向从机发送一个非应答
                                                    //最后一字节发非应答位
    RETRDN:
        STOP_I2C();                                 //结束总线通信
        return ;
      SACK:
        SET_I2C_MACK();                             //向从机发送一个应答信号
        nJsq ++ ;
        goto    RDN1;
}
//-------------------------------------------------------------------
```

主要外用函数原型如下:

```c
void GPio_PB_Initi(void);    //启动 PB 口的 PB3、PB2 为外设工作
void WRITE_NB_DAT_I2C(uchar chWADD,uchar chWADD2,uchar * lpMTD,uint NUMBYTE);
                 //向有子地址器件发送多字节数据
void READ_NB_DAT_I2C(uchar chWADD,uchar chWADD2,uchar * lpMRD,uint NUMBYTE);
                 //从有子地址器件读出多字节数据
```

应用范例见任务中的范例应用。

(2) 应用范例程序的编写

任务②：将 PC 机发往微控制器中的数据，通过 I^2C 总线存入 AT24Cxx E^2PROM 存储器，并通过 0x99 命令读出存入到 AT24Cxx 中的数据，同时发回 PC 机。

程序编写如下：

```c
//*******************************************************************
//I²C 通信
//文件:lm101_i2c_Main.c
//AT24C08  地址:0xA2  通过串行对其进行读/写[地址必须根据硬件实物而定]
//命令说明:0x77 为上位机请求发送数据,0xDD 为上位机结束数据发送命令,0x99 为上位机要求读取数据
//-----------------------------------------------------------------
#include "iiC_i2c_lm101.h"
#include "Lm101UartSR.h"

#define PB4_LED   GPIO_PIN_4
#define PB5_LED   GPIO_PIN_5
#define PB6_LED   GPIO_PIN_6

unsigned char uchRecvD[33],uchSendD[33];
unsigned int nJSQ = 0;
void Uart_Recv();
void Uart_Send();
unsigned char chCC[3];
//-----------------------------------------------------------------
//防止 JTAG 失效
//-----------------------------------------------------------------
void   jtagWait(void)
{
    SysCtlPeripheralEnable(SYSCTL_PERIPH_GPIOB);
    //设置 KEY 所在引脚为输入
    GPIODirModeSet(GPIO_PORTB_BASE, GPIO_PIN_3, GPIO_DIR_MODE_IN);
    //如果复位时按下 KEY,则进入
    if ( GPIOPinRead( GPIO_PORTB_BASE , GPIO_PIN_3)   ==    0x00 )
    {
        for (;;);        //死循环,以等待 JTAG 连接
    }
    //禁止 KEY 所在的 GPIO 端口
    SysCtlPeripheralDisable(SYSCTL_PERIPH_GPIOB);
}
//-----------------------------------------------------------------
//延时子程序
//-----------------------------------------------------------------
void delay(int d)
{
  int i = 0;
  for( ; d; --d)
   for(i = 0;i<10000;i++);
}
```

```c
//--------------------------------------------------------------
// 函数名称:GPio_Initi
// 函数功能:启动外设 GPIO 输入/输出
// 输入参数:无
// 输出参数:无
//--------------------------------------------------------------
void GPio_Initi(void)
{
    //使能 GPIO B 口外设。用于指示灯
    SysCtlPeripheralEnable( SYSCTL_PERIPH_GPIOB );
    //设定 PB4 PB5 为输出用作指示灯点亮
    GPIODirModeSet(GPIO_PORTB_BASE, PB4_LED | PB5_LED |
                                   PB6_LED,GPIO_DIR_MODE_OUT);
    //初始化 PB4 PB5 为低电平点亮指示灯
    GPIOPinWrite( GPIO_PORTB_BASE, PB5_LED, 0 );
}
//--------------------------------------------------------------
//程序主体
//--------------------------------------------------------------
int main()
{
    //防止 JTAG 失效
    delay(10);
    jtagWait();
    delay(10);
    //设定系统晶振为时钟源
    SysCtlClockSet( SYSCTL_SYSDIV_1 | SYSCTL_USE_OSC | SYSCTL_OSC_MAIN |
                    SYSCTL_XTAL_6MHZ );
    GPio_Initi();                    //启动 GPIO 输出
    GPio_PB_Initi();
    LM101_UART_Initi();
    delay(100);
    while(1)
    {
        if(bBoolDat)
        {
            chCC[0] = nlRcv;
            chCC[1] = bBoolDat;
          // UARTSend(chCC,2);
            bBoolDat = 0;                //清 0 UART 串行标识
            if(chCC[0] == 0x77)          //接到 0x77 命令准备接收上位机发来的数据
                Uart_Recv();
            else if(chCC[0] == 0x99)     //接到 0x99 命令准备读出数据并向 PC 发送
                Uart_Send();
```

```
          else ;
    }
    UARTSend("D",1);

    //程序运行指示灯处理
    //读出 PB5_LED 引脚值判断是否为 0
    if(GPIOPinRead(GPIO_PORTB_BASE, PB5_LED) == 0x00)
       //如果 PB5 引脚为 0 就给其写 1 熄灯
       GPIOPinWrite(GPIO_PORTB_BASE, PB5_LED,0x20);
       else GPIOPinWrite(GPIO_PORTB_BASE, PB5_LED,0x00);   //就给其写 0 亮灯
       delay(50);
   }
}
//--------------------------------------------------------------
// 函数名称:Uart_Recv()
// 函数功能:接收 PC 机发来和数据并保存数据
// 输入参数:无
// 输出参数:无
//--------------------------------------------------------------
void Uart_Recv()
{
    nJSQ = 1;
    //    chCC[0] = nlRcv;
    //    chCC[1] = bBoolDat;
    UARTSend(chCC,2);

   do
   {
    if(bBoolDat)
    {
      bBoolDat = 0;
      uchRecvD[nJSQ] = nlRcv;
      UARTSend(&uchRecvD[nJSQ],1);
       //0xDD 命令为接到上位机结束数据发送命令
       if(uchRecvD[nJSQ] == 0xDD)break;
      nJSQ ++ ;
      }
   }while(1);
   uchRecvD[0] = nJSQ;                  //总数存在第 1 位上
   //向总线写入数据
   WRITE_NB_DAT_I2C(0xA0,0x20,uchRecvD,nJSQ);
}
//--------------------------------------------------------------
// 函数名称:Uart_Send()
// 函数功能:从 I²C 总线上读出数据并发向 PC 机
// 输入参数:无
// 输出参数:无
```

```
//--------------------------------------------------------------
void Uart_Send()
{
    UARTSend(chCC,2);

    uint i = 0;
    unsigned char chNuom;
    READ_NB_DAT_I2C(0xA0,0x20,uchSendD,1);
    chNuom = uchSendD[0];                    //先读出数据的个数
    READ_NB_DAT_I2C(0xA0,0x20,uchSendD,chNuom);
    for(i = 0;i<chNuom;i++)
    {   UARTSend(&uchSendD[i], 1);           //发向 PC 机
        delay(10);}                          //加上延时就不会死了
}
//--------------------------------------------------------------
//**************************************************************
```

体会：E^2ROM 芯片只要保证 I^2C 总线工作正常，使用起来还是很顺手的。

作业：

① 通过 I^2C 总线向 AT24Cxx 写/读数据（作业）。

② 用键盘将需要保存的数据，写入 AT24Cxx 存储器（此题为家庭作业，没有参考程序，请学员自己动手做）。

③ 将定时时间存于 AT24Cxx 并实现定时，采用 JCM12864 显示。

编后语：

学无止境，重在运用。

课题 11　用 8 位数码管显示 LM3s101(102)内部 RTC 实时时钟(ZLG7290 驱动)

实验目的

了解和掌握 ZLG7290 键盘与共阴数码管驱动芯片的原理与使用方法。

实验设备

① 所用工具：30 W 烙铁 1 把，数字万用表 1 个；

② PC 机 1 台；

③ 开发软件 IAR Embedded Workbench5.20v 集成开发平台 1 套；

第7章 Cortex-M3 内核微控制器 LM3S101(102)外围接口电路在工程中的应用

④ LM LINK JTAG 调试器 1 套，EasyARM101 开发套件 1 套（可按附录 A 电路图制作 LM3s101/102 最小系统）。

外扩器件

8 位共阴数码管模块 1 块（所需器件：四位一体共阴数码管 2 块，270 Ω 限流电阻 8 个），64 位键盘模块 1 块（所需器件：轻触 64 个，IN4148 二极管 8 个，限流电阻 3.3 kΩ 8 个），ZLG7290 最小系统模块 1 块（所需器件：ZLG7290 芯片 1 块，12 MHz 晶振 1 个，15 pF 电容 2 个，100 μF/16 V 电容 1 个，10 kΩ 电阻 1 个），8 位数据线 4 条（自制），接插器（公）3 条。

工程任务

① ZLG7290 显示练习，用数码管显示 0000～9999 计数。
② ZLG7290 键盘练习，用数码管显示读取的键值。
③ ZLG7290 驱动数码管显示从 LM3s101 内部 RTC 实时时钟中读回的时钟和日期。
④ 简易计算器的制作（作业）。
⑤ 简易英文字符练习系统的制作[用 JCM12864 液晶显示屏字符]（作业）。
⑥ 大型花样灯的制作（作业）。

所需外围器件资料

K11.1 ZLG7290 概述

ZLG7290 是广州周立功单片机发展有限公司自行设计的数码管显示驱动及键盘扫描管理芯片。其特点是能够直接驱动 8 位共阴式数码管（或 64 只独立的 LED），同时还可以扫描管理多达 64 只按键。其中有 8 只按键还可以作为功能键使用，这就像电脑键盘上的 Ctrl、Shift、Alt、F0～F12 等功能键一样。另外 ZLG7290 内部还设置有连击计数器，能够使某键按下后不松开而连续有效。采用 I^2C 总线方式与微控制器的接口仅需两根信号线。该芯片为工业级芯片，抗干扰能力强，在工业测控中已得到广泛应用。

K11.2 ZLG7290 特点

➢ I^2C 串行接口，提供键盘中断信号，方便与处理器接口；
➢ 可驱动 8 位共阴数码管或 64 只独立 LED 和 64 个按键；
➢ 可控扫描位数，可控任一数码管闪烁；
➢ 提供数据译码和循环、移位、段寻址等控制；
➢ 8 个功能键，可检测任一键的连击次数；
➢ 无需外接元件即直接驱动 LED，可扩展驱动电流和驱动电压；
➢ 提供工业级器件，多种封装形式如 PDIP24、SO24。

K11.3 ZLG7290 各引脚及说明

ZLG7290 采用 24 引脚封装，如图 K11-1 所示。其引脚功能描述如表 K11-1 所列。

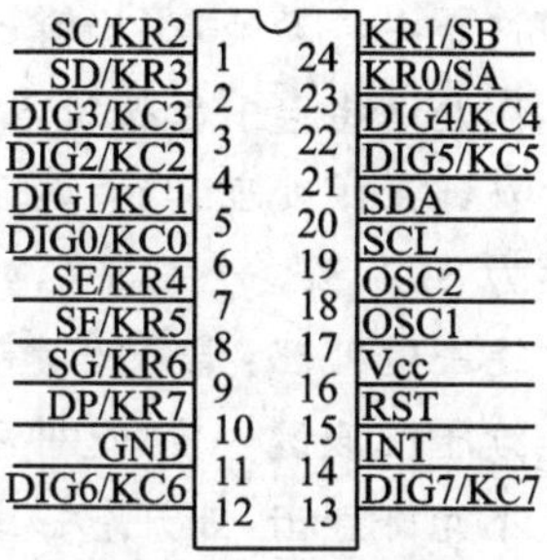

图 K11-1 ZLG7290 引脚图

表 K11-1 7290 各引脚功能描述

引脚号	名称	描述
1	SC/KR2	数码管 c 段/键盘行信号 2
2	SD/KR3	数码管 d 段/键盘行信号 3
3	DIG3/KC3	数码管位选信号 3/键盘列信号 3
4	DIG2/KC2	数码管位选信号 2/键盘列信号 2
5	DIG1/KC1	数码管位选信号 1/键盘列信号 1
6	DIG0/KC0	数码管位选信号 0/键盘列信号 0
7	SE/KR4	数码管 e 段/键盘行信号 4
8	SF/KR5	数码管 f 段/键盘行信号 5
9	SG/KR6	数码管 g 段/键盘行信号 6
10	DP/KR7	数码管 dp 段/键盘行信号 7
11	GND	地线
12	DIG6/KC6	数码管位选信号 6/键盘列信号 6
13	DIG7/KC7	数码管位选信号 7/键盘列信号 7
14	$\overline{INT}$	键盘中断请求信号,低电平(下降沿)有效
15	RST	复位信号,低电平有效
16	V_{CC}	电源,+3.3~5.5 V
17	OSC1	晶振输入信号
18	OSC2	晶振输出信号
19	SCL	I^2C 总线时钟信号
20	SDA	I^2C 总线数据信号
21	DIG5/KC5	数码管位选信号 5/键盘列信号 5
22	DIG4/KC4	数码管位选信号 4/键盘列信号 4
23	SA/KR0	数码管 a 段/键盘行信号 0
24	SB/KR1	数码管 b 段/键盘行信号 1

K11.4 功能描述

(1) 键盘部分

ZLG7290 可采样 64 个按键或传感器,可检测每个按键的连击次数,其基本功能如下:

键盘去抖动处理:当键被按下和放开时,可能会出现电平状态反复变化,称作键盘抖动。若不作处理将会引起按键盘命令错误,所以要进行去抖动处理,以读取稳定的键盘状态为准。

双键互锁处理:当有两个以上按键被同时按下时,ZLG7290 只采样优先级高的按键(优先顺序为 S1>S2>…>S64,如同时按下 S2 和 S18 时采样到 S2)。

连击键处理:某个按键按下输出一次键值后,如果该按键还未释放,则该键值连续有效,就像连续压按该键一样,这种功能称为连击。连击次数计数器(RepeatCnt)可区别出单击(某些功能不允许连击,如开/关)或连击;判断连击次数可以检测被按时间,以防止某些功能误操作(如连续按 5 s 将对入口参数设置状态)。

功能键处理：功能键能实现 2 个以上按键同时按下来，用于扩展按键数目或实现特殊功能，如 PC 机上的 Shift、Ctrl、Alt 键。典型应用图中的 S57～S64 为功能键。

(2) 显示部分

在每个显示刷新周期，ZLG7290 按照扫描位数寄存器(ScanNum)指定的显示位数 N，把显示缓存 DpRam0＝DpRamN 的内容按先后循序送入 LED 驱动器实现动态显示，减少 N 值可提高每位显示扫描时间的占空比，以提高 LED 亮度，显示缓存中的内容不受影响。修改闪烁控制寄存器(FlashOnOff)可改变闪烁频率和占空比(亮和灭的时间)。

ZLG7290 提供两种控制方式：寄存器映象控制和命令解释控制(如上述对显示部分的控制)。寄存器映象控制是指直接访问底层寄存器，实现基本控制功能，这些寄存器按字节操作。

命令解释控制是指通过解释命令缓冲区(CmdBuf0 CmdBuf1)中的指令，间接访问底层寄存器实现扩展控制功能。如实现寄存器的位操作对显示缓存循环、移位，对操作数译码等操作。

K11.5 寄存器详解

(1) 系统状态部分

系统寄存器＜SystemReg＞：地址 0x00，复位值 11110000B。系统寄存器保存 ZLG7290 系统状态，并可对系统运行状态进行配置，其功能分位描述如下：

KeyAvi(SystemReg.0)：此位置 1 时表示有效的按键动作(普通键的单击连击和功能键状态变化)，$\overline{INT}$ 引脚信号有效(变为低电平)；清 0 表示无按键动作，$\overline{INT}$ 引脚信号无效(变为高阻态)。有效的按键动作消失后或读 Key 后，KeyAvi 位自动清 0。

(2) 键盘部分

键值寄存器(Key)：地址 0x01，复位值 0x00。Key 表示被压按键的键值。当 Key＝0 时，表示没有键被压按。

连击次数计数器(RepeatCnt)：地址 0x02，复位值 0x00。RepeatCnt＝0 时，表示单击键。RepeatCnt 大于 0 时，表示键的连击次数。用于区别出单击键或连击键，判断连击次数可以检测被按时间。

功能键寄存器(FunctionKey)：地址 0x03，复位值 0x0FF。FunctionKey 对应位的值＝0 表示对应功能键被压按(FunctionKey.7 和 FunctionKey.0 对应 S64 和 S57)。

(3) 命令接口部分

命令缓冲区(CmdBuf0＝CmdBuf1)：地址 0x07、0x08，复位值 0x00＝0x00。用于传输指令。

(4) 显示部分

闪烁控制寄存器(FlashOnOff)：地址 0x0C，复位值 0111B/0111B。高 4 位表示闪烁时亮的时间，低 4 位表示闪烁时灭的时间，改变其值同时也改变了闪烁频率，也能改变亮和灭的占空比。FlashOnOff 的 1 个单位相当于 150＝250 ms(亮和灭的时间范围为 1～16，0000B 相当 1 个时间单位)，所有像素的闪烁频率和占空比相同。

扫描位数寄存器(ScanNum)：地址 0x0D，复位值 7。用于控制最大的扫描显示位数(有效范围为 0～7，对应的显示位数为 1～8)，减少扫描位数可提高每位显示扫描时间的占空比，以提高 LED 亮度。不扫描显示的显示缓存寄存器则保持不变。如 ScanNum＝3 时，只显示 DpRam0＝DpRam3 的内容。

显示缓存寄存器(DpRam0≈DpRam7):地址 0x10≈0x17,复位值 0x00≈0x00。缓存中一位置 1 表示该像素亮,DpRam7≈DpRam0 的显示内容对应 Dig7~Dig0 引脚。

K11.6 通信接口

ZLG7290 的 I^2C 接口传输速率可达 32 kbit/s,容易与处理器接口。并提供键盘中断信号,提高主处理器时间效率。ZLG7290 的从地址(slave address)为 70H(01110000B),有效的按键动作(普通键的单击、连击和功能键状态变化)都会令系统寄存器(SystemReg)的 KeyAvi 位置 1,使 $\overline{INT}$ 引脚信号有效(变为低电平)。用户的键盘处理程序可由 $\overline{INT}$ 引脚低电平中断触发,以提高程序效率;也可以不采样 $\overline{INT}$ 引脚信号节省系统的 I/O 数,而轮询系统寄存器的 KeyAvi 位。注意:读键值寄存器会令 KeyAvi 位清 0,并会令 $\overline{INT}$ 引脚信号无效。为确保某个有效的按键动作所有参数寄存器的同步性,建议利用 I^2C 通信的自动增址功能连续读 RepeatCnt、FunctionKey 和 Key 寄存器,但用户无需太担心寄存器的同步性问题,应为键参数寄存器变化速度较缓慢(典型值 250 ms,最快 9 ms)。

ZLG7290 内可通过 I^2C 总线访问的寄存器地址范围为 0x00~0x17,任一寄存器都可按字节直接读/写,也可以通过命令接口间接读/写或按位读/写。支持自动增址功能(访问寄存器后,寄存器子地址〈sub address 自动加 1〉和地址翻转功能〈访问最后一寄存器(子地址 17H)后,寄存器子地址翻转为 0x00〉。ZLG7290 的控制和状态查询全部都是通过读/写寄存器实现的,用户只需像读/写 24C02 内的单元一样,即可实现对 ZLG7290 的控制,关于 I^2C 总线访问的细节请参考网上资料\器件资料库\I^2C 协议标准.pdf。

K11.7 ZLG7290 内部寄存器详解

(1) 系统寄存器 SystemReg(地址:0x00)

系统寄存器各位配置如表 K11-2 所列。

表 K11-2 系统寄存器各位配置

Bit7	Bit6	Bit5	Bit4	Bit3	Bit2	Bit1	Bit0
—	—	—	—	—	—	—	KeyAvi

系统寄存器的第 0 位(LSB)称作 KeyAvi,标志着按键是否有效:KeyAvi=0 为没有按键被按下,KeyAvi=1 为有某个按键被按下。SystemReg 寄存器的其他位暂时没有定义。当按下某个键时,ZLG7290B 的 $\overline{INT}$ 引脚会产生一个低电平的中断请求信号。当读走键值后,中断信号就会自动撤销。而 KeyAvi 也同时予以反映。正常情况下,微控制器只需要判断 $\overline{INT}$ 引脚就可以了。通过不断查询 KeyAvi 位也能判断是否有键按下,这样就可以节省微控制器的一根 I/O 口线,但代价是 I^2C 总线处于频繁的活动状态,多消耗电流并且不利于抗干扰。

(2) 键值寄存器 Key(地址:0x01)

ZLG7290 应用系统中某个普通键(K1~K56)被按下,则微控制器可以从键值寄存器 Key 寄存器中读取相应的键值 1~56。如果微控制器发现 ZLG7290B 的 $\overline{INT}$ 引脚产生了中断请求,而从 Key 中读到的键值是 0,则表示按下的可能是功能键。键值寄存器 Key 的值在被读走后自动变成 0。注:这是一个数据寄存器。

(3) 连击计数器 RepeatCnt(地址:0x02)

ZLG7290B 为普通键(K1~K56)提供了连击计数功能。所谓连击是指按住某个普通键不

第 7 章 Cortex-M3 内核微控制器 LM3S101(102)外围接口电路在工程中的应用

松手,经过一两秒钟的延迟后(在 4 MHz 下约为 2 s)开始连续有效,连续有效间隔时间在几十到几百个毫秒(在 4 MHz 下约为 170 ms)。这一特性跟电脑上的键盘很类似。在微控制器能够及时响应按键中断并及时读取键值的前提下,当按住某个普通键一直不松手时:首先会产生一次中断信号,这时连击计数器 RepeatCnt 的值仍然是 0;经过一两秒延迟后,会连续产生中断信号,每中断一次 RepeatCnt 就自动加 1;当 RepeatCnt 计数到 255 时就不再增加,而中断信号继续有效。在此期间,键值寄存器的值每次都会产生。可读数据。

(4) 功能键寄存器 FunctionKey(地址:0x03)

功能键寄存器各位配置如表 K11 - 3 所列。

表 K11 - 3 功能键寄存器各位配置

Bit7	Bit6	Bit5	Bit4	Bit3	Bit2	Bit1	Bit0
F7	F6	F5	F4	F3	F2	F1	F0

说明:相应的键按下时其位被清 0。

ZLG7290B 还提供有 8 个功能键(F0~F7)。功能键常常是配合普通键一起使用的,就像电脑键盘上的 Shift、Ctrl 和 Alt 键。当然功能键也可以单独去使用,就像电脑键盘上的 F1~F12。当按下某个功能键时,在 $\overline{INT}$ 引脚也会像按普通键那样产生中断信号。功能键的键值是被保存在 FunctionKey 寄存器中的。功能键寄存器 FunctionKey 的初始值是 FFH,每一个位对应一个功能键,第 0 位(LSB)对应 F0,第 1 位对应 F1,依次类推,第 7 位(MSB)对应 F7。某一功能键被按下时,相应的 FunctionKey 位就清零。功能键还有一个特性就是"二次中断",按下时产生一次中断信号,抬起时又会产生一次中断信号;而普通键只会在被按下时产生一次中断。

(5) 命令缓冲区 CmdBuf0 和 CmdBuf1(地址:0x07 和 0x08)

通过向命令缓冲区写入相关的控制命令可以实现段寻址、下载显示数据、控制闪烁等功能。详见 K11.8 小节。

(6) 闪烁控制寄存器 FlashOnOff(地址:0x0C)

FlashOnOff 寄存器决定闪烁频率和占空比。复位值为 0111 0111B。高 4 位表示闪烁时亮的持续时间,低 4 位表示闪烁时灭的持续时间。改变 FlashOnOff 的值,可以同时改变闪烁频率和占空比。FlashOnOff 取值 0x00 时可获得最快的闪烁速度,在 4 MHz 下,亮或灭的持续时间最小单位约为 280 ms。特别说明:单独设置 FlashOnOff 寄存器的值,并不会看到显示闪烁,而应该配合闪烁控制命令一起使用。

(7) 扫描位数寄存器 ScanNum(地址:0x0D)

ScanNum 寄存器决定扫描显示的位数,取值 0~7,对应 1~8 位。复位值是 7,即数码管的 8 个位都扫描显示。实际应用中可能需要显示的位数不足 8 位,例如只显示 3 位,这时可以把 ScanNum 的值设置为 2,则数码管的第 0、1、2 位被扫描显示,而第 3~7 位不会被分配扫描时间,所以不显示。数码管的扫描位数减少后,有用的显示位由于分配的扫描时间更多因而显示亮度得以提高。ScanNum 寄存器的值为 0 时,只有数码管的第 0 位在显示,亮度达到最大。

(8) 显示缓冲区 DpRam0~DpRam7(地址:0x10~0x17)

DpRam0~DpRam7 这 8 个寄存器的取值直接决定了数码管的显示内容。每个寄存器的 8 个位分别对应数码管的 a、b、c、d、e、f、dp 段,MSB 对应 a,LSB 对应 dp。例如大写字母 H 的字型数据为 6EH(不带小数点)或 6FH(带小数点)。

K11.8 控制指令详解

ZLG7290 提供两种控制方式:寄存器映象控制和命令解释控制。寄存器映象控制是指直接访问底层寄存器(除通信缓冲区外的寄存器),实现基本控制功能,请参考寄存器详解部分。命令解释控制是指通过解释命令缓冲区(CmdBuf0=CmdBuf1)中的指令,间接访问底层寄存器实现扩展控制功能。如实现寄存器的位操作;对显示缓存循环;移位;对操作数译码等操作。一个有效的指令由一字节操作码和数个操作数组成。只有操作码的指令,称为纯指令,带操作数的指令称为复合指令。一个完整的指令需在一个 I^2C 帧中(起始信号和结束信号间)连续传输到命令缓冲区(CmdBuf0=CmdBuf1)中,否则会引起错误。

(1) 纯指令

左移指令如表 K11-4 所列。

表 K11-4 左移指令格式

命令缓冲区	地址	Bit7	Bit6	Bit5	Bit4	Bit3	Bit2	Bit1	Bit0
CmdBuf0:	0x07	0	0	0	1	N3	N2	N1	N0

该指令使与 ScanNum 相对应的显示数据和显示属性(闪烁)自右向左移动 N 位(N3~N0+1)。移动后,右边 N 位无显示,与 ScanNum 不相关的显示数据和显示属性则不受影响。

执行指令 00010001B 后,DpRamB DpRam0="4321","4"闪烁。高两位和低两位无显示。

右移指令如表 K11-5 所列。

表 K11-5 右移指令格式

通信缓冲区	地址	Bit7	Bit6	Bit5	Bit4	Bit3	Bit2	Bit1	Bit0
ComBuf0:	0x07	0	0	1	0	N3	N2	N1	N0

与左移指令类似,只是移动方向为自左向右,移动后,左边 N 位(⟨N3~N0⟩+1)无显示。例:DpRamB=DpRam0="87654321" 其中"3"闪烁,ScanNum=5⟨"87"不显示⟩。执行指令 00100001B 后,DpRamB=DpRam0="6543 "。"3"闪烁,高 4 位无显示。

循环左移指令如表 K11-6 所列。

表 K11-6 循环左移指令格式

通信缓冲区	地址	Bit7	Bit6	Bit5	Bit4	Bit3	Bit2	Bit1	Bit0
ComBuf0:	0x07	0	0	1	1	N3	N2	N1	N0

与左移指令类似,不同的是在每移动一位后,原最左位的显示数据和属性转移到最右位。例:DpRamB=DpRam0="87654321" 其中"4"闪烁,ScanNum=5⟨"87"不显示⟩。执行指令 00110001B 后,DpRamB=DpRam0="432165 ","4"闪烁,高 2 位无显示。

循环右移指令如表 K11-7 所列。

第7章 Cortex-M3内核微控制器 LM3S101(102)外围接口电路在工程中的应用

表 K11-7 循环右移指令格式

通信缓冲区	地址	Bit7	Bit6	Bit5	Bit4	Bit3	Bit2	Bit1	Bit0
ComBuf0：	0x07	0	1	0	0	N3	N2	N1	N0

与循环左移指令类似，只是移动方向相反。例：DpRamB＝DpRam0＝"87654321"，其中"3"闪烁，ScanNum＝5（"87"不显示）。执行指令 01000001B 后，DpRamB＝DpRam0＝"216543"，"3"闪烁。

SystemReg 寄存器位寻址指令如表 K11-8 所列。

表 K11-8 寄存器位寻址指令格式

通信缓冲区	地址	Bit7	Bit6	Bit5	Bit4	Bit3	Bit2	Bit1	Bit0
ComBuf0：	0x07	0	1	0	1	On	S2	S1	S0

当 On＝1 时，第 S〈S2～S0〉位置 1；当 On＝0 时，第 S 位清 0。

(2) 复合指令

显示像素寻址指令如表 K11-9 所列。

表 K11-9 显示像素寻址指令格式

通信缓冲区	地址	Bit7	Bit6	Bit5	Bit4	Bit3	Bit2	Bit1	Bit0
ComBuf0：	0x07	0	0	0	0	0	0	0	1
ComBuf1：	0x08	On	0	S5	S4	S3	S2	S1	S0

当 On＝1 时，第 S〈S5～S0〉点像素亮〈置 1〉；当 On＝0 时，第 S 点像素灭〈清 0〉。该指令用于点亮/关闭数码管中某一段，或 LED 矩阵中某一特定的 LED。该指令受 ScanNum 的内容影响。S5～S0 为像素地址，有效范围为 00H～3FH，无效的地址不会产生任何作用，像素位地址映象如表 K11-10 所列。

表 K11-10 像素位地址映象表

像素地址	Sa	Sb	Sc	Sd	Se	Sf	Sg	Sh
DpRam0	0x00	0x01	0x02	0x03	0x04	0x05	0x06	0x07
DpRam1	0x08	0x09	0x0A	0x0B	0x0C	0x0D	0x0E	0x0F
DpRam2	0x10	0x11	0x12	0x13	0x14	0x15	0x16	0x17
DpRam3	0x18	0x19	0x1A	0x1B	0x1C	0x1D	0x1E	0x1F
DpRam4	0x20	0x21	0x22	0x23	0x24	0x25	0x26	0x27
DpRam5	0x28	0x29	0x2A	0x2B	0x2C	0x2D	0x2E	0x2F
Dpram6	0x30	0x31	0x32	0x33	0x34	0x35	0x36	0x37
Dpram7	0x38	0x39	0x3A	0x3B	0x3C	0x3D	0x3E	0x3F

按位下载数据且译码指令如表 K11-11 所列。

表 K11-11 按位下载数据且译码指令

通信缓冲区	地址	Bit7	Bit6	Bit5	Bit4	Bit3	Bit2	Bit1	Bit0
ComBuf0:	0x07	0	1	1	0	A3	A2	A1	A0
ComBuf1:	0x08	DP	Flash	0	D4	D3	D2	D1	D0

其中 A3～A0 为显示缓存编号（范围为 0000B～0111B，对应 DpRam0～DpRam7，无效的编号不会产生任何作用），DP=1 时点亮该位小数点，Flash=1 时该位闪烁显示，Flash=0 时该位正常显示，D4～D0 为要显示的数据，按表 K11-12 规则进行译码。

表 K11-12 显示数据译码规则表

D5	D4	D3	D2	D1	D0	字码	显示	D5	D4	D3	D2	D1	D0	字码	显示
0	0	0	0	0	0	0x00	0	0	1	0	0	0	0	0x10	G
0	0	0	0	0	1	0x01	1	0	1	0	0	0	1	0x11	H
0	0	0	0	1	0	0x02	2	0	1	0	0	1	0	0x12	i
0	0	0	0	1	1	0x03	3	0	1	0	0	1	1	0x13	J
0	0	0	1	0	0	0x04	4	0	1	0	1	0	0	0x14	L
0	0	0	1	0	1	0x05	5	0	1	0	1	0	1	0x15	O
0	0	0	1	1	0	0x06	6	0	1	0	1	1	0	0x16	P
0	0	0	1	1	1	0x07	7	0	1	0	1	1	1	0x17	q
0	0	1	0	0	0	0x08	8	0	1	1	0	0	0	0x18	r
0	0	1	0	0	1	0x09	9	0	1	1	0	0	1	0x19	t
0	0	1	0	1	0	0x0A	A	0	1	1	0	1	0	0x1A	U
0	0	1	0	1	1	0x0B	b	0	1	1	0	1	1	0x1B	Y
0	0	1	1	0	0	0x0C	c	0	1	1	1	0	0	0x1C	c
0	0	1	1	0	1	0x0D	d	0	1	1	1	0	1	0x1D	h
0	0	1	1	1	0	0x0E	E	0	1	1	1	1	0	0x1E	T
0	0	1	1	1	1	0x0F	F	0	1	1	1	1	1	0x1F	无

闪烁控制指令如表 K11-13 所列。

表 K11-13 闪烁控制指令各位分配

通信缓冲区	地址	Bit7	Bit6	Bit5	Bit4	Bit3	Bit2	Bit1	Bit0
ComdBuf0:	0x07	0	1	1	1	X	X	X	X
ComdBuf1:	0x08	F7	F6	F5	F4	F3	F2	F1	F0

注：X 为任意数。

当 Fn(0～7)=1 时，该位闪烁（n 的范围为：0～7，对应 0～7 位）。当 Fn(0～7)=0 时，该位不闪烁。该指令会改变所有像素的闪烁属性！

例：执行指令 01110000B,00000000B 后，所有数码管不闪烁。

表 K11-14 所列的是直接显示的数字字模表，将其写入到 ZLG7290 的内部寄存器

0x10～0x17 中即可显示出来。

表 K11-14 数字字模表

字模码	译为数码管字模（ZLG7290 驱动共阴数码管）								数码管显示
	a	b	c	d	e	f	g	dp	
0xFC	1	1	1	1	1	1	0	0	0
0x60	0	1	1	0	0	0	0	0	1
0xDA	1	1	0	1	1	0	1	0	2
0xF2	1	1	1	1	0	0	1	0	3
0x66	0	1	1	0	0	1	1	0	4
0xB6	1	0	1	1	0	1	1	0	5
0xBE	1	0	1	1	1	1	1	0	6
0xE0	1	1	1	0	0	0	0	0	7
0xFE	1	1	1	1	1	1	1	0	8
0xF6	1	1	1	1	0	1	1	0	9
0xEE	1	1	1	0	1	1	1	0	A
0x3E	0	0	1	1	1	1	1	0	b
0x9C	1	0	0	1	1	1	0	0	C
0x7A	0	1	1	1	1	0	1	0	d
0x9E	1	0	0	1	1	1	1	0	E
0x8E	1	0	0	0	1	1	1	0	F
0x02	0	0	0	0	0	0	1	0	—

表 K11-15 为 ZLG7290 内部地址分配功能描述表。

表 K11-15 ZLG7290 内部地址分配描述

地 址	名 称	功能描述	备 注
0x00	SystemReg	系统寄存器，KeyAvi 键盘工作标识位	
0x01	Key	K1～K56 普通键键值寄存器	
0x02	RepeatCnt	普通键连击计数器，提供 K1～K56 连击计数功能	
0x03	FunctionKey	功能键寄存器，按键键值被保存在 0x03 寄存器中	
0x07	CmdBuf0	命令输入寄存器 0(command)	
0x08	CmdBuf1	命令输入寄存器 1(data)	
0x0C	FlashOnOff	闪烁控制寄存器	
0x0D	ScanNum	扫描位数寄存器	
0x10～0x17	DpRam0～DpRam7	显示缓冲区（0～7 号数码管显示数据缓存区）	

ARM Cortex-M3 内核微控制器快速入门与应用

扩展模块制作

（1）扩展模块电路图

扩展模块电路图见图 K11-2 所示。

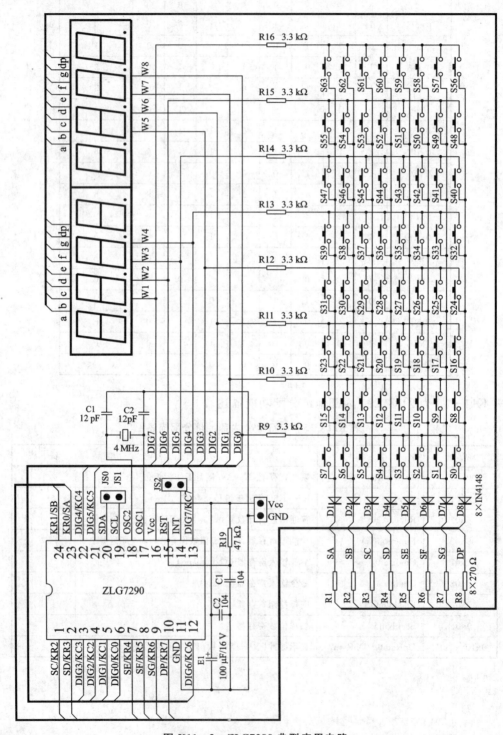

图 K11-2　ZLG7290 典型应用电路

(2) 扩展模块与 EasyARM101 开发板连线

PB3 连到图 K11-2 的 SDA(JS0)，PB2 连到图 K11-2 的 SCL(JS1)，PB0 连到图 K11-2 的 $\overline{\text{INT}}$(JS2)。

(3) 电路简析

在图 K11-2 中，为了使电源更加稳定，一般要在 Vcc 到 GND 之间接入 47～470 μF 的电解电容 E1。J1 是 ZLG7290B 与微控制器的接口，按照 I^2C 总线协议的要求，信号线 SCL 和 SDA 上必须要分别加上上拉电阻，其典型值是 10 kΩ。晶振 Y1 通常取值 4 MHz，调节电容 C3 和 C4 通常取值在 10 pF 左右。复位信号是低电平有效，一般只需外接简单的 RC 复位电路，也可以通过直接拉低 $\overline{\text{RST}}$ 引脚的方法进行复位。

数码管必须是共阴式的，不能直接使用共阳式的。DPY1 和 DPY2 是 4 位联体式数码管，共同组成完整的 8 位。当然还可以采用其他的组合方式，如 4 只双联体式数码管。数码管在工作时要消耗较大的电流，R1～R8 是限流电阻，典型值是 270 Ω。如果要增大数码管的亮度，可以适当减小电阻值，最低 200 Ω。

64 只按键中，前 56 个按键是普通按键 K1～K56，最后 8 个为功能键 F0～F7。键盘电阻 R9～R16 的典型值是 3.3 kΩ。数码管扫描线和键盘扫描线是共用的，所以二极管 D1～D8 是必须的，有了它们就可以防止按键干扰数码管显示的情况发生。在多数应用当中可能不需要太多的按键，这时可以按行或按列裁剪键盘。裁减后相应行的二极管或相应列的电阻可以省略。如果完全不使用数码管，则原来用到的所有限流电阻 R1～R8 也都可以省略，这时 ZLG7290B 消耗的电流大大降低，典型值为 1 mA。

程序设计

扩展器件驱动程序的编写(创建器件驱动程序开发包即 I^2C 非标准件应用包)：

```
//*****************************************************************
//-----------------------------------------------------------------
//程序文件名:zlg7290_iic_lm101.h
//程序功能:实现MCU通过I²C总线对I²C器件实施读写操作
//感想:这块芯片给我最大的印象就是时序问题,它与普通的I²C器件不一样,它总是比
//     标准的I²C芯片所需的时序时间长一些,所以在将此芯片转到LM3S101时精确
//     的时序就出了问题,在本例中我先获取系统时钟,然后化为 1 μs 再乘上 5,得出了
//     5 μs 的延时算法
//-----------------------------------------------------------------
# include "hw_ints.h"
# include "hw_memmap.h"
# include "hw_types.h"
# include "gpio.h"
# include "sysctl.h"
//-----------------------------------------------------------------
# define uchar unsigned char        //映射 uchar 为无符号字符
# define uint  unsigned int         //映射 uint 为无符号整数

# define  NOP   while(0);

//申请一个数据缓存器用于数据存储
```

```c
uchar bIACC,C;                              //申请一个位变量用于数据发送时产生位移
//定义器件地址
uchar zlg7289 = 0x70;
// I²C 引脚的定义
#define SDA      GPIO_PIN_3                 //PB3 模拟 I²C 数据传送位
#define SCL      GPIO_PIN_2                 //PB2 模拟 I²C 时钟控制位
#define KEY_INT_PB0    GPIO_PIN_0           //申请 PB0 用于 ZLG7290 按键中断
uint ACK;                                   //应答位
//定义时间变量
uint nSec = 0;   //秒钟
uint nMin = 0;   //分钟
uint nHour = 0;  //小时
//各元素分配[0]秒个位,[1]秒钟十位 [2]--[3]分钟个位 [4]分钟十位 [5]--[6]小时个位
//[7]小时十位
uchar chTimeD[8];
//----------------------------------------------------------------
//延时函数
//说明:读出系统时间产生微秒
//----------------------------------------------------------------
void DelayDS_30()
{
    unsigned long i;
    i = SysCtlClockGet()/1000000 * 5;       //获取系统 1 μs 的时间 * 5 得出 5 个 μs
    while(i--);
}
//----------------------------------------------------------------
// 函数名称:GPio_Initi
// 函数功能:启动外设 GPIO 输入/输出
// 输入参数:无
// 输出参数:无
// 说明:设为硬件控制
//----------------------------------------------------------------
void GPio_PA_HW_Initi(void)
{
    //设置 PA 口用作按键功能
    SysCtlPeripheralEnable(SYSCTL_PERIPH_GPIOB);
    //设定 GPIO B 2~3 引脚为使用外设功能 GPIO_DIR_MODE_HW 由硬件进行控制
    //PB2 ->SCL  PB3 ->SDA
    GPIODirModeSet(GPIO_PORTB_BASE, (SDA| SCL), GPIO_DIR_MODE_OUT);
}
//----------------------------------------------------------------
//程序名称:I2C_INTI()
//程序功能:初始化 I²C 总线[ZLG7290 专用]
```

```
//入口参数:无
//出口参数:无
//------------------------------------------------------------
void I2C_INTI()
{
    GPio_PA_HW_Initi();
    NOP
    //SCL = 1;
    GPIOPinWrite( GPIO_PORTB_BASE, SCL, SCL );
    DelayDS_30();
    //SDA = 1;
    GPIOPinWrite( GPIO_PORTB_BASE, SDA, SDA );
    DelayDS_30();
}
//------------------------------------------------------------
//程序名称:START_I2C()
//程序功能:启动 I²C 总线
//入口参数:无
//出口参数:无
//------------------------------------------------------------
void START_I2C()
{
    // SDA = 1;              //保持数据线为高电平不变化
    GPIOPinWrite( GPIO_PORTB_BASE, SDA, SDA );
    DelayDS_30();
    // SCL = 1;              //保持时钟线为高电平不变化
    GPIOPinWrite( GPIO_PORTB_BASE, SCL, SCL );
    DelayDS_30();
    //SDA = 0;               //拉低数据线 SDA 启动总线
    GPIOPinWrite( GPIO_PORTB_BASE, SDA, 0x00 );
    DelayDS_30();
    //SCL = 0;               //钳位总线,准备发数据
    GPIOPinWrite( GPIO_PORTB_BASE, SCL, 0x00 );
    DelayDS_30();
    //结束总线启动
}
//------------------------------------------------------------
//程序名称:STOP_I2C()
//程序功能:停止 I²C 总线
//入口参数:无
//出口参数:无
//------------------------------------------------------------
void STOP_I2C()
{
    uchar chJSQIIC = 0;
```

```c
        //SDA = 0;                //置数据线为低电平
        GPIOPinWrite( GPIO_PORTB_BASE, SDA, 0x00 );
        DelayDS_30();
        // SCL = 1;                //保持时钟线为高电平不变[发送结束条件的时钟信号]
        GPIOPinWrite( GPIO_PORTB_BASE, SCL, SCL );
        DelayDS_30();
        //SDA = 1;                //拉高数据线 SDA 结束总线通信
        GPIOPinWrite( GPIO_PORTB_BASE, SDA, SDA );

        chJSQIIC = SysCtlClockGet()/1000000 * 100;
        while(chJSQIIC -- );
}
//-------------------------------------------------------------
//程序名称:GET_I2C_ACK()[检查应答位子程序]
//程序功能:获取一个总线响应[应答]
//入口参数:无
//出口参数:ACK(低电平为有效应答,人为地使 ACK = 1 返回一个高电平用于判断)
//说明:返回值:ACK = 1 时表示有应答
//-------------------------------------------------------------
uint  GET_I2C_ACK()
{
        //将 SDA 线设为输入准备读取总线信号
        GPIODirModeSet(GPIO_PORTB_BASE, SDA, GPIO_DIR_MODE_IN);
        // SDA = 1;                //应答的时钟脉冲期间,发送器释放 SDA 线(高)
        GPIOPinWrite( GPIO_PORTB_BASE, SDA, SDA );
        DelayDS_30();
        //SCL = 1;                //保持时钟线为高电平
        GPIOPinWrite( GPIO_PORTB_BASE, SCL, SCL );
        DelayDS_30();

        ACK = 0;                //初始化应答信号用于后判断

        //C = SDA;                //应答的时钟脉冲期间,接收器会将 SDA 线拉低[从机在应答时拉低此线]
        C = GPIOPinRead(GPIO_PORTB_BASE ,SDA);
        if(C == 0x00)           //判断应答位,SDA 为高,则 ACK = 0,表示无应答
           ACK = 1;             //SDA 为低,则使 ACK = 1,表示有应答

        // DelayDS_30(30);
        //SCL = 0;                //钳住总线
        GPIOPinWrite( GPIO_PORTB_BASE, SCL, ~SCL );
        DelayDS_30();

        GPIODirModeSet(GPIO_PORTB_BASE, SDA, GPIO_DIR_MODE_OUT);

        return  ACK;
}
//-------------------------------------------------------------
//程序名称:SET_I2C_MACK()
//程序功能:主机发送一个总线响应[应答]信号
```

//入口参数:无
//出口参数:无
//--
void SET_I2C_MACK()
{
    //SDA = 0;   //将 SDA 置 0,拉低数据线
    GPIOPinWrite(GPIO_PORTB_BASE, SDA, ~SDA);
    DelayDS_30();
    //SCL = 1;   //保证数据时间,即 SCL 为高时间大于 4.7 μs
    GPIOPinWrite(GPIO_PORTB_BASE, SCL, SCL);
    DelayDS_30();
    //SCL = 0;   //拉低时钟线,钳住总线
    GPIOPinWrite(GPIO_PORTB_BASE, SCL, ~SCL);
    DelayDS_30();
}
//--
//程序名称:SET_I2C_MNOTACK()
//程序功能:主机发送一个总线非响应[应答]信号
//入口参数:无
//出口参数:无
//--
void SET_I2C_MNOTACK()
{
    //SDA = 1;   //将 SDA 置 1 拉高数据线
    GPIOPinWrite(GPIO_PORTB_BASE, SDA, SDA);
    DelayDS_30();
    //SCL = 1;   //保证数据时间,即 SCL 为高时间大于 4.7 μs
    GPIOPinWrite(GPIO_PORTB_BASE, SCL, SCL);
    DelayDS_30();
    //SCL = 0;   //拉低时钟线,钳住总线
    GPIOPinWrite(GPIO_PORTB_BASE, SCL, ~SCL);
    DelayDS_30();
}
//--
//程序名称:WRITE_BYTE_I2C()
//程序功能:写一个字节到总线
//入口参数:chData[要发送的数据]
//出口参数:无
//说明:每发送一字节要调用一次 GET_I2C_ACK 子程序,取应答位
//   数据在传送时高位在前
//--
void WRITE_BYTE_I2C(uchar chData)
{
    uint   JSQ = 8;   //计数器
    bIACC = chData;

```
            do
            { //判断bACC7(数据的高7位)位为1还是0,如果为1就跳到WR1
                if(bIACC&0x80)goto WR1;
                //SDA = 0;           //若bACC7位为0,则发送0[将数据线拉低]
                GPIOPinWrite( GPIO_PORTB_BASE, SDA, ~SDA );
                DelayDS_30();
                //SCL = 1;           //保证数据时间,即SCL为高时间大于4.7 μs
                GPIOPinWrite( GPIO_PORTB_BASE, SCL, SCL );
                DelayDS_30();
                //SCL = 0;           //拉低时钟线,钳住总线
                GPIOPinWrite( GPIO_PORTB_BASE, SCL, ~SCL );
                DelayDS_30();
    WLP1:
                JSQ--;
                //左移一位准备下一次发送[将高6位移到高7位准备发送]
                bIACC = bIACC<<1;
            }while(JSQ);       //判断8位数据是否发完
            NOP
            return ;            //结束程序
    WR1:    //SDA = 1;           //若bACC7为1,则发送1[将数据线拉高]
            GPIOPinWrite( GPIO_PORTB_BASE, SDA, SDA );
            NOP
            //SCL = 1;           //保证数据时间,即SCL为高时间大于4.7 μs
            GPIOPinWrite( GPIO_PORTB_BASE, SCL, SCL );
            DelayDS_30();
            //SCL = 0;
            GPIOPinWrite( GPIO_PORTB_BASE, SCL, ~SCL );
            DelayDS_30();
            goto   WLP1;
}
//--------------------------------------------------------------
//程序名称:READ_BYTE_I2C()
//程序功能:从总线读一个字节
//入口参数:无
//出口参数:A(存储读取的总线数据)
//说明:每取一字节要发送一个应答/非应答信号
//--------------------------------------------------------------
uchar   READ_BYTE_I2C()
{
        uint   JSQ = 8;
        GPIODirModeSet(GPIO_PORTB_BASE, SDA, GPIO_DIR_MODE_IN);
        do
        {
            //SDA = 1;
```

```
                GPIOPinWrite( GPIO_PORTB_BASE, SDA, SDA );
                NOP
                //SCL = 1;                    //时钟线为高,接收数据位
                GPIOPinWrite( GPIO_PORTB_BASE, SCL, SCL );
                DelayDS_30();
                bIACC = bIACC<<1;             //左移一位准备接收数据位(将低0位移到低1位准备接收
                //bIACC0 = SDA;               //读取SDA线的数据位
                C = GPIOPinRead( GPIO_PORTB_BASE ,SDA);
                if((C&SDA)! = 0)bIACC| = 0x01;
                  else bIACC& = 0xfe;
                NOP
                //SCL = 0;                    //将SCL拉低,时间大于4.8 μs
                GPIOPinWrite( GPIO_PORTB_BASE, SCL, ~SCL );
                DelayDS_30();
                JSQ - - ;
        }while(JSQ);                          //8位数据发完了吗?
        GPIODirModeSet(GPIO_PORTB_BASE, SDA, GPIO_DIR_MODE_OUT);
    return bIACC;
}
//------------------------------------------------------------
//程序名称:SEND_BDAT_I2C()[发送一个字节数据到总线]
//程序功能:向总线写一个字节[外部调用,无子地址,即无内部储存器地址的器件]
//入口参数:chWAddre[器件从机地址],chWDat[要发送的数据]
//出口参数:无
//------------------------------------------------------------
void SEND_BDAT_I2C(uchar chWAddre,uchar chWDat)
{
        START_I2C();                     //启动总线
        WRITE_BYTE_I2C(chWAddre);        //向总线发送器件从机地址
        if(GET_I2C_ACK() == 0)           //读取从机应答(高电平有效)
            goto RETWRB;                 //无应答则退出
        //向总线发送数据
        WRITE_BYTE_I2C(chWDat);
        GET_I2C_ACK();                   //读取从机应答(高电平有效)
        STOP_I2C();                      //结束总线通信
        return ;
RETWRB:
        STOP_I2C();                      //结束总线通信
        return ;
}
//------------------------------------------------------------
```

```c
//程序名称:RCV_BDAT_I2C()[从总线读取一个字节数据]
//程序功能:从总线读一个字节[外部调用,无子地址,即无内部储存器地址的器件]
//入口参数:chWADD[器件从机地址]
//出口参数:chRDat[存储读取的数据]
//--------------------------------------------------------------
uchar RCV_BDAT_I2C(uchar chWADD)
{
        uchar chRDat = 0x00;

        START_I2C();                        //启动总线
        //发送器件从机地址
        chWADD ++ ;       //使地址最低位为1,即R/W=1,改向总线写入数据为从总线读取数据
        WRITE_BYTE_I2C(chWADD);             //向总线写入器件从机地址
        if(GET_I2C_ACK() == 0)              //读取从机应答(低电平有效)
            goto RETRDB;                    //无应答则退出

        chRDat = READ_BYTE_I2C();           //从总线上读出一个字节数据,数据存在chRDat
        SET_I2C_MNOTACK();                  //向总线发送一个非应答

    RETRDB:
        STOP_I2C();                         //结束总线通信

        return chRDat;
}
//--------------------------------------------------------------
//程序名称:WRITE_NB_DAT_I2C()[NB 为 N 个 BYTE 数据]
//程序功能:向总线写入 N 个字节数[外部调用]
//入口参数:WADD[器件从机地址],WADD2[器件内部要存储数据的起始地址]
//         lpMTD[数据缓冲区的起始地址],NUMBYTE[要写入数据的字节个数]
//出口参数:无
//--------------------------------------------------------------
void WRITE_NB_DAT_I2C(uchar chWADD,uchar chWADD2,uchar * lpMTD,uint NUMBYTE)
{
    WNBI2C:

        START_I2C();                        //启动总线
        WRITE_BYTE_I2C(chWADD);             //向总线写入器件从机地址
        if(GET_I2C_ACK() == 0)              //读取从机应答(低电平有效)
            goto   RETWRN;                  //无应答则退出
        //传送器件从机内部要写入数据的起始地址
        WRITE_BYTE_I2C(chWADD2);            //向总线写入数据[从机内部地址写入]
        GET_I2C_ACK();                      //读取从机应答(高电平有效)
        do
        {
          WRITE_BYTE_I2C( * lpMTD);         //向总线写入数据

            if(GET_I2C_ACK() == 0)          //读取从机应答(高电平有效)
                goto   WNBI2C;              //无应答则重复起始条件
```

```c
            lpMTD++;
            NUMBYTE--;
        }while(NUMBYTE);            //判断写完没有
    RETWRN:
            STOP_I2C();              //结束总线通信
}
//------------------------------------------------------------
//程序名称:READ_NB_DAT_I2C [NB 为 N 个 BYTE 数据]
//程序功能:向总线写入 N 个字节数[外部调用]
//入口参数:chWADD[器件从机地址],chWADD2[器件从机内部要存储数据的起始地址]
//         NUMBYTE[要读取数据的个数]
//出口参数:接收数据缓冲区 lpMRD
//说明:用一个数组将数据从 lpMRD 处接出去,长度根据需要而定
//------------------------------------------------------------
void READ_NB_DAT_I2C(uchar chWADD,uchar chWADD2,uchar *lpMRD,uint NUMBYTE)
{
        uint nJsq = 0;               //计数器
    READI2C:
            START_I2C();             //启动总线
            WRITE_BYTE_I2C(chWADD);  //向总线写入器件从机地址
            //获取一个应答
            if(GET_I2C_ACK() == 0)   //读取从机应答(高电平有效)
                 goto  RETRDN;
        //如果有应答就发送器件从地址
        //指定从机内部地址[子地址][传送器件内部要写入数据的起始地址]
            WRITE_BYTE_I2C(chWADD2); //向总线写入数据

            GET_I2C_ACK();           //读取从机应答(高电平有效)
            START_I2C();             //重新启动总线
        //传送器件从机地址
        //使地址最低位为1,即 R/W=1,改向总线写入数据为从总线读取数据
            chWADD++;                //将器件地址加1变为读数据
            WRITE_BYTE_I2C(chWADD);  //向总线写入数据

            if(GET_I2C_ACK() == 0)   //读取从机应答(高电平有效)
                 goto READI2C;
    RDN1:
            lpMRD[nJsq] = READ_BYTE_I2C();  //读出总线数据[读操作开始]

            NUMBYTE--;
            if(NUMBYTE)goto SACK;

            SET_I2C_MNOTACK();       //主机向从机发送一个非应答
                                     //最后一字节发非应答位
    RETRDN:
```

```c
            STOP_I2C();                    //结束总线通信
            return ;
        SACK:
            SET_I2C_MACK();                //向从机发送一个应答信号
            nJsq++;
            goto    RDN1;
}
//-----------------------------------------------------------------
//ZLG7290 应用程序
//清屏函数
//-----------------------------------------------------------------
void ZLG7290_CLS()
{
            unsigned    char chIDat[8] = {0x00,0x00,0x00,0x00,0x00,0x00,0x00,0x00};
            I2C_INTI();
            WRITE_NB_DAT_I2C(0x70,0x10,chIDat,8);

            WRITE_NB_DAT_I2C(0x70,0x10,chIDat,2);
}
//-----------------------------------------------------------------
//函数名称:ZLG7290_DISP_C_D()
//函数功能:发送位显示命令与数据[单个]
//入口参数:chAddr[要显示的位置 0~7 数码管的值(位码)],chDat[要显示的数据段码(段码)]
//-----------------------------------------------------------------
void ZLG7290_DISP_C_D(uchar chAddr,uchar chDat)
{
            unsigned char chIDat[3];
            chIDat[0] = chAddr;
            chIDat[1] = chDat;

            WRITE_NB_DAT_I2C(0x70,0x07,chIDat,2);
}
//-----------------------------------------------------------------
//函数名称:ZLG7290_DISP_N()
//函数功能:发送位显示命令与数据[单个]
//入口参数:chpDat[传送要显示的数据,请用数组]
//-----------------------------------------------------------------
void ZLG7290_DISP_N(uchar * chpDat)
{
        uchar i = 0,chAddr1 = 0x60;
        for(i = 0;i<8;i++)
        {
          ZLG7290_DISP_C_D(chAddr1 + i,chpDat[i]);
          }
}
```

//---
//函数名称:Read_ZLG7290_Key()
//函数功能:读取普通键值
//出口参数:chKeyDat[返回读出键盘值]
//---
uchar   Read_ZLG7290_Key()
{
    unsigned char chIKey[2];
    READ_NB_DAT_I2C(0x70,0x01,chIKey,1);
    return   chIKey[0];
}
//---
//函数名称:Read_ZLG7290_KeyCtrl()
//函数功能:读取控制键值
//出口参数:chKeyDat[返回读出键盘值]
//---
uchar   Read_ZLG7290_KeyCtrl()
{
    unsigned char chIKey[2];
    READ_NB_DAT_I2C(0x70,0x03,chIKey,1);
    return   chIKey[0];
}
//---
//按键应用
//---
//第一组[0x00～0x0F]
void Key00H()
{   //下面请加入应用代码
}
//---
……   //省略部分见网上资料\参考程序库\K11_LM101_IIC_zlg7290
//---
void Key3FH()
{   //下面请加入应用代码
    ZLG7290_DISP_C_D(0x64,0x0F);
}
//---
//以上是 00H～3FH 共 64 个键盘函数
//函数名称:ButtonKeyinp()
//函数功能:键盘处理或按键执行函数
//入口参数:chKeydat[传送键值]
//出口参数:无
//---

```c
void ButtonKeyinp(uchar chKeydat)
{
    switch(chKeydat)
    {
        //0x00~0x0F
        case 0x00:Key00H();break;
        ……      //省略部分见网上资料\参考程序库\K11_LM101_IIC_zlg7290
        case 0x3F:Key3FH();break;
        //0x00~0x3F  共 64 键
    }
}
//-----------------------------------------------------------------
//*****************************************************************
```

主要外用函数原型：

```
void ZLG7290_CLS();                                //清屏程序并初始化 I²C 总线[ZLG7290 专用]
void ZLG7290_DISP_C_D(uchar chAddr,uchar chDat);   //向 ZLG7290 各位发送数据
uchar  Read_ZLG7290_Key();                         //读取 ZLG7290 普通键键值函数
uchar  Read_ZLG7290_KeyCtrl();                     //读取 ZLG7290 功能键键值函数
void ButtonKeyinp(uchar chKeydat);                 //键值执行函数
```

应用范例见任务中的范例应用。

(2) 应用范例程序的编写

任务①:ZLG7290 显示练习,用数码管显示 0000~9999 计数。

范例程序如下:

```c
//*****************************************************************
//-----------------------------------------------------------------
//文件名:lm1017290_Main.c
//功能:实现 0000~9999 显示
//-----------------------------------------------------------------
#include "zlg7290_iic_lm101.h"
//-----------------------------------------------------------------
//  防止 JTAG 失效
//-----------------------------------------------------------------
void  jtagWait(void)
{
    SysCtlPeripheralEnable(SYSCTL_PERIPH_GPIOB);
    //设置 KEY 所在引脚为输入
    GPIODirModeSet(GPIO_PORTB_BASE, GPIO_PIN_3, GPIO_DIR_MODE_IN);
    //如果复位时按下 KEY,则进入
    if ( GPIOPinRead( GPIO_PORTB_BASE , GPIO_PIN_3)  ==  0x00 )
    {
        for (;;);       //死循环,以等待 JTAG 连接
    }
}
```

```c
    //禁止 KEY 所在的 GPIO 端口
    SysCtlPeripheralDisable(SYSCTL_PERIPH_GPIOB);
}
//--------------------------------------------------------------
//延时子程序
//--------------------------------------------------------------
void delay(int d)
{
  int i = 0;
  for( ; d; --d)
  for(i = 0;i<10000;i++);
}
//--------------------------------------------------------------
// 函数名称:Fenjie()
// 函数功能:整数拆分函数
// 输入参数:nDaa[0000~9999 计数值]
// 输出参数:lpDat[拆分后可显示的值]
//--------------------------------------------------------------
void Fenjie(uint nDaa,uchar lpDat[4])
{
    uint nNum;
    lpDat[0] = nDaa % 10;
    nNum = nDaa/10;
    lpDat[1] = nNum % 10;
    nNum = nNum/10;
    lpDat[2] = nNum % 10;
    nNum = nNum/10;
    lpDat[3] = nNum % 10;
}
//--------------------------------------------------------------
// 函数名称:GPio_Initi
// 函数功能:启动外设 GPIO 输入/输出
// 输入参数:无
// 输出参数:无
//--------------------------------------------------------------
void GPio_Initi(void)
{
    //使能 GPIO B 口外设。用于指示灯
    SysCtlPeripheralEnable( SYSCTL_PERIPH_GPIOB );
    //设定 PB4、PB5 为输出,用作指示灯点亮
    GPIODirModeSet(GPIO_PORTB_BASE, GPIO_PIN_4 |
                   GPIO_PIN_5,GPIO_DIR_MODE_OUT);
    //初始化 PB4、PB5 为低电平,点亮指示灯
    GPIOPinWrite( GPIO_PORTB_BASE,GPIO_PIN_5, 0 );
}
```

```c
//------------------------------------------------------------
int main()
{
    unsigned int nJsq = 0;
    uchar chJies[4];                      //用于取出位数
     //防止JTAG失效
    delay(10);
    jtagWait();
    delay(10);
    SysCtlClockSet(SYSCTL_SYSDIV_1 | SYSCTL_USE_OSC | SYSCTL_OSC_MAIN |
                   SYSCTL_XTAL_6MHZ);
    GPio_Initi();
        ZLG7290_CLS();                    //复位 ZLG7290
    while(1)
    {
      //程序运行指示灯处理
      //读出 PB5_LED 引脚值判断是否为 0
      if(GPIOPinRead(GPIO_PORTB_BASE, GPIO_PIN_5) == 0x00)
          //如果 PB5 引脚为 0 就给其写 1 熄灯
          GPIOPinWrite(GPIO_PORTB_BASE, GPIO_PIN_5,0x20);
        else GPIOPinWrite(GPIO_PORTB_BASE,GPIO_PIN_5,0x00);   //就给其写 0 亮灯

        Fenjie(nJsq,chJies);              //拆分计数值
        //显示
        ZLG7290_DISP_C_D(0x60,chJies[0]); //选择显示地址 0x60 个位
        ZLG7290_DISP_C_D(0x61,chJies[1]); //选择显示地址 0x61 十位
        ZLG7290_DISP_C_D(0x62,chJies[2]); //选择显示地址 0x62 百位
        ZLG7290_DISP_C_D(0x63,chJies[3]); //选择显示地址 0x63 千位

        //计数
        nJsq++;
        if(nJsq>9999)nJsq = 0;
        delay(30);
    }
}
//------------------------------------------------------------
//************************************************************
```

任务②:ZLG7290 键盘练习,用数码管显示读取的键值。
范例程序如下:

```c
//************************************************************
//文件名:lm1017290_Main.c
//功能:实现 0000~9999 显示和显示键值
//------------------------------------------------------------
#include "zlg7290_iic_lm101.h"
```

```c
#include "interrupt.h"
#define KEY_INT_PB0    GPIO_PIN_0    //申请 PB0 用于 ZLG7290 按键中断
//---------------------------------------------------------------
//防止 JTAG 失效
//---------------------------------------------------------------
void  jtagWait(void)
{
    SysCtlPeripheralEnable(SYSCTL_PERIPH_GPIOB);
    //设置 KEY 所在引脚为输入
    GPIODirModeSet(GPIO_PORTB_BASE, GPIO_PIN_3, GPIO_DIR_MODE_IN);
    //如果复位时按下 KEY,则进入
    if ( GPIOPinRead( GPIO_PORTB_BASE , GPIO_PIN_3)  ==   0x00 )
    {
        for (;;);        //死循环,以等待 JTAG 连接
    }
    //禁止 KEY 所在的 GPIO 端口
    SysCtlPeripheralDisable(SYSCTL_PERIPH_GPIOB);
}
//---------------------------------------------------------------
//延时子程序
//---------------------------------------------------------------
void delay(int d)
{
  int i = 0;
  for( ; d; --d)
   for(i = 0;i<10000;i++);
}
//---------------------------------------------------------------
// 函数名称:Fenjie()
// 函数功能:整数拆分函数
// 输入参数:nDaa[0000~9999 计数值]
// 输出参数:lpDat[拆分后可显示的值]
//---------------------------------------------------------------
void Fenjie(uint nDaa,uchar lpDat[4])
{
    uint nNum;
    lpDat[0] = nDaa % 10;
    nNum = nDaa/10;
    lpDat[1] = nNum % 10;
    nNum = nNum/10;
    lpDat[2] = nNum % 10;
    nNum = nNum/10;
    lpDat[3] = nNum % 10;
}
//---------------------------------------------------------------
```

```c
//函数原形:void GPIO_Port_B_ISR(void)
//功能描述:PB0 引脚中断子程序,任务是首先清除中断标志,再读出键值
//参数说明:无
//返回值:无
//------------------------------------------------------------
void GPIO_Port_B_ISR(void)
{
    uchar chIKeyz,WS,WG;
    GPIOPinIntClear(GPIO_PORTB_BASE, KEY_INT_PB0);        //清除 PB0 引脚中断标志

    //下面请输入代码
     chIKeyz = Read_ZLG7290_Key();                        //读键
     if(chIKeyz == 0x00)
      chIKeyz = Read_ZLG7290_KeyCtrl();                   //读功能键值

    //下面是键值处理
    WG = chIKeyz&0x0F;
    WS = chIKeyz&0xF0;
    WS = WS>>4;
    ZLG7290_DISP_C_D(0x66,WG);
    ZLG7290_DISP_C_D(0x67,WS);

    //状态指示灯
    //读出 PB4_LED 引脚值判断是否为 0
    if(GPIOPinRead(GPIO_PORTB_BASE, GPIO_PIN_4) == 0x00)
    //如果 PB4 引脚为 0 就给其写 1 熄灯
       GPIOPinWrite(GPIO_PORTB_BASE, GPIO_PIN_4,0x10);
          else GPIOPinWrite(GPIO_PORTB_BASE,GPIO_PIN_4,0x00);   //就给其写 0 亮灯
}
//------------------------------------------------------------
// 函数名称:GPio_Initi
// 函数功能:启动外设 GPIO 输入/输出
// 输入参数:无
// 输出参数:无
//------------------------------------------------------------
void GPio_Initi(void)
{
    //使能 GPIO B 口外设。用于指示灯
    SysCtlPeripheralEnable( SYSCTL_PERIPH_GPIOB );
    //设定 PB4 PB5 为输出用作指示灯点亮
    GPIODirModeSet(GPIO_PORTB_BASE, GPIO_PIN_4 |
                   GPIO_PIN_5,GPIO_DIR_MODE_OUT);
    //初始化 PB4 PB5 为低电平点亮指示灯
    GPIOPinWrite( GPIO_PORTB_BASE,GPIO_PIN_5, 0 );

    //设为输入用于获取中断信号
    GPIODirModeSet(GPIO_PORTB_BASE,KEY_INT_PB0,GPIO_DIR_MODE_IN);
    //注册中断服务程序
```

```c
    GPIOPortIntRegister(GPIO_PORTB_BASE,GPIO_Port_B_ISR);
    //设置 PB0 中断的触发方式为 LOW[低电平]触发
    GPIOIntTypeSet(GPIO_PORTB_BASE, KEY_INT_PB0, GPIO_LOW_LEVEL);
    //使能 PB0KEY 外部中断
    GPIOPinIntEnable(GPIO_PORTB_BASE, KEY_INT_PB0);
    //使能 GPIO A 口中断
    IntEnable(INT_GPIOB);
}
//---------------------------------------------------------------
int main()
{
    unsigned int nJsq = 0;
    uchar chJies[4];                        //用于取出位数

    //防止 JTAG 失效
    delay(10);
    jtagWait();
    delay(10);

    SysCtlClockSet(SYSCTL_SYSDIV_1 | SYSCTL_USE_OSC | SYSCTL_OSC_MAIN |
                SYSCTL_XTAL_6MHZ);

    GPio_Initi();

    ZLG7290_CLS();                          //复位

    while(1)
    {
        //程序运行指示灯处理
        //读出 PB5_LED 引脚值判断是否为 0
        if(GPIOPinRead(GPIO_PORTB_BASE, GPIO_PIN_5) == 0x00)
            //如果 PB5 引脚为 0 就给其写 1 熄灯
            GPIOPinWrite(GPIO_PORTB_BASE, GPIO_PIN_5,0x20);
        else GPIOPinWrite(GPIO_PORTB_BASE,GPIO_PIN_5,0x00);   //就给其写 0 亮灯

        Fenjie(nJsq,chJies);                //拆分计数值
        //显示
        ZLG7290_DISP_C_D(0x60,chJies[0]);   //选择显示地址 0x60  个位
        ZLG7290_DISP_C_D(0x61,chJies[1]);   //选择显示地址 0x61  十位
        ZLG7290_DISP_C_D(0x62,chJies[2]);   //选择显示地址 0x62  百位
        ZLG7290_DISP_C_D(0x63,chJies[3]);   //选择显示地址 0x63  千位

        nJsq ++ ;
        if(nJsq>9999)nJsq = 0;
        delay(30);
    }
}
//---------------------------------------------------------------
//***************************************************************
```

任务③：ZLG7290 驱动数码管显示从 LM3s101 内部 RTC 实时时钟中读回的时钟和日期。

范例程序如下：

```c
//*******************************************************************
//文件名:lm1017290_Main.c
//功能:实现 0000～9999 显示和显示键值
//-------------------------------------------------------------------
# include "zlg7290_iic_lm101.h"
# include "interrupt.h"

# define PB4_LED   GPIO_PIN_4
# define PB5_LED   GPIO_PIN_5

void Timer0A_Initi();    //用于产生走时
void Timer_ChaiFeng();   //用于拆分时钟的个位与十位
//-------------------------------------------------------------------
//防止 JTAG 失效
//-------------------------------------------------------------------
void  jtagWait(void)
{
    SysCtlPeripheralEnable(SYSCTL_PERIPH_GPIOB);
    //设置 KEY 所在引脚为输入
    GPIODirModeSet(GPIO_PORTB_BASE, GPIO_PIN_3, GPIO_DIR_MODE_IN);
    //如果复位时按下 KEY,则进入
    if ( GPIOPinRead( GPIO_PORTB_BASE , GPIO_PIN_3)  ==   0x00 )
    {
        for (;;);       //死循环,以等待 JTAG 连接
    }
    //禁止 KEY 所在的 GPIO 端口
    SysCtlPeripheralDisable(SYSCTL_PERIPH_GPIOB);
}
//-------------------------------------------------------------------
//延时子程序
//-------------------------------------------------------------------
void delay(int d)
{
  int i = 0;
  for( ; d; --d)
    for(i = 0;i<10000;i++);
}
//-------------------------------------------------------------------
// 函数原形:void GPIO_Port_B_ISR(void)
// 功能描述:PB0 引脚中断子程序,任务是首先清除中断标志,再点亮执行下面的代码
// 参数说明:无
// 返回值:无
// 说明:中断服务子程序
```

```c
//-----------------------------------------------------------------
void GPIO_Port_B_ISR(void)
{
    uchar chIKeyz;
    GPIOPinIntClear(GPIO_PORTB_BASE, KEY_INT_PB0);        //清除 PB0 引脚中断标志
    //下面请输入代码
    chIKeyz = Read_ZLG7290_Key();                          //读键
    if(chIKeyz == 0x00)
      chIKeyz = Read_ZLG7290_KeyCtrl();                    //读功能键值

    //下面一行用时请打开[启用]
    //执行按键命令
    ButtonKeyinp(chIKeyz);

    //状态指示灯
    //读出 PB4_LED 引脚值判断是否为 0
    if(GPIOPinRead(GPIO_PORTB_BASE, GPIO_PIN_4) == 0x00)
      //如果 PB4 引脚为 0 就给其写 1 熄灯
      GPIOPinWrite(GPIO_PORTB_BASE, GPIO_PIN_4,0x10);
        else GPIOPinWrite(GPIO_PORTB_BASE,GPIO_PIN_4,0x00);  //就给其写 0 亮灯
}
//-----------------------------------------------------------------
// 函数名称:GPio_Initi
// 函数功能:启动外设 GPIO 输入/输出
// 输入参数:无
// 输出参数:无
//-----------------------------------------------------------------
void GPio_Initi(void)
{
    //使能 GPIO B 口外设。用于指示灯
    SysCtlPeripheralEnable( SYSCTL_PERIPH_GPIOB );
    //设定 PB4、PB5 为输出,用作指示灯点亮
    GPIODirModeSet(GPIO_PORTB_BASE, GPIO_PIN_4 |
                   GPIO_PIN_5,GPIO_DIR_MODE_OUT);
    //初始化 PB4、PB5 为低电平,点亮指示灯
    GPIOPinWrite( GPIO_PORTB_BASE,GPIO_PIN_5, 0 );
    //设为输入用于获取中断信号
    GPIODirModeSet(GPIO_PORTB_BASE,KEY_INT_PB0,GPIO_DIR_MODE_IN);

    GPIOPortIntRegister(GPIO_PORTB_BASE,GPIO_Port_B_ISR);
    //设置 PB0 中断的触发方式为 LOW[低电平]触发
    GPIOIntTypeSet(GPIO_PORTB_BASE, KEY_INT_PB0, GPIO_LOW_LEVEL);
    //使能 PB0KEY 外部中断
    GPIOPinIntEnable(GPIO_PORTB_BASE, KEY_INT_PB0);
    //使能 GPIO A  口中断
    IntEnable(INT_GPIOB);
```

```c
}
//-----------------------------------------------------------------
int main()
{
    //防止JTAG失效
    delay(10);
    jtagWait();
    delay(10);
    SysCtlClockSet(SYSCTL_SYSDIV_1 | SYSCTL_USE_OSC | SYSCTL_OSC_MAIN |
                   SYSCTL_XTAL_6MHZ);
    GPio_Initi();              //初始化GPIO口
    ZLG7290_CLS();             //复位ZLG7290
    TimerOA_Initi();           //初始化并启动定时器0
    nSec = 0;                  //初始化秒钟
    nMin = 0;                  //初始化分钟
    nHour = 0;                 //初始化时钟
    while(1)
    {
      //程序运行指示灯处理
      //读出PB5_LED引脚值判断是否为0
      if(GPIOPinRead(GPIO_PORTB_BASE, GPIO_PIN_5) == 0x00)
        //如果PB5引脚为0就给其写1熄灯
        GPIOPinWrite(GPIO_PORTB_BASE, GPIO_PIN_5,0x20);
        else GPIOPinWrite(GPIO_PORTB_BASE,GPIO_PIN_5,0x00);   //就给其写0 亮灯
      delay(30);
    }
}
//-----------------------------------------------------------------
// 函数名称:TimerOA_Inter
// 函数功能:定时器0中断处理程序。工作在32位单次触发模式下
// 输入参数:无
// 输出参数:无
// 说明:通过秒钟用于产生时间
//-----------------------------------------------------------------
void TimerOA_Inter(void)
{
    //清除定时器0中断标志位
    TimerIntClear(TIMER0_BASE, TIMER_TIMA_TIMEOUT);
    //重载定时器的计数初值值。此处为1 s
    TimerLoadSet(TIMER0_BASE, TIMER_A, SysCtlClockGet());
    //下面获得时间
    nSec ++;
```

```
    if(nSec > 59)
    {nSec = 0;
     nMin ++ ;
     if(nMin > 59)
     {nMin = 0;
      nHour ++ ;
      if(nHour > 23)
       nHour = 0;
     }
    }
    Timer_ChaiFeng();  //处理时间
    //使能定时器 0[启动定时器 0]
    TimerEnable(TIMER0_BASE, TIMER_A);    //因为本实例启用的是单次触发
}
//-----------------------------------------------------------------
// 函数名称:Timer0A_Initi
// 函数功能:定时器 0 初始设置与中断启动
// 输入参数:无
// 输出参数:无
//-----------------------------------------------------------------
void Timer0A_Initi(void)
{
    //使能定时器 0 外设
    SysCtlPeripheralEnable( SYSCTL_PERIPH_TIMER0 );
    //处理器使能
    IntMasterEnable();
    //设置定时器 0 为单次触发模式
    TimerConfigure(TIMER0_BASE, TIMER_CFG_32_BIT_OS);
    //设置定时器装载值。定时 1 s
    TimerLoadSet(TIMER0_BASE, TIMER_A, SysCtlClockGet());
    //注册中断服务子程序的名称
    TimerIntRegister(TIMER0_BASE,TIMER_A,Timer0A_Inter);
    //设置定时器为溢出中断
    TimerIntEnable(TIMER0_BASE, TIMER_TIMA_TIMEOUT);
    //启动定时器 0
    TimerEnable(TIMER0_BASE, TIMER_A);
}
//-----------------------------------------------------------------
// 函数名称:Timer_ChaiFeng
// 函数功能:将时间拆分为个位与十位独立(本函数用于走时)
// 输入参数:无
// 输出参数:无
//-----------------------------------------------------------------
void Timer_ChaiFeng()
```

```
{
    uchar chWg,chWs;
    //秒
    chWs = nSec/10;
    chWg = nSec % 10;
    chTimeD[0] = chWg;
    chTimeD[1] = chWs;
    //分
    chWs = nMin/10;
    chWg = nMin % 10;
    chTimeD[3] = chWg;
    chTimeD[4] = chWs;
    //小时
    chWs = nHour/10;
    chWg = nHour % 10;
    chTimeD[6] = chWg;
    chTimeD[7] = chWs;

    chTimeD[2] = 0x1F;
    chTimeD[5] = 0x1F;

    ZLG7290_DISP_N(chTimeD);    //显示时钟
}
//------------------------------------------------------------
// 函数名称:Timer_ChaiFeng2
// 函数功能:将时间拆分为个位与十位独立(本函数用于调时)
// 输入参数:无
// 输出参数:无
//------------------------------------------------------------
void Timer_ChaiFeng2()
{
    uchar chWg,chWs;
    //秒
    chWs = nSec/10;
    chWg = nSec % 10;
    chTimeD[0] = chWg;
    if(nTimeJs == 1)chTimeD[0] |= 0x80;
     else chTimeD[0] &= 0x7F;
    chTimeD[1] = chWs;
    //分
    chWs = nMin/10;
    chWg = nMin % 10;
    chTimeD[3] = chWg;
    if(nTimeJs == 2)chTimeD[3] |= 0x80;
     else chTimeD[3] &= 0x7F;
    chTimeD[4] = chWs;
     //小时
```

```
    chWs = nHour/10;
    chWg = nHour % 10;
    chTimeD[6] = chWg;
    if(nTimeJs = = 3)chTimeD[6] | = 0x80;
       else chTimeD[6] & = 0x7F;
    chTimeD[7] = chWs;
    chTimeD[7] | = 0x80;
    chTimeD[2] = 0x1F;
    chTimeD[5] = 0x1F;
    ZLG7290_DISP_N(chTimeD);   //显示时钟
}
//-------------------------------------------------------------
//下面是按键调时程序,执行函数在 zlg7290_iic_lm101.h 文件中
//按键应用
//-------------------------------------------------------------
////确认键,用于打开键盘功能和关闭键盘功能并保存数据
//-------------------------------------------------------------
void Key01H()
{   //下面请加入应用代码
  if(bKeyCtrl)
    {
      bKeyCtrl = 0;              //按键控制
      //禁止按键
      //禁止定时器为溢出中断
      TimerIntDisable(TIMER0_BASE, TIMER_TIMA_TIMEOUT);
      //启动定时器 0
      TimerDisable(TIMER0_BASE, TIMER_A);
      //bTime_Date = 1;         //调时调日选择,默认为调时
      nTimeJs = 1;               //调秒分时日月年方向控制
      //用于显示 dp 点亮
      Timer_ChaiFeng2();
    }
    else
    {
      bKeyCtrl = 1;
      //启动按键
      //设置定时器为溢出中断
      TimerIntEnable(TIMER0_BASE, TIMER_TIMA_TIMEOUT);
      //启动定时器 0
      TimerEnable(TIMER0_BASE, TIMER_A);
      //需要存储数据的话在下面加代码
    }
}
```

```c
//------------------------------------------------------------
//左移方向键
//------------------------------------------------------------
void Key02H()
{   //下面请加入应用代码
    if(bKeyCtrl)return;

    nTimeJs++;
    if(nTimeJs>3)nTimeJs=1;
    Timer_ChaiFeng2();

}
//------------------------------------------------------------
//右移方向键
//------------------------------------------------------------
void Key03H()
{   //下面请加入应用代码
    if(bKeyCtrl)return;

    nTimeJs--;
    if(nTimeJs<1)nTimeJs=3;
    Timer_ChaiFeng2();
}
//------------------------------------------------------------
//加1键
//------------------------------------------------------------
void Key04H()
{   //下面请加入应用代码
    if(bKeyCtrl)return;

    //时钟调试
    if(nTimeJs==1)            //秒钟
    { nSec++;
      if(nSec>0x59)nSec=0;
      Timer_ChaiFeng2();
    }
    else if(nTimeJs==2)
    { nMin++;
      if(nMin>0x59)nMin=0;
      Timer_ChaiFeng2();
    }
    else if(nTimeJs==3)
    { nHour++;
      if(nHour>23)nHour=0;
      Timer_ChaiFeng2();
    }
    else ;

}
```

```
//-----------------------------------------------------------
//减1键
//-----------------------------------------------------------
void Key09H()
{   //下面请加入应用代码
    //减1
    if(bKeyCtrl)return;
    //时钟调试
    if(nTimeJs == 1) //秒钟
    { nSec -- ;
      if(nSec<0)nSec = 59;
      Timer_ChaiFeng2();
    }
    else if(nTimeJs == 2)
    { nMin -- ;
      if(nMin<0)nMin = 59;
      Timer_ChaiFeng2();
    }
    else if(nTimeJs == 3)
    { nHour -- ;
      if(nHour<0)nHour = 23;
      Timer_ChaiFeng2();
    }
    else ;
}
    ……//省略部分见网上资料\参考程序库\K11_LM101_IIC_zlg7290
//-----------------------------------------------------------
//*************************************************************
```

ZLG7290 是一个非 I^2C 标准件,如果要独立编写驱动程序的话这一点要小心。

作业:
① 简易计算器的制作(作业)。
② 简易英文字符练习系统的制作[用 JCM12864 液晶显示屏字符](作业)。
③ 大型花样灯的制作(作业)。可以参考《单片机外围接口电路与程序实践》[1]一书的课题 8"ZLG7289 自带 SPI 的原理与应用"。

编后语:
讲述器件的应用,在于告诉各位读者如何快速入门,并能直接投入工程中运用。

课题 12　LCD_TC1602 在 LM3S101(102)系统中的应用(74HC595 串并转换)

实验目的

了解 LCD 的内部机构和基本工作原理。学会制作 LCD 显示模块板，学会使用 C 语言编写 LCD 的驱动程序及编程方法。

实验设备

① 所用工具:30 W 烙铁 1 把,数字万用表 1 个;
② PC 机 1 台;
③ 开发软件 IAR Embedded Workbench5.20v 集成开发平台 1 套;
④ LM LINK JTAG 调试器 1 套,EasyARM101 开发套件 1 套。

外扩器件

74HC595 模块 1 块(所需器件:74HC595 芯片 1 块,小万能板 1 块,16 脚 IC 座 1 个,270 Ω 限流电阻 1 个,发光二极管 1 个),TC1602 模块 1 块(所需器件:TC1602LCD 显示器 1 块,5 kΩ 可调电阻 2 个,小万能板 1 块),8 位数据线 1 条(自制),接插器(公)2 条。

工程任务

① 显示字符和 0000~9999 数字计数。
② 动态流动显示"WELCOME TO STDUDY MCU!!!!"。
③ 用 LCD 液晶显示器做一个静态显示实时时钟(要求:第一行显示年月日,如 2008 年 09 月 16 日;第二行显示时分秒,如 12-35-48)。

所需外围器件资料

[TC1602,74HC595]:

K12.1　TC1602 模块资料

(1) TC1602 模块概述

TC1602A 是一种 16 字×2 行的字符型液晶显示模块,其显示面积为 $64.5\times13.8~\text{mm}^2$。

(2) TC1602 模块各引脚说明

TC1602 模块引脚图如图 K12-1 所示。
TC1602 模块各引脚功能描述如表 K12-1 所列。

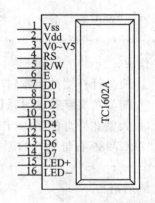

图 K12-1　TC1602 模块引脚图

第7章 Cortex-M3 内核微控制器 LM3S101(102)外围接口电路在工程中的应用

表 K12-1 TC1602 模块引脚描述

引脚号	标识符	描述
1	Vss	接地
2	Vdd	接+5 V 电源
3	V_O	对比度调整端。调节范围为 Vdd～V_O，当 V_O 接地时，对比度最强
4	RS	寄存器选择端，RS 为 0 时，选择命令寄存器 IR；RS 为 1 时，选择数据寄存器 DR
5	R/W	读/写控制端，R/W 为 1 时，选择读出；R/W 为 0 时，则选择写入
6	E[Enable]	使能控制端，E 为 1 时，使能；E 为 0，禁止
7～14	D0～D7	数据总线
15	LED+	背景光源，接+5 V
16	LED-	背景光源，接地

(3) 内部结构

内部结构主要由 DDRAM、CGROM、CGRAM、IR、DR、BF、AC 等大规模集成电路组成。

DDRAM 为数据显示用的 RAM(Data DisplayRAM，简称 DDRAM)，用以存放要 LCD 显示的数据，只要将标准的 ASCII 码放入 DDRAM，内部控制线路就会自动将数据传送到显示器上，并显示出该 ASCII 码对应的字符。

CGROM 为字符产生器 ROM(Character GeneratorROM，简称 CGORM)，它存储了 192 个 5×7 的点阵字型，但只能读出不能写入。

CGRAM 为字型、字符产生器的 RAM(CharacterGenerator RAM，简称 CGRAM)，可供使用者存储特殊造型的造型码，CGRAM 最多可存 8 个造型。

IR 为指令寄存器(Instruction Register，简称 IR)，负责存储 MCU 要写给 LCD 的指令码，当 RS 及 R/W 引脚信号为 0 且 E[Enable]引脚信号由 1 变为 0 时，D0～D7 引脚上的数据便会存入到 IR 寄存器中。

DR 为数据寄存器(Data Register，简称 DR)，它们负责存储微机要写到 CGRAM 或 DDRAM 的数据，或者存储 MCU 要从 CGRAM 或 DDRAM 读出的数据。因此，可将 DR 视为一个数据缓冲区，当 RS 及 R/W 引脚信号为 1 且 E[Enable]引脚信号由 1 变为 0 时，读取数据；当 RS 引脚信号为 1，R/W 引脚信号为 0 且 E[Enable]引脚信号由 1 变为 0 时，存入数据。

BF 为忙碌信号(Busy Flag，简称 BF)，当 BF 为 1 时，不接收微机送来的数据或指令；当 BR 为 0 时，接收外部数据或指令，所以在写数据或指令到 LCD 之前，必须查看 BF 是否为 0。

AC 为地址计数器(Address Counter，简称 AC)，负责计数写入/读出 CGRAM 或 DDRAM 的数据地址，AC 依照 MCU 对 LCD 的设置值而自动修改它本身的内容。

TC1602A 可分 2 行共显示 32 个字符，每行显示 16 个字符。

(4) 指令系统

TC1602A 内有 2 个寄存器：一个是命令寄存器，另一个是数据寄存器。所有对 TC1602A 的操作必须先写命令字，再写数据。指令系统如表 K12-2 所列。

表 K12-2 指令系统

控制信号		指令代码								功　能
RS	R/W	D7	D6	D5	D4	D3	D2	D1	D0	
0	0	0	0	0	0	0	0	0	1	清屏
0	0	0	0	0	0	0	0	1	*	软复位
0	0	0	0	0	0	0	1	I/D	S	内部方式设置
0	0	0	0	0	0	1	D	C	B	显示开关控制
0	0	0	0	0	1	S/C	R/L	*	*	位移控制
0	0	0	0	1	DL	N	F	*	*	系统方式设置
0	0	0	1	ACG						CGRAM 地址设置
0	0	1	ADD							显示地址设置
0	1	BF	AC							忙状态检查
1	0	写数据								MCU→LCD
1	1	读数据								LCD→MCU

各指令功能介绍如下：

① 清屏指令[00000001(0x001)]

清屏指令 DDRAM 的内容全部被清除，光标回到左上角的原点，地址计数器 AC=0。

② 软复位指令[00000011(0x003)或 00000010(0x002)]

本指令使光标和光标所在的字符回原点，但 DDRAM 单元的内容不变。

③ 设置输入模式指令[输入方式设置]

表 K12-3 列出了设置输入模式指令各位功能。

表 K12-3　输入方式设置指令表

D7	D6	D5	D4	D3	D2	D1	D0
0	0	0	0	0	1	I/D	S

在表 K12-3 中：

I/D 位是控制当数据写入 DDRAM(CG RAM)或从 DDRAM(CG RAM)中读出数据时，AC 自动加 1 或自动减 1。

➢ 当 I/D=1 时，自动加 1；

➢ 当 I/D=0 时，自动减 1。

S 位则控制显示内容左移或右移。

➢ 当 S=1 且数据写入 DDRAM 时，显示将全部左移(I/D=1)或右移(I/D=0)，此时光标看上去未动，仅仅显示内容移动，但读出时显示内容不移动；

➢ 当 S=0 时，显示不移动，光标左移或右移。

④ 显示开关控制指令

表 K12-4 列出了显示开关控制指令各位功能。

表 K12-4 显示开关控制指令表

D7	D6	D5	D4	D3	D2	D1	D0
0	0	0	0	1	D	C	B

在表 K12-4 中:D 位是显示控制位。当 D=1 时,开显示;当 D=0 时则关显示,此时 DDRAM 的内容保持不变。C 位为光标控制位。当 C=1 时,开光标显示;当 C=0 时则关光标显示。B 位是闪烁控制位。当 B=1 时,光标和光标所指的字符共同以 1.25 Hz 的速率闪烁;当 B=0 时不闪烁。

⑤ 位移控制指令

表 K12-5 列出了位移控制指令各位功能。

表 K12-5 位移控制指令表

D7	D6	D5	D4	D3	D2	D1	D0
0	0	0	1	S/C	R/L	*	*

注:* 为 0 和 1 中的任意一个。

该指令使光标或显示画面在没有对 DD RAM 进行读、写操作时被左移或右移。在两行显示方式下,光标为闪烁的位置从第一行移到第二行。

⑥ 系统初始化设置

表 K12-6 列出了系统初始化设置指令各位功能。

表 K12-6 系统初始化设置指令表

D7	D6	D5	D4	D3	D2	D1	D0
0	0	1	DL	N	F	*	*

注:* 为 0 和 1 任意一个。

这条指令设置数据接口位数等,即是采用 4 位总线还是采用 8 位总线,显示行数及点阵是 5×7 还是 5×10。当 DL=1 则选择数据总线为 8 位的,数据位为 DB7~DB0;当 DL=0 则选择 4 位数据总线,这时只有到了 DB7~DB4,而 DB3~DB0 不用,在此方式下数据操作需要 2 次完成。当 N=1 时,两行显示。N=0 时为一行显示。当 F=0 时,5×7 点阵;当 F=1 时为 5×10 点阵。

⑦ CGRAM 地址设置指令

[01000000(0x040)为用户字模写入 LCD 起始地址]

这条指令设置 CGRAM 地址指针,地址码 D5~D0 被送入 AC,在此后就可以将用户自定义的显示字符数据写入 CGRAM 或从 CGRAM 中读出。

⑧ DDRAM 地址指针设置

10000000(0x080)为第一行显示起始地址,即为第一行第 1 列,0x081~0x08F 为第 2 列到第 15 列。

1100 0000(0x0C0)为第二行显示起始地址,即为第二行第 1 列,0x0C1~0x0CF 为第 2 列到第 15 列。

此指令设置 DDRAM 地址指针的值,此后就可以将要显示的数据写入到 DDRAM 中。在

HD44780 控制器中由于内嵌有大量的常用字符,这些字符都集成在 CGROM 中,当要显示这些点阵字符时,只需把该字符所对应的字符代码送给指定的 DDRAM 中即可。内含 HD44780 控制器的点阵字符型 LCD 显示器的字符码表如表 K12-7 所列。

表 K12-7 点阵字符型 LCD 的字符代码表

高4位＼低4位	0000	0001	0010	0011	0100	0101	0110	0111	1000	1001	1010	1011	1100	1101	1110	1111
xxxx0000	CGRA			0		P		p								
xxxx0001	(2)		!	1	A	Q	a	q								
xxxx0010	(3)		"	2	B	R	b	r									θ
xxxx0011	(4)		#	3	C	S	c	s									∞
xxxx0100	(5)		$	4	D	T	d	t									Ω
xxxx0101	(6)		%	5	E	U	e	u									
xxxx0110	(7)		&	6	F	V	f	v									
xxxx0111	(8)		'	7	G	W	g	w									π
xxxx1000	(1)		(	8	H	X	h	x									
xxxx1001	(2)		)	9	I	Y	i	y									
xxxx1010	(3)		*	:	J	Z	j	z									
xxxx1011	(4)		+	;	K	[	k	{									
xxxx1100	(5)		,	<	L	¥	l	|									
xxxx1101	(6)		-	=	M	]	m	}									
xxxx1110	(7)		.	>	N	^	n	→									
xxxx1111	(8)		/	?	O	_	o	←									

注:TC1602 使用的就是 ASCII 码。

K12.2　74HC595 芯片资料

(1) 概述

74HC595 芯片是一种串行输入,并行输出芯片,在电子显示屏制作中得到广泛应用。具有 8 位串行输入、并行输出移位寄存器、高阻关断等三种状态。三种状态输出寄存器可以直接清除,100 MHz 的移位频率。输出能力有并行输出、总线驱动串行输出。74HC595 是一块硅结构的 CMOS 器件,兼容低电压 TTL 电路,遵守 JEDEC 标准。74HC595 具有 8 位移位寄存器、一个存储器、高阻关断等三态输出功能。移位寄存器和存储器不使用同一时钟。数据在 SHcp 的上升沿输入,在 STcp 的上升沿进入存储寄存器并行输出。如果两个时钟连在一起,则移位寄存器总是比存储寄存器早一个脉冲。移位寄存器有一个串行移位输入[Ds 或 SER(14)]线,一个串行输出[Q7′(9)]线和一个异步低电平复位[MR 或 SCLR(10)]线。存储寄存器有一个并行 8 位具备三态总线输出功能。当使能[OE 或 G(13)]时(低电平有效),存储寄存器的数据输出到总线。

(2) 引脚配置与功能

74HC595 引脚配置如图 K12-2 所示。

第7章 Cortex-M3 内核微控制器 LM3S101(102) 外围接口电路在工程中的应用

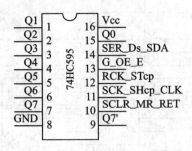

图 K12-2 74HC595 引脚图

74HC595 引脚功能如表 K12-8 所列。

表 K12-8 74HC595 引脚功能描述

引脚号	标识符	描述
1	Q1	并行数据输出口
2	Q2	并行数据输出口
3	Q3	并行数据输出口
4	Q4	并行数据输出口
5	Q5	并行数据输出口
6	Q6	并行数据输出口
7	Q7	并行数据输出口
8	GND	地脚
9	Q7'	串行数据输出,作芯片级联之用
10	MR	主复位(低电平有效)线
11	SHcp	移位寄存器时钟输入,即 CLK
12	STcp	存储寄存器时钟输入
13	OE	输出有效(低电平有效)[输出控制位]
14	DS	串行数据输入,即 SDA
15	Q0	并行数据输出口
16	Vcc	电源正极

说明:当 MR 为高电平,OE 为低电平时,数据在 SHcp 上升沿进入移位寄存器,在 STcp 上升沿输出到并行端口。

扩展模块制作

(1) 扩展模块电路图

扩展模块电路图如图 K12-3 和图 K12-4 所示。

(2) 扩展模块连线

扩展模块(图 K12-3)与 EasyARM101 开发板连线:PA5 连到 SDA(S0),PA2 连到 SCL(S1),PA3 连到 STcp(S2)。

扩展模块(图 K12-4)与 EasyARM101 开发板连线:PA0 连到 J4(RS),PA1 连到 J5(R/W),

ARM Cortex-M3 内核微控制器快速入门与应用

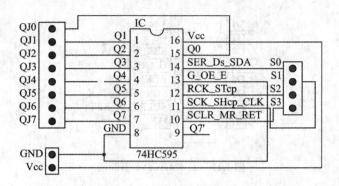

图 K12-3　74HC595 模块图

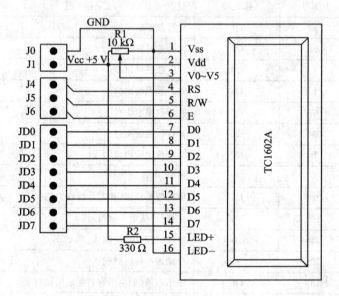

图 K12-4　TC1602A 模块图

PB6 连到 J6(E)。

扩展模块图 K12-3 与图 K12-4 互连：QJ0～QJ7 与 JD0～JD7 顺序连接。

电源正确连接。

程序设计

(1) 扩展器件驱动程序的编写

创建器件驱动程序(TC1602、74HC595)：

```
//***************************************************************
//文件名：TC1602_lcd.h
//功能：TC1602 液晶驱动程序
//---------------------------------------------------------------
#include "hw_memmap.h"
#include "hw_types.h"
```

```c
#include "ssi.h"
#include "gpio.h"
#include "sysctl.h"
#include "systick.h"

#define uchar unsigned char          //映射 uchar 为无符号字符
#define uint  unsigned int           //映射 uint 为无符号整数
//PA0 用于命令与数据选择。RS = 0 选择发送命令,RS = 1 选择发送数据
#define RS GPIO_PIN_0
//PA1 读/写数据选择脚。RW = 0 选择命令或数据写,Rw = 1 选择命令或数据读
#define RW GPIO_PIN_1
//PB6 使能线
#define E   GPIO_PIN_6

#define GCS    GPIO_PIN_3            // PA3,SPI 片选
#define GDIO   GPIO_PIN_5            // PA5,SPIDAT[MOSI] 数据
#define GSCLK  GPIO_PIN_2            // PA2,SPICLK 时钟
uchar uchBuff;

void GSEND_DATA8(uchar chSDAT);
void GSEND_COM8(uchar chSDAT);
//------------------------------------------------------------
//名称:Delay50uS
//功能:50 μs 软件延时
//说明:用户根据自已的系统相应更改
//------------------------------------------------------------
void Delay_uS(uint nNum2)
{
    unsigned long i;
    i = SysCtlClockGet()/1000000;    //获取系统 1 μs 的时间 * 1 得出 1 个 μs
    i = i * nNum2;
    while(i--);
}
//------------------------------------------------------------
//延时函数
//说明:每执行一次大约 100 μs
//------------------------------------------------------------
void DelayDS(uint nNum)
{
    unsigned long i;
    i = SysCtlClockGet()/1000000 * 100;  //获取系统 1 μs 的时间 * 100 得出 100 个 μs
    i = i * nNum;
    while(i--);
}
//------------------------------------------------------------
// 函数名称:GPio_Initi_PA
// 函数功能:启动外设 GPIO 输入/输出
```

```
// 输入参数:无
// 输出参数:无
//-----------------------------------------------------------------
void GPio_Initi_PA(void)
{
    //使能 GPIO B 口外设。用于指示灯
    SysCtlPeripheralEnable( SYSCTL_PERIPH_GPIOA | SYSCTL_PERIPH_GPIOB );
    GPIODirModeSet(GPIO_PORTA_BASE, RS | RW | E,GPIO_DIR_MODE_OUT);
    GPIODirModeSet(GPIO_PORTB_BASE, E,GPIO_DIR_MODE_OUT);
    // 设定 GPIO A 2~5 引脚为使用外设功能 GPIO_DIR_MODE_HW 由硬件进行控制
    GPIODirModeSet(GPIO_PORTA_BASE, (GPIO_PIN_2 | GPIO_PIN_3 |
                        GPIO_PIN_5), GPIO_DIR_MODE_OUT);
}
//-----------------------------------------------------------------
//函数名称:Write_Command()
//函数功能:向 TC1602 写入命令[将 ACC 寄存器命令内容发送到 P1 口]
//入口参数:chComm[送递要发送的命令]
//出口参数:无
//-----------------------------------------------------------------
void Write_Command(uchar chComm)
{
    //RS = 0; RS = 0 选择发送命令,RS = 1 选择发送数据
    GPIOPinWrite( GPIO_PORTA_BASE, RS,~RS );
    //RW = 0;  RW = 0 选择命令或数据写,Rw = 1 选择命令或数据读
    GPIOPinWrite( GPIO_PORTA_BASE, RW,~RW );
    // E = 1;开启数据锁存脚[数据锁存允许]
    GPIOPinWrite( GPIO_PORTB_BASE, E,E );

    GSEND_COM8(chComm);

    //E = 0;    关闭数据锁存脚并向对方锁存数据[告诉对方数据已发送请接收]
    GPIOPinWrite( GPIO_PORTB_BASE, E,~E );
    DelayDS(10);    //延时 1 ms(100 μs * 10 = 1000 μs = 1 ms)
}
//-----------------------------------------------------------------
//函数名称:Write_Data()
//函数功能:向 TC1602 写入数据[将 ACC 寄存器数据内容发送到 P1 口]
//入口参数:chData[送递要发送的数据]
//出口参数:无
//-----------------------------------------------------------------
void Write_Data(uchar chData)
{
    //RS = 1;  RS = 0 选择发送命令,RS = 1 选择发送数据
    GPIOPinWrite( GPIO_PORTA_BASE, RS,RS );
    //RW = 0;  RW = 0 选择命令或数据写,Rw = 1 选择命令或数据读
```

```
    GPIOPinWrite( GPIO_PORTA_BASE, RW,~RW );
     //E = 1;开启数据锁存脚[数据锁存允许]
    GPIOPinWrite( GPIO_PORTB_BASE, E,E );

    GSEND_COM8(chData);              //发送数据

    //E = 0;   关闭数据锁存脚并向对方锁存数据[告诉对方数据已发送请接收]
    GPIOPinWrite( GPIO_PORTB_BASE, E,~E );

    DelayDS(5);                      //延时 0.5 ms(5 μs * 100 = 500 μs = 0.5 ms)
}
//-----------------------------------------------------------------
//函数名称:Busy_tc1602()
//函数功能:判忙子程序[用于判断 LCD 是否在忙于写入,如 LCD 在忙于别的事情,那就
//          等 LCD 忙完后再操作]
//入出参数:无
//-----------------------------------------------------------------
void Busy_tc1602()
{
    uchar ACC;
    // RS = 0;                       //CLR RS
    GPIOPinWrite( GPIO_PORTA_BASE, RS,~RS );
    //RW = 1;                        //SETB RW 设为从 TC1602 中读取数据
    GPIOPinWrite( GPIO_PORTA_BASE, RW,RW );
    do
    {
      //E = 1;                       //SETB E
      GPIOPinWrite( GPIO_PORTB_BASE, E,E );
      //ACC = P1;                    //MOV A,P1 读取 P1 口数据
      //ACC = Lm101_Ssi_Rcv();
      //E = 0;                       //CLR E 锁存数据
      GPIOPinWrite( GPIO_PORTB_BASE, E,~E );
      ACC = ACC&0x80; //ANL A,#80H

    }while(ACC);                     //JNZ TT0

    //POP    ACC

}
//-----------------------------------------------------------------
//函数名称:Delay_1602()
//函数功能:用于毫秒级延时
//入口参数:nDTime[用于传递延时间单位为 ms,如果 nDTime = 1 即为 1 ms]
//出口参数:无
//-----------------------------------------------------------------
void Delay_1602(uint nDTime)
{
    uint a;
    for(a = 0;a<nDTime;a ++ )
```

```
        DelayDS(10);       //取每循环一次为 1 ms
}
//-----------------------------------------------------------------
//下面是 TC1602 外用程序
//-----------------------------------------------------------------
//函数名称:Init_TC1602()
//函数功能:初始化 TC1602 液晶显示屏[TC1602 必须要初始化才能使用]
//入出参数:无
//-----------------------------------------------------------------
void Init_TC1602()
{
        //初始化 SPI
        GPio_Initi_PA();
        //共延时 15ms
        Delay_1602(15);

        //发送命令
        Write_Command(0x38);
        Delay_1602(5);              //;延时 5 ms

        //重发一次
        Write_Command(0x38);
        Delay_1602(5);              //延时 5 ms

        Write_Command(0x38);    //设置为 8 总线 16*2 5*7 点阵
        Write_Command(0x01);    //发送清屏命令
        Write_Command(0x06);    //设读/写字符时地址加 1,且整屏显示不移动
        Write_Command(0x0F);    //开显示,开光标显示,光标和光标所在的字符闪烁
        Delay_1602(5);              //延时 5 ms
}
//-----------------------------------------------------------------
//函数名称:Cls()
//函数功能:用于清屏
//入出参数:无
//-----------------------------------------------------------------
void Cls()
{
    Write_Command(0x01);        //发送清屏命令
}
//-----------------------------------------------------------------
//下面是应用部分
//-----------------------------------------------------------------
//函数名称:Send_String_1602()
//函数功能:用于向 TC1602 发送字符串
//入口参数:chCom[传送命令行列] lpDat[传送数据串不要超个 16 个字符] nCount[传送发
//          送数据的个数]
//出口参数:无
```

//---
void Send_String_1602(uchar chCom,uchar * lpDat,uint nCount)
{
    uint i = 0;
    Write_Command(chCom);   //发送起始行列号
    Delay_1602(10);
    for(i = 0;i<nCount;i++)
    {
        Write_Data(* lpDat);   //发送数据
        lpDat++;   //让指针向前进1[加1]读取下一个字符
    }
    Delay_1602(20);
}
//---
//函数名称:Send_Data_1602()
//函数功能:用于向 TC1602 发送整型数
//入口参数:chCom[传送命令行列] nDat[传送整型数据] nCount[传送发送数据的个数]
//出口参数:无
//---
void Send_Data_1602(uchar chCom,uint nData,uint nCount)
{
    uint nInt,nInt1,nInt2;   //用来存放数据
    uchar chC[5];
    if(nCount>4)return ;   //判断是否大于 4 个,如果大于 4 个就返回
                                    //控制 5 个不准显示
    if(nCount == 1)
    { chC[0] = nData % 10;
      chC[0]| = 0x30;   //使用逻辑或加入显示字符因为 tc1602 使用的是 ASCII 码作显示
      Write_Command(chCom);   //发送起始行列号
      Write_Data(chC[0]);   //发送数据
    }
    else if(nCount == 2)
    {
        nInt = nData % 100;
        chC[0] = nInt/10;
        //使用逻辑或加入显示字符因为 tc1602 使用的是 ASCII 码作显示
        chC[0] | = 0x30;
        chC[1] = nInt % 10;
        //逻辑或运算,但是千万不能用加法运算,否则得出来的数是乱码
        chC[1] | = 0x30;
        Write_Command(chCom);   //发送起始行列号
        Write_Data(chC[0]);   //发送数据
        Write_Data(chC[1]);   //发送数据
    }
    else if(nCount == 3)

```c
        {
            nInt = nData % 1000;
            chC[0] = nInt/100;
            //逻辑或运算变为 ASCII 美国国家标准信息码用于显示
chC[0]| = 0x30;
            nInt = nInt % 100;
            chC[1] = nInt/10;
            chC[1]| = 0x30;
            chC[2] = nInt % 10;
            chC[2]| = 0x30;
            Write_Command(chCom);    //发送起始行列号
            Write_Data(chC[0]);      //发送数据
            Write_Data(chC[1]);      //发送数据
            Write_Data(chC[2]);      //发送数据
        }
        else if(nCount == 4)
        {
            nInt = nData % 10000;
            nInt1 = nInt/100;        //取商
            nInt2 = nInt % 100;      //取余
            chC[0] = nInt1/10;
            chC[0]| = 0x30;
            chC[1] = nInt1 % 10;
            chC[1]| = 0x30;
            chC[2] = nInt2/10;
            chC[2]| = 0x30;
            chC[3] = nInt2 % 10;
            chC[3]| = 0x30;
            Write_Command(chCom);    //发送起始行列号
            Write_Data(chC[0]);      //发送数据
            Write_Data(chC[1]);      //发送数据
            Write_Data(chC[2]);      //发送数据
            Write_Data(chC[3]);      //发送数据
        }else;
    return ;
}
//-------------------------------------------------------------------
//为自编写字模用 WRCGRAM 子程序写入 1602LCD 液晶显示器 CGRAM 存储器
uchar ZhiMou[] = {0x08,0x0F,0x12,0x0F,0x0A,0x1F,0x02,0x02,        //年
                  0x0F,0x09,0x0F,0x09,0x0F,0x09,0x11,0x00,         //月
                  0x0F,0x09,0x09,0x0F,0x09,0x09,0x0F,0x00};        //日
uchar chTB1[6] = {0x42,0x59,0x50,0x58,0x42};    //BYPXB
uchar chTB2[14] = {0x6C,0x74,0x66,0x32,0x30,0x30,0x35,0x00,0x31,0x30,0x01,0x31,0x02};
        //ltf2005 年 10 月 1 日
uchar chTB4[8] = {0x62,0x79,0x6D,0x63,0x75,0x70,0x78};  //bymcupx
```

```c
uchar chTB5[8] = {0x32,0x30,0x30,0x35,0x31,0x30,0x39}; //2005109
uchar chTB6[10] = {'L','i','u','T','o','n','g','F','a'};
//--------------------------------------------------------------
//写入用户汉字字模数据子程序
//--------------------------------------------------------------
//函数名称:Write_WRCGRAM()
//功能:[创建用户字模地址从 00~07 共 8 个,且只能创建 8 个]把要建立的汉字字模数据
//     写入用户字模存储器[CGRAM]
//入出参数:无
//--------------------------------------------------------------
void Write_WRCGRAM()
{
    uint i = 0;
    Write_Command(0x40);           //发送 0x40 命令从 0x00 地址开始存放字模
    for(i = 0;i<24;i++)            //8*8*8 = 24
        Write_Data(ZhiMou[i]);     //发送字模数据
}
//--------------------------------------------------------------
//下面是 74HC595 驱动程序
//用于向 74HC595 发送数据
//--------------------------------------------------------------
//程序名称:GSEND_DATA8()
//程序功能:用于发送 8 位数据[单字节发送子程序]
//入口参数:chSDAT[传送要发送的数据]
//出口参数:无
//说明:数据发送高位在前
//--------------------------------------------------------------
void GSEND_DATA8(uchar chSDAT)
{
        GPIODirModeSet(GPIO_PORTA_BASE, GPIO_PIN_5,
                       GPIO_DIR_MODE_OUT);
        uint  JSQ1 = 8;                                  //准备发送 8 次
        Delay_uS(50);                                    //调用 50 μs 延时子程序
        uchBuff = chSDAT;
    SD:
        //先将高 7 位发送出去
        if(uchBuff&0x80)
          GPIOPinWrite( GPIO_PORTA_BASE, GDIO, GDIO );   //如果是 1 就发 1
         else
           GPIOPinWrite( GPIO_PORTA_BASE, GDIO, 0x00 );  //如果是 0 就发 0
        //将高 6 位移到高 7 位准备下一次发送
        uchBuff = uchBuff<<1;                            //然后向左移一位准备下一次的发送
        Delay_uS(2);
```

```
    GPIOPinWrite( GPIO_PORTA_BASE, GSCLK, GSCLK );    //准备数据锁存 =1
    Delay_uS(8);      //12 μs 延时
    //在脉冲的下沿锁存数据
    GPIOPinWrite( GPIO_PORTA_BASE, GSCLK, 0x00 );
    Delay_uS(8);      //12 μs 延时锁存数据

    if( -- JSQ1)goto SD;

    GPIOPinWrite( GPIO_PORTA_BASE, GDIO, 0x00 );       //清零数据线

    return;
}
//-----------------------------------------------------------------
//程序名称:GSEND_COM8()
//程序功能:单字节命令发送子程序[发送纯指令的子程序]
//入口参数:chSDAT[传送要发送的数据]
//出口参数:无
//-----------------------------------------------------------------
void GSEND_COM8(uchar chSDAT)
{
    //GCS = 0;
    GPIOPinWrite( GPIO_PORTA_BASE, GCS, 0x00 );
    // GSCLK = 0;
    GPIOPinWrite( GPIO_PORTA_BASE, GSCLK, 0x00 );

    GSEND_DATA8(chSDAT);    //发送 8 位数据

    // GCS = 1;
    GPIOPinWrite( GPIO_PORTA_BASE, GCS, GCS );

}
//-----------------------------------------------------------------
//*****************************************************************
```

主要外用函数原型有:
void Init_TC1602();   //初始化 TC1602 液晶显示函数
void Send_String_1602(uchar chCom,uchar * lpDat,uint nCount);   //发送多字节函数
void Send_Data_1602(uchar chCom,uint nData,uint nCount);   //用于显示整数
有关运用范例见范例程序。

(2) 应用范例程序的编写

任务①:显示字符和 0000～9999 数字计数。

程序编写如下:

```
//*****************************************************************
//文件名::LM101_ssi_Main.c
//功能:显示字符和 0000～9999 计数值
//-----------------------------------------------------------------
#include "tc1602_lcd.h"

#define PB4_LED    GPIO_PIN_4
```

```c
#define PB5_LED   GPIO_PIN_5
//----------------------------------------------------------------
//防止 JTAG 失效
//----------------------------------------------------------------
void   jtagWait(void)
{
    SysCtlPeripheralEnable(SYSCTL_PERIPH_GPIOB);
    //设置 KEY 所在引脚为输入
    GPIODirModeSet(GPIO_PORTB_BASE, GPIO_PIN_3, GPIO_DIR_MODE_IN);
    //如果复位时按下 KEY,则进入
    if ( GPIOPinRead( GPIO_PORTB_BASE , GPIO_PIN_3)  ==   0x00 )
    {
        for (;;);       //死循环,以等待 JTAG 连接
    }
    //禁止 KEY 所在的 GPIO 端口
    SysCtlPeripheralDisable(SYSCTL_PERIPH_GPIOB);
}
//----------------------------------------------------------------
//延时子程序
//----------------------------------------------------------------
void delay(int d)
{
  int i = 0;
  for( ; d; --d)
   for(i = 0;i<10000;i++);
}
//----------------------------------------------------------------
// 函数名称:GPio_Initi
// 函数功能:启动外设 GPIO 输入/输出
// 输入参数:无
// 输出参数:无
//----------------------------------------------------------------
void GPio_Initi(void)
{
    //使能 GPIO B 口外设。用于指示灯
    SysCtlPeripheralEnable( SYSCTL_PERIPH_GPIOB );
    //设定 PB4、PB5 为输出,用作指示灯点亮
    GPIODirModeSet(GPIO_PORTB_BASE, PB4_LED |
                   PB5_LED,GPIO_DIR_MODE_OUT);
    //初始化 PB4、PB5 为低电平,点亮指示灯
    GPIOPinWrite( GPIO_PORTB_BASE, PB4_LED | PB5_LED, 0 );
}
//----------------------------------------------------------------
int main()
{
```

ARM Cortex-M3 内核微控制器快速入门与应用

```
    unsigned long nJsq = 0;
    //防止 JTAG 失效
    delay(10);
    jtagWait();
    delay(10);
    //设定系统晶振为时钟源
    SysCtlClockSet( SYSCTL_SYSDIV_1 | SYSCTL_USE_OSC | SYSCTL_OSC_MAIN |
                    SYSCTL_XTAL_6MHZ );
    GPio_Initi();                        //启动 GPIO 输出
    Init_TC1602();                       //初始化 TC1602
    delay(100);
    //Send_String_1602(0x86,chTB4,7);    //在第一行显示
    Send_String_1602(0x86,"bymcupx",7);
    delay(100);
    Send_String_1602(0xC6,chTB5,7);      //在第二行显示
    while(1)
    {
        Send_Data_1602(0x80,nJsq,4);     //向 TC1602 发送整型显示数据
        nJsq ++ ;
        if(nJsq>9999)nJsq = 0;
        //程序运行指示灯处理
        //读出 PB5_LED 引脚值判断是否为 0
        if(GPIOPinRead(GPIO_PORTB_BASE, PB5_LED) == 0x00)
        //如果 PB5 引脚为 0 就给其写 1 熄灯
            GPIOPinWrite(GPIO_PORTB_BASE, PB5_LED,0x20);
          else GPIOPinWrite(GPIO_PORTB_BASE, PB5_LED,0x00);  //就给其写 0 亮灯
        delay(30);
    }
}
//------------------------------------------------------------
//**************************************************************
```

任务②:动态流动显示"WELCOME TO STDUDY MCU!!!!"。

程序编写如下:

```
//**************************************************************
//文件夹:LM101_ssi_Main.c
//功能:显示滚动字幕
//**************************************************************
# include "tc1602_lcd.h"

# define PB4_LED    GPIO_PIN_4
# define PB5_LED    GPIO_PIN_5
uchar chString[] = {0x20,0x20,0x20,0x20,0x20,0x20,0x20,0x20,0x20,0x20,0x20,0x20,
```

·408·

```
                    0x20,0x20,0x20,'W','E','L','C','O','M','E',0x20,'T','O',0x20,
                    'S','T','D','U','D','Y',0x20,'M','C','U','!',' ','!',' ','!',' ',0x20,
                    0x20,0x20,0x20,0x20,0x20,0x20,0x20,0x20,0x20,0x20,0x20,0x20,
                    0x20,0x20,0x20};
//-----------------------------------------------------------------
//防止 JTAG 失效
//-----------------------------------------------------------------
void   jtagWait(void)
{
    SysCtlPeripheralEnable(SYSCTL_PERIPH_GPIOB);
    //设置 KEY 所在引脚为输入
    GPIODirModeSet(GPIO_PORTB_BASE, GPIO_PIN_3, GPIO_DIR_MODE_IN);
    //如果复位时按下 KEY,则进入
    if ( GPIOPinRead( GPIO_PORTB_BASE , GPIO_PIN_3)   ==   0x00 )
    {
        for (;;);           //死循环,以等待 JTAG 连接
    }
    //禁止 KEY 所在的 GPIO 端口
    SysCtlPeripheralDisable(SYSCTL_PERIPH_GPIOB);
}
//-----------------------------------------------------------------
//延时子程序
//-----------------------------------------------------------------
void delay(int d)
{
  int i = 0;
  for( ; d; --d)
   for(i = 0;i<10000;i++);
}
//-----------------------------------------------------------------
// 函数名称:GPio_Initi
// 函数功能:启动外设 GPIO 输入/输出
// 输入参数:无
// 输出参数:无
//-----------------------------------------------------------------
void GPio_Initi(void)
{
    //使能 GPIO B 口外设。用于指示灯
    SysCtlPeripheralEnable( SYSCTL_PERIPH_GPIOB );
    //设定 PB4、PB5 为输出,用作指示灯点亮
    GPIODirModeSet(GPIO_PORTB_BASE, PB4_LED |
                          PB5_LED,GPIO_DIR_MODE_OUT);
    //初始化 PB4、PB5 为低电平,点亮指示灯
    GPIOPinWrite( GPIO_PORTB_BASE, PB4_LED | PB5_LED, 0 );
}
```

```c
//------------------------------------------------------------
int main()
{
    unsigned int nJsq = 0;
    //防止 JTAG 失效
    delay(10);
    jtagWait();
    delay(10);

    //设定系统晶振为时钟源
    SysCtlClockSet( SYSCTL_SYSDIV_1 | SYSCTL_USE_OSC | SYSCTL_OSC_MAIN |
                    SYSCTL_XTAL_6MHZ );

    GPio_Initi();                                   //启动 GPIO 输出
    Init_TC1602();                                  //初始化 TC1602

    delay(100);
    Send_String_1602(0xC3,"Liu Tong Fa",11);   //在第二行显示

    while(1)
    {   //处理滚动字幕
        Send_String_1602_G(0x80,chString,16,nJsq);
        delay(3);
        Send_Data_1602(0xC0,nJsq,2);                //显示滚动次数
        nJsq++;
        if(nJsq>39)nJsq = 0;

        //程序运行指示灯处理
        //读出 PB5_LED 引脚值判断是否为 0
        if(GPIOPinRead(GPIO_PORTB_BASE, PB5_LED) == 0x00)
            //如果 PB5 引脚为 0 就给其写 1 熄灯
            GPIOPinWrite(GPIO_PORTB_BASE, PB5_LED,0x20);
        else GPIOPinWrite(GPIO_PORTB_BASE, PB5_LED,0x00);    //就给其写 0 亮灯
        delay(5);
    }
}
//------------------------------------------------------------
//请在 tc1602_lcd.h 文件中加入下面滚动字符函数
//------------------------------------------------------------
//函数名称:Send_String_1602_G()
//函数功能:用于向 TC1602 发送滚动字符串(滚动)
//入口参数:chCom[传送命令行列],lpDat[传送数据串不要超个 16 个字符]
//          nCount[传送发送数据的个数],nNumber[传送滚动次数]
//出口参数:无
//------------------------------------------------------------
void Send_String_1602_G(uchar chCom,uchar * lpDat,uint nCount,uint nNumber)
{
    uint i = 0;
```

```
    Write_Command(chCom);        //发送起始行列号
    Delay_1602(1);
    for(i = nNumber;i<nCount + nNumber;i ++ )
    {
        Write_Data(lpDat[i]);    //发送数据
        Delay_1602(8);
    }
}
//------------------------------------------------------------------
//******************************************************************
```

任务③:用 LCD 液晶显示器做一个静态显示实时时钟(要求:第一行显示年月日,如 2008 年 09 月 16 日;第二行显示时分秒,如 12 - 35 - 48)。

程序编写如下:

```
//******************************************************************
//文件夹:LM101_ssi_Main.c
//功能:显示滚动字幕和汉字
//------------------------------------------------------------------
#include "tc1602_lcd.h"
#define PB4_LED   GPIO_PIN_4
#define PB5_LED   GPIO_PIN_5
uchar chString[] = {0x20,0x20,0x20,0x20,0x20,0x20,0x20,0x20,0x20,0x20,0x20,0x20,
                    0x20,0x20,0x20,'W','E','L','C','O','M','E',0x20,'T','O',0x20,
                    'S','T','U','D','Y',0x20,'M','C','U','!',' ','!',' ','!',0x20,
                    0x20,0x20,0x20,0x20,0x20,0x20,0x20,0x20,0x20,0x20,0x20,0x20,
                    0x20,0x20,0x20};
//------------------------------------------------------------------
//防止 JTAG 失效
//------------------------------------------------------------------
void   jtagWait(void)
{
    SysCtlPeripheralEnable(SYSCTL_PERIPH_GPIOB);
    //设置 KEY 所在引脚为输入
    GPIODirModeSet(GPIO_PORTB_BASE, GPIO_PIN_3, GPIO_DIR_MODE_IN);
    //如果复位时按下 KEY,则进入
    if ( GPIOPinRead( GPIO_PORTB_BASE , GPIO_PIN_3)   ==   0x00 )
    {
        for (;;);         //死循环,以等待 JTAG 连接
    }
    //禁止 KEY 所在的 GPIO 端口
    SysCtlPeripheralDisable(SYSCTL_PERIPH_GPIOB);
}
//------------------------------------------------------------------
//延时子程序
//------------------------------------------------------------------
```

```c
void delay(int d)
{
    int i = 0;
    for( ; d; --d)
      for(i = 0;i<10000;i++);
}
//-----------------------------------------------------------------
// 函数名称:GPio_Initi
// 函数功能:启动外设 GPIO 输入/输出
// 输入参数:无
// 输出参数:无
//-----------------------------------------------------------------
void GPio_Initi(void)
{
    //使能 GPIO B 口外设。用于指示灯
    SysCtlPeripheralEnable( SYSCTL_PERIPH_GPIOB );
    //设定 PB4、PB5 为输出用作指示灯点亮
    GPIODirModeSet(GPIO_PORTB_BASE, PB4_LED |
                            PB5_LED,GPIO_DIR_MODE_OUT);
    //初始化 PB4、PB5 为低电平点亮指示灯
    GPIOPinWrite( GPIO_PORTB_BASE, PB4_LED | PB5_LED, 0 );
}
//-----------------------------------------------------------------
int main()
{
    unsigned int nJsq = 0;
    //防止 JTAG 失效
    delay(10);
    jtagWait();
    delay(10);

    //设定系统晶振为时钟源
    SysCtlClockSet( SYSCTL_SYSDIV_1 | SYSCTL_USE_OSC | SYSCTL_OSC_MAIN |
                SYSCTL_XTAL_6MHZ );

    GPio_Initi();                       //启动 GPIO 输出

    Init_TC1602();                      //初始化 TC1602

    delay(20);
    Write_WRCGRAM();                    //调入用户字模
    //chTB2 数驵在 tc1602_lcd.h 头文件中定义
    Send_String_1602(0xC1,chTB2,13);    //在第二行显示年月日

    while(1)
    {
        Send_String_1602_G(0x80,chString,16,nJsq);
        delay(3);
```

```
    // Send_Data_1602(0xC0,nJsq,2); //滚动计数
      nJsq++;
      if(nJsq>39)nJsq=0;

    //程序运行指示灯处理
    //读出 PB5_LED 引脚值判断是否为 0
      if(GPIOPinRead(GPIO_PORTB_BASE, PB5_LED)==0x00)
         //如果 PB5 引脚为 0 就给其写 1 熄灯
         GPIOPinWrite(GPIO_PORTB_BASE, PB5_LED,0x20);
         else GPIOPinWrite(GPIO_PORTB_BASE, PB5_LED,0x00);   //就给其写 0 亮灯

      delay(5);
     }
  }
//-------------------------------------------------------------------
//*******************************************************************
```

本任务的时-分-秒显示(如 12-35-48)留给读者去完成。

作业:
① 将你的名字用拼音显示在 LCD 显示器的第一行中间。
② 启动 RTC 定时器产生时间和日期并用 TC1602 显示活动的时间。

课题 13 PCF8563 时钟芯片在 LM3S101(102)系统中的运用

实验目的

了解和掌握 I^2C PCF8563 实时时钟的原理与使用方法。

实验设备

① 所用工具:30 W 烙铁 1 把,数字万用表 1 个;
② PC 机 1 台;
③ 开发软件 IAR Embedded Workbench5.20v 集成开发平台 1 套;
④ LM LINK JTAG 调试器 1 套,EasyARM101 开发套件 1 套。

外扩器件

TC1602 液晶显示模块 1 块,74HC595 串并转换模块 1 块,PCF8563 模块 1 块(所需器件:PCF8563 1 块,IN4148 2 个,10 μF/16 V 电容 1 个,104 电容 2 个,5.1 kΩ 电阻 3 个,32.768 kHz 晶振 1 个,15 pF 电容两个,3 V 电池 1 块,100 Ω 电阻 1 个,发光二极管 1 个,接插器(公) 6 个)。

工程任务

① 向 PCF8563 设置初值并读取日期和时间显示在 TC1602 显示器上。
② 通过按键设置并调整 PCF8563 的内部日期和时间。

所需外围器件资料

K13.1 PCF8563 实时时钟芯片概述

PCF8563 是 NXP 公司推出的一款工业级内含 I²C 总线接口功能,具有极低功耗的多功能时钟/日历芯片。PCF8563 的多种报警功能、定时器功能、时钟输出功能以及中断输出功能,能完成各种复杂的定时服务,甚至可为单片机提供看门狗功能。内部时钟电路、内部振荡电路、内部低电压检测电路(1.0 V)以及两线制 I²C 总线通信方式,不但使外围电路及其简洁,而且也增加了芯片的可靠性。同时每次读写数据后,内嵌的字节地址寄存器会自动产生增量。当然,作为时钟芯片 PCF8563 亦解决了 2000 年问题。因此,PCF8563 是一款性价比极高的时钟芯片,它已被广泛用于电表、水表、气表、电话传真机、便携式仪器以及电池供电的仪器仪表等产品领域。

其特性如下:
➢ 宽电压范围(1.0~5.5 V),复位电压标准值 $V_{low}=0.9$ V;
➢ 超低功耗,典型值为 0.25 μA($V_{DD}=3.0$ V,$T_{amb}=25$ ℃);
➢ 可编程时钟输出频率为 32.768 kHz、1 024 Hz、32 Hz、1 Hz;
➢ 四种报警功能和定时器功能;
➢ 内含复位电路、振荡器电容和掉电检测电路;
➢ 开漏中断输出;
➢ 400 kHz I²C 总线($V_{DD}=1.8$~5.5 V),其器件从地址:读,0A3H;写,0A2H。

PCF8563 的引脚排列如图 K13-1 所示,引脚描述见表 K13-1。

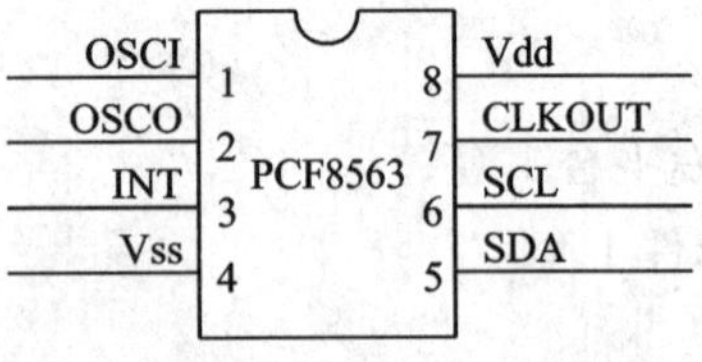

表 K13-1 PCF8563 引脚描述

符 号	引脚号	描 述
OSCI	1	振荡器输入
OSCO	2	振荡器输出
$\overline{INT}$	3	中断输出开漏低电平有效
Vss	4	地
SDA	5	串行数据 I/O
SCL	6	串行时钟输入
CLKOUT	7	时钟输出(开漏)
Vdd	8	正电源

图 K13-1 PCF8563 引脚排列图

K13.2 PCF8563 的基本原理

PCF8563 有 16 个位寄存器:1 个可自动增量的地址寄存器,1 个内置 32.768 kHz 的振荡器(带有 1 个内部集成的电容),1 个分频器(用于给实时时钟 RTC 提供源时钟),1 个可编程时钟输出1个定时器,1个报警器,1个掉电检测器和1个400 kHz I^2C 总线接口。

所有16个寄存器设计成可寻址的8位并行寄存器,但不是所有位都有用。前两个寄存器(内存地址0x00、0x01)用于控制寄存器和状态寄存器,内存地址0x02、0x08用于时钟计数器(秒～年计数器),地址0x09、0x0C用于报警寄存器(定义报警条件),地址0x0D控制CLKOUT引脚的输出频率地址0x0E和0x0F分别用于定时器控制寄存器和定时器寄存器。秒、分钟、小时、日、月、年、分钟报警、小时报警、日报警寄存器编码格式为BCD码,星期和星期报警寄存器不以BCD格式编码。

当一个RTC寄存器被读时,所有计数器的内容被锁存,因此在传送条件下,可以禁止对时钟/日历芯片的错读。

(1) 报警功能模式

一个或多个报警寄存器MSB(AE=Alarm Enable报警使能位)清0时,相应的报警条件有效。这样一个报警将在每分钟至每星期范围内产生一次,设置报警标志位AF控制状态寄存器的位,用于产生中断,AF只可以用软件清除。

(2) 定时器

8位的倒计数器(地址0FH)由定时器控制寄存器(地址0x0E)控制。定时器控制寄存器用于设定定时器的频率(4 096、64、1或1/60 Hz),以及设定定时器有效或无效。定时器从软件设置的8位二进制数倒计数,每次倒计数结束,定时器设置标志位TF,定时器标志位TF只可以用软件清除,TF用于产生一个中断$\overline{INT}$,每个倒计数周期产生一个脉冲作为中断信号TI/TP控制中断产生的条件。当读定时器时返回当前倒计数的数值。

(3) CLKOUT 输出

引脚CLKOUT可以输出可编程的方波,CLKOUT频率寄存器地址0DH决定方波的频率。CLKOUT可以输出32.768 kHz(缺省值)、1 024 Hz、32 Hz、1 Hz的方波。CLKOUT为开漏输出。引脚上电时输出有效,无效时输出为高阻抗。

(4) 复位

PCF8563包含一个片内复位电路,当振荡器停止工作时,复位电路开始工作。在复位状态下I^2C总线初始化寄存器TF、VL、TD1、TD0、TESTC、AE被置逻辑1,其他的寄存器和地址指针被清0。

(5) 掉电检测器和时钟监控

PCF8563内嵌掉电检测器当Vdd低于Vlow时,位VL(Voltage Low,秒寄存器的位7)被置1。用于指明可能产生不准确的时钟日历信息。VL标志位只可以用软件清除。当Vdd慢速降低(例如以电池供电)达到Vlow时标志位VL被设置,这时可能会产生中断。

(6) PCF8563 内部寄存器

PCF8563共有16个寄存器,其中0x00～0x01为控制方式寄存器,0x09～0x0C为报警功能寄存器,0x0D为时钟输出寄存器,0x0E和0x0F为定时器功能寄存器,0x02～0x08为秒—年时间寄存器。各寄存器的位描述如表K13-2所列。

表 K13－2　16 个寄存器各位功能一览表

地址	寄存器名称	7	6	5	4	3	2	1	0
00H	控制/状态寄存器	TEST1	0	STOP	0	TESTC	0	0	0
	00H 位说明								
01H	控制/状态寄存器 2	0	0	0	TI/IP	AF	TF	AIE	TIE
	01H 位说明	如表 K13－3 所列							
02H	秒钟	VL	00～59 BCD 码格式						
	02H 位说明	VL＝0：保证准确的时钟/日历数据；VL＝1：不保证准确的时钟/日历数据							
03H	分钟	—	00～59 BCD 码格式						
04H	时钟	—	00～24 BCD 码格式						
05H	日	—	01～31 BCD 码格式						
06H	星期	—	0～6						
	06H 位星期说明	如表 K13－6 所列							
07H	月/世纪	C	—	01～12 BCD 格式数					
	07H 'C' 位说明	世纪位：C＝0 意为指定世纪数为 20xx，C＝1 意为指定世纪数为 19xx，"xx" 为年寄存器中的值（00～99）。当年寄存器中的值由 99 变为 00 时世纪位会改变。见表 K13－7							
08H	年	00～99 BCD 格式数							
09H	分钟报警	AE	00～59 BCD 码格式						
	09H 'AE' 位说明	AE＝0，启动分钟报警，AE＝1，禁止分钟报警[报警无效]							
0AH	小时报警	AE	—	00～23 BCD 码格式					
	0AH 'AE' 位说明	AE＝0，启动小时报警，AE＝1，禁止小时报警[报警无效]							
0BH	日报警	AE	01～31 BCD 码格式						
	0BH 'AE' 位说明	AE＝0，启动日报警，AE＝1，禁止日报警[报警无效]							
0CH	星期报警	AE	—	0～6					
	0CH 'AE' 位说明	AE＝0，启动星期报警，AE＝1，禁止星期报警[报警无效]							
0DH	CLKOUT 输出寄存器	FE	—	—	—	—	—	FD1	FD0
	0DH 各位说明	FE＝0，CLKOUT 输出被禁止并设成高阻抗；FE＝1，CLKOUT 输出有效。FD1、FD0 两位用于控制 CLKOUT 引脚的频率输出（f_{CLKOUT}）。详细说明见表 K13－8							
0EH	定时器控制寄存器	TE	—	—	—	—	—	TD1	TD0
	0EH 各位说明	TE＝0，定时器无效；TE＝1，定时器有效。TD1、TD0 定时器时钟频率选择位，决定倒计数定时器的时钟频率（详情见表 K13－9）。不用时 TD1、TD0 应设为高电平"11"（1/60 Hz），以降低电源损耗							
0FH	定时器倒计数数值寄存器	定时器倒计数数值（二进制）							

注："—"位无效。

00H 位说明：
TEST1：模式设定。TEST1＝0 为普通模式，TEST1＝1 为 EXT_CLK 测试模式。
STOP：时钟运行与停止控制位。STOP＝0 时，芯片时钟运行；STOP＝1 时，所有芯片分频器异步置逻辑 0，芯片时钟停止运行（CLKOUT 在 32.768kHz 时可用）。
TESTC：电源复位控制位。TESTC＝0，电源复位功能失效（普通模式时置逻辑 0）；TESTC＝1，电源复位功能有效

第7章 Cortex-M3 内核微控制器 LM3S101(102)外围接口电路在工程中的应用

表 K13-3 控制/状态寄存器位描述(地址 01H)

位	符号	描述
7,6,5	0	缺省值,清0
4	TI/TP	TI/TP=0:当 TF 有效时 INT 有效(取决于 TIE 的状态) TI/TP=1:INT 脉冲有效,参见表 K13-4(取决于 TIE 的状态)注意若 AF 和 AIE 都有效时则 INT 一直有效
3	AF[报警]	当报警发生时,AF 被置逻辑1。在定时器倒计数结束时 TF 被置逻辑1,它们在被软件重写前一直保持原有值,若定时器和报警中断都请求时,中断源由 AF 和 TF 决定。若要使清除一个标志位而防止另一标志位被重写,应运用逻辑指令 ANL,标志位 AF 和 TF 值描述参见表 K13-5
2	TF[定时器]	
1	AIE[报警]	标志位 AIE 和 TIE 决定一个中断的请求有效或无效,当 AF 或 TF 中一个为"1"时中断是 AIE 和 TIE 都置"1"时的逻辑或 AIE=0,报警中断无效;AIE=1,报警中断有效。TIE=0,定时器中断无效;TIE=1,定时器中断有效
0	TIE[定时器]	

表 K13-4 $\overline{INT}$操作(位 TI/TP=1)

源时钟/Hz	$\overline{INT}$周期	
	n=1	n>1
4 096	1/8 192	1/4 096
64	1/128	1/64
1	1/64	1/64
1/60	1/64	1/64

注:①TF 和 $\overline{INT}$同时有效;②n 为倒计数定时器的数值,当 n=0 时定时器停止工作。

表 K13-5 AF 和 TF 值描述

R/W	位:AF		位:TF	
	值	描述	值	描述
Read[读]	0	报警标志无效	0	定时器标志无效
	1	报警标志有效	1	定时器标志有效
Write[写]	0	报警标志被清除	0	定时器标志被清除
	1	报警标志保持不变	1	定时器标志保持不变

表 K13-6 星期分配表

日(Day)	位2	位1	位0	日(Day)	位2	位1	位0
星期日	0	0	0	星期四	1	0	0
星期一	0	0	1	星期五	1	0	1
星期二	0	1	0	星期六	1	1	0
星期三	0	1	1				

表 K13-7 月份配表

月份	位4	位3	位2	位1	位0
一月	0	0	0	0	1
二月	0	0	0	1	0
三月	0	0	0	1	1
四月	0	0	1	0	0
五月	0	0	1	0	1
六月	0	0	1	1	0
七月	0	0	1	1	1
八月	0	1	0	0	0
九月	0	1	0	0	1
十月	1	0	0	0	0
十一月	1	0	0	0	1
十二月	1	0	0	1	0

表 K13-8 CLKOUT 频率选择表

FD1	FD0	f_{CLKOUT}	FD1	FD0	f_{CLKOUT}
0	0	32.768 kHz	1	0	32 Hz
0	1	1 012 Hz	1	1	1 Hz

表 K13-9 定时器时钟频率选择表

TD1	TD0	定时器时钟频率/Hz	TD1	TD0	定时器时钟频率/Hz
0	0	4 096	1	0	1
0	1	64	1	1	1/60

① 报警寄存器

向一个或多个报警寄存器写入合法的分钟、小时、日或星期数值,并且它们相应的 AE (Alarm Enable)位为逻辑 0。当这些数值与当前的分钟、小时、日或星期数值相等,且标志位 AF (Alarm Flag)被设置时,AF 保存设置值直到被软件清除为止。AF 被清除后,只有在时间增量与报警条件再次相匹配时,才可再被设置。报警寄存器在它们相应位 AE 置为逻辑 1 时将被忽略。

② 倒计数定时器寄存器

定时器寄存器是一个位字节的倒计数定时器,它由定时器控制器中位 TE 决定有效或无效,定时器的时钟也可以由定时器控制器选择,其他定时器功能(如中断产生)由控制/状态寄存器 2 控制。为了能精确读回倒计数的数值,I^2C 总线时钟 SCL 的频率应至少为所选定定时器时钟频率的两倍。

按 I^2C 总线协议规定 PCF8563 有唯一的器件地址是:0xA2。

有关更多的特殊功能的运用,请参阅《单片机外围接口电路与工程实践》[1]一书的课题 13。

扩展模块制作

扩展模块电路图见图 K13-2 所示。

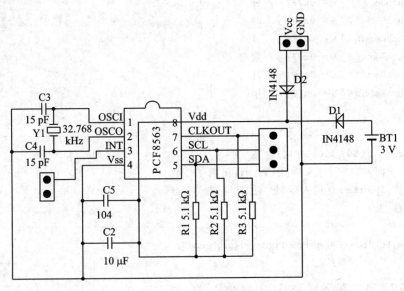

图 K13-2　PCF8563 模块

扩展模块图 K13-2 与 EasyARM101 开发板连线如下：PB3 连到 SDA(6)，PB2 连到 SCL(7)。电源接口按要求连接。

TC1602 液晶显示模块(1 块)与 74HC595 串并转换模块(1 块)之间的连线请参考课题 12。

程序设计

(1) 扩展器件驱动程序的编写

创建器件驱动程序(PCF8563)：

```
//********************************************************************
//文件名:PCF8563.h
//功能:读出并显示实时时钟
//--------------------------------------------------------------------
# include "iic_i2c_Lm101.h"
# include "tc1602_lcd.h"
//
//说明:PCF8563 模块的地址是 0xA2
//--------------------------------------------------------------------
//名称:Read_Pcf8563_TD()(外用)
//功能:用于从 PCF8563 读出秒 分 时 日 星期 月 年
//入口参数:无
//出口参数:lpuchRecvD[传出秒 分 时 日 星期 月 年]
//--------------------------------------------------------------------
void Read_Pcf8563_TD(unsigned char * lpuchRecvD)
{
```

```c
    READ_NB_DAT_I2C(0xA2,0x02,lpuchRecvD,7);
    //屏蔽无效位,PCF8563时钟一定要这样做,否则就会产生乱码
    lpuchRecvD[0] &= 0x7F;    //秒
    lpuchRecvD[1] &= 0x7F;    //分
    lpuchRecvD[2] &= 0x3F;    //时
    lpuchRecvD[3] &= 0x3F;    //日
    lpuchRecvD[4] &= 0x07;    //星期
    lpuchRecvD[5] &= 0x1F;    //月
    lpuchRecvD[6] &= 0xFF;    //年
}
//--------------------------------------------------------------
//名称:Read_Pcf8563_TD()(外用)
//功能:用于向PCF8563写入 秒 分 时 日 星期 月 年
//入口参数:lpuchSendD[传入 秒 分 时 日 星期 月 年]
//出口参数:无
//--------------------------------------------------------------
void Write_Pcf8563_TD(unsigned char * lpuchSendD)
{
    WRITE_NB_DAT_I2C(0xA2,0x02,lpuchSendD,7);
}
//--------------------------------------------------------------
//函数名称:Disp_LCD_DateTime()
//函数功能:用于显示日期和时间(外用)
//入口参数:无
//出口参数:无
//--------------------------------------------------------------
void Disp_LCD_DateTime_8563()
{
    uchar chRecvD[7],uchTime[11],chWg,chWs;
    Read_Pcf8563_TD(chRecvD);              //读出数据
    //时间
    //时
    chWs = chRecvD[2]&0xF0;                //取出高4位
    chWs = chWs>>4;                        //移到低4位
    chWs = chWs + 0x30;                    //加 0x30 变为 ASCII 码
    chWg = chRecvD[2]&0x0F;                //取出低4位
    chWg = chWg + 0x30;                    //加 0x30 变为 ASCII 码
    uchTime[0] = chWs;                     //时钟的十位
    uchTime[1] = chWg;                     //时钟的个位
    uchTime[2] = '-';
    //分
    chWs = chRecvD[1]&0xF0;                //取出高4位
    chWs = chWs>>4;                        //移到低4位
    chWs = chWs + 0x30;                    //加 0x30 变为 ASCII 码
```

```c
chWg = chRecvD[1]&0x0F;              //取出低4位
chWg = chWg + 0x30;                  //加 0x30 变为 ASCII 码
uchTime[3] = chWs;                   //分钟的十位
uchTime[4] = chWg;                   //分钟的个位
uchTime[5] = '-';
//秒
chWs = chRecvD[0]&0xF0;              //取出高4位
chWs = chWs>>4;                      //移到低4位
chWs = chWs + 0x30;                  //加 0x30 变为 ASCII 码
chWg = chRecvD[0]&0x0F;              //取出低4位
chWg = chWg + 0x30;                  //加 0x30 变为 ASCII 码
uchTime[6] = chWs;                   //秒钟的十位
uchTime[7] = chWg;                   //秒钟的个位
//uchTime[8] = '-';
Send_String_1602(0x84,uchTime,8);
 //日期
 //年
uchTime[0] = 2;
uchTime[1] = 0;
chWs = chRecvD[6]&0xF0;              //取出高4位
chWs = chWs>>4;                      //移到低4位
chWs = chWs + 0x30;                  //加 0x30 变为 ASCII 码
chWg = chRecvD[6]&0x0F;              //取出低4位
chWg = chWg + 0x30;                  //加 0x30 变为 ASCII 码
uchTime[2] = chWs;                   //年的十位
uchTime[3] = chWg;                   //年的个位
uchTime[4] = 0x00;                   //年字
//月
chWs = chRecvD[5]&0xF0;              //取出高4位
chWs = chWs>>4;                      //移到低4位
chWs = chWs + 0x30;                  //加 0x30 变为 ASCII 码
chWg = chRecvD[5]&0x0F;              //取出低4位
chWg = chWg + 0x30;                  //加 0x30 变为 ASCII 码
uchTime[5] = chWs;                   //月钟的十位
uchTime[6] = chWg;                   //月钟的个位
uchTime[7] = 0x01;                   //月字
//日
chWs = chRecvD[3]&0xF0;              //取出高4位
chWs = chWs>>4;                      //移到低4位
chWs = chWs + 0x30;                  //加 0x30 变为 ASCII 码
chWg = chRecvD[3]&0x0F;              //取出低4位
chWg = chWg + 0x30;                  //加 0x30 变为 ASCII 码
uchTime[8] = chWs;                   //日钟的十位
uchTime[9] = chWg;                   //日钟的个位
uchTime[10] = 0x02;                  //日字
```

```
        Send_String_1602(0xC2,uchTime,11);
}
//-------------------------------------------------------------
//函数名称:Pcf8563_Initi()
//函数功能:用于初始化器件(外用)
//入口参数:无
//出口参数:无
//-------------------------------------------------------------
void   Pcf8563_Initi()
{
    //启动 I²C 总线模块
    GPio_PB_Initi();
    //初始 TC1602
    Init_TC1602();
    //装载用户字模
    Write_WRCGRAM();
}
//-------------------------------------------------------------
//***************************************************************
```

主要外用函数原型有:

```
void   Pcf8563_Initi();                              //初始化程序,在主循环体的前面调用
void   Disp_LCD_DateTime_8563();                     //读出实时时钟,并显示函数
void Write_Pcf8563_TD(unsigned char * lpuchSendD);   //设置系统时钟函数
```

有关运用范例见范例程序。

(2) 应用范例程序的编写

任务①:向 pcf8563 设置初值并读取日期和时间显示在 TC1602 显示器上。

程序编写如下:

```
//***************************************************************
//文件名:.LM101_I2c_Main.c
//功能:显示实时时钟和时期
//-------------------------------------------------------------
#include "pcf8563.h"

#define PB4_LED    GPIO_PIN_4
#define PB5_LED    GPIO_PIN_5
#define PB6_LED    GPIO_PIN_6

unsigned char uchRecvD[33],uchSendD[33];
unsigned int nJSQ = 0;
void Uart_Recv();
void Uart_Send();
unsigned char chCC[3];
//-------------------------------------------------------------
```

```c
//防止 JTAG 失效
//-----------------------------------------------------------------
void    jtagWait(void)
{
    SysCtlPeripheralEnable(SYSCTL_PERIPH_GPIOB);
    //设置 KEY 所在引脚为输入
    GPIODirModeSet(GPIO_PORTB_BASE, GPIO_PIN_3, GPIO_DIR_MODE_IN);
    //如果复位时按下 KEY,则进入
    if ( GPIOPinRead( GPIO_PORTB_BASE , GPIO_PIN_3)    ==    0x00 )
    {
        for (;;);          //死循环,以等待 JTAG 连接
    }
    //禁止 KEY 所在的 GPIO 端口
    SysCtlPeripheralDisable(SYSCTL_PERIPH_GPIOB);
}
//-----------------------------------------------------------------
//延时子程序
//-----------------------------------------------------------------
void delay(int d)
{
    int i = 0;
    for( ; d; --d)
     for(i=0;i<10000;i++);
}
//-----------------------------------------------------------------
//函数名称:GPio_Initi
//函数功能:启动外设 GPIO 输入/输出
//输入参数:无
//输出参数:无
//-----------------------------------------------------------------
void GPio_Initi(void)
{
    //使能 GPIO B 口外设。用于指示灯
    SysCtlPeripheralEnable( SYSCTL_PERIPH_GPIOB );
    //设定 PB4 PB5 为输出用作指示灯点亮
    GPIODirModeSet(GPIO_PORTB_BASE, PB4_LED | PB5_LED |
                        PB6_LED,GPIO_DIR_MODE_OUT);
    //初始化 PB4 PB5 为低电平点亮指示灯
    GPIOPinWrite( GPIO_PORTB_BASE, PB5_LED, 0 );
}
//-----------------------------------------------------------------
int main()
{
    //防止 JTAG 失效
    delay(10);
```

```c
        jtagWait();
        delay(10);

    //设定系统晶振为时钟源
        SysCtlClockSet( SYSCTL_SYSDIV_1 | SYSCTL_USE_OSC | SYSCTL_OSC_MAIN |
                        SYSCTL_XTAL_6MHZ );

        GPio_Initi();                       //启动 GPIO 输出

        Pcf8563_Initi();                    //初始化模块

        uchSendD[0] = 0x00;                 //秒
        uchSendD[1] = 0x10;                 //分
        uchSendD[2] = 0x18;                 //时
        uchSendD[3] = 0x15;                 //日
        uchSendD[4] = 0x01;                 //星期
        uchSendD[5] = 0x09;                 //月
        uchSendD[6] = 0x08;                 //年

        Write_Pcf8563_TD(uchSendD);         //设置时间
         delay(100);

        while(1)
        {
           Disp_LCD_DateTime_8563();        //显示时钟和日期

          //程序运行指示灯处理
          //读出 PB5_LED 引脚值判断是否为 0
            if(GPIOPinRead(GPIO_PORTB_BASE, PB5_LED) == 0x00)
                //如果 PB5 引脚为 0 就给其写 1 熄灯
                GPIOPinWrite(GPIO_PORTB_BASE, PB5_LED,0x20);
             else GPIOPinWrite(GPIO_PORTB_BASE, PB5_LED,0x00);  //就给其写 0 亮灯

           delay(50);
         }
     }
//------------------------------------------------------------------
//******************************************************************
```

任务②:通过按键设置并调整 pcf8563 的内部日期和时间。
程序编写如下:

```c
//******************************************************************
//文件夹:LM101_I2c_Main.c
//功能:显示日期和时间,并带有调时功能
//******************************************************************
#include "pcf8563.h"

#define PB5_LED    GPIO_PIN_5        //用于指示灯
#define PB0_KEY1   GPIO_PIN_0        //确认键
#define PB1_KEY2   GPIO_PIN_1        //方向键
#define PB4_KEY3   GPIO_PIN_4        //加减键
```

```c
unsigned char uchRecvD[33],uchSendD[33];
unsigned int nJSQ = 0;

void Get_Key_Dz();                  //按键处理程序
void Key1();                        //确认键
void Key2();                        //方向键
void Key3();                        //加减键
//------------------------------------------------------------------
//  防止 JTAG 失效
//------------------------------------------------------------------
void  jtagWait(void)
{
    SysCtlPeripheralEnable(SYSCTL_PERIPH_GPIOB);
    //设置 KEY 所在引脚为输入
    GPIODirModeSet(GPIO_PORTB_BASE, GPIO_PIN_3, GPIO_DIR_MODE_IN);
    //如果复位时按下 KEY,则进入
    if ( GPIOPinRead( GPIO_PORTB_BASE , GPIO_PIN_3)   ==   0x00 )
    {
        for (;;);        //死循环,以等待 JTAG 连接
    }
    //禁止 KEY 所在的 GPIO 端口
    SysCtlPeripheralDisable(SYSCTL_PERIPH_GPIOB);
}
//------------------------------------------------------------------
//延时子程序
//------------------------------------------------------------------
void delay(int d)
{
  int i = 0;
  for( ; d; --d)
   for(i = 0;i<10000;i++);
}
//------------------------------------------------------------------
// 函数名称:GPio_Initi
// 函数功能:启动外设 GPIO 输入/输出
// 输入参数:无
// 输出参数:无
//------------------------------------------------------------------
void GPio_Initi(void)
{
    //使能 GPIO B 口外设。用于指示灯
    SysCtlPeripheralEnable( SYSCTL_PERIPH_GPIOB );
    //设定 PB4、PB5 为输出,用作指示灯点亮
    GPIODirModeSet(GPIO_PORTB_BASE, PB5_LED,GPIO_DIR_MODE_OUT);
    //初始化 PB4、PB5 为低电平,点亮指示灯
    GPIOPinWrite( GPIO_PORTB_BASE, PB5_LED, 0 );
```

```c
    //启用键
    GPIODirModeSet(GPIO_PORTB_BASE, PB0_KEY1 | PB1_KEY2 |
                                   PB4_KEY3,GPIO_DIR_MODE_IN);
}
//------------------------------------------------------------------
int main()
{
    //防止 JTAG 失效
    delay(10);
    jtagWait();
    delay(10);

    //设定系统晶振为时钟源
    SysCtlClockSet( SYSCTL_SYSDIV_1 | SYSCTL_USE_OSC | SYSCTL_OSC_MAIN |
                    SYSCTL_XTAL_6MHZ );

    GPio_Initi();              //启动 GPIO 输出
    Pcf8563_Initi();           //初始化模块
    delay(100);
    chDispCtrl = 1;            //按键控制
    chDivCtrl = 0;             //方向控制

    while(1)
    {
      Get_Key_Dz();            //按键处理

      if(chDispCtrl)
        Disp_LCD_DateTime_8563();  //读时和显示

      //程序运行指示灯处理
      //读出 PB5_LED 引脚值判断是否为 0
        if(GPIOPinRead(GPIO_PORTB_BASE, PB5_LED) == 0x00)
      //如果 PB5 引脚为 0 就给其写 1 熄灯
          GPIOPinWrite(GPIO_PORTB_BASE, PB5_LED,0x20);
          else GPIOPinWrite(GPIO_PORTB_BASE, PB5_LED,0x00);  //就给其写 0 亮灯

      delay(50);
    }
}
//------------------------------------------------------------------
// 函数名称:Get_Key_Dz()
// 函数功能:按键处理函数
// 输入参数:无
// 输出参数:无
//------------------------------------------------------------------
void Get_Key_Dz()
{
```

```c
    if(GPIOPinRead( GPIO_PORTB_BASE , PB0_KEY1)   ==    0x00 )
    {Key1();}
     else if(GPIOPinRead( GPIO_PORTB_BASE , PB1_KEY2)   ==    0x00 )
    {Key2();}
      else if(GPIOPinRead( GPIO_PORTB_BASE , PB4_KEY3)   ==    0x00 )
    {Key3();}
        else ;
}
//------------------------------------------------------------
//确认键
void Key1()
{
    if(chDispCtrl)
    {
      chDispCtrl = 0;
    //开显示,开光标显示,光标和光标所在的字符闪烁,0x0F 为开光标
      Write_Command(0x0F);
      Write_Command(0x8B);    //发送起始行列号
      chDivCtrl = 1;
    }
    else
    {
      chDispCtrl = 1;
      //开显示,开光标显示,光标和光标所在的字符闪烁,0x0F 为开光标
      Write_Command(0x0C);
      //保存日期和时间
      Write_Pcf8563_TD(chRecvD);
     }
}
//------------------------------------------------------------
//方向键
void Key2()
{
    if(chDispCtrl)return;

    if(chDivCtrl == 0)
    { //秒
      Write_Command(0x8B);              //发送起始行列号
      chDivCtrl = 1;
      return;
    }
    else   if(chDivCtrl == 1)
    { //分
       Write_Command(0x88);             //发送起始行列号
       chDivCtrl = 2;
```

```c
        return;
    }
    else  if(chDivCtrl == 2)
    { //时
        Write_Command(0x85);              //发送起始行列号
        chDivCtrl = 3;
        return;
    }
    else  if(chDivCtrl == 3)
    { //日
        Write_Command(0xCB);              //发送起始行列号
        chDivCtrl = 4;
        return;
    }
    else  if(chDivCtrl == 4)
    { //月
        Write_Command(0xC8);              //发送起始行列号
        chDivCtrl = 5;
        return;
    }
    else  if(chDivCtrl == 5)
    { //年
        Write_Command(0xC5);              //发送起始行列号
        chDivCtrl = 0;
        return;
    }
    else ;
}
//-------------------------------------------------------------
//加 1 键
void Key3()
{
    uchar chCC;
    if(chDispCtrl)return;

    if(chDivCtrl == 1)
    { //秒
        chRecvD[0]++ ;
        chCC = chRecvD[0]&0x0F;
        if(chCC>= 0x0A) chRecvD[0]+ = chRecvD[0] + 0x06; else;
        if(chRecvD[0]>0x59)chRecvD[0] = 0x00; else ;
        Disp_8563_ts(0x8A,chRecvD[0]);
        return;
    }
    else  if(chDivCtrl == 2)
```

```c
{ //分
    chRecvD[1]++;
    chCC = chRecvD[1]&0x0F;
    if(chCC>=0x0A) chRecvD[1]+=chRecvD[1]+0x06; else;
    if(chRecvD[1]>0x59)chRecvD[1]=0x00; else ;
    Disp_8563_ts(0x87,chRecvD[1]);
    return;
}
else  if(chDivCtrl==3)
{ //时
    chRecvD[2]++;
    chCC = chRecvD[2]&0x0F;
    if(chCC>=0x0A) chRecvD[2]+=chRecvD[2]+0x06; else;
    if(chRecvD[2]>0x23)chRecvD[2]=0x00; else ;
    Disp_8563_ts(0x84,chRecvD[2]);
    return;
}
else  if(chDivCtrl==4)
{ //日
    chRecvD[3]++;
    chCC = chRecvD[3]&0x0F;
    if(chCC>=0x0A) chRecvD[3]+=chRecvD[3]+0x06; else;
    if(chRecvD[3]>0x31)chRecvD[3]=0x01; else ;
    Disp_8563_ts(0xCA,chRecvD[3]);
    return;
}
else  if(chDivCtrl==5)
{ //月
    chRecvD[5]++;
    chCC = chRecvD[5]&0x0F;
    if(chCC>=0x0A) chRecvD[5]+=chRecvD[5]+0x06; else;
    if(chRecvD[5]>0x12)chRecvD[5]=0x01; else ;
    Disp_8563_ts(0xCA,chRecvD[5]);
    return;
}
else if(chDivCtrl==0)
{ //年
    chRecvD[6]++;
    chCC = chRecvD[6]&0x0F;
    if(chCC>=0x0A) chRecvD[6]+=chRecvD[6]+0x06; else;
    if(chRecvD[6]>0x99)chRecvD[6]=0x00; else ;
    Disp_8563_ts(0xCA,chRecvD[6]);
    return;
}
else ;
```

}
//--
//**

PCF8563 是一个多功能芯片。需要用到其特殊功能的朋友,请参阅《单片机外围接口电路与工程实践》[1]一书的课题 13。

作业:
请在系统上加入 AT24Cxx 芯片,做一个定时开灯熄灯系统。

编后语:
业精于勤,荒于嬉。

课题 14 步进电机的细分控制在 LM3S101(102)系统中的运用

实验目的

了解和掌握步进电机驱动模块 TA8435 细分的原理与使用方法。

实验设备

① 所用工具:30 W 烙铁 1 把,数字万用表 1 个;
② PC 机 1 台;
③ 开发软件 IAR Embedded Workbench 5.20v 集成开发平台 1 套;
④ LM LINK JTAG 调试器 1 套,EasyARM101 开发套件 1 套。

外扩器件

所需器件:TA8435 模块 1 块,3GWJ42 共 4 个,3 000 pF 电容 4 个,104 电容 2 个,220 μF/16 V 电容 3 个,1.6 Ω 电阻 4 个,发光二极管 1 个。接插器(公)6 个。

工程任务

实现步进电机细分、正反转、加速减速等按键设置功能应用。

所需外围器件资料

K14.1 步进电机

(1) 步进电机概述

步进电动机是纯粹的数字控制电动机,它将电脉冲信号转变成角位移,即给一个脉冲,步进电机就转一个角度,因此非常适合微控制器控制。在非超载的情况下,电机的转速、停止位置只取决于脉冲信号的频率和脉冲数,而不受负载变化的影响,电机则转过一个步距角,同时步进电机只有周期性的误差而无累积误差,精度高。

(2) 步进电动机的特点

步进电动机的特点如下：

① 步进电动机的角位移与输入脉冲数严格成正比。因此，当它转一圈后，没有累计误差，具有良好的跟随性。

② 由步进电动机与驱动电路组成的开环数控系统，既简单、廉价，又非常可靠。同时，它也可以与角度反馈环节组成高性能的闭环数控系统。

③ 步进电动机的动态响应快，易于启停、正反转及变速。

④ 速度可在相当宽的范围内平稳调整，低速下仍能获得较大转矩，因此一般可以不用减速器而直接驱动负载。

⑤ 步进电机只能通过脉冲电源供电才能运行，不能直接使用交流电源和直流电源。

⑥ 步进电机存在振荡和失步现象，必须对控制系统和机械负载采取相应措施。

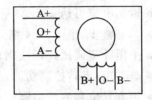

图 K14-1　四相六线制步进电机原理

步进电机具有控制和机械结构简单的优点。图 K14-1 是四相六线制步进电机原理图，这类步进电机既可作为四相电机使用，也可作为两相电机使用，使用灵活，因此应用广泛。

(3) 步进电机的工作方式

步进电机有两种工作方式：整步方式和半步方式。以步进角 1.8°四相混合式步进电机为例，在整步方式下，步进电机每接收一个脉冲，旋转 1.8°，旋转一周则需要 200 个脉冲。在半步方式下，步进电机每接收一个脉冲，旋转 0.9°，旋转一周则需要 400 个脉冲。控制步进电机旋转必须按一定时序对步进电机引线输入脉冲。以上述四相六线制电机为例，其半步工作方式和整步工作方式的控制时序如表 K14-1 和表 K14-2 所列。

表 K14-1　半步时序表

时序	A+	B−	A−	B+
1	0	0	0	1
2	0	0	1	1
3	0	0	1	0
4	0	1	1	0
5	0	1	0	0
6	1	1	0	0
7	1	0	0	0
8	1	0	0	1

表 K14-2　整步时序表

时序	A+	B−	A−	B+
1	1	0	0	1
2	0	0	1	1
3	0	1	1	0
4	1	1	0	0

步进电机在低频工作时，会有振动大、噪声大的缺点。如果使用细分方式，就能很好地解决这个问题。步进电机的细分控制，从本质上讲是通过对步进电机励磁绕组中电流的控制，使步进电机内部的合成磁场为均匀的圆形旋转磁场，从而实现步进电机步距角的细分。一般情况下，合成磁场矢量的幅值决定了步进电机旋转力矩的大小，相邻两合成磁场矢量之间的夹角大小决定了步距角的大小。步进电机半步工作方式就蕴涵了细分的工作原理。

实现细分方式有多种方法,最常用的是脉宽调制式斩波驱动方式,大多数专用的步进电机驱动芯片都采用这种驱动方式,TA8435 就是其中一种。

K14.2　TA8435

(1) TA8435 概述

TA8435 是东芝公司生产的单片用于进行二相步进电机正弦细分控制的驱动专用模块。

(2) TA8435 特点

- 工作电压范围宽(10～40 V);
- 输出电流可达 1.5 A(平均)和 2.5 A(峰值);
- 具有整步、半步、1/4 细分、1/8 细分运行方式可供选择;
- 采用脉宽调试式斩波驱动方式;
- 具有正/反转控制功能;
- 带有复位和使能引脚;
- 可选择使用单时钟输入或双时钟输入。

从图 K14-2 中可以看出,TA8435 主要由 1 个解码器、2 个桥式驱动电路、2 个输出电流控制电路、2 个最大电流限制电路、1 个斩波器等功能模块组成。

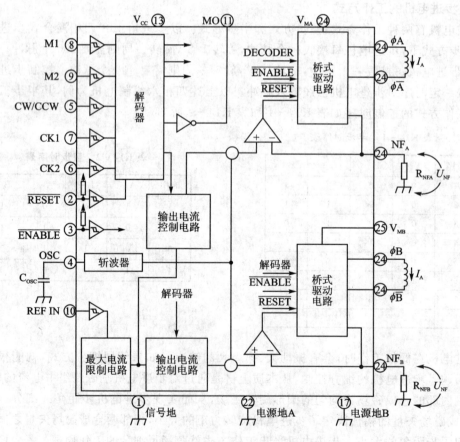

图 K14-2　TA8435 原理图

(3) TA8435 细分工作原理

图 K14-3 中,在第一个 CK 时钟周期时,解码器打开桥式驱动电路,电流从 VMA 流经电机的线圈后经 RNFA 后与地构成回路,由于线圈电感的作用,电流是逐渐增大的,所以 RNFB 上的电压也随之上升。当 RNFB 上的电压大于比较器正端的电压时,比较器使桥式驱动电路关闭,电机线圈上的电流开始衰减,RNFB 上的电压也相应减小。当电压值小于比较器正向电压时,桥式驱动电路又重新导通。如此循环,电流不断的上升和下降形成锯齿波,其波形如图 K14-3 中 I_A 波形的第 1 段。另外由于斩波器频率很高,一般在几十 kHz,其频率大小与所选用电容有关。在 OSC 作用下,电流锯齿波纹是非常小的,可以近似认为输出电流是直流。在第 2 个时钟周期开始时,输出电流控制电路输出电压 U_a 达到第 2 阶段,比较器正向电压也相应为第 2 阶段的电压,因此流经步进电机线圈的电流从第 1 阶段也升至第 2 阶段 2。电流波形如图 K14-3 中 I_A 第 2 部分。第 3 时钟周期、第 4 时钟周期 TA8435 的工作原理与第 1、2 是一样的,只是又升高比较器正向电压而已,输出电流波形如图 K14-3 中 I_A 第 3、4 部分。如此最终形成阶梯电流,加在线圈 B 上的电流,即图 K14-3 中 I_B。在 CK 一个时钟周期内,流经线圈 A 和线圈 B 电流的共同作用下,步进电机运转一个细分步。

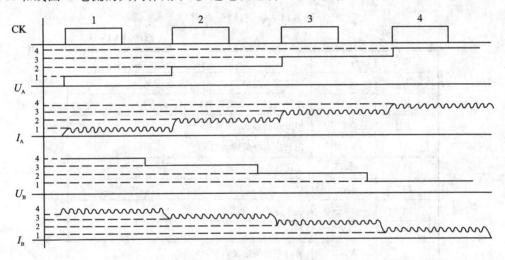

图 K14-3　TA8435 细分工作原理图

(4) TA8435 引脚图与功能描述

TA8435 引脚分布图如图 K14-4 所示,引脚功能描述如表 K14-3 所列。

表 K14-3　TA8435 引脚功能描述表

引脚号	符号	描述
1	SG	信号地
2	$\overline{RESET}$	复位(低电平有效)
3	$\overline{ENABLE}$	低电平使能,高电平关闭(禁能)
4	OSC	外部振荡器,用一个 3 000 pF 电容
5	CW/CCW	正转/反转控制,0 为正转,1 为反转
6	CK2	时钟输入接口

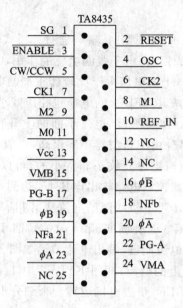

图 K14 – 4　引脚分布图

续表 K14 – 3

引脚号	符　号	描　　述
7	CK2	时钟输入接口
8	M1	细分控制输入，见表 K14 – 4
9	M2	细分控制输入，见表 K14 – 4
10	REF IN	控制步进电机输入电流
11	$\overline{MO}$	监视输出
12	NC	空
13	V_{CC}	供电脚(5 V 电源正)
14	NC	空
15	VMB	输出部分供电接口(10～24 V)
16	$\phi\overline{B}$	输出 $\phi\overline{B}$
17	PG—B	电源 GND(地)
18	NF_B	B—ch 输出可供观察的检测信号
19	ϕB	输出 ϕB
20	$\phi\overline{A}$	输出 $\phi\overline{A}$
21	NF_A	A—ch
22	PG—A	电源地(GND)
23	ϕA	输出 ϕA
24	VMA	输出部分供电接口(10～24 V)
25	NC	空

表 K14-4 细分控制状态表

M1	M2	描述
0	0	电机按整步方式运转
0	1	电机按半步方式运转
1	0	电机按 1/4 步方式运转
1	1	电机按 1/8 步方式运转

K14.3 步进电机的应用

工程应用电路如图 K14-5 所示。

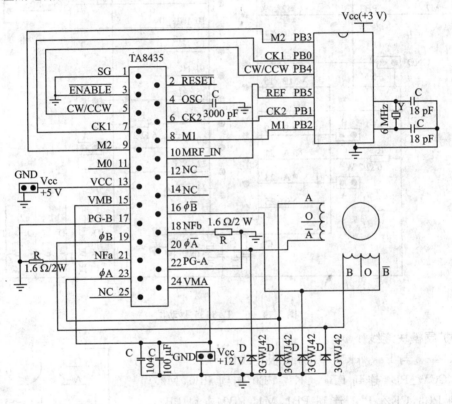

图 K14-5 工程应用电路图

图 14-5 是微控制器与 TA8435 相连控制步进电机的原理图,引脚 M1 和 M2 决定电机的转动方式:M1=0、M2=0,电机按整步方式运转;M1=1、M2=0,电机按半步方式运转;M1=0、M2=1,电机按 1/4 细分方式运转;M1=1、M2=1,电机按 1/8 步细分方式运转。CW/CWW 控制电机转动方向,CK1、CK2 时钟输入的最大频率不能超过 5 kHz,控制时钟的频率,即可控制电机转动速率。REFIN 为高电平时,NFA 和 NFB 的输出电压为 0.8 V,REFIN 为低电平时,NFA 和 NFB 输出电压为 0.5 V,这 2 个引脚控制步进电机输入电流,电流大小与 NF 端外接电阻关系式为:$I_O = V_{ref}/R_{nf}$。设 REFIN=1,选用步进电机额定电流为 0.4 A,R1、R2 选用 1.6 Ω、2 W 的大功率电阻,O、O 两线不接。步进电机按二相双极性使用,四相按二相使用时可以提高步进电机的输出转矩,D1~D4 快恢复二极管用来释放绕组电流。

扩展模块制作

(1) 扩展模块电路图

扩展模块电路如图 K14-5、图 K14-6 所示。

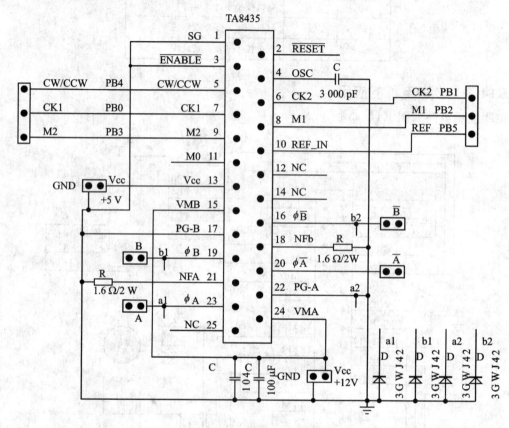

图 K14-6 TA8435 驱动图

(2) 扩展模块连线

图 K14-5 与 EasyARM101 开发板连线如下：

CW/CCW_PB4 连到 PB4，CK1_PB0 连到 PB0，M2_PB3 连到 PB3，CK2_PB1 连到 PB1，M1_PB2 连到 PB2，REF_PB5 连到 PB5。

图 K14-6 与图 K14-5 连线如下：

按 A 到 A，B 到 B，A— 到 $\overline{A}$，B— 到 $\overline{B}$ 连接。

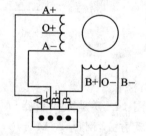

图 K14-7 步进电机模块图

程序设计

任务①：实现步进电机细分、正反转、加速减速等按键设置功能应用。

现编程如下：

```c
//***************************************************************
//--------------------------------------------------------------
//程序要完成的任务:实现按键功能,PA0～PA3 连接 4 键的应用问题
//实际完成任务驱动步进电机细分,方向和调速
//--------------------------------------------------------------
//包含必要的头文件
#include <hw_types.h>
#include <hw_memmap.h>
#include <hw_sysctl.h>
#include <hw_gpio.h>
#include <sysctl.h>
#include <gpio.h>
#include "timer.h"
#include "interrupt.h"

//函数说明区
void GpioPA_4_Key();                    //按键处理程序
void PA0_Key0();                        //Key0 键执行函数
void PA1_Key1();                        //Key1 键执行函数
void PA2_Key2();                        //Key2 键执行函数
void PA3_Key3();                        //Key3 键执行函数
void Buzhengdianji();                   //步进电机初始设置
//#define PB4_LED0    GPIO_PIN_4        //定义 2 个指示灯
#define PB6_LED     GPIO_PIN_6          //PB6_LED 为按键指示灯
#define PB5_REF     GPIO_PIN_5
#define PB4_CW_CCW  GPIO_PIN_4          //方向控制
#define PB3_M2      GPIO_PIN_3          //模式控制(整步,半步,1/4 步,1/8 步)
#define PB2_M1      GPIO_PIN_2          //模式控制(整步,半步,1/4 步,1/8 步)
#define PB1_CK2     GPIO_PIN_1          //脉冲输出控制
#define PB0_CK1     GPIO_PIN_0          //脉冲输出控制
unsigned int nCtrl = 0, nModjs = 0, nDiv = 0;
long lnShuD1 = 1, lnShuD2 = 0;
//--------------------------------------------------------------
//函数名称:void jtagWait(void)
//功能:防止 JTAG 失效
//说明:如果 JTAG 失效就启用此函数,使程序启动时进入死循环,等待 JTAG 工作
//     如果 JTAG 失效按键的操作方法是,先按下复位键,而后迅速按下 PB3 键使程序
//     进入死循环区也可先按下 PB3 键,再按下复位键这时程序运行直接进入死循环
//     区,加入此函数到主函数中时一定要加在所有函数的调用之前,也就是起始的位置
//--------------------------------------------------------------
void jtagWait(void)
{
    SysCtlPeripheralEnable(SYSCTL_PERIPH_GPIOB);
    //设置 KEY 所在引脚为输入
    GPIODirModeSet(GPIO_PORTB_BASE, GPIO_PIN_3, GPIO_DIR_MODE_IN);
    //如果复位时按下 KEY,则进入
```

```c
    if ( GPIOPinRead( GPIO_PORTB_BASE , GPIO_PIN_3) ==  0x00 )
    {
        for (;;);                            //死循环,以等待 JTAG 连接
    }
    //禁止 KEY 所在的 GPIO 端口
    SysCtlPeripheralDisable(SYSCTL_PERIPH_GPIOB);
}
//------------------------------------------------------------
void delay(int d)
{
    int i = 0;
    for( ; d; --d)
    for(i = 0;i<10000;i++);
}
//------------------------------------------------------------
// 函数名称:Timer0A_Inter
// 函数功能:定时器 0 中断处理程序。工作在 32 位单次触发模式下。
//          向 TA8435 步进电机驱动发送脉冲
// 输入参数:无
// 输出参数:无
//------------------------------------------------------------
void Timer0A_Inter(void)
{
    //清除定时器 0 中断标志位
    TimerIntClear(TIMER0_BASE, TIMER_TIMA_TIMEOUT);
    lnShuD1 = SysCtlClockGet()/1000;                    //读出时钟速度为 1 ms
    if((lnShuD1 + lnShuD2)>10)lnShuD1 = lnShuD1 + lnShuD2;  //加速或减速处理
    //重载定时器的计数初值。此处为 1 s
    TimerLoadSet(TIMER0_BASE, TIMER_A,lnShuD1);

    if(nCtrl)
    {
      nCtrl = 0;           //下面输出高电平
      GPIOPinWrite(GPIO_PORTB_BASE, PB1_CK2,PB1_CK2);
      GPIOPinWrite(GPIO_PORTB_BASE, PB0_CK1,PB0_CK1);
    }
    else
    {
      nCtrl = 1;           //下面输出低电平
      GPIOPinWrite(GPIO_PORTB_BASE, PB1_CK2, ~PB1_CK2);
      GPIOPinWrite(GPIO_PORTB_BASE, PB0_CK1, ~PB0_CK1);
    }

    //使能定时器 0[启动定时器 0]。
    TimerEnable(TIMER0_BASE, TIMER_A);   //因为本实例启用的是单次触发
}
```

```c
//------------------------------------------------------------
// 函数名称:Timer0A_Initi
// 函数功能:定时器 0 初始设置与中断启动
// 输入参数:无
// 输出参数:无
//------------------------------------------------------------
void Timer0A_Initi(void)
{
    //使能定时器 0 外设
    SysCtlPeripheralEnable( SYSCTL_PERIPH_TIMER0 );
    //处理器使能
    IntMasterEnable();
    //设置定时器 0 为单次触发模式
    TimerConfigure(TIMER0_BASE, TIMER_CFG_32_BIT_OS);
    //设置定时器装载值。定时 1 s
    TimerLoadSet(TIMER0_BASE, TIMER_A, SysCtlClockGet()/1000);
    //注册中断服务子程序的名称
    TimerIntRegister(TIMER0_BASE,TIMER_A,Timer0A_Inter);
    //设置定时器为溢出中断
    TimerIntEnable(TIMER0_BASE, TIMER_TIMA_TIMEOUT);
    //启动定时器 0
    TimerEnable(TIMER0_BASE, TIMER_A);
}
//------------------------------------------------------------
// 函数原形:int main(void)
// 功能描述:主函数
// 参数说明:无
// 返回值:0
//------------------------------------------------------------
int main(void)
{
    //防止 JTAG 失效
    delay(10);
    jtagWait();
    delay(10);
        //设定系统晶振为时钟源
    SysCtlClockSet( SYSCTL_SYSDIV_1 | SYSCTL_USE_OSC | SYSCTL_OSC_MAIN |
                    SYSCTL_XTAL_6MHZ );

    nCtrl = 0;
    lnShuD1 = 0;
    lnShuD2 = 1;
    nModjs = 0;
    nDiv = 0;
    lnShuD2 = 0;
```

```c
        Timer0A_Initi();              //初始化并启动定时器
        Buzhengdianji();              //步进电机初始设置
     //PB1_CK2
     while(1)
     {
          GpioPA_4_Key();    //查询按键是否按下
          //程序运行指示灯处理
          //读出 PB6_LED 引脚值判断是否为 0
          if(GPIOPinRead(GPIO_PORTB_BASE, PB6_LED) == 0x00)
          //如果 PB6 引脚为 0 就给其写 1 熄灯
          GPIOPinWrite(GPIO_PORTB_BASE, PB6_LED,PB6_LED);
          //就给写 0 亮灯
            else GPIOPinWrite(GPIO_PORTB_BASE, PB6_LED,~PB6_LED);
          delay(10);
     }
}
//------------------------------------------------------------
//函数名称:void Buzhengdianji()
//函数功能:步进电机初始设置
//入出参数:无
//------------------------------------------------------------
void Buzhengdianji()
{
     //使能 GPIO PB 口
     SysCtlPeripheralEnable (SYSCTL_PERIPH_GPIOB);
     //设置连接 LED0 的 PB4 和 PB5 为输出
     GPIODirModeSet(GPIO_PORTB_BASE, 0x7F, GPIO_DIR_MODE_OUT);
     GPIOPinWrite(GPIO_PORTB_BASE, PB6_LED, PB6_LED);  //使 PB5 上的指示灯为熄灭状态
     //模式控制设为整步 M2 = 0,M1 = 0
     GPIOPinWrite(GPIO_PORTB_BASE, PB3_M2|PB2_M1, ~PB3_M2|~PB2_M1);
     //旋转方向设置 PB4_CW_CCW = 0;
     GPIOPinWrite(GPIO_PORTB_BASE,PB4_CW_CCW,~PB4_CW_CCW);
     //定设输入步进电机的电流为 0.4 A,PB5_REF = 1;
     GPIOPinWrite(GPIO_PORTB_BASE,PB5_REF,PB5_REF);
}
//------------------------------------------------------------
//函数名称:void GpioPA_4_Key()
//功能:四按键功能处理函数[因 LM3s101 芯片在处理按键时有点麻烦,所以在这里作集中处理]
//入出参数:无
//------------------------------------------------------------
void GpioPA_4_Key()
{
     unsigned long nlPa = 0;
```

```c
//使能 GPIO PA 口
SysCtlPeripheralEnable(SYSCTL_PERIPH_GPIOA);
//设置连接在 PA0～PA3 的按键为输入
GPIODirModeSet(GPIO_PORTA_BASE, 0x0F, GPIO_DIR_MODE_IN);//将引脚的方向和模式设为输入

nlPa = GPIOPinRead(GPIO_PORTA_BASE, 0x0000000F);   //读 PA 口 4 个位的值

switch(nlPa)
{
  case 0x0000000E: PA0_Key0(); break;
  case 0x0000000D: PA1_Key1(); break;
  case 0x0000000B: PA2_Key2(); break;
  case 0x00000007: PA3_Key3(); break;
}
}
//-------------------------------------------------------------
//按键功能函数
//模式设定
//-------------------------------------------------------------
void PA0_Key0()
{
  TimerDisable(TIMER0_BASE, TIMER_A);
  if(nModjs == 0)
  {
      //模式控制设为整步 M2 = 0,M1 = 0
      GPIOPinWrite(GPIO_PORTB_BASE, PB3_M2|PB2_M1, ～PB3_M2|～PB2_M1);
      nModjs = 1;
      delay(3);
      TimerEnable(TIMER0_BASE, TIMER_A);
      return ;
  }
   else    if(nModjs == 1)
   {
      //模式控制设为整步 M2 = 0,M1 = 0
      GPIOPinWrite(GPIO_PORTB_BASE, PB3_M2|PB2_M1, ～PB2_M1|PB3_M2);
      nModjs = 2;
      delay(3);
      TimerEnable(TIMER0_BASE, TIMER_A);
      return ;
   }
    else    if(nModjs == 2)
    {
      //模式控制设为整步 M2 = 0,M1 = 0
      GPIOPinWrite(GPIO_PORTB_BASE, PB3_M2|PB2_M1, PB2_M1|～PB3_M2);
       nModjs = 3;
       delay(3);
```

```
            TimerEnable(TIMER0_BASE, TIMER_A);
            return ;
        }
        else  if(nModjs = = 3)
        {
            //模式控制设为整步 M2 = 0,M1 = 0
            GPIOPinWrite(GPIO_PORTB_BASE, PB3_M2|PB2_M1, PB2_M1|PB3_M2);
            nModjs = 0;
            delay(3);
            TimerEnable(TIMER0_BASE, TIMER_A);
            return ;
        }
        else ;
}
//-----------------------------------------------------------------
//按键功能函数
//方向设置
//-----------------------------------------------------------------
void PA1_Key1()
{
    TimerDisable(TIMER0_BASE, TIMER_A);
    //旋转方向设置 PB4_CW_CCW = 0;
    if(nDiv = = 0)
    { GPIOPinWrite(GPIO_PORTB_BASE,PB4_CW_CCW,~PB4_CW_CCW);
      nDiv = 1;}
    else
    { GPIOPinWrite(GPIO_PORTB_BASE,PB4_CW_CCW,PB4_CW_CCW);
      nDiv = 0;}
      TimerEnable(TIMER0_BASE, TIMER_A);
}
//-----------------------------------------------------------------
//按键功能函数
//速度加
//-----------------------------------------------------------------
void PA2_Key2()
{
    TimerDisable(TIMER0_BASE, TIMER_A);
    lnShuD2 = lnShuD2 - 200;
    if(lnShuD2< = -10000)lnShuD2 = -10000;
    TimerEnable(TIMER0_BASE, TIMER_A);
}
//-----------------------------------------------------------------
//按键功能函数
//速度减
//-----------------------------------------------------------------
```

```
void PA3_Key3()
{
    TimerDisable(TIMER0_BASE, TIMER_A);
    lnShuD2 = lnShuD2 + 200;
    if(lnShuD2 >= 10000)lnShuD2 = 10000;
    TimerEnable(TIMER0_BASE, TIMER_A);

}
//------------------------------------------------------------
//************************************************************
```

步进电机在工业上得到广泛的应用,学习步进电机的控制也是必修之课。

作业:

编写一套步进电机花样变换程序,效果是快速正转 20 圈,快速反转 10 圈,慢整步 10 圈,慢半步 15 圈正转,细分 1/8 快速 300 圈,花样循环变换。

课题 15 使用 JTAG 引脚作普通的 GPIO 口

实验目的

了解和掌握 JTAG 引脚用作 GPIO 的方法。

实验设备

① 所用工具:30 W 烙铁 1 把,数字万用表 1 个;
② PC 机 1 台;
③ 开发软件 IAR Embedded Workbench5.20v 集成开发平台 1 套;
④ LM LINK JTAG 调试器 1 套,EasyARM101 开发套件 1 套。

外扩器件

8 位指示灯模块,4 位按键模块。

工程任务

① PC 口 4 灯流水;
② 用 PC 口作按键。说明:按下 K1 键实现 5 灯流水,按下 K2 键实现 6 灯流水,以此类推。默认为 4 灯流水。

LM3S101(102)资料

K15.1 JTAG

JTAG 对于 ARM 系列微处理器来说是用来作程序仿真和下载程序的。作为一个 28 引脚微控制器来说，用去了 5 个引脚，实在是使 LM3S101(102) 引脚显得一些紧张。所以我们还是尝试着将 JTAG 的 5 个引脚拿来用。这并不是一件简单的事，它们不像是普通的 I/O 口，是带有使命的 I/O 口，所以使用它们时要特别小心。最坏的事情就是芯片不能再次下载程序，也就是芯片要报废。这样一来学习就不能正常进行，如果需要继续学习，唯一的办法就只有重新焊上一块新的芯片。所以我一直在程序中强调加上防 JTAG 失效子程序，这就是其中的原由。

K15.2 JTAG 失效的现象与解决方法

JTAG 失效时会弹出图 K15-1 和图 K15-2。

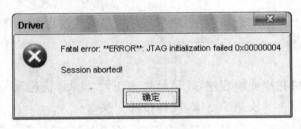

图 K15-1 JTAG 初始化失败

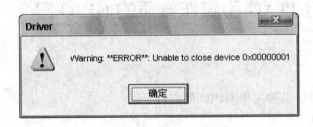

图 K15-2 警告错误不能结束设备

当初次出现这种情况时我以为是芯片又坏了，又将芯片换上，结果现象依旧。因为起初在做 PB 口 8 灯流水时出现过 JTAG 失效的情况，导致程序无法下载，在请教老师之后得知只有换下芯片这一条路。期间耽搁了半个多月才又重新开始学习。因为有过这样一次，所以特别地小心。但事实上，图 K15-1 和图 K15-2 的现象与我学习之初是不一样的，起初很多的提示是不能下载程序，现在我感到是 LM LINK 下载器的驱动出了问题。结果在卸载 LM LINK 驱动后问题得到解决。

所以解决问题的方法是，将 LM LINK 连上 USB 接口的线拔下一会儿，然后插上即可。

K15.3 本课题下载程序的方法

下载程序的操作步骤是：首先是按下 EasyARM101 开发板上的右则 PB3 按钮不动，然后按下复位键并松开，稍后松开 PB3 键。这时指示灯不再闪烁就可以下载程序了。

扩展模块制作

扩展模块电路图如图 K15-3 所示。

图 K15-3 与 EasyARM101 开发板连线如下：

任务①：PC0～PC3 顺序连到 LJ0～LJ3，PB7 连到模块内部 LED1。

任务②：PC0～PC3 顺序连到 KJ0～KJ3，PB0～PB7 顺序连到 LJ0～LJ7。

第7章 Cortex-M3 内核微控制器 LM3S101(102)外围接口电路在工程中的应用

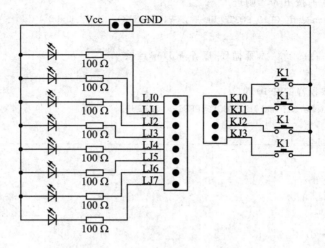

图 K15-3 8位指示灯与按键模块

程序设计

任务①：PC 口 4 灯流水。

现编程如下：

```
//*****************************************************************
//使 PC 口走流水灯
//操作方法：程序下载后将 JTAG 线拨开，随后按下复位键，程序进入运行状态
//-----------------------------------------------------------------
#include "hw_ints.h"
#include "hw_memmap.h"
#include "hw_types.h"
#include "gpio.h"
#include "interrupt.h"
#include "sysctl.h"
#include "cpu.h"

#define PB4_LED      GPIO_PIN_4
#define PB5_LED      GPIO_PIN_5
#define PB6_LED      GPIO_PIN_6

#define KEY1         GPIO_PIN_0           // PC0 引脚
#define BUZZER       GPIO_PIN_1           // PC1 引脚
#define LED1         GPIO_PIN_2           // PC2 引脚
//-----------------------------------------------------------------
//防止 JTAG 功能失效
void   jtagWait(void)
{
    SysCtlPeripheralEnable(SYSCTL_PERIPH_GPIOB);
    //设置 KEY 所在引脚为输入
    GPIODirModeSet(GPIO_PORTB_BASE, GPIO_PIN_3, GPIO_DIR_MODE_IN);
```

```c
    //如果复位时按下 KEY,则进入
    if ( GPIOPinRead( GPIO_PORTB_BASE , GPIO_PIN_3)  ==   0x00 )
    {
        for (;;);        //死循环,以等待 JTAG 连接
    }
    //禁止 KEY 所在的 GPIO 端口
    SysCtlPeripheralDisable(SYSCTL_PERIPH_GPIOB);
}
//------------------------------------------------------------
//延时程序
void delay(int d)
{
  int i = 0;
  for( ; d; --d)
   for(i = 0;i<10000;i++);
}
//------------------------------------------------------------
int main(void)
{
    unsigned char chACC = 0xFE,chACC2 = 0xF7;
    //防止 JTAG 失效
    delay(10);
    jtagWait();
    delay(20);
    //设置系统时钟
    SysCtlClockSet(SYSCTL_SYSDIV_1 | SYSCTL_USE_OSC | SYSCTL_OSC_MAIN |
                    SYSCTL_XTAL_6MHZ);

    //使能 GPIOB 和 GPIOC 口
    SysCtlPeripheralEnable(SYSCTL_PERIPH_GPIOB);//启用 PB 口
    SysCtlPeripheralEnable(SYSCTL_PERIPH_GPIOC);//启用 PC 口

    //设 PB 口采用 8 引脚全部输出
    GPIODirModeSet(GPIO_PORTB_BASE, 0xFF, GPIO_DIR_MODE_OUT);
    //开亮 PB5 指示灯亮
    GPIOPinWrite(GPIO_PORTB_BASE, GPIO_PIN_5,0x00);
    //设 PC 口采用 4 引脚全部输出
    GPIODirModeSet(GPIO_PORTC_BASE, 0x0F, GPIO_DIR_MODE_OUT);
Bing:
    while(1)
    {
        delay(5);
        //PB5 与 LED2 用跳线块连上
        GPIOPinWrite(GPIO_PORTB_BASE, GPIO_PIN_5,
            GPIOPinRead(GPIO_PORTB_BASE, GPIO_PIN_5)~GPIO_PIN_5);
        //将模块中的 PB7 用线连到 LED1 引脚上
```

```
            //GPIOPinWrite(GPIO_PORTB_BASE, GPIO_PIN_7,
                GPIOPinRead(GPIO_PORTB_BASE, GPIO_PIN_7)^GPIO_PIN_7);
            GPIOPinWrite(GPIO_PORTC_BASE, 0x0F, chACC);
            chACC = chACC<<1;
            chACC |= 0x01;      //因为左移后补0,所以要在此处加1,否则就会变为全亮了
            if(chACC == 0xEF)
            {chACC = 0xFE; goto Aing;}
        }
Aing:
    while(1)
    {
        delay(5);
        //PB5 与 LED2 用跳线块连上
        // GPIOPinWrite(GPIO_PORTB_BASE, GPIO_PIN_5,
                GPIOPinRead(GPIO_PORTB_BASE, GPIO_PIN_5)^GPIO_PIN_5);
        //将模块中的 PB7 用线连到 LED1 引脚上
        GPIOPinWrite(GPIO_PORTB_BASE, GPIO_PIN_7,
                GPIOPinRead(GPIO_PORTB_BASE, GPIO_PIN_7)^GPIO_PIN_7);
        GPIOPinWrite(GPIO_PORTC_BASE, 0x0F, chACC2);
        chACC2 = chACC2>>1;
        // chACC2 |= 0x08;      //因为左移后补0,所以要在此处加1,否则就会变为全亮了
        if(chACC2 == 0x0F)
        {chACC2 = 0xF7;
         goto Bing;}
    }
}
//---------------------------------------------------------------------
//*********************************************************************
```

任务②:用 PC 口做按键(说明:按下 K1 键实现 5 灯流水,按下 K2 键实现 6 灯流水,以此类推。默认为 4 灯流水)。

现编程如下:

```
//*********************************************************************
//使 PB 口走流水灯 PC 口用作键盘
//操作方法:程序下载后将 JTAG 线拔开,随后按下复位键,程序进入运行状态
//说明:按下按键就可以选择流水灯的个数
//---------------------------------------------------------------------
#include "hw_ints.h"
#include "hw_memmap.h"
#include "hw_types.h"
#include "gpio.h"
#include "interrupt.h"
```

```c
#include "sysctl.h"
#include "cpu.h"

#define PB4_LED    GPIO_PIN_4
#define PB5_LED    GPIO_PIN_5
#define PB6_LED    GPIO_PIN_6

#define KEY1       GPIO_PIN_0       // PC0 引脚
#define BUZZER     GPIO_PIN_1       // PC1 引脚
#define LED1       GPIO_PIN_2       // PC2 引脚

//函数说明区
void GpioPC_4_Key();                //按键处理程序
void PC0_Key0();                    //Key0 键执行函数
void PC1_Key1();                    //Key1 键执行函数
void PC2_Key2();                    //Key2 键执行函数
void PC3_Key3();                    //Key3 键执行函数
unsigned int chJsq = 0;
unsigned char chACC = 0xFE;
//------------------------------------------------------------------
//防止 JTAG 功能失效
void   jtagWait(void)
{
    SysCtlPeripheralEnable(SYSCTL_PERIPH_GPIOB);
    //设置 KEY 所在引脚为输入
    GPIODirModeSet(GPIO_PORTB_BASE, GPIO_PIN_3, GPIO_DIR_MODE_IN);
    //如果复位时按下 KEY,则进入
    if ( GPIOPinRead( GPIO_PORTB_BASE , GPIO_PIN_3)  ==   0x00 )
    {
        for(;;);        //死循环,以等待 JTAG 连接
    }
    //禁止 KEY 所在的 GPIO 端口
    SysCtlPeripheralDisable(SYSCTL_PERIPH_GPIOB);
}
//------------------------------------------------------------------
//延时程序
void delay(int d)
{
  int i = 0;
  for( ; d; --d)
   for(i = 0;i<10000;i++);
}
//------------------------------------------------------------------
//设置 JTAG 为 GPIO
void GPIO_JTAG_K()
{
      //使能 GPIOB 和 GPIOC 口
```

```c
    SysCtlPeripheralEnable(SYSCTL_PERIPH_GPIOB); //启用 PB 口
    SysCtlPeripheralEnable(SYSCTL_PERIPH_GPIOC); //启用 PC 口

    //设 PB 口采用 8 引脚全部输出模式
    GPIODirModeSet(GPIO_PORTB_BASE, 0xFF, GPIO_DIR_MODE_OUT);
    //开亮 PB5 指示灯亮
    //GPIOPinWrite(GPIO_PORTB_BASE, GPIO_PIN_5,0x00);
    //设 PC 口采用 4 引脚全部为输入模式
    GPIODirModeSet(GPIO_PORTC_BASE, 0x0F, GPIO_DIR_MODE_IN);
}
//-------------------------------------------------------------
//主程序
int main(void)
{
    unsigned char chACC2 = 0xF7;
    //防止 JTAG 失效
    delay(10);
    jtagWait();
    delay(20);

    //设置系统时钟
    SysCtlClockSet(SYSCTL_SYSDIV_1 | SYSCTL_USE_OSC | SYSCTL_OSC_MAIN |
                   SYSCTL_XTAL_6MHZ);

    GPIO_JTAG_K();
    chJsq = 0;

    //以下程序走的是流水灯
Bing:
    while(1)
    {
        GpioPC_4_Key();    //读出键值并处理
        GPIOPinWrite(GPIO_PORTB_BASE,0xFF,chACC);

        chACC <<= 1;
        chACC |= 0x01;
        delay(5);

      if(chJsq == 0)
      { if(chACC == 0xEF)   //4 灯
        {chACC = 0xFE;
         goto Aing;}else ;
      }
        else if(chJsq == 1)     //5 灯
      { if(chACC == 0xDF)
        {chACC = 0xFE;
         goto Aing;}else ;
      }
```

```c
        else if(chJsq == 2)    //6 灯
        { if(chACC == 0xBF)
          {chACC = 0xFE;
           goto Aing;}else ;
        }
        else if(chJsq == 3)    //7 灯
        { if(chACC == 0x7F)
          {chACC = 0xFE;
           goto Aing;}else ;
        }
        else if(chJsq == 4)    //8 灯
        { if(chACC == 0xFF)
          {chACC = 0xFE;
           goto Aing;}else ;
        }
    }

Aing:
    while(1)
    {
        GpioPC_4_Key();    //读出键值并处理
        GPIOPinWrite(GPIO_PORTB_BASE,0xFF,chACC2);
        chACC2 >>= 1;
        chACC2 |= 0x80;
        delay(5);
        if(chJsq == 0)    //4 灯
        {
          if(chACC2 == 0xFF)
          {chACC2 = 0xF7;
           chACC = 0xFE;
           goto Bing;}else ;
        }
        else if(chJsq == 1)    //5 灯
        {
          if(chACC2 == 0xFF)
          {chACC2 = 0xEF;
           chACC = 0xFE;
           goto Bing;}else ;
        }
        else if(chJsq == 2)    //6 灯
        {
          if(chACC2 == 0xFF)
          {chACC2 = 0xDF;
           goto Bing;}else ;
```

```
        }
        else if(chJsq == 3)    //7灯
        {
            if(chACC2 == 0xFF)
            {chACC2 = 0xBF;
             goto Bing;}else ;
        }
        else if(chJsq == 4)    //8灯
        {
            if(chACC2 == 0xFF)
            {chACC2 = 0x7F;
             goto Bing;}else ;
        }
    }
}
//------------------------------------------------------------
//函数名称:void GpioPA_4_Key()
//功能:四按键功能处理函数[因 LM3s101 芯片在处理按键时有点麻烦,所以在这里作集中处理]
//入出参数:无
//------------------------------------------------------------
void GpioPC_4_Key()
{
    unsigned long nlPa = 0;
    nlPa = GPIOPinRead(GPIO_PORTC_BASE, 0x0000000F);    //读 PA 口的 4 个位的值
    switch(nlPa)
    {
    case 0x0000000E: PC0_Key0(); break;
    case 0x0000000D: PC1_Key1(); break;
    case 0x0000000B: PC2_Key2(); break;
    case 0x00000007: PC3_Key3(); break;
    }
}
//------------------------------------------------------------
//按键功能函数
//------------------------------------------------------------
void PC0_Key0()
{
    chJsq = 1;
}
//------------------------------------------------------------
//按键功能函数
//------------------------------------------------------------
void PC1_Key1()
{
```

```
        chJsq = 2;
}
//------------------------------------------------------------
//按键功能函数
//------------------------------------------------------------
void PC2_Key2()
{
        chJsq = 3;
}
//------------------------------------------------------------
//按键功能函数
//------------------------------------------------------------
void PC3_Key3()
{
        chJsq = 4;
}
//------------------------------------------------------------
//************************************************************
```

JTAG 口各引脚的使用与普通的 GPIO 口是一样的,也有中断信号输入和普通按键输入功能。如果你下载的程序是终级程序,也就是工程最终应用程序,就可以直接使 JTAG 接口失效,并不再次下载程序。这样做的一大好处是保护程序不被别人盗出。

附录 A

Cortex-M3 内核微控制器 LM3S101(102)最小系统

LM3S101(102)最小系统如图 A-1 所示。

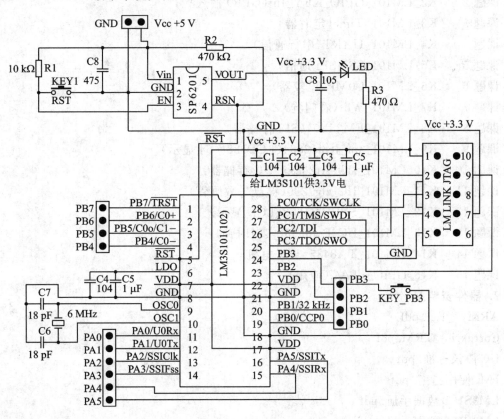

图 A-1　LM3S101(102)最小系统

注：图中 ●●●● 为接插针（公针）。

附录 B

网上资料内容说明

1. 参考程序库

课题 1　　K1_LM101_GPIO_Out(GPIO 输出)
课题 2　　K2_LM101_GPIO_KEY_Int(GPIO 输入)
课题 3　　K3_LM101_Time(定时器)
课题 4　　K4_LM101_UART(串行通信)
课题 5　　K5_LM101_SSI(SPI 通信)
课题 6　　K6_LM101_C0MP(比较器)
课题 7　　K7_LM101_Wdt(看门狗)
课题 8　　K8_LM101_FM25L04(SPI 存储器)
课题 9　　K9_LM101_spi_Jcm12864(LCD128×64 显示)
课题 10　　K10_LM101_IIC_At24cxx(I^2C 存储器)
课题 11　　K11_LM101_IIC_zlg7290(键盘与数码管)
课题 12　　K12_LM101_SPI_TC1602(LCD 显示)
课题 13　　K13_LM101_IIC_Pcf8563(实时时钟)
课题 14　　K14_LM101_TA8435_步进电机
课题 15　　K15_GPIO_JTAG(应用)

2. 器件资料库

ARMv7_Ref.pdf
CortexM3_TRM.pdf
I^2C 协议标准.pdf
IAR 使用指南.pdf
LM3S101 数据手册.pdf
LM3S102 数据手册.pdf
LM3S_IAR511(5.20)_Guide 使用指南.pdf
Stellaris 驱动库用户指南.pdf
ZK7_1 FM25040_cn_f_289[中文].pdf
ZK7_1 jcm12864m.pdf
Cortex-3 技术参考手册.mht

3. Luminary_App_File

LmFileSetup.exe(驱动文件安装程序)

参 考 文 献

[1] 刘同法,陈忠平,彭继卫,等.单片机外围接口电路与工程实践[M].北京:北京航空航天大学出版社,2008.
[2] 周立功,等.EasyARM101开发套件用户指南(内部资料).广州致远电子有限公司,2007.

温 馨 提 示

为方便学员们购买随书元器件,博圆单片机培训部设有随书元器件邮购处。联系方式如下:

E-mail:bymcupx@126.com;bymcupx2@126.com

腾讯 QQ 号:605895503

联系电话:0734-6103024

网址:www.ltfmcucx.com

说明:在本培训部邮购的元器件享受如下服务:
① 解答学员在学习中遇到的困难和问题。
② 提供器件开发包(汇编)。

汇款方法:邮政储蓄所账号:6055 4002 8200 054703,账户名:刘同法。

汇款格式:请填写到元角分用于区分他人,如 36 元 2 角 5 分。汇款后请通过电子邮箱告知汇款时间。

注:需要本书网上资料的读者可到网站 http://www.buaapress.com.cn 的"下载中心"单击"ARM Cortex-M3 内核微控制器快速入门与应用"链接下载。